UG 软件应用认证指导用书

UG NX 9.0 钣金设计实例精解

北京兆迪科技有限公司　编著

中国水利水电出版社
www.waterpub.com.cn

内 容 提 要

本书是进一步学习应用 UG NX 9.0 进行钣金设计的高级实例图书，所选用的钣金设计实例都是生产一线实际应用中的各种钣金产品，经典而实用。

本书讲解中所选用的范例、实例或应用案例覆盖了不同行业，具有很强的实用性和广泛的适用性。本书附带 2 张多媒体 DVD 学习光盘，制作了 145 个 UG 钣金设计技巧和具有针对性的实例教学视频并进行了详细的语音讲解，时间长达 18.6 个小时（1116 分钟），光盘中还包含本书所有的练习素材文件和已完成的范例文件。另外，为方便 UG 低版本用户和读者的学习，光盘中特提供了 UG NX 8.0 和 UG NX 8.5 版本的素材源文件。

本书章节的安排采用由浅入深、循序渐进的原则。在内容上，针对每一个钣金实例先进行概述，再说明该实例钣金设计的特点、设计构思、操作技巧和重点掌握内容，使读者对钣金设计有一个整体概念，学习也更有针对性。本书内容翔实，图文并茂，操作步骤讲解透彻，引领读者一步一步完成钣金设计。这种讲解方法既能使读者更快、更深入地理解 UG 钣金设计中的一些抽象的概念和复杂的命令及功能，又能使读者迅速掌握许多钣金设计的技巧，还能使读者较快地进入钣金产品设计实战状态。

本书可作为广大工程技术人员学习 UG 钣金设计的自学教程和参考书，也可作为大中专院校学生和各类培训学校学员的 CAD/CAM 课程上课或上机练习教材。

图书在版编目（C I P）数据

UG NX 9.0钣金设计实例精解 ／ 北京兆迪科技有限公司编著. -- 北京 ： 中国水利水电出版社，2014.4
UG软件应用认证指导用书
ISBN 978-7-5170-1872-8

Ⅰ. ①U… Ⅱ. ①北… Ⅲ. ①钣金工－计算机辅助设计－应用软件 Ⅳ. ①TG382-39

中国版本图书馆CIP数据核字(2014)第067625号

策划编辑：杨庆川/杨元泓　　　责任编辑：宋俊娥　　　封面设计：梁　燕

书　　名	UG 软件应用认证指导用书 UG NX 9.0 钣金设计实例精解
作　　者	北京兆迪科技有限公司　编著
出版发行	中国水利水电出版社 （北京市海淀区玉渊潭南路 1 号 D 座　100038） 网址：www.waterpub.com.cn E-mail: mchannel@263.net（万水） 　　　　 sales@waterpub.com.cn 电话：（010）68367658（发行部）、82562819（万水）
经　　售	北京科水图书销售中心（零售） 电话：（010）88383994、63202643、68545874 全国各地新华书店和相关出版物销售网点
排　　版	北京万水电子信息有限公司
印　　刷	北京蓝空印刷厂
规　　格	184mm×260mm　16 开本　22 印张　460 千字
版　　次	2014 年 4 月第 1 版　2014 年 4 月第 1 次印刷
印　　数	0001—4000 册
定　　价	58.00 元（附 2 张 DVD）

前　　言

UG 是由美国 UGS 公司推出的功能强大的三维 CAD/CAM/CAE 软件系统，其内容涵盖了产品从概念设计、工业造型设计、三维模型设计、分析计算、动态模拟与仿真、工程图输出，到生产加工成产品的全过程，应用范围涉及航空航天、汽车、机械、造船、通用机械、数控（NC）加工、医疗器械和电子等诸多领域。UG NX 9.0 是目前最新的版本，对上一个版本进行了数百项以客户为中心的改进。

要熟练掌握 UG 各种钣金产品的设计，只靠理论学习和少量的练习是远远不够的。编写本书的目的正是为了使读者通过书中的大量经典实例，迅速掌握各种钣金件的建模方法、技巧和构思精髓，使读者在短时间内成为一名 UG 钣金设计高手。

本书是进一步学习 UG NX 9.0 钣金设计的实例图书，其特色如下：

- 实例丰富，与其他的同类书籍相比，包括更多的钣金实例和设计方法，尤其是书中的"电器柜设计"实例（80 页的篇幅），对读者的实际钣金产品的设计具有很好的指导和借鉴作用。

- 讲解详细，条理清晰，保证自学的读者能够独立学习书中的内容。

- 写法独特，采用 UG NX 9.0 软件中真实的对话框、操控板和按钮等进行讲解，使初学者能够直观、准确地操作软件，从而大大提高学习效率。

- 附加值高，本书附带 2 张多媒体 DVD 学习光盘，制作了 145 个 UG 钣金设计技巧和具有针对性的实例教学视频并进行了详细的语音讲解，时间长达 18.6 个小时（1116 分钟），2 张 DVD 光盘教学文件容量共计 6.7GB，可以帮助读者轻松、高效地学习。

本书主要参编人员来自北京兆迪科技有限公司，展迪优承担本书的主要编写工作，参加编写的人员还有王焕田、刘静、雷保珍、刘海起、魏俊岭、任慧华、詹路、冯元超、刘江波、周涛、赵枫、邵为龙、侯俊飞、龙宇、施志杰、詹棋、高政、孙润、李倩倩。该公司专门从事 CAD/CAM/CAE 技术的研究、开发、咨询及产品设计与制造服务，并提供 UG、ANSYS、ADAMS 等软件的专业培训及技术咨询。在本书编写过程中得到了该公司的大力帮助，在此表示衷心的感谢。读者在学习本书的过程中如果遇到问题，可通过访问该公司的网站 http://www.zalldy.com 来获得帮助。

编　者

本 书 导 读

为了能更高效地学习本书，务必请您仔细阅读下面的内容。

读者对象

本书是学习 UG NX 9.0 钣金设计的实例图书，可作为工程技术人员进一步学习 UG 的自学教程和参考书，也可作为大专院校学生和各类培训学校学员的 CAD/CAM 课程上课或上机练习教材。

写作环境

本书使用的操作系统为 64 位的 Windows 7，系统主题采用 Windows 经典主题。本书采用的写作蓝本是 UG NX 9.0 中文版。

光盘使用

为方便读者练习，特将本书所有素材文件、已完成的实例文件、配置文件和视频语音讲解文件等放入随书附带的光盘中，读者在学习过程中可以打开相应素材文件进行操作和练习。

本书附带多媒体 DVD 光盘 2 张，建议读者在学习本书前，先将两张 DVD 光盘中的所有文件复制到计算机硬盘的 D 盘中，然后再将第二张光盘 ugnx90.10-video2 文件夹中的所有文件复制到第一张光盘的 video 文件夹中。在 D 盘上 ugnx90.10 目录下共有 4 个子目录：

（1）ugnx90_system_file 子目录：包含一些系统文件。

（2）work 子目录：包含本书的全部已完成的实例文件。

（3）video 子目录：包含本书讲解中的视频录像文件。读者学习时，可在该子目录中按顺序查找所需的视频文件。

（4）before 子目录：为方便 UG 低版本用户和读者的学习，光盘中特提供了 UG NX 8.0 和 UG NX 8.5 版本主要章节的配套素材源文件。

光盘中带有"ok"扩展名的文件或文件夹表示已完成的实例。

本书约定

● 本书中有关鼠标操作的说明如下：

　　☑ 单击：将鼠标指针移至某位置处，然后按一下鼠标的左键。

　　☑ 双击：将鼠标指针移至某位置处，然后连续快速地按两次鼠标的左键。

☑ 右击：将鼠标指针移至某位置处，然后按一下鼠标的右键。

☑ 单击中键：将鼠标指针移至某位置处，然后按一下鼠标的中键。

☑ 滚动中键：只是滚动鼠标的中键，而不能按中键。

☑ 选择（选取）某对象：将鼠标指针移至某对象上，单击以选取该对象。

☑ 拖移某对象：将鼠标指针移至某对象上，然后按下鼠标的左键不放，同时移动鼠标，将该对象移动到指定的位置后再松开鼠标的左键。

● 本书中的操作步骤分为 Task、Stage 和 Step 三个级别，说明如下：

☑ 对于一般的软件操作，每个操作步骤以 Step 字符开始。

☑ 每个 Step 操作视其复杂程度，其下面可含有多级子操作，例如 Step1 下可能包含（1）、（2）、（3）等子操作，（1）子操作下可能包含①、②、③等子操作，①子操作下可能包含 a）、b）、c）等子操作。

☑ 如果操作较复杂，需要几个大的操作步骤才能完成，则每个大的操作冠以 Stage1、Stage2、Stage3 等，Stage 级别的操作下再分 Step1、Step2、Step3 等操作。

☑ 对于多个任务的操作，则每个任务冠以 Task1、Task2、Task3 等，每个 Task 操作下则可包含 Stage 和 Step 级别的操作。

● 已建议读者将随书光盘中的所有文件复制到计算机硬盘的 D 盘中，所以书中在要求设置工作目录或打开光盘文件时，所述的路径均以 "D:" 开始，例如，下面是一段有关这方面的描述：

…在本章节中，用户创建的所有零部件都在 D:\ ugnx90.10\work\ch24 目录下。

技术支持

本书主编和参编人员均来自北京兆迪科技有限公司，该公司专门从事 CAD/CAM/CAE 技术的研究、开发、咨询及产品设计与制造服务，并提供 UG、ANSYS、ADAMS 等软件的专业培训及技术咨询。读者在学习本书的过程中如果遇到问题，可通过访问该公司的网站 http://www.zalldy.com 来获得技术支持。

咨询电话：010-82176248，010-82176249。

目　录

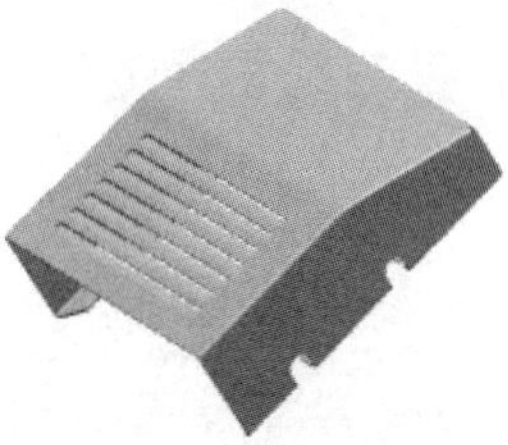

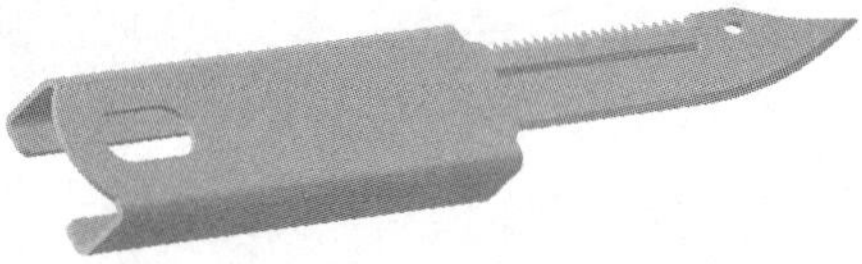

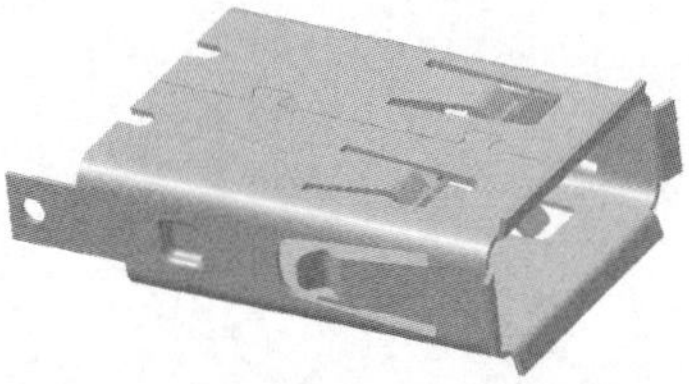

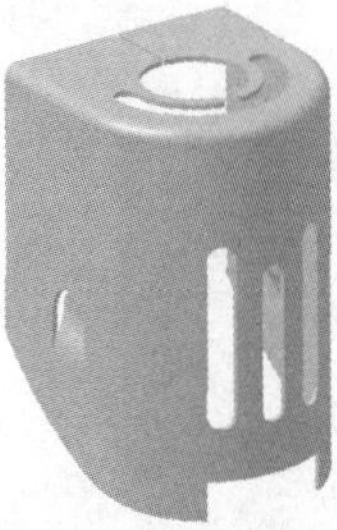

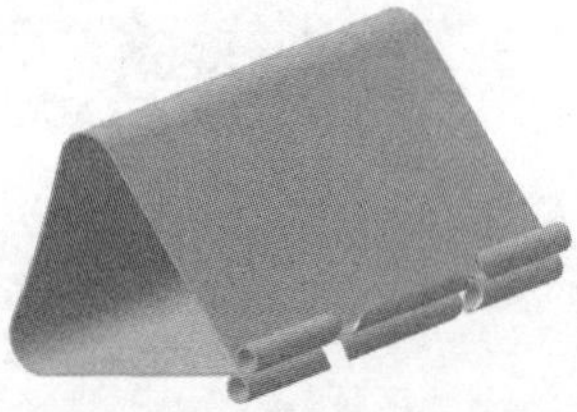

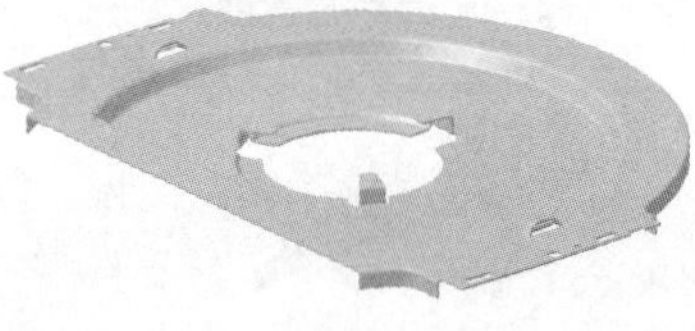

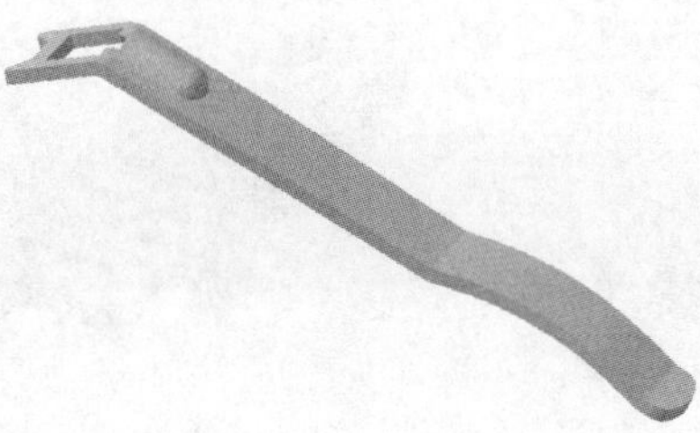

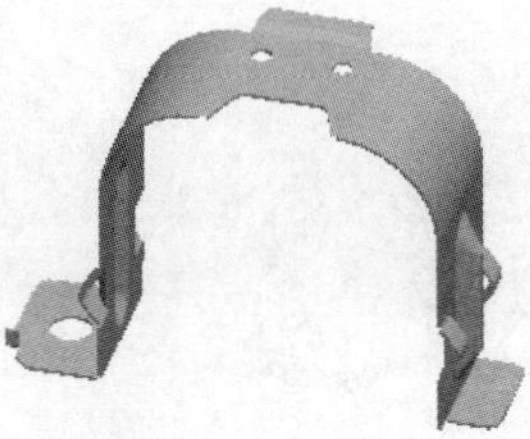

组装图　　　　　　　　　　钣金件 1　　　　　　　　　　钣金件 2

.

组装图　　　　　　　　　　钣金件 1　　　　　　　　　　钣金件 2

组装图　　　　　　　　　　钣金件 1　　　　　　　　　　钣金件 2

组装图　　　　钣金件 1　　　　钣金件 2　　　　钣金件 3

组装图　　　　　　钣金件 1　　　　　　钣金件 2

组装图　　　　　　钣金件 1　　　　　　钣金件 2

钣金件 1

组装图　　　　　　钣金件 2　　　　　　钣金件 3

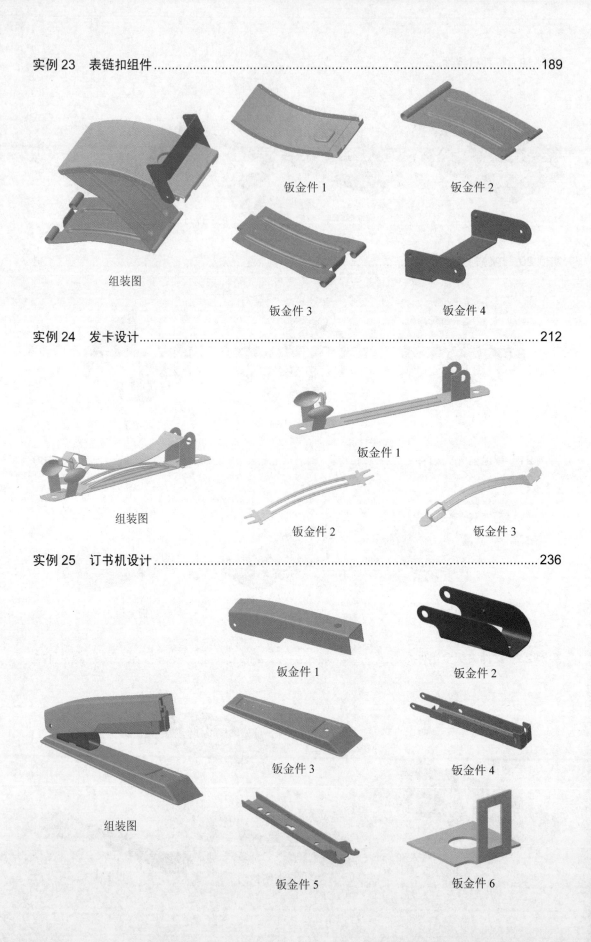

组装图

钣金件 1

钣金件 2

钣金件 3

钣金件 4

钣金件 1

组装图

钣金件 2

钣金件 3

钣金件 1

钣金件 2

钣金件 3

钣金件 4

组装图

钣金件 5

钣金件 6

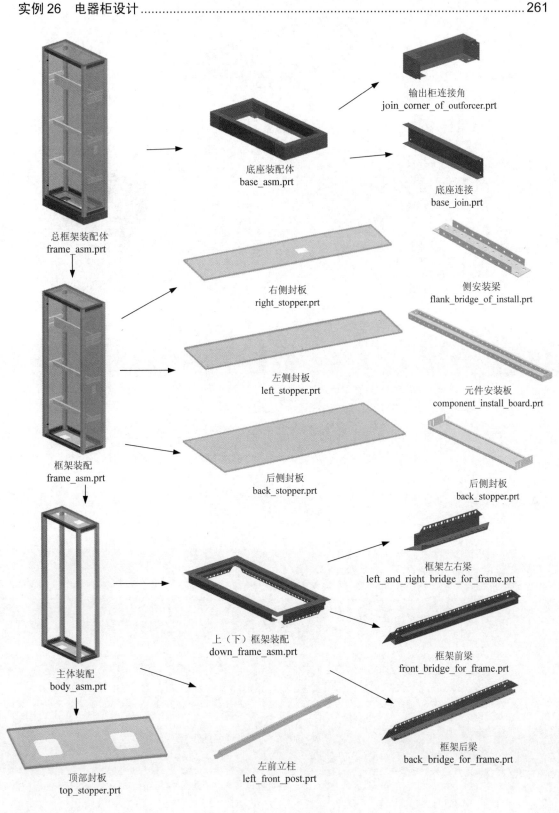

总框架装配体
frame_asm.prt

底座装配体
base_asm.prt

输出柜连接角
join_corner_of_outforcer.prt

底座连接
base_join.prt

框架装配
frame_asm.prt

右侧封板
right_stopper.prt

侧安装梁
flank_bridge_of_install.prt

左侧封板
left_stopper.prt

元件安装板
component_install_board.prt

后侧封板
back_stopper.prt

后侧封板
back_stopper.prt

主体装配
body_asm.prt

上（下）框架装配
down_frame_asm.prt

框架左右梁
left_and_right_bridge_for_frame.prt

框架前梁
front_bridge_for_frame.prt

顶部封板
top_stopper.prt

左前立柱
left_front_post.prt

框架后梁
back_bridge_for_frame.prt

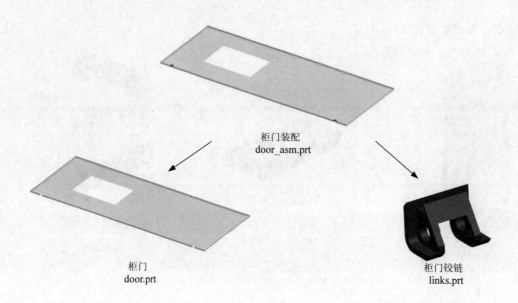

柜门装配
door_asm.prt

柜门
door.prt

柜门铰链
links.prt

实例 **1** 水 杯 盖

实例概述:

本实例详细讲解了钣金件——水杯盖的创建过程,其过程是先旋转出水杯盖大体形状的一个片体,之后将其加厚形成钣金件,然后使用"轮廓弯边"命令,创建出杯盖的下面部分,最后使用"实体冲压"命令完成水杯盖模型的创建。钣金件模型及相应的模型树如图 1.1 所示。

图 1.1 钣金件模型及模型树

Step1. 新建文件。选择下拉菜单 文件(F) ➡ 新建(N)... 命令,系统弹出"新建"对话框。在 模板 区域中,选取模板类型为 模型,在 新文件名 区域的 名称 文本框中输入文件名称 cup_cover。

Step2. 创建图 1.2 所示的曲面旋转特征 1。选择 插入(S) ➡ 设计特征(E) ▶ ➡ 旋转(R)... 命令(或单击 按钮),系统弹出"旋转"对话框;单击截面区域中的 按钮,系统弹出"创建草图"对话框,选中 设置 区域的 ☑ 创建中间基准 CSYS 复选框,选取 ZX 平面为草图平面,单击"创建草图"对话框中的 确定 按钮,绘制图 1.3 所示的截面草图(半径值为 180 的圆的圆心在 Z 轴上),单击 完成草图 按钮,退出草图环境;在 轴 区域 * 指定矢量 的下拉列表选择 ZC↑ 作为旋转轴,选取坐标原点为指定点;在 限制 区域的 开始 下拉列表中选择 值 选项,并在其下的 角度 文本框中输入数值 0,在 结束 下拉列表中选择 值 选项,并在其下的 角度 文本框中输入数值 360;单击 〈 确定 〉 按钮,完成旋转特征 1 的创建。

图 1.2 旋转特征 1

图 1.3 截面草图

Step3. 创建图 1.4b 所示的边倒圆特征 1。选择下拉菜单 插入(S) ➡ 细节特征(L) ▶ ➡ 边倒圆(E) 命令，系统弹出"边倒圆"对话框；在 要倒圆的边 区域中单击"边"按钮 ，选取图 1.4a 所示的边线为边倒圆参照边，在 半径 1 文本框中输入数值 5；单击"边倒圆"对话框的 < 确定 > 按钮，完成边倒圆特征 1 的创建。

选取此边线为边倒圆参照边

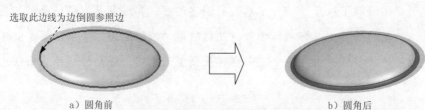

a) 圆角前   b) 圆角后

图 1.4   圆角特征 1

Step4. 加厚曲面。选择下拉菜单 插入(S) ➡ 偏置/缩放(O) ➡ 加厚(T)... 命令（或单击 按钮），系统弹出"加厚"对话框；在 面 区域选取图 1.5 所示的曲面；在 厚度 区域的 偏置1 文本框中输入数值 1，在 偏置2 文本框中输入数值 0，单击 < 确定 > 按钮，完成曲面加厚操作。

Step5. 将实体零件转换为钣金件。选择下拉菜单 启动▼ ➡ 钣金(L)... 命令，进入"NX 钣金"环境；选择下拉菜单 插入(S) ➡ 转换(V) ▶ ➡ 转换为钣金(C) 命令，系统弹出"转换为钣金"对话框；选取图 1.5 所示的模型表面为基本面；在"转换为钣金"对话框中单击 确定 按钮，完成特征的转换。

Step6. 创建图 1.6 所示的轮廓弯边特征 1。

（1）选择下拉菜单 插入(S) ➡ 折弯(N) ▶ ➡ 轮廓弯边(C)... 命令，系统弹出"轮廓弯边"对话框；在"轮廓弯边"对话框 类型 区域的下拉列表中选择 次要 选项；单击 按钮，系统弹出图 1.7 所示的"创建草图"对话框。

选取该平面

图 1.5   选取模型基本面

图 1.6   轮廓弯边特征

图 1.7   "创建草图"对话框

（2）选取图 1.8 所示的模型边线为路径，在 平面位置 区域的 位置 下拉列表中选择 弧长百分比 选项，然后在 弧长百分比 后的文本框中输入数值 50，单击 选择水平参考 (0) 后的 按钮。

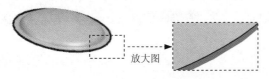

图 1.8　选取模型边线

（3）选取 X 轴为草图的水平参照，其他选项采用系统默认设置，单击 确定 按钮，绘制图 1.9 所示的截面草图；退出草图环境；在"轮廓弯边"对话框 宽度选项 下拉列表中选择 到端点 选项；单击"轮廓弯边"对话框的 确定 按钮，完成轮廓弯边特征 1 的创建。

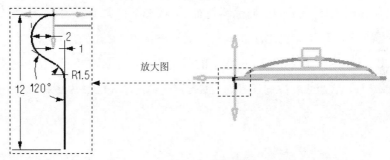

图 1.9　截面草图

Step7. 创建图 1.10 所示的旋转特征 2。将模型切换至建模环境，选择 插入(S) ➡ 设计特征(E)▶ ➡ 旋转(R)... 命令（或单击 按钮），系统弹出"旋转"对话框；单击截面区域中的 按钮，系统弹出"创建草图"对话框，系统进入草图环境，选取 ZX 平面为草图平面，取消选中"创建草图"对话框 设置 区域的 创建中间基准 CSYS 复选框，单击 确定 按钮，绘制图 1.11 所示的截面草图，单击 完成草图 按钮，退出草图环境；在 轴 区域 *指定矢量 下拉菜单中选择 按钮，选取 Z 轴作为旋转轴，在 *指定点 下拉菜单中选择 ，选取原点作为指定点；在 限制 区域的 开始 下拉列表中选择 值 选项，并在其下的 角度 文本框中输入数值 0；在 结束 下拉列表中选择 值 选项，并在其下的 角度 文本框中输入数值 360；在 布尔 区域下的 布尔 下拉列表中选择 无 选项；单击 确定 按钮，完成旋转特征 2 的创建。

说明：将模型切换至建模环境后，若系统弹出"NX 钣金"对话框，单击 确定(0) 按钮将其关闭即可；创建旋转特征 2 将作为下一步实体冲压特征的工具体。

图 1.10　旋转特征 2

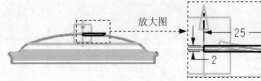

图 1.11　截面草图

钣金设计实例精解

Step8. 创建图 1.12 所示的实体冲压特征 1。将模型切换至 "NX 钣金"设计环境,选择下拉菜单 插入(S) ➡ 冲孔(H) ▶ ➡ 实体冲压(S)... 命令,系统弹出"实体冲压"对话框;在 类型 下拉列表中选择 冲模 选项,选取图 1.13 所示的面为目标面;选取图 1.14 所示的旋转特征 2 为工具体;在 实体冲压属性 区域选中 ☑ 自动判断厚度 复选框;单击"实体冲压"对话框中的 < 确定 > 按钮,完成实体冲压特征 1 的创建。

目标面

工具体

图 1.12 实体冲压特征 1

图 1.13 选取目标面

图 1.14 选取工具体

Step9. 创建图 1.15 所示的法向除料特征 1。选择下拉菜单 插入(S) ➡ 切削(T)▶ ➡ 法向除料(N)... 命令,系统弹出"法向除料"对话框;单击 按钮,选取 XY 平面为草图平面,单击 确定 按钮,绘制图 1.16 所示的截面草图;在 除料属性 区域的 切削方法 下拉列表中选择 厚度 选项,在 限制 下拉列表中选择 贯通 选项;单击 < 确定 > 按钮,完成法向除料特征 1 的创建。

图 1.15 法向除料特征 1

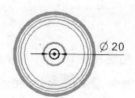
图 1.16 截面草图

Step10. 保存钣金件模型。选择下拉菜单 文件(F) ➡ 保存(S) 命令,即可保存钣金件模型。

实例 **2** 钣 金 环

实例概述:

本实例详细讲解了图 2.1 所示钣金环的设计过程,主要应用了轮廓弯边、法向除料等命令。钣金件模型如图 2.1 所示。

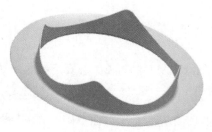

图 2.1　钣金件模型

Step1. 新建文件。选择下拉菜单 文件(F) ➡ 新建(N)... 命令,系统弹出"新建"对话框。在 模型 选项卡 模板 区域下的列表中选择 NX 钣金 模板。在 新文件名 区域的 名称 文本框中输入文件名称 ring。单击 确定 按钮,进入"NX 钣金"环境。

Step2. 创建图 2.2 所示的轮廓弯边特征 1。选择下拉菜单 插入(S) ➡ 折弯(N) ▶ ➡ 轮廓弯边(C)... 命令,系统弹出"轮廓弯边"对话框;在"轮廓弯边"对话框 类型 区域的下拉列表中选择 基本 选项;单击 按钮,选取 XY 平面为草图平面,选中 设置 区域的 ☑ 创建中间基准 CSYS 复选框,单击 确定 按钮,绘制图 2.3 所示的截面草图;厚度方向采用系统默认的矢量方向,单击 厚度 文本框右侧的 按钮,在弹出的快捷菜单中选择 使用本地值 选项,然后在 厚度 文本框中输入数值 0.4;定义宽度类型并输入数值宽度值。在 宽度选项 下拉列表中选择 有限 选项,在 宽度 文本框中输入数值 40.0;在"轮廓弯边"对话框中单击 < 确定 > 按钮,完成轮廓弯边特征 1 的创建。

图 2.2　轮廓弯边特征 1

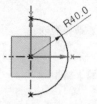

图 2.3　截面草图

Step3. 创建图 2.4 所示的法向除料特征 1。选择下拉菜单 插入(S) ➡ 切削(T) ▶ ➡ 法向除料(N)... 命令,系统弹出"法向除料"对话框;单击 按钮,选取 YZ 平面为草图平面,取消选中 设置 区域的 □ 创建中间基准 CSYS 复选框,单击 确定 按钮,绘制图 2.5 所示的截面草图；在 除料属性 区域的 切削方法 下拉列表中选择 厚度 选项；在 限制 下拉列表中选择 一值 选项，选中该区域的 ☑对称深度 复选框，在 深度 文本框中输入数值 50；单击 <确定> 按钮，完成法向除料特征 1 的创建。

图 2.4 法向除料特征 1

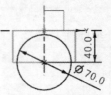

图 2.5 截面草图

Step4. 创建图 2.6 所示的法向除料特征 2。选择下拉菜单 插入(S) ➡ 切削(T)▶ ➡ 法向除料(N)... 命令，系统弹出"法向除料"对话框；单击 图 按钮，选取 ZX 平面为草图平面，单击 确定 按钮，绘制图 2.7 所示的截面草图；在 除料属性 区域的 切削方法 下拉列表中选择 厚度 选项；在 限制 下拉列表中选择 一值 选项,选中该区域的 ☑对称深度 复选框，在 深度 文本框中输入数值 50；单击 <确定> 按钮，完成法向除料特征 2 的创建。

图 2.6 法向除料特征 2

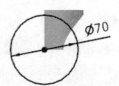

图 2.7 截面草图

Step5. 创建图 2.8 所示的镜像体特征。选择下拉菜单 插入(S) ➡ 关联复制(A)▶ ➡ 镜像体(B)... 命令，系统弹出"镜像体"对话框；在"镜像体"对话框中选取整个模型为选择体，选取 YZ 基准平面为镜像平面，单击 确定 按钮，完成镜像体特征的创建。

Step6. 创建求和操作。选择下拉菜单 启动▾ ➡ 建模(M)... 命令，进入建模环境；选择下拉菜单 插入(S) ➡ 组合(B) ➡ 求和(U)... 命令，系统弹出"求和"对话框；选取图 2.9 所示的目标体和工具体，单击 <确定> 按钮，完成求和操作。

a）选取目标

工具

b）选取工具

图 2.8 镜像体特征　　　　图 2.9 实体求和

Step7. 创建图 2.10 所示的钣金倒角特征 1。将模型切换至"NX 钣金"环境。选择下拉菜单 插入(S) ➡ 拐角(O)... ▶ ➡ 倒角(B)... 命令，系统弹出"倒角"对话框；在"倒角"对话框 倒角属性 区域的 方法 下拉列表中选择 圆角 ；选取图 2.10 所示的 4 条边线，

在 半径 文本框中输入值 5；单击"倒角"对话框的 < 确定 > 按钮，完成钣金倒角特征 1 的创建。

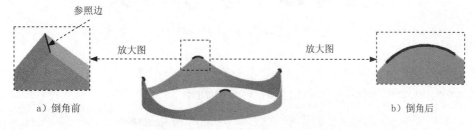

图 2.10 钣金倒角特征 1

Step8. 创建图 2.11 所示的轮廓弯边特征 2。选择下拉菜单 插入(S) ➡️ 折弯(N)▶ ➡️ 轮廓弯边(C)... 命令，系统弹出"轮廓弯边"对话框；在"轮廓弯边"对话框 类型 区域的下拉列表中选择 次要 选项；单击 按钮，系统弹出"创建草图"对话框，选取图 2.12 所示的模型边线为路径，在 平面位置 区域 位置 选项组中选择 弧长 选项，然后在 弧长 后的文本框中输入数值 0，其他选项采用系统默认设置，单击 确定 按钮，绘制图 2.13 所示的截面草图；在 宽度选项 下拉列表中选择 到端点 选项，在 止裂口 区域中的 折弯止裂口 下拉列表中选择 无 选项；在"轮廓弯边"对话框中单击 < 确定 > 按钮，完成轮廓弯边特征 2 的创建。

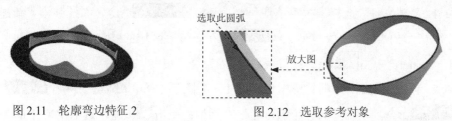

图 2.11 轮廓弯边特征 2   图 2.12 选取参考对象

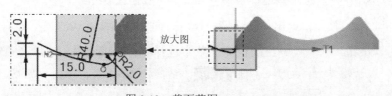

图 2.13 截面草图

Step9. 保存钣金件模型。选择下拉菜单 文件(F) ➡️ 保存(S) 命令，即可保存钣金件模型。

实例 **3** 卷 尺 头

实例概述：

本实例详细讲解了图 3.1 所示卷尺头的创建过程，主要应用了轮廓弯边、拉伸、法向除料等命令。钣金件模型及相应的模型树如图 3.1 所示。

图 3.1　钣金件模型及模型树

Step1. 新建文件。选择下拉菜单 文件(F) ➡ 新建(N)... 命令，系统弹出"新建"对话框。在 模板 区域中选取模板类型为 NX 钣金 ，在 新文件名 区域的 名称 文本框中输入文件名称 roll_ruler_heater。单击 确定 按钮，系统进入钣金环境。

Step2. 创建图 3.2 所示的轮廓弯边特征 1。选择下拉菜单 插入(S) ➡ 折弯(N)▶ ➡ 轮廓弯边(C)... 命令，系统弹出"轮廓弯边"对话框；单击 按钮，选取 ZX 平面为草图平面，选中 设置 区域的 ☑ 创建中间基准 CSYS 复选框，单击 确定 按钮，绘制图 3.3 所示的截面草图；单击 完成草图 按钮，退出草图环境；厚度方向采用系统默认的矢量方向，单击 厚度 文本框右侧的 按钮，在系统弹出的快捷菜单中选择 使用本地值 选项，然后在 厚度 文本框中输入数值 0.3；在 宽度选项 下拉列表中选择 有限 选项，在 宽度 文本框中输入数值 14.5；在"轮廓弯边"对话框中单击 < 确定 > 按钮，完成轮廓弯边特征 1 的创建。

图 3.2　轮廓弯边特征 1

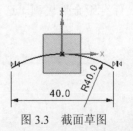

图 3.3　截面草图

Step3. 创建图 3.4 所示的拉伸特征 1。选择下拉菜单 插入(S) ➡ 切削(T)▶ ➡ 拉伸(E)... 命令（或单击 按钮），系统弹出"拉伸"对话框；单击"拉伸"对话框中的"绘制截面"按钮 ，系统弹出"创建草图"对话框；取消选中 设置 区域的 □ 创建中间基准 CSYS 复选框，选取 XY 平面为草图平面，单击 确定 按钮，进入草图环境；绘制图 3.5 所示的截面草图；单击 完成草图 按钮，退出草图环境；在 限制 区域的 开始 下拉列表中选择 贯通 选项，在 结束 下拉列表中选择 贯通 选项，在 布尔 区域的 布尔 下拉列表中选择 求差 选项，在 偏置 区域的下拉列表中选择 两侧 选项，在 开始 文本框中输入数值 0，在 结束 文本框中输入数值 25，其他采用系统默认的设置；单击 〈确定〉 按钮，完成拉伸特征 1 的创建。

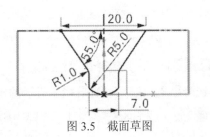

图 3.4　拉伸特征 1　　　　　　　　图 3.5　截面草图

Step4. 创建图 3.6 所示的轮廓弯边特征 2。选择下拉菜单 插入(S) ➡ 折弯(N)▶ ➡ 轮廓弯边(C)... 命令，系统弹出"轮廓弯边"对话框；在"轮廓弯边"对话框 类型 区域的下拉列表中选择 次要 选项；在 宽度选项 下拉列表中选择 到端点 选项；单击 按钮，系统弹出"创建草图"对话框，选取图 3.7 所示的模型边线为路径，在 平面位置 区域 位置 选项组中选择 弧长 选项，然后在 弧长 后的文本框中输入数值 0，单击 确定 按钮，绘制图 3.8 所示的截面草图，单击 完成草图 按钮，退出草图环境；在"轮廓弯边"对话框中单击 〈确定〉 按钮，完成轮廓弯边特征 2 的创建。

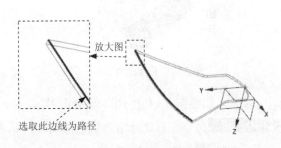

图 3.6　轮廓弯边特征 2　　　　　　　图 3.7　选取路径

Step5. 创建图 3.9 所示的拉伸特征 2。选择下拉菜单 插入(S) ➡ 切削(T)▶ ➡ 拉伸(E)... 命令（或单击 按钮），系统弹出"拉伸"对话框；单击"拉伸"对话框中的"绘制截面"按钮 ，系统弹出"创建草图"对话框，选取 ZX 平面为草图平面，单击 确定 按钮，进入草图环境；绘制图 3.10 所示的截面草图；单击 完成草图 按钮，退出草图环境；在 限制 区域的 开始 下拉列表中选择 贯通 选项，在 结束 下拉列表中选择 贯通 选项，在 布尔 区域的 布尔 下拉列表中选择 求差 选项，在 偏置 区域的下拉列表中选择 两侧 选项，在 开始 文本框中输入数值 0，在 结束 文本框中输入数值 25，其他采用系统默认的设置；单击 〈确定〉 按钮，完成拉伸特征 2 的创建。

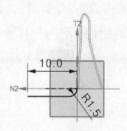

图 3.8　截面草图

图 3.9　拉伸特征 2

Step6. 创建图 3.11 所示的法向除料特征 1。选择下拉菜单 插入(S) ➡ 切削(T)▸ ➡ 法向除料(N)... 命令，系统弹出"法向除料"对话框；在"法向除料"对话框 类型 区域的下拉列表中选择 草图 选项，选取图 3.12 所示的模型表面为草图平面，绘制图 3.13 所示的截面草图；在 除料属性 区域下的 切削方法 下拉列表中选择 厚度 选项，在 限制 下拉列表中选择 贯通 选项；单击"法向除料"对话框中的 ＜确定＞ 按钮，完成法向除料特征 1 的创建。

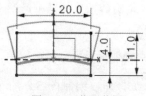

图 3.10　截面草图

图 3.11　法向除料特征 1

图 3.12　草图平面

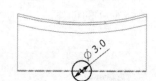

图 3.13　截面草图

Step7. 创建图 3.14 所示的法向除料特征 2。选择下拉菜单 插入(S) ➡ 切削(T)▸ ➡ 法向除料(N)... 命令，系统弹出"法向除料"对话框；在"法向除料"对话框 类型 区域的下拉列表中选择 草图 选项，选取图 3.15 所示的模型表面为草图平面，绘制图 3.16 所示的截面草图；在 除料属性 区域下的 切削方法 下拉列表中选择 厚度 选项，在 限制 下拉列表中选择 贯通 选项；单击"法向除料"对话框中的 ＜确定＞ 按钮，完成法向除料特征 2 的创建。

图 3.14　法向除料特征 2

图 3.15　草图平面

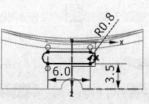

图 3.16　截面草图

Step8. 创建图 3.17 所示的法向除料特征 3。选择下拉菜单 插入(S) ➡ 切削(T)▶ ➡ 法向除料(N)... 命令，系统弹出"法向除料"对话框；在"法向除料"对话框 类型 区域的下拉列表中选择 草图 选项，选取 XY 平面为草图平面，绘制图 3.18 所示的截面草图；在 除料属性 区域下的 切削方法 下拉列表中选择 中位面 选项；在 限制 下拉列表中选择 值 选项，选中该区域的 ☑对称深度 复选框，在 深度 文本框中输入数值 20；单击"法向除料"对话框中的 <确定> 按钮，完成法向除料特征 3 的创建。

图 3.17 法向除料特征 3

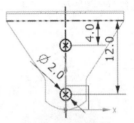

图 3.18 截面草图

Step9. 创建图 3.19 所示的钣金倒角特征 1。选择下拉菜单 插入(S) ➡ 拐角(O)...▶ ➡ 倒角(B)... 命令，系统弹出"倒角"对话框；在"倒角"对话框 倒角属性 区域的 方法 下拉列表中选择 圆角 选项；选取图 3.19 所示的 4 条边线，在 半径 文本框中输入数值 1；单击 <确定> 按钮，完成钣金倒角特征 1 的创建。

参照边　　放大图　　放大图

a）倒角前　　　　　　　　　　　b）倒角后

图 3.19 钣金倒角特征 1

Step10. 保存零件模型。选择下拉菜单 文件(F) ➡ 保存(S) 命令，即可保存零件模型。

实例 **4** 卷尺挂钩

实例概述:

本实例详细讲解了卷尺挂钩的设计过程，这是一个典型的钣金件，在设计过程中先使用突出块及折弯命令创建出主体形状，然后通过法向除料和凹坑命令完成最终模型。钣金件模型及相应的模型树如图 4.1 所示。

图 4.1 钣金件模型及模型树

Step1. 新建文件。选择下拉菜单 文件(F) ➡ 新建(N)... 命令，系统弹出"新建"对话框。在 模板 区域中选择 NX 钣金 模板，在 名称 文本框中输入文件名称 roll_ruler_hip，单击 确定 按钮，进入"NX 钣金"环境。

Step2. 创建图 4.2 所示的突出块特征 1。选择下拉菜单 插入(S) ➡ 突出块(B)... 命令，系统弹出"突出块"对话框；单击 按钮，选取 XY 平面为草图平面，选中 设置 区域的 ☑ 创建中间基准 CSYS 复选框，单击 确定 按钮，绘制图 4.3 所示的截面草图；厚度方向采用系统默认的矢量方向，在 厚度 文本框中输入数值 1，单击 〈确定〉 按钮，完成突出块特征 1 的创建。

图 4.2 突出块特征 1

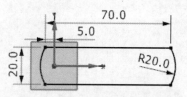

图 4.3 截面草图

说明：突出块的厚度方向可以通过单击"突出块"对话框中的 按钮来调整。

Step3. 创建图 4.4 所示的折弯特征 1。选择下拉菜单 插入(S) ➡ 折弯(N) ➡ 折弯(B)... 命令，系统弹出图 4.5 所示的"折弯"对话框；单击 按钮，选取 XY 平面为草图平面，取消选中 设置 区域的 ☐ 创建中间基准 CSYS 复选框，单击 确定 按钮，绘制图 4.6 所示的折弯线；在"折弯"对话框 折弯属性 区域的 角度 文本框中输入数值 60，在 内嵌 下拉列表

中选择 外模具线轮廓 选项；在 折弯参数 区域中单击 折弯半径 文本框右侧的 按钮，在系统弹出的快捷菜单中选择 使用本地值 选项，并在 折弯半径 文本框中输入折弯半径值 1，其他参数采用系统默认设置值；单击"折弯"对话框的 ⟨ 确定 ⟩ 按钮，完成折弯特征 1 的创建。

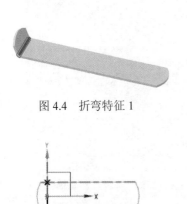

图 4.4 折弯特征 1

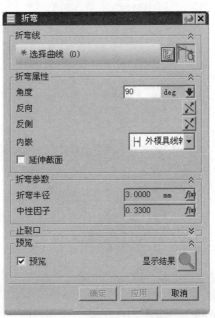

图 4.5 "折弯"对话框

图 4.6 折弯线

Step4. 创建图 4.7 所示的折弯特征 2。选择下拉菜单 插入(S) ➡ 折弯(N) ▸ ➡ 折弯(B)... 命令，选取 XY 平面为草图平面，绘制图 4.8 所示的折弯线；在"折弯"对话框 折弯属性 区域的 角度 文本框中输入数值 200，在 内嵌 下拉列表中选择 折弯中心线轮廓 选项；在 折弯参数 区域中单击 折弯半径 文本框右侧的 按钮，在系统弹出的快捷菜单命令中选择 使用本地值 选项，在 折弯半径 文本框中输入折弯半径值 5。单击 ⟨ 确定 ⟩ 按钮，完成折弯特征 2 的创建。

说明：折弯方向如图 4.9 所示，如果折弯方向不符，单击 反向 后的 按钮，再单击 反侧 后的 按钮；也可在图形区直接双击箭头调整折弯方向。

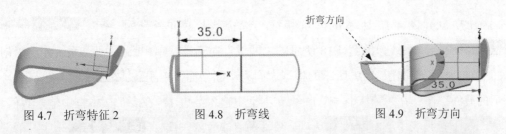

图 4.7 折弯特征 2　　　　图 4.8 折弯线　　　　图 4.9 折弯方向

Step5. 创建图 4.10 所示的法向除料特征 1。选择下拉菜单 插入(S) ➡ 切削(T) ▸ ➡ 法向除料(N)... 命令，系统弹出图 4.11 所示的"法向除料"对话框；在"法向除料"对话框 类型 区域的下拉列表中选择 草图 选项，单击 按钮，系统弹出"创建草图"对话框，选取图 4.12 所示的模型表面为草图平面，单击 确定 按钮，绘制图 4.13 所示的截面草图并退出草图；在 除料属性 区域的 切削方法 下拉列表中选择 厚度 选项，在 限制 下拉列表中选择 直至下一个 选项，单击 确定 按钮，完成法向除料特征 1 的创建。

图 4.10　法向除料特征 1

图 4.11　"法向除料"对话框

图 4.12　草图平面

Step6. 创建图 4.14 所示的法向除料特征 2。选择下拉菜单 插入(S) ➡ 切削(T) ➡ 法向除料(N) 命令，系统弹出"法向除料"对话框；选取图 4.15 所示的模型表面为草图平面，绘制图 4.16 所示的除料截面草图；在 限制 下拉列表中选择 直至下一个 选项，除料方向如图 4.14 所示。

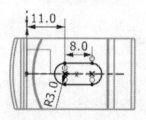

图 4.13　除料截面草图

图 4.14　法向除料特征 2

图 4.15　定义草图平面

Step7. 创建图 4.17 所示的凹坑特征。选择下拉菜单 插入(S) ➡ 冲孔(H) ➡ 凹坑(I) 命令，系统弹出图 4.18 所示的"凹坑"对话框；单击 按钮，系统弹出"创建草图"对话框，选取图 4.19 所示的模型表面为草图平面，单击 确定 按钮，绘制图 4.20 所示的截面草图；在 凹坑属性 区域的 深度 文本框中输入数值 1；在 侧角 文本框中输入数值 3；在 参考深度 下拉列表中选择 内部 选项；在 侧壁 下拉列表中选择 材料外侧 选项，单击反向按钮；在 倒圆 区域中选中 圆形凹坑边 复选框，在 凸模半径 文本框中输入数值 0.5，在 凹模半径 文本框中输入数值 0.2，取消选中 截面拐角倒圆 复选框；单击 确定 按钮，完成凹坑特征的创建。

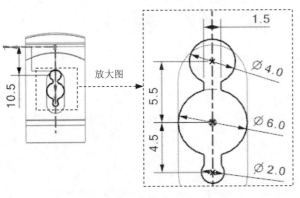

图 4.16　截面草图

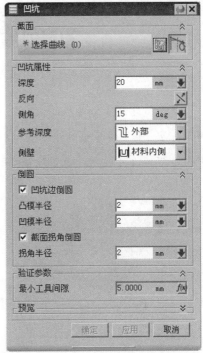

图 4.17　凹坑特征

图 4.18　"凹坑"对话框

图 4.19　定义草图平面

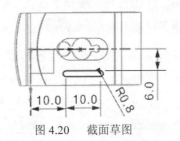

图 4.20　截面草图

Step8. 创建图 4.21b 所示的镜像特征。选择下拉菜单 **插入(S)** ➡ **关联复制(A)▶** ➡ **镜像特征(M)...** 命令，系统弹出"镜像特征"对话框；选取镜像源特征（图 4.21a），单击中键确认；选取 ZX 基准平面为镜像平面，单击 **确定** 按钮，完成镜像特征的创建。

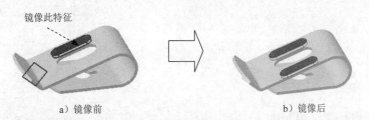

a）镜像前 　　　　　　　　　　　　　b）镜像后

图 4.21　镜像特征

Step9. 保存钣金件模型。选择下拉菜单 **文件(F)** ➡ **保存(S)** 命令，即可保存钣金件模型。

实例 **5** 钣 金 板

实例概述：

　　本范例介绍了钣金板的设计过程，首先创建第一钣金壁特征，然后通过"弯边"命令和"高级弯边"命令创建了钣金壁特征，在设计此零件的过程中还创建了钣金壁切除特征。下面介绍其设计过程，钣金件模型及模型树如图 5.1 所示。

图 5.1　钣金件模型及模型树

　　Step1. 新建文件。选择下拉菜单 文件(F) ➡ 新建(N)... 命令，系统弹出"新建"对话框。在 模板 区域中选择 NX 钣金 模板，在 名称 文本框中输入文件名称 sm_board，单击 确定 按钮，进入钣金环境。

　　Step2. 创建图 5.2 所示的突出块特征 1。选择下拉菜单 插入(S) ➡ 突出块(B)... 命令，系统弹出"突出块"对话框。单击 按钮，选取 XY 平面为草图平面，选中 设置 区域的 ☑ 创建中间基准 CSYS 复选框，单击 确定 按钮，绘制图 5.3 所示的截面草图。厚度方向采用系统默认的矢量方向，单击 厚度 区域 厚度 文本框右侧的 按钮，在弹出的菜单中选择 使用本地值，然后在 厚度 文本框中输入数值 1；单击 ＜ 确定 ＞ 按钮，完成突出块特征 1 的创建。

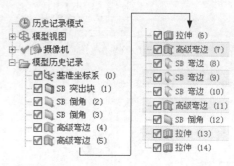

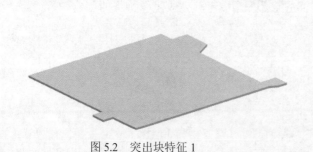

图 5.2　突出块特征 1　　　　　　　　　　图 5.3　截面草图

　　Step3. 创建图 5.4 所示的钣金倒角特征 1。选择下拉菜单 插入(S) ➡ 拐角(O)... ➡ 倒角(B)... 命令，系统弹出"倒角"对话框。在"倒角"对话框 倒角属性 区域的 方法 下拉列表中选择 圆角。选取图 5.4 所示的三条边线，在 半径 文本框中输入 5。单击"倒角"对话框的 <确定> 按钮，完成钣金倒角特征 1 的创建。

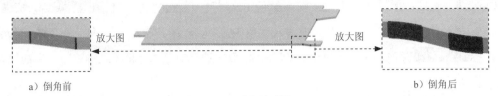

a）倒角前　　　　　　　　　　　　　　　　　b）倒角后

图 5.4　钣金倒角特征 1

Step4. 创建图 5.5 所示的钣金倒角特征 2。选择下拉菜单 插入(S) ➡ 拐角(O)... ▶

➡ 倒角(B)... 命令，系统弹出"倒角"对话框。在"倒角"对话框 倒角属性 区域的 方法

下拉列表中选择 圆角 。选取图 5.6 所示的六条边线，在 半径 文本框中输入 3。单击"倒

角"对话框的 <确定> 按钮，完成钣金倒角特征 2 的创建。

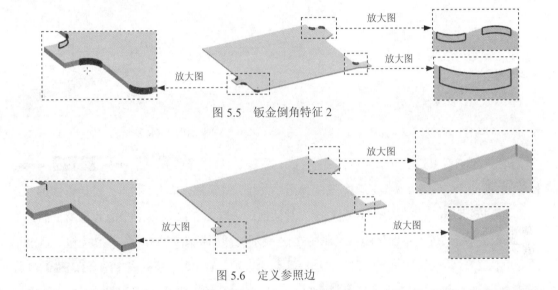

图 5.5　钣金倒角特征 2

图 5.6　定义参照边

Step5. 创建图 5.7 所示的高级弯边特征 1。选择下拉菜单 插入(S) ➡ NX 高级钣金 ▶

➡ 高级弯边(A)... 命令，系统弹出 "高级弯边"对话框。在"高级弯边"对话框 类型 区

域的下拉列表中选择 按值 选项。在 基本边 区域单击 按钮，选取图 5.8 所示的边线为高级

弯边特征的基本边，单击 折弯参数 区域 折弯半径 文本框右侧的 三 按钮，在弹出的菜单中选择

使用本地值 ，然后在 折弯半径 文本框中输入数值 0.5。在"高级弯边"对话框 弯边属性 区域 长度 文

本框中输入数值 5，在 角度 文本框中输入数值 90，方向为 Z 轴的负方向，在 内嵌 下拉列表

中选择 折弯外侧 选项。其他为默认，单击"高级弯边"对话框的 <确定> 按钮，完成高级弯

边特征 1 的创建。

Step6. 创建图 5.9 所示的高级弯边特征 2。选择下拉菜单 插入(S) ➡ NX 高级钣金 ▶

➡ 高级弯边(A)... 命令，系统弹出"高级弯边"对话框。在"高级弯边"对话框 类型 区

域的下拉列表中选择 按值 选项。在 基本边 区域单击 按钮，选取图 5.10 所示的边线为高级

弯边特征的基本边，单击 [折弯参数] 区域 [折弯半径] 文本框右侧的 [≡] 按钮，在弹出的菜单中选择 [使用本地值]，然后在 [折弯半径] 文本框中输入数值 0.5。在"高级弯边"对话框 [弯边属性] 区域 [长度] 文本框中输入数值 5，在 [角度] 文本框中输入数值 90，方向为 Z 轴的负方向，在 [内嵌] 下拉列表中选择 [┓ 折弯外侧] 选项。其他为默认，单击"高级弯边"对话框的 [< 确定 >] 按钮，完成高级弯边特征 2 的创建。

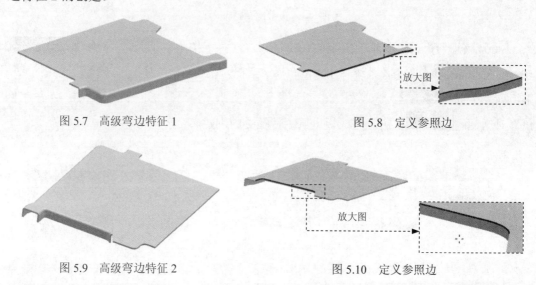

图 5.7　高级弯边特征 1　　　　　　　　　图 5.8　定义参照边

图 5.9　高级弯边特征 2　　　　　　　　　图 5.10　定义参照边

Step7. 创建图 5.11 所示的拉伸特征 1。选择下拉菜单 [插入(S)] ➞ [切削(T)▸] ➞ [□ 拉伸(E)...] 命令（或单击 [□] 按钮），系统弹出"拉伸"对话框。单击"拉伸"对话框中的"绘制截面"按钮 [圙]，系统弹出"创建草图"对话框；选取图 5.12 所示的平面为草图平面，单击 [确定] 按钮，进入草图环境；绘制图 5.13 所示的截面草图；单击 [✗ 完成草图] 按钮，退出草图环境。在 [极限] 区域的 [开始] 下拉列表中选择 [◆ 贯通] 选项，在 [结束] 下拉列表中选择 [◆ 贯通] 选项，在 [布尔] 区域的 [布尔] 下拉列表中选择 [◆ 求差] 选项。单击 [< 确定 >] 按钮，完成拉伸特征 1 的创建。

图 5.11　拉伸特征 1　　　　　图 5.12　草图平面　　　　　图 5.13　截面草图

Step8. 创建图 5.14 所示的高级弯边特征 3。选择下拉菜单 [插入(S)] ➞ [NX 高级钣金 ▸] ➞ [◆ 高级弯边(A)...] 命令，系统弹出"高级弯边"对话框。在"高级弯边"对话框 [类型] 区域的下拉列表中选择 [↑ 按值] 选项。在 [基本边] 区域单击 [◻] 按钮，选取图 5.15 所示的边线为高级弯边特征的基本边，单击 [折弯参数] 区域 [折弯半径] 文本框右侧的 [≡] 按钮，在弹出的菜单中选择 [使用本地值]，然后在 [折弯半径] 文本框中输入数值 0.5。在"高级弯边"对话框 [弯边属性] 区域 [长度] 文本框中输入数值 5，在 角度 文本框中输入数值 90，方向为 Z 轴的负方向，在 内嵌 下拉列表中选择 ⌐ 折弯外侧 选项。其他为默认，单击"高级弯边"对话框的 < 确定 > 按钮，完成高级弯边特征 3 的创建。

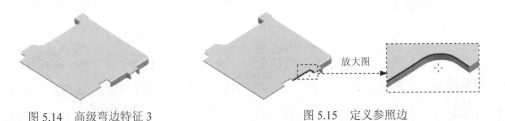

图 5.14　高级弯边特征 3　　　　　　　图 5.15　定义参照边

Step9. 创建图 5.16 所示的弯边特征 1。选择下拉菜单 插入(S) ➡ 折弯(N) ➡ ⌐ 弯边(F)... 命令，系统弹出"弯边"对话框。选取图 5.17 所示的边线为线性边。在 宽度 区域的 宽度选项 下拉列表中选择 ■ 在终点 选项，在 宽度 文本框中输入值 30，选取图 5.17 所示的点为指定点，在 弯边属性 区域的 长度 文本框中输入数值 15，在 角度 文本框中输入数值 90，在 参考长度 下拉列表中选择 ⌐ 外部 选项，在 内嵌 下拉列表中选择 ⌐ 材料内侧 选项。在 偏置 区域的 偏置 文本框中输入数值 0；在 折弯参数 区域中单击 折弯半径 文本框右侧的 ☰ 按钮，在系统弹出的菜单中选择 使用本地值 选项，然后在 折弯半径 文本框中输入数值 0.5；在 止裂口 区域中的 折弯止裂口 下拉列表中选择 ⊘ 无 选项；在 拐角止裂口 下拉列表中选择 仅折弯 选项。单击 < 确定 > 按钮，完成弯边特征 1 的创建。

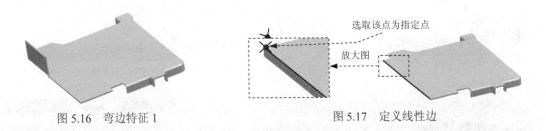

图 5.16　弯边特征 1　　　　　　　图 5.17　定义线性边

Step10. 创建图 5.18 所示的弯边特征 2。选择下拉菜单 插入(S) ➡ 折弯(N) ➡ ⌐ 弯边(F)... 命令，系统弹出"弯边"对话框。选取图 5.19 所示的边线为线性边。在 宽度 区域的 宽度选项 下拉列表中选择 ■ 在终点 选项，在 宽度 文本框中输入值 30，选取图 5.19 所示的点为指定点，在 弯边属性 区域的 长度 文本框中输入数值 15，在 角度 文本框中输入数值 90，在 参考长度 下拉列表中选择 ⌐ 外部 选项，在 内嵌 下拉列表中选择 ⌐ 材料内侧 选项。在 偏置 区域的 偏置 文本框中输入数值 0；在 折弯参数 区域中单击 折弯半径 文本框右侧的 ☰ 按钮，在系统弹出的菜单中选择 使用本地值 选项，然后在 折弯半径 文本框中输入数值 0.5；在 止裂口 区域中的 折弯止裂口 下拉列表中选择 ⊘ 无 选项；在 拐角止裂口 下拉列表中选择 仅折弯 选项。单击 < 确定 > 按钮，完成弯边特征 2 的创建。

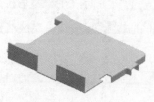

图 5.18　弯边特征 2

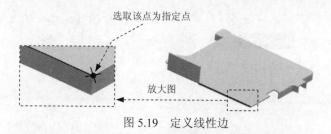

选取该点为指定点

放大图

图 5.19　定义线性边

　　Step11. 创建图 5.20 所示的弯边特征 3。选择下拉菜单 插入(S) ➡ 折弯(N)▶ ➡ 弯边(F)... 命令，系统弹出"弯边"对话框。选取图 5.21 所示的边线为线性边。在 截面 区域单击 按钮，绘制图 5.22 所示的截面草图。绘制完成后单击 完成草图 按钮。在 弯边属性 区域的 匹配面 下拉列表中选择 无 选项，在 角度 文本框中输入数值 90，在 内嵌 下拉列表中选择 折弯外侧 选项。在 偏置 区域的 偏置 文本框中输入数值 0；在 折弯参数 区域中单击 折弯半径 文本框右侧的 按钮，在系统弹出的菜单中选择 使用本地值 选项，然后在 折弯半径 文本框中输入数值 0.5；在 止裂口 区域中的 折弯止裂口 下拉列表中选择 无 选项；在 拐角止裂口 下拉列表中选择 仅折弯 选项。单击 ＜确定＞ 按钮，完成弯边特征 3 的创建。

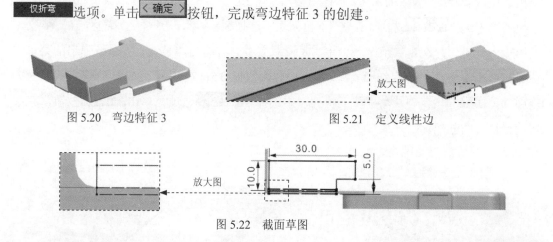

图 5.20　弯边特征 3

放大图

图 5.21　定义线性边

放大图

30.0

5.0

10.0

图 5.22　截面草图

　　Step12. 创建图 5.23 所示的高级弯边特征 4。选择下拉菜单 插入(S) ➡ NX 高级钣金▶ ➡ 高级弯边(A)... 命令，系统弹出"高级弯边"对话框。在"高级弯边"对话框 类型 区域的下拉列表中选择 按值 选项。在 基本边 区域单击 按钮，选取图 5.24 所示的边线为高级弯边特征的基本边，单击 折弯参数 区域 折弯半径 文本框右侧的 按钮，在弹出的菜单中选择 使用本地值，然后在 折弯半径 文本框中输入数值 0.5。在"高级弯边"对话框 弯边属性 区域 长度 文本框中输入数值 10，在 角度 文本框中输入数值 90，方向为 Z 轴的正方向，在 内嵌 下拉列表中选择 折弯外侧 选项。其他为默认，单击"高级弯边"对话框的 ＜确定＞ 按钮，完成高级弯边特征 4 的创建。

　　Step13.创建图 5.25 所示的钣金倒角特征 3。选择下拉菜单 插入(S) ➡ 拐角(O)...▶ ➡ 倒角(B)... 命令，系统弹出"倒角"对话框。在"倒角"对话框 倒角属性 区域的 方法 下拉列表中选择 圆角。选取八条边线，在 半径 文本框中输入 1。单击"倒角"对话框的

$\boxed{\text{〈确定〉}}$按钮，完成钣金倒角特征 3 的创建。

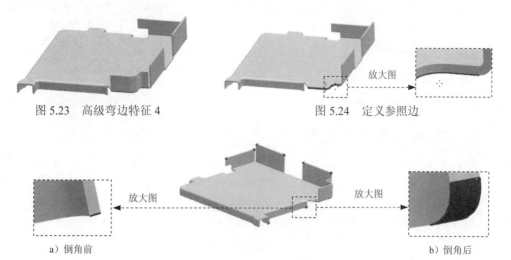

图 5.23　高级弯边特征 4　　　　图 5.24　定义参照边

a）倒角前　　　　　　　　　　　b）倒角后

图 5.25　钣金倒角特征 3

Step14. 创建图 5.26 所示的拉伸特征 2。选择下拉菜单 $\boxed{\text{插入}(S)}$ ➡ $\boxed{\text{切削}(T) \blacktriangleright}$ ➡ $\boxed{\text{拉伸}(E)...}$ 命令（或单击 $\boxed{\text{拉伸}}$ 按钮），系统弹出"拉伸"对话框。单击"拉伸"对话框中的"绘制截面"按钮 $\boxed{\text{绘}}$，系统弹出"创建草图"对话框；选取 XZ 基准平面为草图平面，单击 $\boxed{\text{确定}}$ 按钮，进入草图环境；绘制图 5.27 所示的截面草图；单击 $\boxed{\text{完成草图}}$ 按钮，退出草图环境。在 $\boxed{\text{极限}}$ 区域的 $\boxed{\text{开始}}$ 下拉列表中选择 $\boxed{\text{贯通}}$ 选项，在 $\boxed{\text{结束}}$ 下拉列表中选择 $\boxed{\text{值}}$ 选项，在 $\boxed{\text{距离}}$ 文本框中输入数值 0，在 $\boxed{\text{布尔}}$ 区域的 $\boxed{\text{布尔}}$ 下拉列表中选择 $\boxed{\text{求差}}$ 选项。单击 $\boxed{\text{〈确定〉}}$ 按钮，完成拉伸特征 2 的创建。

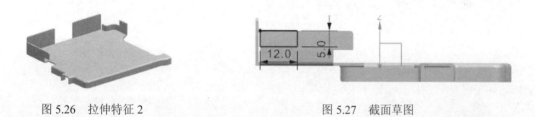

图 5.26　拉伸特征 2　　　　　　　图 5.27　截面草图

Step15. 创建图 5.28 所示的拉伸特征 3。选择下拉菜单 $\boxed{\text{插入}(S)}$ ➡ $\boxed{\text{切削}(T) \blacktriangleright}$ ➡ $\boxed{\text{拉伸}(E)...}$ 命令（或单击 $\boxed{\text{拉伸}}$ 按钮），系统弹出"拉伸"对话框。单击"拉伸"对话框中的"绘制截面"按钮 $\boxed{\text{绘}}$，系统弹出"创建草图"对话框；选取 XY 基准平面为草图平面，单击 $\boxed{\text{确定}}$ 按钮，进入草图环境；绘制图 5.29 所示的截面草图；单击 $\boxed{\text{完成草图}}$ 按钮，退出草图环境。在 $\boxed{\text{极限}}$ 区域的 $\boxed{\text{开始}}$ 下拉列表中选择 $\boxed{\text{贯通}}$ 选项，在 $\boxed{\text{结束}}$ 下拉列表中选择 $\boxed{\text{贯通}}$ 选项，在 $\boxed{\text{布尔}}$ 区域的 $\boxed{\text{布尔}}$ 下拉列表中选择 $\boxed{\text{求差}}$ 选项。单击 $\boxed{\text{〈确定〉}}$ 按钮，完成拉伸特征 3 的创建。

Step16. 保存钣金件模型。选择下拉菜单 $\boxed{\text{文件}(F)}$ ➡ $\boxed{\text{保存}(S)}$ 命令，即可保存钣金件模型。

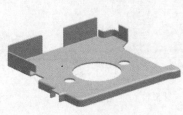

图 5.28　拉伸特征 3

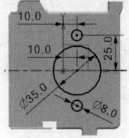

图 5.29　截面草图

实例 **6** 水 嘴 底 座

实例概述:

    本实例详细讲解了水嘴底座的设计过程,主要应用了拉伸、直纹、孔、实体冲压等命令,需要读者注意的是"实体冲压"命令的操作创建方法及过程。钣金件模型及相应的模型树如图 6.1 所示。

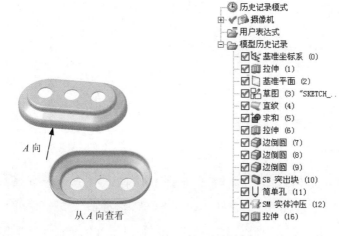

图 6.1 钣金件模型及模型树

    Step1. 新建文件。选择下拉菜单 文件(F) ➡ 新建(N)... 命令,系统弹出"新建"对话框,在 模板 区域中选取模板类型为 模型,在 新文件名 区域的 名称 文本框中输入文件名称 water_hop_bottom。

    Step2. 创建图 6.2 所示的拉伸特征 1 作为零件模型的基础特征。选择下拉菜单 插入(S) ➡ 设计特征(E) ▶ ➡ 拉伸(E)... 命令(或单击 按钮);单击 按钮,选取 XY 平面为草图平面,选中 设置 区域的 ☑ 创建中间基准 CSYS 复选框,单击 确定 按钮,绘制图 6.3 所示的截面草图;拉伸方向采用系统默认的矢量方向,在"拉伸"对话框 限制 区域的 开始 下拉列表中选择 值 选项,并在其下的 距离 文本框中输入数值 0;在 限制 区域的 结束 下拉列表中选择 值 选项,并在其下的 距离 文本框中输入数值 10,单击 〈 确定 〉 按钮,完成拉伸特征 1 的创建。

图 6.2 拉伸特征 1

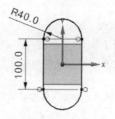

图 6.3 截面草图

Step3. 创建图 6.4 所示的基准平面。选择下拉菜单 插入(S) ➡ 基准/点(D) ➡ 基准平面(D)... 命令，系统弹出"基准平面"对话框；在"基准平面"对话框 类型 区域的下拉列表中选择 按某一距离 选项。在 平面参考 区域单击 ⊕ 按钮，选取 XY 基准平面为参考平面；在 偏置 区域的 距离 文本框中输入数值 10；单击"反向"按钮 ；其他采用系统默认设置；单击 < 确定 > 按钮，完成基准平面的创建。

Step4. 创建图 6.5 所示的草图。选择下拉菜单 插入(S) ➡ 在任务环境中绘制草图(V)... 命令，选取 Step3 创建的基准平面为草图平面，取消选中 设置 区域的 □ 创建中间基准 CSYS 复选框，绘制图 6.5 所示的草图。

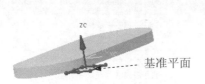

图 6.4 基准平面

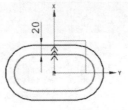

图 6.5 草图

Step5. 创建图 6.6b 所示的直纹特征。选择下拉菜单 插入(S) ➡ 网格曲面(M) ➡ 直纹(R)... 命令（或在"曲面"工具栏中单击"直纹"按钮 ），系统弹出"直纹"对话框；在图形区中选取图 6.6a 所示的曲线串 1，单击中键确认；在图形区中选取图 6.6a 所示的曲线串 2；在"直纹"对话框中选择 对齐 下拉列表中的 参数 选项；在"直纹"对话框中单击 < 确定 > 按钮，完成直纹的创建。

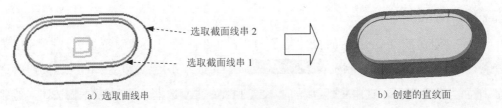

选取截面线串 2

选取截面线串 1

a）选取曲线串

b）创建的直纹面

图 6.6 创建直纹特征

Step6. 对实体进行求和。选择下拉菜单 插入(S) ➡ 组合(B) ➡ 求和(U)... 命令，系统弹出"求和"对话框；选取图 6.7 所示的实体为目标体，选取图 6.8 所示的实体为工具体，单击 < 确定 > 按钮，完成布尔求和操作。

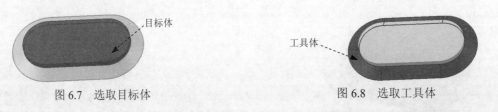

目标体

工具体

图 6.7 选取目标体

图 6.8 选取工具体

Step7. 创建图 6.9 所示的拉伸特征 2。选择下拉菜单 插入(S) ➡ 设计特征(E) ➡

□ 拉伸(E)... 命令（或单击 □ 按钮）；选取图 6.10 所示的直纹特征外轮廓为截面草图；拉伸方向采用系统默认的矢量方向。在 限制 区域的 开始 下拉列表中选择 值 选项，并在其下的 距离 文本框中输入数值 0；在 限制 区域的 结束 下拉列表中选择 值 选项，并在其下的 距离 文本框中输入数值 15；在 布尔 区域中的下拉列表中选择 求和 选项，采用系统默认的求和对象；单击"拉伸"对话框中的 < 确定 > 按钮，完成拉伸特征 2 的创建。

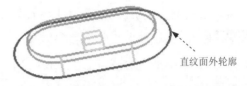

直纹面外轮廓

图 6.9 拉伸特征 2   图 6.10 截面草图

Step8. 创建图 6.11b 所示的圆角特征 1。选择下拉菜单 插入(S) ➡ 细节特征(L) ▶ ➡ 边倒圆(E) 命令，系统弹出"边倒圆"对话框。选取图 6.11a 所示的边线为边倒圆参照边，在 半径 1 文本框中输入圆角半径值 3。

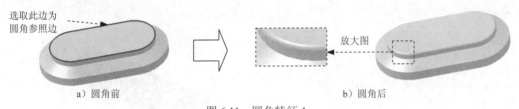

选取此边为圆角参照边   放大图

a）圆角前   b）圆角后

图 6.11 圆角特征 1

Step9. 创建圆角特征 2。选取图 6.12 所示的边为圆角参照边，圆角半径值为 5。

Step10. 创建圆角特征 3。选取图 6.13 所示的边为圆角参照边，圆角半径值为 8。

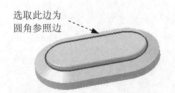
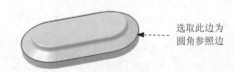

选取此边为圆角参照边   选取此边为圆角参照边

图 6.12 选取圆角参照边 2   图 6.13 选取圆角参照边 3

Step11. 创建图 6.14 所示的突出块特征。选择下拉菜单 启动▾ ➡ 钣金(L)... 命令，进入"NX 钣金"设计环境；选择下拉菜单 插入(S) ➡ 突出块(B) 命令，系统弹出"突出块"对话框；单击 图 按钮，选取图 6.15 所示的模型底面为草图平面，单击 确定 按钮，绘制图 6.16 所示的截面草图；单击 厚度 文本框右侧的 三 按钮，在系统弹出的快捷菜单命令中选择 使用全局值 选项，厚度 文本框中输入数值 2，单击"反向"按钮 ；其他采用系统默认设置；单击 < 确定 > 按钮，完成突出块特征的创建。

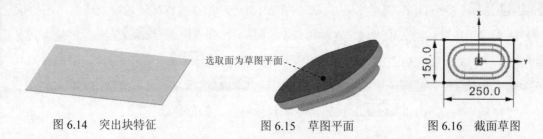

图 6.14　突出块特征　　　　图 6.15　草图平面　　　　图 6.16　截面草图

Step12. 创建图 6.17 所示的孔特征。选择下拉菜单 插入(I) ➡ 设计特征(E) ➡ 孔(H)... 命令，系统弹出"孔"对话框；在"孔"对话框的 类型 下拉列表中选择 常规孔 选项；在"孔"对话框中单击 按钮，在图 6.18 所示的模型表面上单击以确定该面为孔的放置面，单击 确定 按钮，进入草图环境后创建图 6.19 所示的 3 个点并添加相应的几何约束，完成后退出草图；在"孔"对话框的 成形 下拉列表中选择 简单 选项，在 直径 后的文本框中输入数值 30，在 形状和尺寸 区域的 深度限制 下拉列表中选择 贯通体 选项，单击 确定 按钮完成特征的创建。

说明：图 6.19 所示的孔的定位草图中，点 1 和点 3 与圆弧轮廓的圆心重合，点 2 与原点重合。

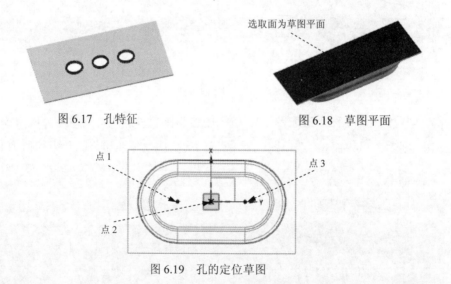

图 6.17　孔特征　　　　　　　　　图 6.18　草图平面

图 6.19　孔的定位草图

Step13. 创建图 6.20 所示的实体冲压特征。选择下拉菜单 插入(S) ➡ 冲孔(H) ➡ 实体冲压(S) 命令，系统弹出"实体冲压"对话框。在"实体冲压"对话框 类型 下拉列表中选择 冲模 选项，选取图 6.21 所示的面为目标面，选取图 6.22 所示的实体为工具体；选中 ☑ 自动判断厚度、☑ 隐藏工具体 和 ☑ 恒定厚度 复选框，取消选中 实体冲压属性 区域中 ☐ 自动质心 复选框和 倒圆 区域中 ☐ 实体冲压边倒圆 复选框，单击"实体冲压"对话框中的 确定 按钮，完成实体冲压特征的创建。

图 6.20　实体冲压特征

图 6.21　目标面

Step14. 创建图 6.23 所示的拉伸特征 3。选择下拉菜单 插入(S) ➡ 切削(T) ▸ ➡ 拉伸(E)... 命令（或单击 按钮）；选取图 6.24 所示的平面为草图平面，绘制图 6.25 所示的截面草图；单击 反向 后的 按钮，在 限制 区域的 开始 下拉列表中选择 值 选项，并在其下的 距离 文本框中输入数值 0；在 限制 区域的 结束 下拉列表中选择 贯通 选项；在 布尔 区域中的下拉列表中选择 求差 选项，采用系统默认的求差对象；单击"拉伸"对话框中的 ＜确定＞ 按钮，完成拉伸特征的创建。

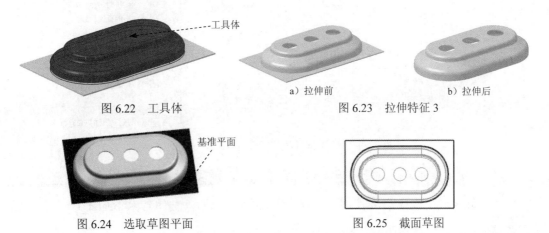

图 6.22　工具体

a）拉伸前　　　　b）拉伸后

图 6.23　拉伸特征 3

图 6.24　选取草图平面

图 6.25　截面草图

Step15. 保存钣金件模型。选择下拉菜单 文件(F) ➡ 保存(S) 命令，即可保存钣金件模型。

实例 **7** 暖 气 罩

实例概述:

本实例详细讲解了暖气罩的设计过程,主要应用了轮廓弯边、伸直、弯边、法向除料、百叶窗、镜像、阵列特征等命令,需要读者注意的是"伸直"和"重新折弯"命令的操作创建方法及过程。钣金件模型及相应的模型树如图 7.1 所示。

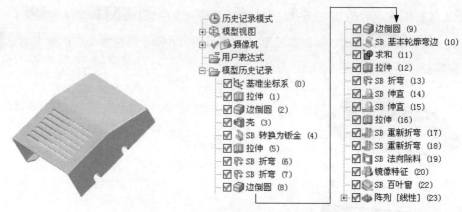

图 7.1 钣金件模型及设计树

Step1. 新建文件。选择下拉菜单 文件(F) ➜ 新建(N)... 命令,系统弹出"新建"对话框。在 模板 区域中选择 NX 钣金 模板,在 名称 文本框中输入文件名称 heater_cover,单击 确定 按钮,进入钣金环境。

Step2. 创建图 7.2 所示的拉伸特征 1。选择下拉菜单 启动▾ ➜ 建模(M)... 命令,进入建模环境;选择下拉菜单 插入(S) ➜ 设计特征(E)▸ ➜ 拉伸(E)... 命令,系统弹出"拉伸"对话框;单击"拉伸"对话框中的"绘制截面"按钮 ,系统弹出"创建草图"对话框;选取 ZX 平面为草图平面,选中 设置 区域的 ☑ 创建中间基准 CSYS 复选框,单击 确定 按钮,进入草图环境;绘制图 7.3 所示的截面草图;单击 完成草图 按钮,退出草图环境;在"拉伸"对话框 限制 区域的 开始 下拉列表中选择 对称值 选项,并在其下的 距离 文本框中输入数值 40;其他采用系统默认设置;单击 < 确定 > 按钮,完成拉伸特征 1 的创建。

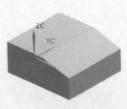

图 7.2 拉伸特征 1

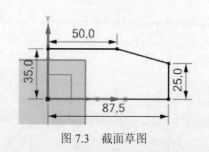

图 7.3 截面草图

Step3. 创建图 7.4b 所示的边倒圆特征 1。选择下拉菜单 插入(S) ➡️ 细节特征(L) ▶ ➡️ 🔲 边倒圆(E)命令，选取图 7.4a 所示的边线为边倒圆参照，在 半径 1 文本框中输入值 15；单击"边倒圆"对话框的 <确定> 按钮，完成边倒圆特征 1 的创建。

选取圆角边线

a）圆角前　　　　　　　　　　b）圆角后

图 7.4　边倒圆特征 1

Step4. 创建图 7.5b 所示的抽壳特征 1。选择下拉菜单 插入(S) ➡️ 偏置/缩放(O) ➡️ 🔲 抽壳(H)命令；在 类型 下拉列表中选择 🔲 移除面，然后抽壳 选项；选取图 7.5a 所示的模型表面作为抽壳移除的面（抽壳方向指向模型内部），在 厚度 文本框中输入数值 1；单击 <确定> 按钮，完成抽壳特征 1 的创建。

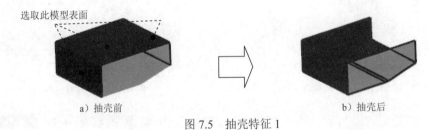

选取此模型表面

a）抽壳前　　　　　　　　　　b）抽壳后

图 7.5　抽壳特征 1

Step5. 将模型转换为钣金件。选择下拉菜单 💫 启动▾ ➡️ 💠 钣金(L)...命令，进入 NX 钣金环境；选择下拉菜单 插入(S) ➡️ 转换(V) ▶ ➡️ 🔲 转换为钣金(C)...命令，系统弹出"转换为钣金"对话框。选取图 7.6 所示的面，单击 确定 按钮，完成操作。

Step6. 创建图 7.7 所示的拉伸特征 2。选择下拉菜单 插入(S) ➡️ 切削(T) ▶ ➡️ 🔲 拉伸(E)...命令；选取图 7.8 所示的模型表面为草图平面，取消选中 设置 区域的 ☐ 创建中间基准 CSYS 复选框，绘制图 7.9 所示的截面草图，单击"反向"按钮 ✗；在 开始 下拉列表中选择 🔲 值选项，在 距离 文本框中输入数值 0；在 结束 下拉列表中选择 🔲 贯通选项；在 布尔 区域的下拉列表中选择 🔲 求差选项，采用系统默认的求差对象，单击 <确定> 按钮，完成拉伸特征 2 的创建。

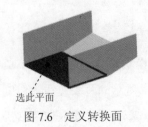

选此平面

图 7.6　定义转换面

图 7.7　拉伸特征 2

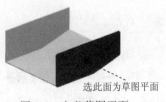

选此面为草图平面

图 7.8　定义草图平面

Step7. 创建图 7.10 所示的折弯特征 1。选择下拉菜单 插入(S) ➡ 折弯(N) ➡ ✎折弯(B)... 命令，系统弹出"折弯"对话框；选取图 7.11 所示的模型表面为草图平面，绘制图 7.12 所示的折弯线；在 折弯属性 区域中的 角度 文本框中输入折弯角度值 90，单击 反侧 后的 ✗ 按钮，并在 内嵌 后的下拉列表中选择 ꣷ 材料外侧 选项；在 折弯参数 区域中单击 折弯半径 文本框右侧的 ☰ 按钮，在系统弹出的快捷菜单中选择 使用本地值 选项，然后在 折弯半径 文本框中输入数值 0.5；其他参数采用系统默认设置值；单击 <确定> 按钮，完成折弯特征 1 的创建。

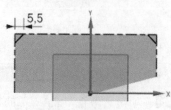

图 7.9 截面草图

图 7.10 折弯特征 1

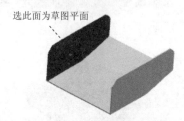

图 7.11 定义草图平面

图 7.12 绘制折弯线

Step8. 创建图 7.13 所示的折弯特征 2。选择下拉菜单 插入(S) ➡ 折弯(N) ➡ ✎折弯(B)... 命令，系统弹出"折弯"对话框；选取图 7.14 所示的模型表面为草图平面，绘制图 7.15 所示的折弯线；在 折弯属性 区域中的 角度 文本框中输入折弯角度值 90，单击 反向 后的 ✗ 按钮，并单击 反侧 后的 ✗ 按钮，并在 内嵌 后的下拉列表中选择 ꣷ 材料外侧 选项；在 折弯参数 区域中单击 折弯半径 文本框右侧的 ☰ 按钮，在系统弹出的快捷菜单中选择 使用本地值 选项，然后在 折弯半径 文本框中输入数值 0.5；其他参数采用系统默认设置值；单击 <确定> 按钮，完成折弯特征 2 的创建。

图 7.13 折弯特征 2

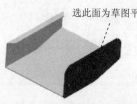

图 7.14 定义草图平面

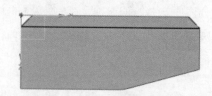

图 7.15 绘制折弯线

Step9. 创建图 7.16b 所示的边倒圆特征 2。将模型切换至"建模"环境。选择下拉菜单 插入(S) ➡ 细节特征(L) ➡ ꣷ 边倒圆(E)... 命令，选取图 7.16a 所示的两条边线为边倒圆参照，在 半径 1 文本框中输入值 1；单击"边倒圆"对话框的 <确定> 按钮，完成边倒圆特征 2 的创建。

选取圆角边线

a）圆角前　　　　　　　　　　b）圆角后

图 7.16　边倒圆特征 2

Step10. 创建图 7.17 所示的边倒圆特征 3。选取图 7.17 所示的两条边线为边倒圆参照，输入半径值 0.5；单击"边倒圆"对话框的 〈 确定 〉 按钮，完成边倒圆特征 3 的创建。

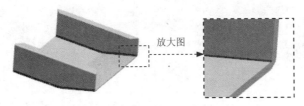

放大图

图 7.17　边倒圆特征 3

Step11. 创建图 7.18 所示的轮廓弯边特征 1。将模型切换至"NX 钣金"环境，选择下拉菜单 插入(S) ➡ 折弯(N) ▶ ➡ 🖾 轮廓弯边(C)... 命令，系统弹出"轮廓弯边"对话框；单击 🖾 按钮，系统弹出"创建草图"对话框，选取图 7.18 所示的模型边线为路径，在 位置 下拉列表中选择 弧长百分比 选项，在 弧长百分比 文本框中输入值 50；其他选项采用系统默认设置，单击 〈 确定 〉 按钮，进入草图绘制环境，绘制图 7.19 所示的截面草图；在 类型 下拉列表中选择 🖾 基本 选项；在 厚度 区域单击 f(x) 按钮，在弹出的菜单中选择 使用本地值 选项，然后在 厚度 文本框中输入值 1，单击"反向"按钮 🖾；在 宽度选项 下拉列表中选择 🖾 对称 选项，在 宽度 文本框中输入值 75；在"轮廓弯边"对话框中单击 〈 确定 〉 按钮，完成轮廓弯边特征 1 的创建。

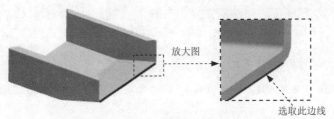

放大图

选取此边线

图 7.18　轮廓弯边特征 1

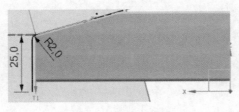

25.0　R2.0

T1　X

图 7.19　截面草图

Step12. 创建求和特征 1。将模型切换至"建模"环境，选择下拉菜单 插入(S) ➡️ 组合(B) ➡️ 求和(U).. 命令，选取图 7.20 所示的实体为目标体，选取上一步创建的轮廓弯边特征 1 为工具体；单击 <确定> 按钮，完成求和特征 1 的创建。

Step13. 创建图 7.21 所示的拉伸特征 3。选择下拉菜单 插入(S) ➡️ 设计特征(E)▶ ➡️ 拉伸(E).. 命令，选取图 7.22 所示的模型表面为草图平面，绘制图 7.23 所示的截面草图，单击"反向"按钮 ✕；在"拉伸"对话框 开始 下拉列表中选择 值 选项，在 距离 文本框中输入数值 0；在 结束 下拉列表中选择 贯通 选项；在 布尔 区域的 布尔 下拉列表中选择 求差 选项；单击 <确定> 按钮，完成拉伸特征 3 的创建。

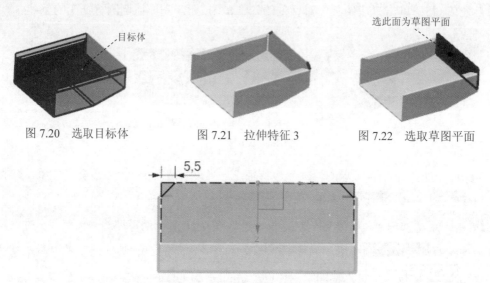

图 7.20　选取目标体　　　　图 7.21　拉伸特征 3　　　　图 7.22　选取草图平面

图 7.23　截面草图

Step14. 创建图 7.24 所示的折弯特征 3。将模型切换至"NX 钣金"设计环境，选择下拉菜单 插入(S) ➡️ 折弯(N)▶ ➡️ 折弯(B).. 命令，系统弹出"折弯"对话框；选取图 7.22 所示的模型表面为草图平面，绘制图 7.25 所示的折弯线；在 折弯属性 区域中的 角度 文本框中输入折弯角度值 90，单击 反侧 后的 ✕ 按钮，并在 内嵌 后的下拉列表中选择 材料外侧 选项；在 折弯参数 区域中单击 折弯半径 文本框右侧的 ☰ 按钮，在系统弹出的快捷菜单中选择 使用本地值 选项，然后在 折弯半径 文本框中输入数值 0.5；其他参数采用系统默认设置值；单击 <确定> 按钮，完成折弯特征 3 的创建。

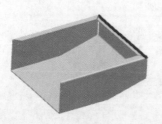
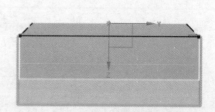

图 7.24　折弯特征 3　　　　　　　图 7.25　绘制折弯线

Step15. 创建图 7.26 所示的伸直特征 1。选择下拉菜单 插入(S) ➡ 成形(R)▶ ➡ 伸直(U)... 命令，系统弹出"伸直"对话框。选取图 7.27 所示的表面为伸直固定面；在系统 选择折弯 的提示下，选取图 7.28 所示的折弯面；在"伸直"对话框中单击 〈确定〉 按钮，完成伸直特征 1 的创建。

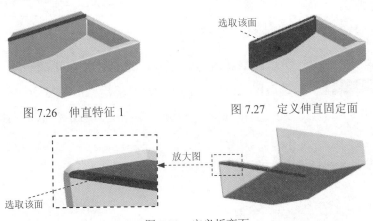

图 7.26　伸直特征 1　　　　　图 7.27　定义伸直固定面

图 7.28　定义折弯面

Step16. 创建图 7.29 所示的伸直特征 2。选择下拉菜单 插入(S) ➡ 成形(R)▶ ➡ 伸直(U)... 命令，系统弹出"伸直"对话框。选取图 7.30 所示的表面为伸直固定面；在系统 选择折弯 的提示下，选取图 7.31 所示的折弯面；在"伸直"对话框中单击 〈确定〉 按钮，完成伸直特征 2 的创建。

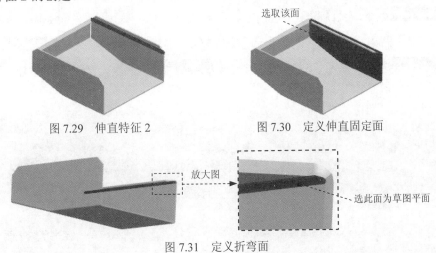

图 7.29　伸直特征 2　　　　　图 7.30　定义伸直固定面

图 7.31　定义折弯面

Step17. 创建图 7.32 所示的拉伸特征 4。选择下拉菜单 插入(S) ➡ 切削(T)▶ ➡ 拉伸(E)... 命令，选取图 7.33 所示的模型表面为草图平面，绘制图 7.34 所示的截面草图，单击"反向"按钮 ；在"拉伸"对话框 开始 下拉列表中选择 值 选项，在 距离 文本框中输入数值 0；在 结束 下拉列表中选择 贯通 选项；在 布尔 区域的 布尔 下拉列表中选择 求差 选项；单击 〈确定〉 按钮，完成拉伸特征 4 的创建。

图 7.32　拉伸特征 4

图 7.33　选取草图平面

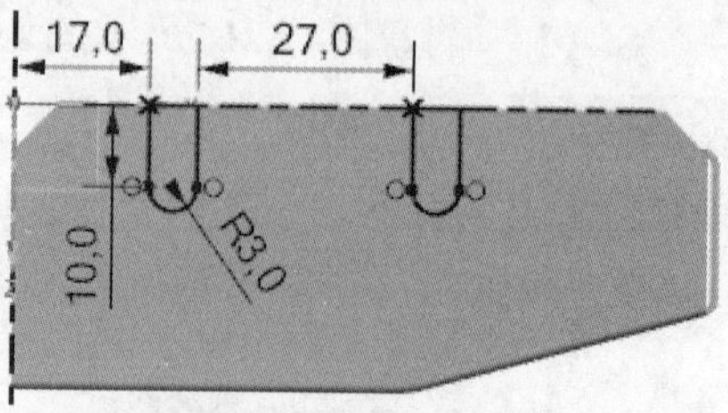

选此面为草图平面

图 7.34　截面草图

Step18. 创建图 7.35 所示的重新折弯特征 1。选择下拉菜单 插入(S) ➡ 成形(R)▶ ➡ 重新折弯(R)... 命令。选取图 7.35 所示的固定面，然后在图 7.28 所示的模型中选取执行重新折弯操作的折弯面；在"重新折弯"对话框中单击 确定 按钮，完成重新折弯特征 1 的创建。

Step19. 参照 Step18 创建图 7.36 所示的重新折弯特征 2。

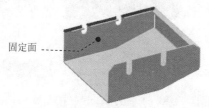

固定面

图 7.35　重新折弯特征 1

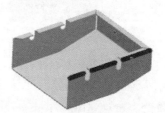

图 7.36　重新折弯特征 2

Step20. 创建图 7.37 所示的法向除料特征 1。选择下拉菜单 插入(S) ➡ 切削(T)▶ ➡ 法向除料(N)... 命令，系统弹出"法向除料"对话框；单击 按钮，选取图 7.38 所示的模型表面为草图平面，绘制图 7.39 所示的除料截面草图；在 除料属性 区域的 切削方法 下拉列表中选择 厚度 选项；在 限制 下拉列表中选择 直至下一个 选项；单击 确定 按钮，完成法向除料特征 1 的创建。

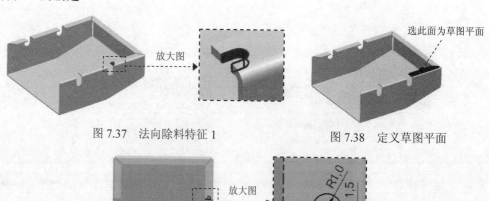

放大图

图 7.37　法向除料特征 1

选此面为草图平面

图 7.38　定义草图平面

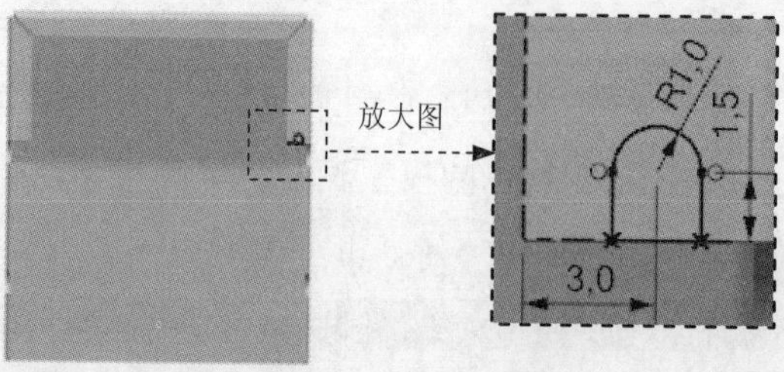

放大图

图 7.39　除料截面草图

34

Step21. 创建图 7.40 所示的镜像特征 1。选择下拉菜单 插入(S) ➡ 关联复制(A)▶ ➡ 镜像特征(M)... 命令，选取法向除料特征 1 为镜像源特征，选取 ZX 基准平面为镜像平面，单击 确定 按钮，完成镜像特征 1 的创建。

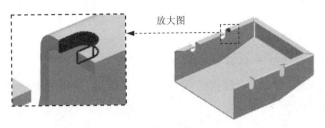

图 7.40 镜像特征 1

Step22. 创建图 7.41 所示的百叶窗特征 1。选择下拉菜单 插入(S) ➡ 冲孔(H)▶ ➡ 百叶窗(L)... 命令，系统弹出"百叶窗"对话框；单击 ▦ 按钮，选取图 7.42 所示的模型表面为草图平面，绘制图 7.43 所示的百叶窗截面草图；在 百叶窗属性 区域中的 深度 文本框中输入数值 1.5，单击 反向 后的 ✗ 按钮，在 宽度 文本框中输入数值 3，在 百叶窗形状 下拉列表中选择 冲裁的 选项，在 倒圆 区域中选中 ☑ 百叶窗边倒圆 复选框，在 凹模半径 文本框中输入数值 0.5；单击"百叶窗"对话框的 < 确定 > 按钮，完成百叶窗特征 1 的创建。

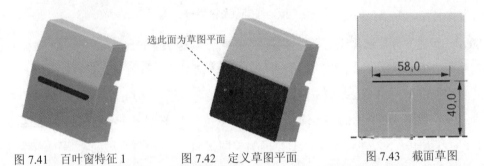

图 7.41 百叶窗特征 1   图 7.42 定义草图平面   图 7.43 截面草图

Step23. 后面的详细操作过程请参见随书光盘中 video\ch07\reference\文件下的语音视频讲解文件 heater_cover-r01.avi。

实例 **8** 水 果 刀

实例概述:

本实例详细讲解了图 8.1 所示水果刀的创建过程，主要应用了突出块、折弯及拉伸命令等。需要读者注意的是，在设计零件模型时可以将不同模块的命令混合起来使用，本例就将 NX 钣金模块及其建模模块的命令混合使用，该方法值得读者借鉴。钣金件模型及相应的模型树如图 8.1 所示。

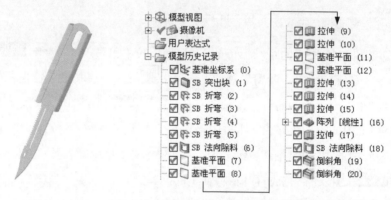

图 8.1　钣金件模型及模型树

Step1. 新建文件。选择下拉菜单 文件(F) ➡ 新建(N)... 命令，系统弹出"新建"对话框。在 模型 选项卡 模板 区域下的列表中选择 NX 钣金 模板，在 新文件名 区域的 名称 文本框中输入文件名称 knife，单击 确定 按钮，进入"NX 钣金"设计环境。

Step2. 创建图 8.2 所示的突出块特征。选择下拉菜单 插入(S) ➡ 突出块(B)... 命令，系统弹出"突出块"对话框；选取 XY 平面为草图平面，选中 设置 区域的 ☑ 创建中间基准 CSYS 复选框，绘制图 8.3 所示的截面草图；在文本框中输入厚度值 1，厚度方向采用系统默认的矢量方向；单击 < 确定 > 按钮，完成突出块特征的创建。

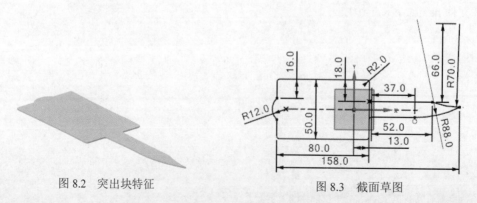

图 8.2　突出块特征　　　　　　　图 8.3　截面草图

Step3. 创建图 8.4 所示的折弯特征 1。选择下拉菜单 插入(S) ➡ 折弯(N) ▶ ➡

折弯(B)...命令，系统弹出"折弯"对话框；选取图 8.5 所示的表面为草图平面，绘制图 8.6 所示的折弯线；在"折弯"对话框中将 内嵌 设置为 折弯中心线轮廓 选项，在 角度 文本框中输入折弯角度值 90，在 折弯参数 区域中单击 折弯半径 文本框右侧的 按钮，在系统弹出的菜单中选择 使用本地值 选项，然后在 折弯半径 文本框中输入值 1；单击 反向 后的 按钮，其他参数采用系统默认设置值；单击"折弯"对话框的 < 确定 > 按钮，完成折弯特征 1 的创建。

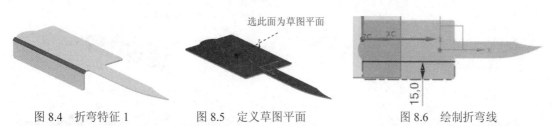

图 8.4 折弯特征 1   图 8.5 定义草图平面   图 8.6 绘制折弯线

Step4. 创建图 8.7 所示的折弯特征 2。选择下拉菜单 插入(S) ➡ 折弯(N) ➡ 折弯(B)...命令；选取图 8.8 所示的表面为草图平面，绘制图 8.9 所示的折弯线；在"折弯"对话框中将 内嵌 设置为 折弯中心线轮廓 选项，在 角度 文本框中输入折弯角度值 90，在 折弯参数 区域中单击 折弯半径 文本框右侧的 按钮，在系统弹出的菜单中选择 使用本地值 选项，然后在 折弯半径 文本框中输入值 1；单击 反向 后的 按钮，其他参数采用系统默认设置值；单击 < 确定 > 按钮，完成折弯特征 2 的创建。

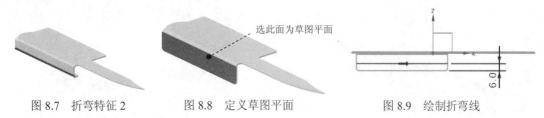

图 8.7 折弯特征 2   图 8.8 定义草图平面   图 8.9 绘制折弯线

Step5. 创建图 8.10 所示的折弯特征 3。选择下拉菜单 插入(S) ➡ 折弯(N) ➡ 折弯(B)...命令；选取图 8.11 所示的表面为草图平面，绘制图 8.12 所示的折弯线；定义折弯参数，在"折弯"对话框中将 内嵌 设置为 折弯中心线轮廓 选项，在 角度 文本框中输入折弯角度值 90，在 折弯参数 区域中单击 折弯半径 文本框右侧的 按钮，在系统弹出的菜单中选择 使用本地值 选项，然后在 折弯半径 文本框中输入值 1；单击 反向 后的 按钮，再单击 反侧 后的 按钮；其他参数采用系统默认设置值；单击 < 确定 > 按钮，完成折弯特征 3 的创建。

图 8.10 折弯特征 3   图 8.11 定义草图平面   图 8.12 绘制折弯线

Step6. 创建图 8.13 所示的折弯特征 4。选择下拉菜单 插入(S) ➡ 折弯(N) ➡

折弯(B)... 命令；选取图 8.14 所示的表面为草图平面，绘制图 8.15 所示的折弯线；在"折弯"对话框中将 内嵌 设置为 折弯中心线轮廓 选项，在 角度 文本框中输入折弯角度值 90，在 折弯参数 区域中单击 折弯半径 文本框右侧的 按钮，在系统弹出的菜单中选择 使用本地值 选项，然后在 折弯半径 文本框中输入值 1；单击 反向 后的 按钮，其他参数采用系统默认设置值；单击 < 确定 > 按钮，完成折弯特征 4 的创建。

图 8.13　折弯特征 4

选此面为草图平面

图 8.14　定义草图平面

Step7. 创建图 8.16 所示的法向除料特征 1。选择下拉菜单 插入(S) → 切削(T) ▸ → 法向除料(N)... 命令；选取图 8.17 所示的模型表面为草图平面，绘制图 8.18 所示的除料截面草图；在 除料属性 区域的 切削方法 下拉列表中选择 厚度 选项，在 限制 下拉列表中选择 直至下一个 选项，接受系统默认的除料方向；单击 < 确定 > 按钮，完成特征的创建。

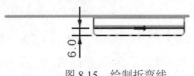

6.0

图 8.15　绘制折弯线

图 8.16　法向除料特征 1

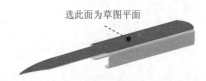

选此面为草图平面

图 8.17　定义草图平面

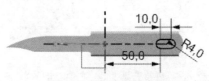

10.0

50.0

R4.0

图 8.18　除料截面草图

Step8. 创建图 8.19 所示的基准平面 1。选择下拉菜单 插入(S) → 基准/点(D) → 基准平面(D)... 命令，系统弹出"基准平面"对话框；在 类型 区域的下拉列表中选择 成一角度 选项；选取图 8.19 所示的平面为参考平面，选取图 8.20 所示的中心线为参考轴；在 角度 文本框内输入角度值 65，单击 < 确定 > 按钮，完成基准平面 1 的创建。

Step9. 创建图 8.21 所示的基准平面 2。选择下拉菜单 插入(S) → 基准/点(D) → 基准平面(D)... 命令；在 类型 下拉列表中选择 成一角度 选项；选取图 8.21 所示的平面为参考平面，选取图 8.20 所示的中心线为参考轴；在 角度 文本框内输入角度值-65；单击 < 确定 > 按钮，完成基准平面 2 的创建。

Step10. 创建图 8.22 所示的拉伸特征 1。选择下拉菜单 插入(S) → 切削(T) ▸ → 拉伸(E)... 命令；选取基准平面 1 为草图平面，绘制图 8.23 所示的截面草图；在 方向 区域中单击"反向"按钮；在 开始 下拉列表中选择 值 选项，并在其下的 距离 文本框中输入数值 0；在 结束 下拉列表中选择 贯通 选项；在 布尔 下拉列表中选择 求差 选项，采用系统默认求差对象；单击 确定 按钮，完成拉伸特征 1 的创建。

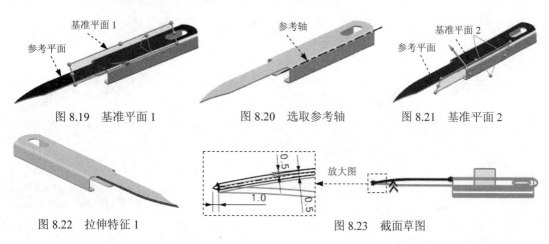

图 8.19 基准平面 1   图 8.20 选取参考轴   图 8.21 基准平面 2

图 8.22 拉伸特征 1   图 8.23 截面草图

Step11. 创建图 8.24 所示的拉伸特征 2。选择下拉菜单 插入(S) ➡ 切削(T)▶ ➡ 拉伸(E)... 命令，选取基准平面 2 为草图平面，绘制图 8.25 所示的截面草图，拉伸方向采用系统默认的矢量方向；在 开始 下拉列表中选择 值 选项，并在其下的 距离 文本框中输入数值 0；在 结束 下拉列表中选择 贯通 选项；在 布尔 下拉列表中选择 求差 选项，采用系统默认求差对象；单击 确定 按钮，完成拉伸特征 2 的创建。

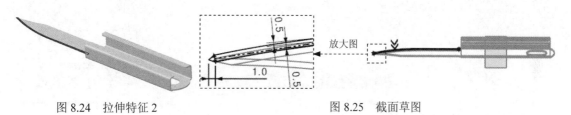

图 8.24 拉伸特征 2   图 8.25 截面草图

Step12. 创建图 8.26 所示的基准平面 3。选择下拉菜单 插入(S) ➡ 基准/点(D) ➡ 基准平面(D)... 命令；在 类型 下拉列表中选择 成一角度 选项；选取图 8.26 所示的平面为参考平面，选取图 8.27 所示的中心线为参考轴，在 角度 文本框内输入角度值-75；单击 确定 按钮，完成基准平面 3 的创建。

Step13. 创建图 8.28 所示的基准平面 4。选择下拉菜单 插入(S) ➡ 基准/点(D) ➡ 基准平面(D)... 命令；在 类型 下拉列表中选择 成一角度 选项；选取图 8.28 所示的平面为参考平面，选取图 8.27 所示的中心线为参考轴，在 角度 文本框内输入角度值 75；单击 确定 按钮，完成基准平面 4 的创建。

Step14. 创建图 8.29 所示的拉伸特征 3。选择下拉菜单 插入(S) ➡ 切削(T)▶ ➡ 拉伸(E)... 命令；选取基准平面 3 为草图平面，绘制图 8.30 所示的截面草图，拉伸方向采用系统默认的矢量方向；在 开始 下拉列表中选择 值 选项，并在其下的 距离 文本框中输入数值 0;在 结束 下拉列表中选择 贯通 选项;在 布尔 下拉列表中选择 求差 选项;单击 确定 按钮,完成拉伸特征 3 的创建。

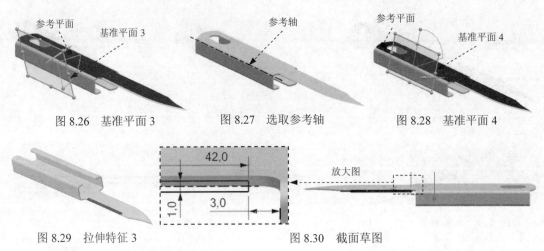

图 8.26　基准平面 3　　　　图 8.27　选取参考轴　　　　图 8.28　基准平面 4

图 8.29　拉伸特征 3　　　　　　　图 8.30　截面草图

Step15. 创建图 8.31 所示的拉伸特征 4。选择下拉菜单 插入(S) ➡ 切削(T) ➡ 拉伸(E)... 命令;选取基准平面 4 为草图平面,绘制图 8.32 所示的截面草图,在 方向 区域中单击"反向"按钮 ✕;在 开始 下拉列表中选择 值 选项,并在其下的 距离 文本框中输入数值 0;在 结束 下拉列表中选择 贯通 选项;在 布尔 下拉列表中选择 求差 选项;单击 确定 按钮,完成拉伸特征 4 的创建。

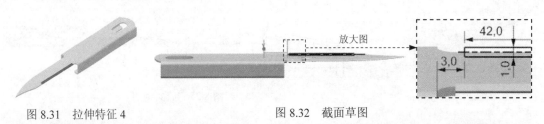

图 8.31　拉伸特征 4　　　　　　　图 8.32　截面草图

Step16. 创建图 8.33 所示的拉伸特征 5。选择下拉菜单 插入(S) ➡ 切削(T) ➡ 拉伸(E)... 命令;选取图 8.34 所示的模型表面为草图平面,绘制图 8.35 所示的截面草图,在 方向 区域中单击"反向"按钮 ✕;在 开始 下拉列表中选择 值 选项,并在其下的 距离 文本框中输入数值 0;在 结束 下拉列表中选择 贯通 选项;在 布尔 下拉列表中选择 求差 选项;单击 确定 按钮,完成拉伸特征 5 的创建。

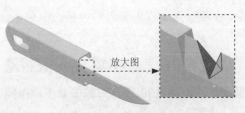

图 8.33　拉伸特征 5

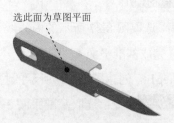

图 8.34　定义草图平面

Step17. 创建图 8.36 所示的线性阵列特征。选择下拉菜单 插入(S) ➜ 关联复制(A) ▶ ➜ 阵列特征(A)... 命令，系统弹出"阵列特征"对话框；选取图 8.33 所示的拉伸特征 5 作为阵列对象；在对话框中的 布局 下拉列表中选择 线性 选项；在对话框的 方向 1 区域中单击 ⬙ 按钮，选择 XC 轴为第一阵列方向；在 间距 下拉列表中选择 数量和节距 选项，然后在 数量 文本框中输入阵列数量为 20，在 节距 文本框中输入阵列节距值为 2；并在 方向 2 区域中取消选中 ☐ 使用方向 2 复选框；单击 确定 按钮，完成线性阵列的创建。

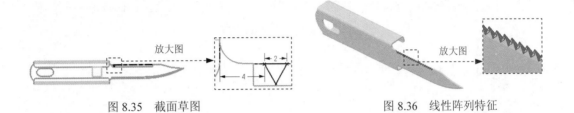

图 8.35　截面草图　　　　　　　　　　图 8.36　线性阵列特征

Step18. 创建图 8.37 所示的拉伸特征 6。选择下拉菜单 插入(S) ➜ 切削(T) ▶ ➜ 拉伸(E)... 命令；选取图 8.38 所示的模型表面为草图平面，绘制图 8.39 所示的截面草图，在 方向 区域中单击"反向"按钮 ✕；在 开始 下拉列表中选择 值 选项，并在其下的 距离 文本框中输入数值 0；在 结束 下拉列表中选择 贯通 选项；在 布尔 下拉列表中选择 求差 选项；单击 < 确定 > 按钮，完成拉伸特征 6 的创建。

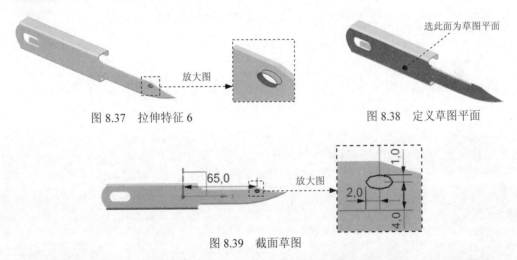

图 8.37　拉伸特征 6　　　　　　　　　　图 8.38　定义草图平面

图 8.39　截面草图

Step19. 创建图 8.40 所示的法向除料特征 2。选择下拉菜单 插入(S) ➜ 切削(T) ▶ ➜ 法向除料(N)... 命令；选取图 8.41 所示的模型表面为草图平面，绘制图 8.42 所示的除料截面草图；在 除料属性 区域中，在 切削方法 下拉列表中选择 厚度 选项，在 限制 下拉列表中选择 贯通 选项，接受系统默认的除料方向；单击 < 确定 > 按钮，完成法向除料特征 2 的创建。

Step20. 后面的详细操作过程请参见随书光盘中 video\ch08\reference\文件下的语音视频讲解文件 knife-r01.avi。

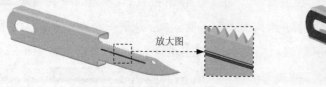

放大图

图 8.40　法向除料特征 2

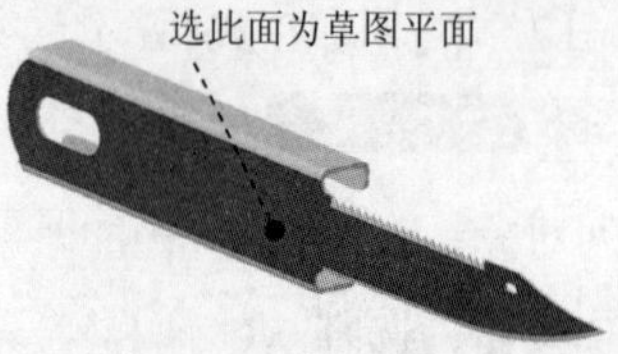

选此面为草图平面

图 8.41　定义草图平面

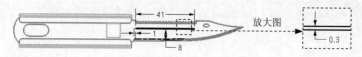

41

1

8

放大图

0.3

图 8.42　除料截面草图

实例 **9**　电脑 USB 接口

实例概述:

　　本实例讲解了电脑USB接口的设计过程,在设计过程中主要应用了弯边及凹坑等命令,需要读者注意的是创建弯边特征的顺序及"折弯"命令的操作创建方法及过程。钣金件模型及相应的模型树如图 9.1 所示。

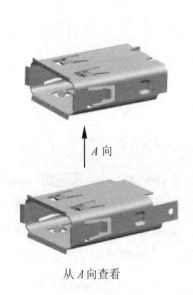

A 向

从 *A* 向查看

图 9.1　钣金件模型及模型树

　　说明: 本应用前面的详细操作过程请参见随书光盘中 video\ch09\reference\文件下的语音视频讲解文件 usb_socket-r01.avi。

　　Step1. 打开文件 D:\ugnx90.10\work\ch09\usb_socket_ex.prt。

　　Step2. 创建图 9.2 所示的弯边特征 1。选择下拉菜单 插入(S) ➝ 折弯(N) ▸ ➝ 弯边(F)... 命令,系统弹出"弯边"对话框;选取图 9.3 所示的模型边线为线性边;在 宽度 区域的 宽度选项 下拉列表中选择 完整 选项;在 弯边属性 区域的 长度 文本框中输入数值 1.5,在 角度 文本框中输入数值 75,在 参考长度 下拉列表中选择 内部 选项,在 内嵌 下拉列表中选择 折弯外侧 选项;在 偏置 区域的 偏置 文本框中输入数值 0;单击 折弯半径 文本框右侧的 ☰ 按钮,在系统弹出的菜单中选择 使用本地值 选项,然后在 折弯半径 文本框中输入数值 0.2;单击 ⟨确定⟩ 按钮,完成弯边特征 1 的创建。

　　Step3. 创建图 9.4 所示的弯边特征 2。选择下拉菜单 插入(S) ➝ 折弯(N) ▸ ➝ 弯边(F)... 命令;选取图 9.5 所示的边线为弯边的线性边,在 宽度选项 下拉列表中选择 完整 选项；在 弯边属性 区域的 长度 文本框中输入数值 1.5；在 角度 文本框中输入数值 75；在 参考长度 下拉列表中选择 ┐ 内部 选项；在 内嵌 下拉列表中选择 折弯外侧 选项；在 偏置 区域的 偏置 文本框中输入数值 0；单击 折弯半径 文本框右侧的 ☰ 按钮，在系统弹出的菜单中选择 使用本地值 选项，然后在 折弯半径 文本框中输入数值 0.2。单击 < 确定 > 按钮，完成弯边特征 2 的创建。

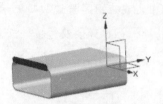

图 9.2 弯边特征 1

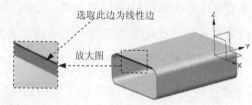

图 9.3 选取线性边

图 9.4 弯边特征 2

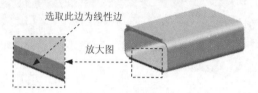

图 9.5 选取线性边

Step4. 创建图 9.6 所示的弯边特征 3。选择下拉菜单 插入(S) ➡ 折弯(N) ▸ ➡ 🔖 弯边(F)... 命令；选取图 9.7 所示的边线为弯边的线性边，在 宽度选项 下拉列表中选择 □ 完整 选项；在 弯边属性 区域的 长度 文本框中输入数值 1.5；在 角度 文本框中输入数值 75；在 参考长度 下拉列表中选择 ┐ 内部 选项；在 内嵌 下拉列表中选择 ┐ 折弯外侧 选项；在 偏置 区域的 偏置 文本框中输入数值 0；单击 折弯半径 文本框右侧的 ☰ 按钮，在系统弹出的菜单中选择 使用本地值 选项，然后在 折弯半径 文本框中输入数值 0.2。单击 < 确定 > 按钮，完成弯边特征 3 的创建。

图 9.6 弯边特征 3

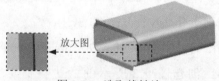

图 9.7 选取线性边

Step5. 创建图 9.8 所示的弯边特征 4。选择下拉菜单 插入(S) ➡ 折弯(N) ▸ ➡ 🔖 弯边(F)... 命令；选取图 9.9 所示的边线为弯边的线性边，在 宽度选项 下拉列表中选择 □ 完整 选项；在 弯边属性 区域的 长度 文本框中输入数值 1.5；在 角度 文本框中输入数值 75；在 参考长度 下拉列表中选择 ┐ 内部 选项；在 内嵌 下拉列表中选择 ┐ 折弯外侧 选项；在 偏置 区域的 偏置 文本框中输入数值 0；单击 折弯半径 文本框右侧的 ☰ 按钮，在系统弹出的菜单中选择 使用本地值 选项，然后在 折弯半径 文本框中输入数值 0.2。单击 < 确定 > 按钮，完成弯边特征 4 的创建。

Step6. 创建图 9.10 所示的拉伸特征 2。选择下拉菜单 插入(S) ➡ 切削(T) ▸ ➡

 命令；选取图 9.11 所示的平面为草图平面，取消选中 设置 区域的 □创建中间基准 CSYS 复选框，绘制图 9.12 所示的截面草图；在"拉伸"对话框 限制 区域的 开始 下拉列表中选择 贯通 选项；在 限制 区域的 结束 下拉列表中选择 贯通 选项；在 布尔 区域的 布尔 下拉列表中选择 求差 选项；单击"拉伸"对话框的 < 确定 > 按钮，完成拉伸特征 2 的创建。

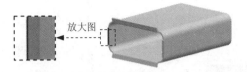

图 9.8　弯边特征 4　　　　　　　　　图 9.9　选取线性边

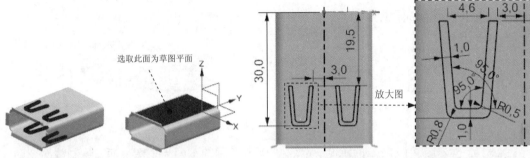

图 9.10　拉伸特征 2　　图 9.11　草图平面　　　　图 9.12　截面草图

Step7. 创建图 9.13 所示的拉伸特征 3。选择下拉菜单 插入(S) ➡ 切削(T)▶ ➡ 拉伸(E)... 命令；选取 YZ 平面为草图平面，绘制图 9.14 所示的草图；拉伸方向采用系统默认的矢量方向；在 开始 下拉列表中选择 贯通 选项，在 结束 下拉列表中选择 贯通 选项；在 布尔 下拉列表中选择 求差 选项；单击 < 确定 > 按钮，完成拉伸特征 3 的创建。

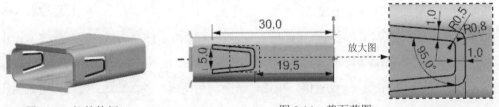

图 9.13　拉伸特征 3　　　　　　　　图 9.14　截面草图

Step8. 创建图 9.15 所示的凹坑特征 1。选择下拉菜单 插入(S) ➡ 冲孔(H)▶ ➡ 凹坑(D)... 命令，系统弹出 "凹坑"对话框；在"凹坑"对话框中单击 按钮，系统弹出 "创建草图"对话框，选取图 9.16 所示的模型表面为草图平面，单击 确定 按钮，绘制图 9.17 所示的凹坑截面草图；在 凹坑属性 区域的 深度 文本框中输入数值 1.5，单击"反向"按钮 ；在 侧角 文本框中输入数值 0；在 参考深度 下拉列表中选择 外部 选项；在 侧壁 下拉列表中选择 材料外侧 选项；在 倒圆 区域中选中 ✓凹坑边倒圆 复选框；在 凸模半径 文本框中输入数值 0.5；在 凹模半径 文本框中输入数值 0.5；选中 ✓截面拐角倒圆 复选框；在 拐角半径 文本框中输入数值 0.5；

单击"凹坑"对话框的 < 确定 > 按钮，完成凹坑特征1的创建。

图 9.15 凹坑特征 1

图 9.16 选取草图平面

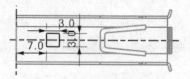

图 9.17 截面草图

Step9. 创建图 9.18 所示的镜像特征。选择下拉菜单 插入(S) ➡ 关联复制(A) ➡ 镜像特征(M)... 命令，系统弹出"镜像特征"对话框；在"镜像特征"对话框 相关特征 列表框中选择 Step11 创建的凹坑特征为镜像对象，选取 YZ 基准平面为镜像平面；单击 确定 按钮，完成镜像特征的创建。

a）镜像前

b）镜像后

图 9.18 镜像特征

Step10. 创建图 9.19 所示的草图。选取图 9.20 所示的平面为草图平面，绘制截面草图。

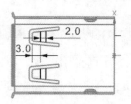

图 9.19 截面草图

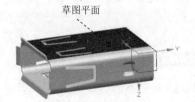

图 9.20 草图平面

Step11. 创建图 9.21 所示的折弯特征 1。选择下拉菜单 插入(S) ➡ 折弯(N) ➡ 折弯(B)... 命令，系统弹出"折弯"对话框；选取图 9.22 所示的折弯线；在 角度 文本框中输入数值 90，单击 反侧 后的 ⊠ 按钮，调整折弯侧；在"折弯"对话框中将 内嵌 设置为 外模具线轮廓 选项；其他参数采用系统默认设置值；单击"折弯"对话框中的 < 确定 > 按钮，完成折弯特征 1 的创建。

图 9.21 折弯特征 1

图 9.22 选取折弯线

Step12. 创建图 9.23 所示的折弯特征 2。选取图 9.24 所示的折弯线；在 角度 文本框中输入数值 90；在 内嵌 下拉列表中选择 外模具线轮廓 选项；其他参数采用系统默认设置值。单击

<确定>按钮完成折弯特征 2 的创建。

图 9.23　折弯特征 2

图 9.24　选取折弯线

Step13. 选取图 9.25 所示的平面为草图平面（模型另外一侧），绘制图 9.26 所示的草图。

图 9.25　选取草绘平面

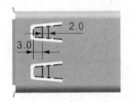

图 9.26　折弯线草图

Step14. 创建图 9.27 所示的折弯特征 3。详细操作过程参见 Step14。

Step15. 创建图 9.28 所示的折弯特征 4。详细操作过程参见 Step15。

图 9.27　折弯特征 3

图 9.28　折弯特征 4

Step16. 创建图 9.29 所示的折弯特征 5。选取图 9.30 所示的折弯线；在 角度 文本框中输入数值 45；在"折弯"对话框中将 内嵌 设置为 外模具线轮廓 选项；单击 反侧 后的 按钮，单击 反向 后的 按钮，调整方向；单击<确定>按钮，完成折弯特征 5 的创建。

Step17. 创建图 9.31 所示的折弯特征 6。详细操作过程参见 Step19。

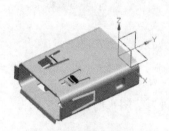

图 9.29　折弯特征 5

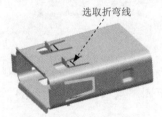

图 9.30　选取折弯线

图 9.31　折弯特征 6

Step18. 创建图 9.32 所示的折弯特征 7。详细操作过程参见 Step19。

Step19. 创建图 9.33 所示的折弯特征 8。详细操作过程参见 Step19。

Step20. 创建图 9.34 所示的草图。选取图 9.35 所示的平面为草图平面，绘制图 9.34 所示的草图。

图 9.32　折弯特征 7

图 9.33　折弯特征 8

图 9.34　折弯草图

Step21. 创建图 9.36 所示的折弯特征 9。选取图 9.37 所示的折弯线；在 `角度` 文本框中输入数值 3；在"折弯"对话框中将 `内嵌` 设置为 `外模具线轮廓` 选项，在 `折弯参数` 区域中单击 `折弯半径` 文本框右侧的 `=` 按钮，在系统弹出的菜单中选择 `使用本地值` 选项，然后在 `折弯半径` 文本框中输入数值 10；其他参数采用系统默认设置值。单击 `< 确定 >` 按钮，完成折弯特征 9 的创建。

图 9.35　草图平面

图 9.36　折弯特征 9

选取折弯线

图 9.37　选取折弯线

Step22. 创建图 9.38 所示的折弯特征 10。详细操作过程参见 Step24。

Step23. 创建图 9.39 所示的草图。草图平面为 Step23 所示草图平面的对侧平面。

Step24. 创建图 9.40 所示的折弯特征 11。详细操作过程参见 Step24。

图 9.38　折弯特征 10

图 9.39　折弯草图

图 9.40　折弯特征 11

Step25. 创建图 9.41 所示的折弯特征 12。详细操作过程参见 Step24。

Step26. 创建图 9.42 所示的草图。选取图 9.43 所示的平面为草图平面，绘制草图。

图 9.41　折弯特征 12

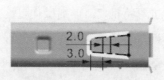

图 9.42　折弯草图

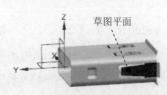

草图平面

图 9.43　选取草图平面

Step27. 创建图 9.44 所示的折弯特征 13。在 角度 文本框中输入数值 90，在"折弯"对话框中将 内嵌 设置为 ⬛外模具线轮廓 选项。

Step28. 创建图 9.45 所示的折弯特征 14。在 角度 文本框中输入数值 45，在"折弯"对话框中将 内嵌 设置为 ⬛外模具线轮廓 选项。

Step29. 创建图 9.46 所示的折弯特征 15。在 角度 文本框中输入数值 3；在"折弯"对话框中将 内嵌 设置为 ⬛外模具线轮廓 选项，在 折弯参数 区域中单击 折弯半径 文本框右侧的 ▤ 按钮，在系统弹出的菜单中选择 使用本地值 选项，然后在 折弯半径 文本框中输入数值 10。

图 9.44　折弯特征 13

图 9.45　折弯特征 14

图 9.46　折弯特征 15

Step30. 创建图 9.47 所示的草图。选取图 9.48 所示的平面为草图平面，绘制草图。

Step31. 创建图 9.49 所示的折弯特征 16。详细操作过程参见 Step30。

图 9.47　草图

图 9.48　选取草图平面

图 9.49　折弯特征 16

Step32. 创建图 9.50 所示的折弯特征 17。详细操作过程参见 Step31。

Step33. 创建图 9.51 所示的折弯特征 18。详细操作过程参见 Step32。

图 9.50　折弯特征 17

图 9.51　折弯特征 18

Step34. 创建图 9.52 所示的拉伸特征 4。选择下拉菜单 插入(S) ➡ 切削(T)▶ ➡ ⬛拉伸(E)... 命令；选取 ZX 基准平面为草图平面，绘制图 9.53 所示的截面草图，在 开始 下拉列表中选择 ⬛值 选项，并在其下的 距离 文本框中输入数值 0；在 结束 下拉列表中选择 ⬛值 选项，并在其下的 距离 文本框中输入数值 3.5；在 布尔 下拉列表中选择 ⬛求差 选项。单击"拉伸"对话框的 ＜确定＞ 按钮，完成拉伸特征 4 的创建。

图 9.52　拉伸特征 4

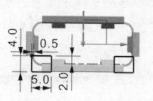

图 9.53　截面草图

Step35. 创建图 9.54 所示的拉伸特征 5。选择下拉菜单 插入(S) ➡ 切削(T) ▶ ➡ 拉伸(E)... 命令；选取图 9.55 所示的模型表面为草图平面，绘制图 9.56 所示的截面草图；在 开始 下拉列表中选择 值 选项，并在其下的 距离 文本框中输入数值 0；在 结束 下拉列表中选择 直至下一个 选项；在 布尔 下拉列表中选择 求差 选项；单击"反向"按钮 ；单击"拉伸"对话框的 确定 按钮，完成拉伸特征 5 的创建。

图 9.54　拉伸特征 5

图 9.55　选取草图平面

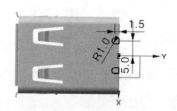

图 9.56　截面草图

Step36. 创建图 9.57 所示的突出块特征。选择下拉菜单 插入(S) ➡ 突出块(B)... 命令，系统弹出"突出块"对话框；选取图 9.58 所示的平面为草图平面，绘制图 9.59 所示的截面草图。

图 9.57　突出块特征

图 9.58　选取草图平面

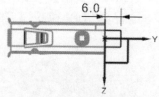

图 9.59　截面草图

Step37. 创建图 9.60 所示的孔特征。选择下拉菜单 插入(S) ➡ 设计特征(E) ▶ ➡ 孔(H)... 命令，系统弹出"孔"对话框；在"孔"对话框的 类型 下拉列表中选择 常规孔 选项；在"孔"对话框中单击 按钮，在图 9.61 所示的模型表面上单击以确定该面为孔的放置面，单击 确定 按钮；进入草图环境后创建图 9.62 所示的点并添加相应的几何约束，完成后退出草图环境；在"孔"对话框的 成形 下拉列表中选择 简单 选项，在 直径 后的文本框中输入数值 2，在 深度限制 下拉列表中选择 贯通体 选项，单击 确定 按钮完成孔特征的创建。

图 9.60 孔特征

草绘平面

图 9.61 选取放置面

2.5
3.9

图 9.62 定义孔位置

Step38. 创建图 9.63 所示的拉伸特征 6。选择下拉菜单 插入(S) ➡ 切削(T)▶ ➡ ▦ 拉伸(E)... 命令；选取 XY 平面为草图平面，绘制图 9.64 所示的截面草图；在"拉伸"对话框 限制 区域的 开始 下拉列表中选择 值 选项，在 距离 文本框中输入数值 0；在 限制 区域的 结束 下拉列表中选择 贯通 选项；在 布尔 区域中的 布尔 下拉列表中选择 求差 选项；在 偏置 下拉菜单中选择 两侧 选项，在 开始 文本框中输入数值 0，在 结束 文本框中输入数值 0.1。单击"拉伸"对话框的 〈 确定 〉 按钮，完成拉伸特征 6 的创建。

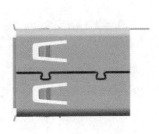

图 9.63 拉伸特征 6

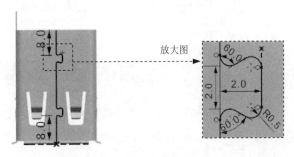

放大图

图 9.64 截面草图

Step39. 保存钣金件模型。选择下拉菜单 文件(F) ➡ 🖫 保存(S) 命令，即可保存钣金件模型。

实例 **10** 打火机防风盖

实例概述:

本实例详细讲解了图 10.1 所示打火机防风盖的创建过程。主要应用了抽壳、法向除料及实体冲压等命令,需要读者注意的是使用"实体冲压"命令的操作过程及使用方法。钣金件模型及相应的模型树如图 10.1 所示。

图 10.1 钣金件模型及模型树

说明: 本应用前面的详细操作过程请参见随书光盘中 video\ch10\reference\文件下的语音视频讲解文件 lighter_cover-r01.avi。

Step1. 打开文件 D:\ugnx90.10\work\ch10\lighter_cover_ex.prt。

Step2. 将模型转换为钣金。选择下拉菜单 [🔵 启动▾] ➡️ [NX 钣金(H)]命令,进入"NX 钣金"环境;选择下拉菜单 [插入(S)] ➡️ [转换(V)] ➡️ [转换为钣金(C)]命令;系统弹出"转换为钣金"对话框。选取如图 10.2 所示的面,单击 [确定] 按钮,完成该操作。

Step3. 创建图 10.3 所示的法向除料特征 1。选择下拉菜单 [插入(S)] ➡️ [切削(T)▸] ➡️ [法向除料(N)]命令;选取 YZ 基准平面为草图平面,取消选中 [☐ 创建中间基准 CSYS] 复选框,绘制图 10.4 所示的截面草图并退出草图;在 [除料属性] 区域的 [切削方法] 下拉列表中选择 [厚度] 选项;在 [限制] 下拉列表中选择 [贯通] 选项,单击 [反向] 后的 [✗] 按钮;单击 [< 确定 >] 按钮,完成法向除料特征 1 的创建。

图 10.2 选取面

图 10.3 法向除料特征 1

Step4. 创建图 10.5 所示的法向除料特征 2。选择下拉菜单 [插入(S)] ➡️ [切削(T)▸] ➡️

法向除料(N)... 命令；选取 XY 基准平面为草图平面，绘制图 10.6 所示的截面草图并退出草图；在 除料属性 区域的 切削方法 下拉列表中选择 厚度 选项；在 限制 下拉列表中选择 贯通 选项，单击 反向 后的 ✕ 按钮；单击 < 确定 > 按钮，完成特征 2 的创建。

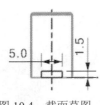

图 10.4　截面草图

图 10.5　法向除料特征 2

Step5. 创建图 10.7 所示的法向除料特征 3。选择下拉菜单 插入(S) ➡ 切削(T) ▶ ➡
法向除料(N)... 命令；选取 ZX 基准平面为草图平面，绘制图 10.8 所示的截面草图并退出草图；在 除料属性 区域 切削方法 下拉列表中选择 中位面 选项；在 限制 下拉列表中选择 值 选项，并选中该区域的 ☑ 对称深度 复选框，在 深度 文本框中输入数值 10；单击 < 确定 > 按钮，完成特征 3 的创建。

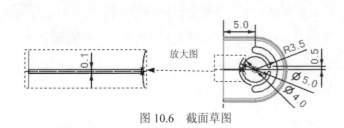

图 10.6　截面草图

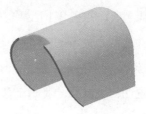

图 10.7　法向除料特征 3

Step6. 创建图 10.9 所示的法向除料特征 4。选择下拉菜单 插入(S) ➡ 切削(T) ▶ ➡
法向除料(N)... 命令；选取 YZ 基准平面为草图平面，绘制图 10.10 所示的截面草图并退出草图；在 除料属性 区域的 切削方法 下拉列表中选择 厚度 选项；在 限制 下拉列表中选择 贯通 选项，单击 反向 后的 ✕ 按钮；单击 < 确定 > 按钮，完成特征 4 的创建。

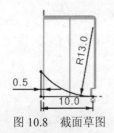

图 10.8　截面草图

图 10.9　法向除料特征 4

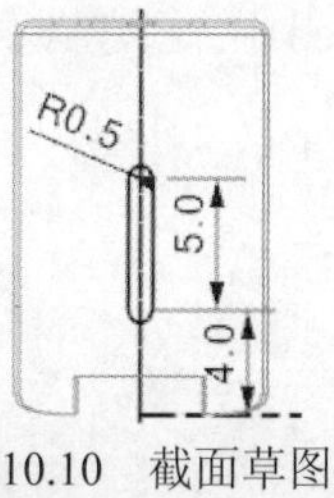

图 10.10　截面草图

Step7. 创建图 10.11 所示的法向除料特征 5。选择下拉菜单 插入(S) ➡ 切削(T) ▶ ➡
法向除料(N)... 命令；选取 YZ 基准平面为草图平面，绘制图 10.12 所示的截面草图并退出草图；在 除料属性 区域的 切削方法 下拉列表中选择 厚度 选项；在 限制 下拉列表中选择 贯通 选项，单击 反向 后的 ✕ 按钮；单击 ＜确定＞ 按钮，完成特征 5 的创建。

Step8. 创建图 10.13 所示的镜像特征 1。选择下拉菜单 插入(S) ➡ 关联复制(A) ➡ 📷 镜像特征(M)... 命令，系统弹出"镜像特征"对话框；在"镜像特征"对话框 相关特征 列表框中选择 Step7 创建的"法向除料"特征 5 为镜像对象，选取 ZX 基准平面为镜像平面，单击 确定 按钮完成镜像特征 1 的创建。

图 10.11 法向除料特征 5

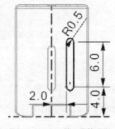
图 10.12 截面草图

图 10.13 镜像特征 1

Step9. 创建图 10.14 所示的拉伸特征 2。将模型切换到建模环境，选择下拉菜单 插入(S) ➡ 设计特征(E) ➡ 📷 拉伸(E)... 命令（或单击 📷 按钮），选取 YZ 基准平面为草图平面，绘制图 10.15 所示的截面草图。在"拉伸"对话框 限制 区域的 开始 下拉列表中选择 ⬚ 值 选项，并在其下的 距离 文本框中输入数值 3；在 限制 区域的 结束 下拉列表中选择 ⬚ 值 选项，并在其下的 距离 文本框中输入数值 5，在 布尔 区域的 布尔 下拉列表中选择 🗅 无 选项，采用系统默认的拉伸方向；单击 ＜确定＞ 按钮完成拉伸特征 2 的创建。

说明：创建拉伸特征 2 的目的是作为下一步实体冲压特征的工具体。

图 10.14 拉伸特征 2

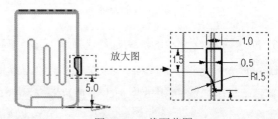
图 10.15 截面草图

Step10. 创建圆角特征 2。选取图 10.16 所示的两条边线，圆角半径值为 1。

Step11. 创建圆角特征 3。选取图 10.17 所示的边线，圆角半径值为 1。

图 10.16 圆角特征 2

图 10.17 圆角特征 3

Step12. 创建图 10.18 所示的镜像体特征。将模型切换至"NX 钣金"环境；选择下拉

菜单 插入(S) ➡ 关联复制(A)▶ ➡ 镜像体(B)...命令,系统弹出"镜像体"对话框;选择图 10.14 所示的实体拉伸特征 2 为选择体,单击中键确认;在 镜像平面 区域中,单击 按钮,选取 ZX 基准平面为镜像平面;单击 < 确定 > 按钮,完成镜像体特征的创建。

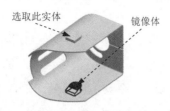

图 10.18　创建镜像体特征

Step13. 创建图 10.19 所示的实体冲压特征 1。选择下拉菜单 插入(S) ➡ 冲孔(H)▶ ➡ 实体冲压(S)...命令,系统弹出"实体冲压"对话框;在"实体冲压"对话框 类型 下拉列表中选择 冲模 选项,即采用冲孔类型创建钣金特征;在"实体冲压"对话框 选择 区域中单击"目标面"按钮 ,选取图 10.20 所示的面为目标面;在"实体冲压"对话框 选择 区域中单击"工具体"按钮 ,选取图 10.21 所示的实体为工具体;在"实体冲压"对话框 选择 区域中单击"冲裁面"按钮 ,选取图 10.22 所示的面为冲裁面;在对话框中选中 自动判断厚度 、 隐藏工具体 和 恒定厚度 复选框,取消选中 实体冲压边倒圆 复选框;单击"实体冲压"对话框中的 < 确定 > 按钮,完成实体冲压特征 1 的创建。

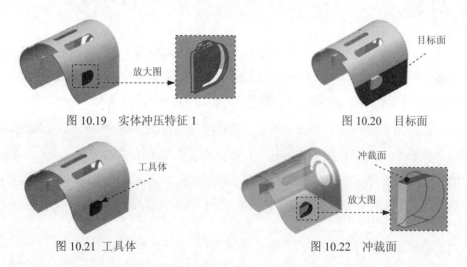

图 10.19　实体冲压特征 1　　　　　　图 10.20　目标面

图 10.21　工具体　　　　　　图 10.22　冲裁面

Step14. 后面的详细操作过程请参见随书光盘中 video\ch10\reference\文件下的语音视频讲解文件 lighter_cover-r02.avi。

实例 **11** 文 具 夹

实例概述：

    本实例详细讲解了文具夹钣金件的设计过程，该模型是较为常用的一种办公用品。这里采用了两种不同的方法：第一种方法是从整体出发，使用"突出块"命令创建出钣金件的第一壁，再使用"折边弯边"等命令创建两边的圆筒，最后使用"折弯"命令完成创建；第二种方法是将夹子分成三部分分别创建，然后再进行合并，其建模方法和思路值得借鉴。零件模型如图 11.1 所示。

本例中只做夹子的金属（钣金）部分

a）视图 1

b）视图 2

图 11.1　零件模型

11.1　创建方法一

    Step1. 新建文件。选择下拉菜单 文件(F) ➡ 新建(N)... 命令，系统弹出"新建"对话框。在 过滤器 区域中的 单位 下拉列表中选择 毫米 选项，在 模板 区域中选择 NX 钣金 模板，在 名称 文本框中输入文件名称 clip01，单击 确定 按钮，进入"NX 钣金"环境。

    Step2. 创建图 11.2 所示的突出块特征。选择下拉菜单 插入(S) ➡ 突出块(B)... 命令，系统弹出"突出块"对话框；单击 按钮，选取 XY 平面为草图平面，选中 设置 区域的 ☑ 创建中间基准 CSYS 复选框，单击 确定 按钮，绘制图 11.3 所示的截面草图；厚度方向采用系统默认的矢量方向，在 厚度 文本框中输入数值 0.2；单击 < 确定 > 按钮，完成突出块特征的创建。

图 11.2　突出块特征

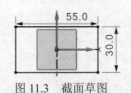

图 11.3　截面草图

    Step3. 创建图 11.4 所示的折边弯边特征；选择下拉菜单 插入(S) ➡ 折弯(N) ▶ ➡ 折边弯边(H)... 命令，系统弹出"折边"对话框；在"折边"对话框 类型 区域的下拉列表中

选择 `⌒ 开环` 选项；选取图 11.5 所示的边线为折边弯边的附着边；在"折边"对话框 `内嵌选项` 区域的 `内嵌` 下拉列表中选择 `┓↑ 材料外侧` 选项；在 `折弯参数` 区域的 `1.折弯半径` 文本框中输入数值 0.8，`5.扫掠角度` 文本框中输入数值 300；在 `斜接` 区域中取消选中 `☐ 斜接折边` 复选框；在"折边"对话框中单击 `<确定>` 按钮，完成折边弯边特征的创建。

图 11.4　折边弯边特征

图 11.5　定义附着边

Step4. 创建图 11.6 所示的伸直特征。选择下拉菜单 `插入(S)` ➡ `成形(R) ▶` ➡ `↲↲ 伸直(U)...` 命令，系统弹出"伸直"对话框。选取图 11.7 所示的表面为伸直固定面；在系统 `选择折弯` 的提示下，选取图 11.8 所示的面为折弯面；在"伸直"对话框中单击 `<确定>` 按钮，完成特征的创建。

图 11.6　伸直特征　　　　图 11.7　选取伸直固定面　　　　图 11.8　选取折弯面

Step5. 创建图 11.9 所示的法向除料特征。选择下拉菜单 `插入(S)` ➡ `切削(T) ▶` ➡ `☐ 法向除料(N)...` 命令；选取 XY 基准平面为草图平面，取消选中 `☐ 创建中间基准 CSYS` 复选框，绘制图 11.10 所示的截面草图，并退出草图；在 `除料属性` 区域的 `切削方法` 下拉列表中选择 `厚度` 选项；在 `限制` 下拉列表中选择 `┓↑ 贯通` 选项，单击"反向"按钮 `✕`；单击 `<确定>` 按钮，完成特征的创建。

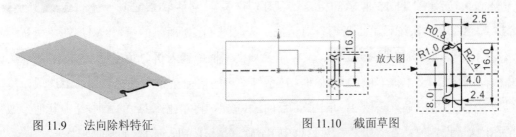

图 11.9　法向除料特征　　　　　　　　图 11.10　截面草图

Step6. 创建图 11.11 所示的重新折弯特征。选择下拉菜单 `插入(S)` ➡ `成形(R) ▶` ➡ `↲↲ 重新折弯(R)...` 命令。按图 11.11 所示在模型中选择执行重新折弯操作的折弯面；在"重新折弯"对话框中单击 `<确定>` 按钮，完成特征的创建。

a）重新折弯前   b）重新折弯后

图 11.11   重新折弯特征

Step7. 创建图 11.12 所示的镜像特征。选择下拉菜单 插入(S) ➡ 关联复制(A) ➡ 镜像特征(M) 命令，系统弹出"镜像特征"对话框；在"镜像特征"对话框 相关特征 列表框中选择 Step4~Step6 创建的特征作为镜像对象，选取 YZ 基准平面为镜像平面，单击 确定 按钮完成镜像特征的创建。

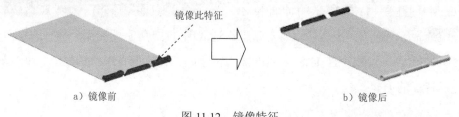

a）镜像前   b）镜像后

图 11.12   镜像特征

Step8. 创建图 11.13 所示的草图。选择下拉菜单 插入(S) ➡ 在任务环境中绘制草图(V)... 命令，选取图 11.14 所示的模型表面为草图平面，绘制图 11.13 所示的草图。

说明： 该草图将作为后面折弯特征的三条折弯边。

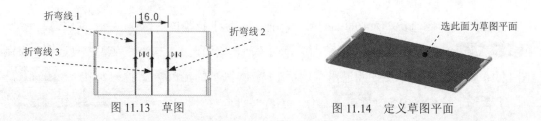

图 11.13   草图   图 11.14   定义草图平面

Step9. 创建图 11.15 所示的折弯特征 1。选择下拉菜单 插入(S) ➡ 折弯(N) ➡ 折弯(B)... 命令，系统弹出"折弯"对话框；选取图 11.13 所示的折弯线 1；在"折弯"对话框中将 内嵌 设置为 折弯中心线轮廓 选项，在 角度 文本框中输入折弯角度值 125，在 折弯参数 区域中单击 折弯半径 文本框右侧的 按钮，在系统弹出的快捷菜单中选择 使用本地值 选项，然后在 折弯半径 文本框中输入数值 2；单击 反向 后的 按钮，再单击 反侧 后的 按钮；其他参数采用系统默认设置值；在"折弯"对话框中单击 ＜确定＞ 按钮，完成特征的创建。

Step10. 创建图 11.16 所示的折弯特征 2。选择下拉菜单 插入(S) ➡ 折弯(N) ➡ 折弯(B)... 命令，系统弹出"折弯"对话框。选取图 11.13 所示的折弯线 2；在"折弯"对话框中将 内嵌 设置为 折弯中心线轮廓 选项，在 角度 文本框中输入折弯角度值 125，在

折弯参数 区域中单击 折弯半径 文本框右侧的 国 按钮，在系统弹出的菜单中选择 使用本地值 选项，然后在 折弯半径 文本框中输入数值 2；单击 反向 后的 ⬈ 按钮，其他参数采用系统默认设置值；单击 〈确定〉 按钮，完成特征 2 的创建。

Step11. 创建图 11.17 所示的折弯特征 3。选择下拉菜单 插入(S) ➡ 折弯(N) ▶

➡ ↳折弯(B)... 命令，系统弹出"折弯"对话框。选取图 11.13 所示的折弯线 3；在"折弯"对话框中将 内嵌 设置为 田折弯中心线轮廓 选项，在 角度 文本框中输入折弯角度值 18，在 折弯参数 区域中单击 折弯半径 文本框右侧的 国 按钮，在系统弹出的快捷菜单中选择 使用本地值 选项，然后在 折弯半径 文本框中输入数值 30；单击 反向 后的 ⬈ 按钮，其他参数采用系统默认设置值；单击 〈确定〉 按钮，完成特征 3 的创建。

图 11.15 折弯特征 1

图 11.16 折弯特征 2

图 11.17 折弯特征 3

Step12. 保存钣金件模型。选择下拉菜单 文件(F) ➡ 🖫保存(S) 命令，即可保存钣金件模型。

11.2 创建方法二

Step1. 新建文件。选择下拉菜单 文件(F) ➡ 🗋新建(N)... 命令，系统弹出"新建"对话框。在 过滤器 区域中的 单位 下拉列表中选择 毫米 选项，在 模板 区域中选择 🖳NX 钣金 模板，在 名称 文本框中输入文件名称 clip02，单击 确定 按钮，进入"NX 钣金"环境。

Step2. 创建图 11.18 所示的突出块特征。选择下拉菜单 插入(S) ➡ 🗋突出块(B)... 命令，系统弹出"突出块"对话框；单击 🖳 按钮，选取 XY 平面为草图平面，选中 设置 区域的 ☑创建中间基准 CSYS 复选框，单击 确定 按钮，绘制图 11.19 所示的截面草图；厚度方向采用系统默认的矢量方向，在 厚度 文本框中输入数值 0.2；单击 〈确定〉 按钮，完成突出块特征的创建。

图 11.18 突出块特征

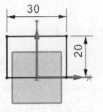

图 11.19 截面草图

Step3. 创建图 11.20 所示的折边弯边特征。选择下拉菜单 插入(S) ➡ 折弯(N) ▶ ➡
 折边弯边(H)... 命令，系统弹出"折边"对话框；在"折边"对话框 类型 区域的下拉列表中
选择 ∩ 开环 选项；选取图 11.21 所示的边线为折边弯边的附着边；在"折边"对话框 内嵌选项 区
域的 内嵌 下拉列表中选择 ⌐ 材料内侧 选项；在 折弯参数 区域的 1.折弯半径 文本框中输入数值 0.8，
5.扫掠角度 文本框中输入数值 300；在 斜接 区域中取消选中 □ 斜接折边 复选框；在"折边"对话
框中单击 < 确定 > 按钮，完成折边弯边特征的创建。

图 11.20 折边弯边特征

图 11.21 定义附着边

Step4. 创建图 11.22 所示的伸直特征。选择下拉菜单 插入(S) ➡ 成形(R) ▶ ➡
 伸直(U)... 命令，系统弹出"伸直"对话框。选取图 11.23 所示的表面为伸直固定面；在系
统 选择折弯 的提示下，选取图 11.24 所示的面为折弯面；在"伸直"对话框中单击 < 确定 > 按
钮，完成特征的创建。

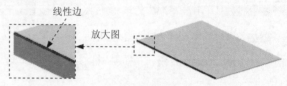

图 11.22 伸直特征   图 11.23 选取伸直固定面   图 11.24 选取折弯面

Step5. 创建图 11.25 所示的法向除料特征。选择下拉菜单 插入(S) ➡ 切削(T) ▶
 法向除料(N)... 命令；选取图 11.25 所示的模型表面为草图平面，取消选中 □ 创建中间基准 CSYS 复
选框，绘制图 11.26 所示的截面草图，并退出草图；在 除料属性 区域的 切削方法 下拉列表中选
择 ⌐ 厚度 选项；在 限制 下拉列表中选择 ⊞ 贯通 选项；单击 < 确定 > 按钮，完成特征的创建。

图 11.25 法向除料特征   图 11.26 截面草图

Step6. 创建图 11.27 所示的重新折弯特征。选择下拉菜单 插入(S) ➡ 成形(R) ▶ ➡
 重新折弯(R)... 命令。按图 11.27 所示在模型中选择执行重新折弯操作的折弯面；在"重新折
弯"对话框中单击 < 确定 > 按钮，完成特征的创建。

a）重新折弯前　　　　　　　　　　　b）重新折弯后

图 11.27　重新折弯特征

Step7. 创建图 11.28 所示的基准平面 1。选择下拉菜单 插入(S) ➡ 基准/点(D)▸ ➡

□ 基准平面(D)... 命令，系统弹出 "基准平面"对话框；在 类型 下拉列表中选择 相切 选项，

并在 相切子类型 区域的 子类型 下拉列表中选择 与平面成一角度 选项，选取图 11.29 所示的模型表面为

相切对象；选取图 11.29 所示的模型表面为平面对象；在 角度 区域的 角度 文本框内输入数值

-30，在 偏置 区域选中 ☑ 偏置 复选框，并在 距离 文本框内输入数值 0.01；单击 ＜ 确定 ＞ 按钮，

完成基准平面 1 的创建。

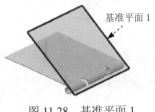

图 11.28　基准平面 1

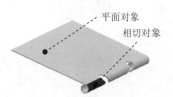

图 11.29　定义选取对象

Step8. 创建图 11.30 所示的镜像体。选择下拉菜单 插入(S) ➡ 关联复制(A)▸ ➡

镜像体(B)... 命令，系统弹出"镜像体"对话框；在"镜像体"对话框中选取图 11.30 所示

实体为镜像对象，选取基准平面 1 为镜像平面，单击 确定 按钮，完成镜像体的创建。

Step9. 创建图 11.31 所示的轮廓弯边特征。选择下拉菜单 插入(S) ➡ 折弯(N)▸ ➡

轮廓弯边(C)... 命令，系统弹出"轮廓弯边"对话框；在"轮廓弯边"对话框 类型 区域的下拉

列表中选择 次要 选项；在 宽度选项 下拉列表中选择 对称 选项，在 宽度 文本框中输入数值 30；

单击 按钮，系统弹出"创建草图"对话框，选取图 11.32 所示的模型边线为路径，在 平面位置

区域 位置 选项组中选择 弧长百分比 选项，然后在 弧长百分比 后的文本框中输入数值 50，单击

确定 按钮，绘制图 11.33 所示的截面草图，单击 完成草图 按钮，退出草图环境；在"轮

廓弯边"对话框中单击 ＜ 确定 ＞ 按钮，完成轮廓弯边特征的创建。

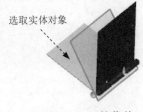

图 11.30　镜像体

图 11.31　轮廓弯边特征

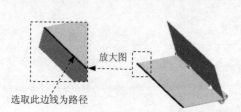

图 11.32 选取路径

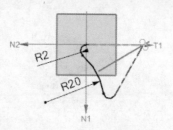

图 11.33 截面草图

Step10. 创建对实体进行求和特征。选择下拉菜单 启动 ➙ 建模(M)... 命令，进入建模环境；选择下拉菜单 插入(S) ➙ 组合(B) ➙ 求和(U)... 命令，系统弹出"求和"对话框；选取图 11.34 所示的目标体和工具体，单击 确定 按钮完成求和。

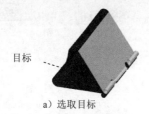

a）选取目标

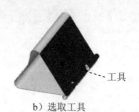

b）选取工具

图 11.34 实体求和

Step11. 保存钣金件模型。选择下拉菜单 文件(F) ➙ 保存(S) 命令，即可保存钣金件模型。

实例 **12** 圆形钣金件

实例概述:

本范例详细讲解了一个圆形钣金件的设计过程,该设计过程是先创建出基础钣金件,然后使用"凹坑"、"法向除料"和"冲压"等命令创建出图 12.1 所示的钣金件。零件模型及相应的模型树如图 12.1 所示。

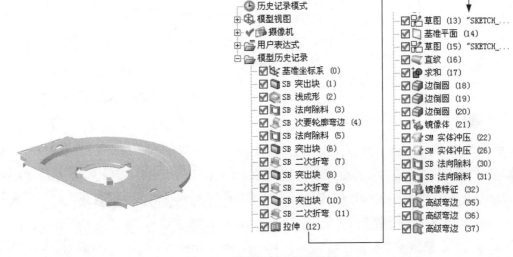

图 12.1　模型及相应的模型树

Step1. 新建文件。选择下拉菜单 文件(F) ➡ 新建(N)... 命令,系统弹出"新建"对话框;在 模型 选项卡中 过滤器 区域设置单位为 毫米 选项;在 模板 区域的模板列表中选取模板类型为 NX 钣金 选项;在 名称 文本框中输入文件名称 disc,单击 确定 按钮,进入"NX 钣金"环境。

Step2. 创建图 12.2 所示的"突出块"特征 1。

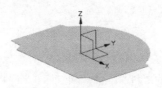

图 12.2　"突出块"特征 1

(1)选择下拉菜单 插入(S) ➡ 突出块(B)... 命令,系统弹出"突出块"对话框;单击 按钮,选取 XY 基准平面为草图平面,选中 设置 区域的 ☑ 创建中间基准 CSYS 复选框,单击 确定 按钮,进入草图环境。

(2)绘制图 12.3 所示的截面草图;选择下拉菜单 任务(K) ➡ 完成草图(K) 命令,退出草图环境；厚度方向采用系统默认的矢量方向；单击 厚度 文本框右侧的 三 按钮，在弹出的菜单中选择 使用本地值 选项，然后在 厚度 文本框中输入数值 0.5；单击 〈确定〉 按钮，完成"突出块"特征 1 的创建。

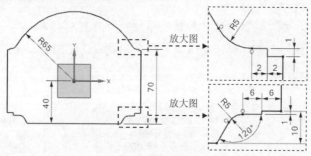

图 12.3　截面草图

Step3. 创建图 12.4 所示的"凹坑"特征 1。选择下拉菜单 插入(S) ➡ 冲孔(H)▶ ➡ 凹坑(D)... 命令，系统弹出"凹坑"对话框；单击 按钮，取消选中 设置 区域的 □ 创建中间基准 CSYS 复选框，选取图 12.5 所示的模型表面为草图平面，单击 确定 按钮，绘制图 12.6 所示的截面草图；在 凹坑属性 区域的 深度 文本框中输入数值 3，单击 按钮调整凹坑深度方向；在 侧角 文本框中输入数值 30；在 参考深度 下拉列表中选择 ∟内部 选项；在 侧壁 下拉列表中选择 ∪材料内侧 选项；在 倒圆 区域中选中 ☑ 凹坑边倒圆 复选框；在 凸模半径 文本框中输入数值 1；在 凹模半径 文本框中输入数值 1，选中 ☑ 截面拐角倒圆 复选框；在 拐角半径 文本框中输入数值 1；单击"凹坑"对话框的 〈确定〉 按钮，完成"凹坑"特征 1 的创建。

说明：凹坑的箭头方向也可以通过双击箭头进行调整。

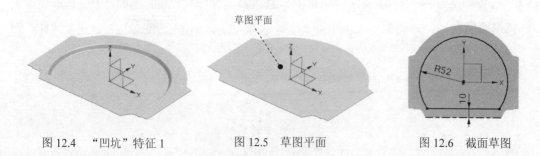

图 12.4　"凹坑"特征 1　　　图 12.5　草图平面　　　图 12.6　截面草图

Step4. 创建图 12.7 所示的"法向除料"特征 1。选择下拉菜单 插入(S) ➡ 切削(T)▶ ➡ 法向除料(N)... 命令，系统弹出"法向除料"对话框；单击 按钮，取消选中 设置 区域的 □ 创建中间基准 CSYS 复选框，选取图 12.8 所示的模型表面为草图平面，单击 确定 按钮，绘制图 12.9 所示的截面草图；在 除料属性 区域的 切削方法 下拉列表中选择 厚度 选项；在 限制 下拉列表中选择 ⊟直至下一个 选项；接受系统默认的除料方向；单击 〈确定〉 按钮，完成"法向除料"特征 1 的创建。

实例 **12** 圆形钣金件

草图平面

图 12.7　"法向除料"特征 1

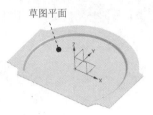

图 12.8　草图平面

图 12.9　截面草图

Step5. 创建图 12.10 所示的"次要轮廓弯边"特征。选择下拉菜单 插入(S) ➔ 折弯(N) ▶ ➔ 轮廓弯边(C)... 命令，系统弹出"轮廓弯边"对话框；单击 按钮，选取图 12.11 所示的模型边线为路径，在 平面位置 区域 位置 选项组中选择 弧长百分比 选项，然后在 弧长百分比 后的文本框中输入数值 0；单击 确定 按钮，绘制图 12.12 所示的截面草图；在宽度区域的 宽度选项 下拉列表中选择 到端点 选项；单击 折弯半径 文本框右侧的 按钮，在弹出的菜单中选择 使用本地值 选项，然后再在 折弯半径 文本框中输入数值 0.2；在 止裂口 区域的 折弯止裂口 下拉列表中选择 无 ；在 拐角止裂口 下拉列表中选择 无 ；在"轮廓弯边"对话框中单击 < 确定 > 按钮，完成"次要轮廓弯边"特征的创建。

图 12.10　"次要轮廓弯边"特征

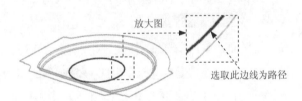

图 12.11　选取边线

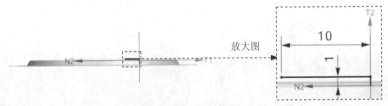

图 12.12　截面草图

Step6. 创建图 12.13 所示的"法向除料"特征 2。选择下拉菜单 插入(S) ➔ 切削(T) ▶ ➔ 法向除料(N)... 命令，系统弹出"法向除料"对话框；单击 按钮，选取图 12.13 所示的模型表面为草图平面，单击 确定 按钮，绘制图 12.14 所示的截面草图；在 除料属性 区域的 切削方法 下拉列表中选择 厚度 选项；在 限制 下拉列表中选择 直至下一个 选项；接受系统默认的除料方向；单击 < 确定 > 按钮，完成"法向除料"特征 2 的创建。

Step7. 创建图 12.15 所示的"突出块"特征 2。选择下拉菜单 插入(S) ➔ 突出块(B)... 命令，系统弹出"突出块"对话框；单击 按钮，选取图 12.15 所示的面为草图平面，单击 确定 按钮，进入草图环境；绘制图 12.16 所示的截面草图；选择下拉菜单 任务(K) ➔

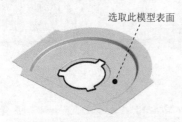命令，退出草图环境；在 下拉列表中选择 次要 选项，单击 <确定> 按钮，
完成"突出块"特征 2 的创建。

选取此模型表面

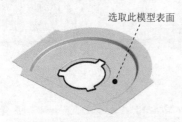

图 12.13 "法向除料"特征 2

放大图

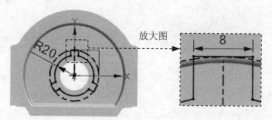

图 12.14 截面草图

草图平面

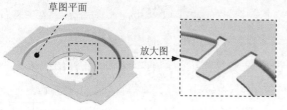

放大图

图 12.15 "突出块"特征 2

放大图

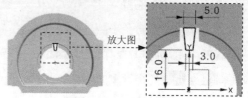

图 12.16 截面草图

Step8. 创建图 12.17 所示的"二次折弯"特征 1。选择下拉菜单 插入(S) ➤ 折弯(N) ➤

➤ 二次折弯(O)... 命令，系统弹出"二次折弯"对话框；单击 按钮，选取图 12.17
为草图平面，单击 确定 按钮，绘制图 12.18 所示的二次折弯线草图；在 高度 文本框中输
入数值 3，在 参考高度 下拉列表中选择 内部 选项，在 内嵌 下拉列表中选择 材料内侧 选项；
在 折弯参数 区域的 折弯半径 文本框中设置折弯半径为 0.2；在 止裂口 区域的 折弯止裂口 下拉列表中
选择 无 选项；单击 <确定> 按钮，完成"二次折弯"特征 1 的创建。

草图平面

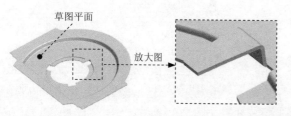

放大图

图 12.17 "二次折弯"特征 1

放大图

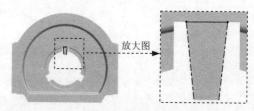

图 12.18 二次折弯线草图

Step9. 参考 Step7 和 Step8，创建图 12.19 所示的"突出块"特征 3 和"二次折弯"特
征 2。

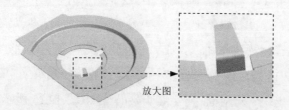

放大图

图 12.19 "突出块"特征 3 和"二次折弯"特征 2

Step10. 参考 Step7 和 Step8，创建图 12.20 所示的"突出块"特征 4 和"二次折弯"特征 3。

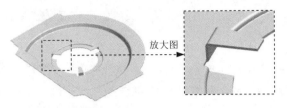

放大图

图 12.20 "突出块"特征 4 和"二次折弯"特征 3

Step11. 创建图 12.21 所示的 "拉伸"特征 2。选择下拉菜单 ⚡启动▼ ➡ 建模...命令，系统弹出"NX 钣金"对话框，单击 确定(O) 按钮进入建模环境；选择下拉菜单 插入(S) ➡ 设计特征(E)▶ ➡ 拉伸(E)...命令（或单击 按钮）；单击"拉伸"对话框中的"绘制截面" 按钮，选取图 12.22 所示的模型表面为草图平面，单击 确定 按钮，绘制图 12.23 所示的截面草图；单击 完成草图 按钮，退出草图环境；拉伸方向采用系统默认的矢量方向；在 开始 下拉列表中选择 值 选项，在 距离 文本框中输入数值 0，在 结束 下拉列表中选择 值 选项，在 距离 文本框中输入数值 3；在 布尔 区域中选择 无；单击 <确定> 按钮，完成"拉伸"特征 2 的创建。

图 12.21 "拉伸"特征 2

图 12.22 定义草图平面

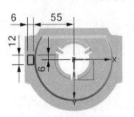

图 12.23 截面草图

Step12. 创建图 12.24 所示的草图 1。选择下拉菜单 插入(S) ➡ 在任务环境中绘制草图(V)...命令，系统弹出"创建草图"对话框；单击 按钮，选取图 12.25 所示的平面为草图平面，单击 确定 按钮；进入草图环境，绘制图 12.24 所示的草图 1；选择下拉菜单 任务(K) ➡ 完成草图(K)命令（或单击 完成草图 按钮），退出草图环境。

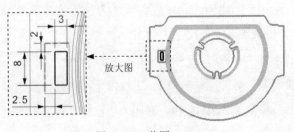

放大图

图 12.24 草图 1

草图平面

图 12.25 定义草图平面

Step13. 创建图 12.26 所示的基准平面 1。选择下拉菜单 插入(S) ➡ 基准/点(D)▶ ➡

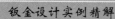
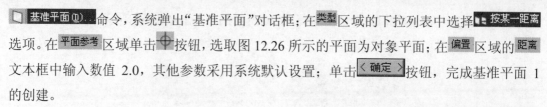

命令，系统弹出"基准平面"对话框；在 类型 区域的下拉列表中选择 按某一距离 选项。在 平面参考 区域单击 按钮，选取图 12.26 所示的平面为对象平面；在 偏置 区域的 距离 文本框中输入数值 2.0，其他参数采用系统默认设置；单击 确定 按钮，完成基准平面 1 的创建。

Step14. 创建图 12.27 所示的草图 2。选择下拉菜单 插入(S) → 在任务环境中绘制草图(V)... 命令，系统弹出"创建草图"对话框，选取 Step13 创建的基准平面 1 为草图平面，单击 确定 按钮，进入草图环境，绘制图 12.27 所示的草图，单击 完成草图 按钮，退出草图环境。

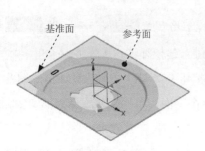

图 12.26　基准平面 1

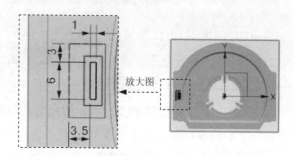

图 12.27　草图 2

Step15. 创建图 12.28 所示的直纹特征 1。选择下拉菜单 插入(S) → 网格曲面(M) → 直纹(R)... 命令，系统弹出"直纹"对话框；在图形区中选择图 12.29 所示的截面线串 1，单击鼠标中键确认；在图形区中选择图 12.29 所示的截面线串 2，单击鼠标中键确认；在"直纹面"对话框中选择 对齐 下拉列表中的 参数 选项；在"直纹面"对话框中单击 确定 按钮，完成"直纹"特征的创建。

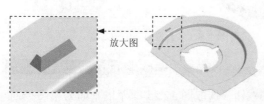

图 12.28　"直纹"特征

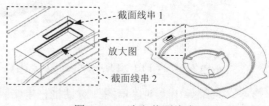

图 12.29　选取截面线串

Step16. 对实体进行求和。选择下拉菜单 插入(S) → 组合(B) → 求和(U)... 命令，系统弹出"求和"对话框；选取 Step15 创建的"直纹"特征 1 为目标体，选取 Step11 创建的"拉伸"特征 2 为工具体，单击 确定 按钮，完成该布尔操作。

Step17. 创建"边倒圆"特征 1。选择下拉菜单 插入(S) → 细节特征(L) → 边倒圆(E)... 命令（或单击 按钮），系统弹出"边倒圆"对话框；选取图 12.30 所示的两条边线为边倒圆参照 1，并在 半径 1 文本框中输入数值 3；单击 确定 按钮，完成"边倒圆"特征 1 的创建。

Step18. 创建"边倒圆"特征 2。选取图 12.31 所示的边为圆角参照边 2，圆角半径为 1。

Step19. 创建"边倒圆"特征 3。选取图 12.32 所示的边为圆角参照边 3，圆角半径为 1。

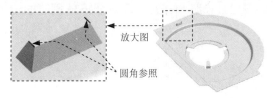

图 12.30　圆角参照边 1

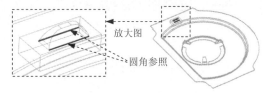

图 12.31　圆角参照边 2

Step20. 创建图 12.33 所示的镜像体。选择下拉菜单 插入(S) ➡ 关联复制(A)▶ ➡ 抽取几何体(E)... 命令（或单击 按钮），系统弹出"抽取几何体"对话框；在对话框的类型下拉列表中选择 镜像体 选项；选择图 12.33 所示的实体为镜像体，单击中键确认；在镜像平面区域中，单击 按钮，选取 YZ 基准平面为镜像平面；单击 确定 按钮，完成镜像体的创建。

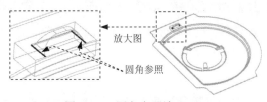

图 12.32　圆角参照边 3

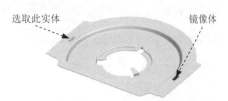

图 12.33　创建镜像体

Step21. 创建图 12.34 所示的"实体冲压"特征 1。选择下拉菜单 启动▾ ➡ 钣金(L)... 命令，进入"NX 钣金"环境；选择下拉菜单 插入(S) ➡ 冲孔(H)▶ ➡ 实体冲压(S)... 命令，系统弹出"实体冲压"对话框；在"实体冲压"对话框类型下拉列表中选择 冲模 选项，确定 选择 区域的"目标面"按钮 已处于激活状态，选取图 12.35 所示的面为目标面；确定 选择 区域的"工具体"按钮 已处于激活状态，选取图 12.36 所示的实体为工具体；单击 选择 区域的"冲裁面"按钮 ，选取图 12.37 所示的模型表面（共 4 个面）为冲裁面；在 实体冲压属性 区域选中 ☑自动判断厚度 选项；单击"实体冲压"对话框中的 确定 按钮，完成"实体冲压"特征的创建。

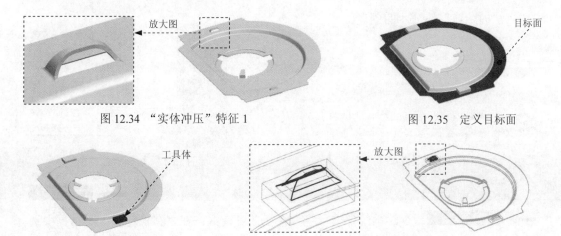

图 12.34　"实体冲压"特征 1　　　　　　　　图 12.35　定义目标面

图 12.36　定义工具体　　　　　　　　图 12.37　定义冲裁面

Step22. 创建图 12.38 所示的"实体冲压"特征 2。参照 Step21，选取 Step20 创建的镜像体为工具体，创建"实体冲压"特征 2。

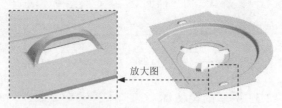

图 12.38   "实体冲压"特征 2

Step23. 创建图 12.39 所示的"法向除料"特征 3。选择下拉菜单 插入(S) ➡ 切削(T)▶

➡ 法向除料(N)... 命令，系统弹出"法向除料"对话框；单击 按钮，选取图 12.39 所示的模型表面为草图平面，单击 确定 按钮，绘制图 12.40 所示的除料截面草图；在 除料属性 区域的 限制 下拉列表中选择 直至下一个 选项；采用系统默认的除料方向；单击 < 确定 > 按钮，完成"法向除料"特征 3 的创建。

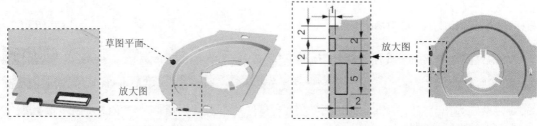

图 12.39   "法向除料"特征 3   图 12.40   除料截面草图

Step24. 创建图 12.41 所示的"法向除料"特征 4。选择下拉菜单 插入(S) ➡ 切削(T)▶

➡ 法向除料(N)... 命令，系统弹出"法向除料"对话框；单击 按钮，选取图 12.41 所示的模型表面为草图平面，单击 确定 按钮，绘制图 12.42 所示的除料截面草图；在 除料属性 区域的 限制 下拉列表中选择 直至下一个 选项；采用系统默认的除料方向；单击 < 确定 > 按钮，完成"法向除料"特征 4 的创建。

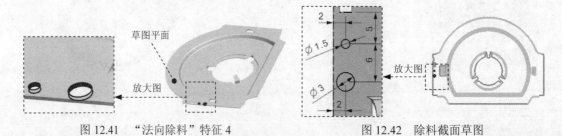

图 12.41   "法向除料"特征 4   图 12.42   除料截面草图

Step25. 创建图 12.43 所示的"镜像"特征。选择下拉菜单 插入(S) ➡ 关联复制(A)▶

➡ 镜像特征(M)... 命令，系统弹出"镜像特征"对话框；在"镜像特征"对话框中选择图 12.43 所示的镜像源特征，选取 YZ 基准平面为镜像平面，单击 确定 按钮，完成"镜

实例 12 圆形钣金件

像"特征的创建。

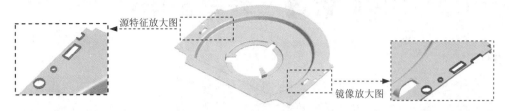

图 12.43 "镜像"特征

Step26. 创建图 12.44 所示的"高级弯边"特征 1。选择下拉菜单 插入(S) ➡️
NX 高级钣金 ➡️ 高级弯边(A)...命令，系统弹出"高级弯边"对话框；在 类型 下拉列表中选择 按值 选项，选取图 12.45 所示的边线作为基本边；在 折弯参数 区域中调整 折弯半径 文本框数值为 0.2；在 弯边属性 区域的 长度 文本框中输入数值 3，在 角度 文本框中输入数值 90，在 内嵌 下拉列表中选择 材料内侧 选项；如果方向不对，可单击 按钮来调整方向；单击 〈 确定 〉按钮，完成"高级弯边"特征 1 的创建。

图 12.44 "高级弯边"特征 1

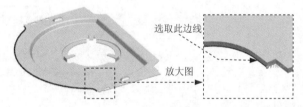

图 12.45 选取基本边

Step27. 后面的详细操作过程请参见随书光盘中 video\ch12\reference\文件下的语音视频讲解文件 disc-r01.avi。

实例 **13** 指甲钳手柄

实例概述:

本实例详细讲解了指甲钳手柄的设计过程，主要应用了折弯、实体冲压等命令，需要读者注意的是"实体冲压"命令操作的创建方法及过程。钣金件模型及相应的模型树如图 13.1 所示。

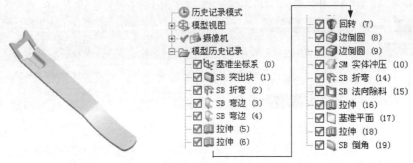

图 13.1 钣金件模型及模型树

Step1. 新建文件。选择下拉菜单 文件(F) ➡ 新建(N)... 命令，系统弹出"新建"对话框。在 模板 区域中选择模板类型为 NX 钣金，在 新文件名 区域的 名称 文本框中输入文件名称 nail_clippers。

Step2. 创建图 13.2 所示的突出块特征 1。选择下拉菜单 插入(S) ➡ 突出块(B)... 命令，系统弹出"突出块"对话框；在 类型 区域中选择 基本 选项；单击 按钮，选取 XY 平面为草图平面，选中 设置 区域的 ☑ 创建中间基准 CSYS 复选框，单击 确定 按钮，绘制图 13.3 所示的截面草图；厚度方向采用系统默认的矢量方向，在 厚度 文本框中输入厚度值为 1.5；单击 < 确定 > 按钮，完成突出块特征 1 的创建。

图 13.2 突出块特征 1

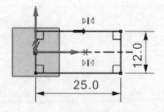

图 13.3 截面草图

Step3. 创建图 13.4 所示的折弯特征。选择下拉菜单 插入(S) ➡ 折弯(N)▸ ➡ 折弯(B)... 命令，系统弹出"折弯"对话框；单击 按钮，选取 XY 平面为草图平面，取消选中 设置 区域的 □ 创建中间基准 CSYS 复选框，单击 确定 按钮，绘制图 13.5 所示的折弯线；在 内嵌 下拉列表中选择 折弯中心线轮廓 选项，在 角度 文本框中输入数值 30；在 折弯参数 区域中单击

折弯半径 文本框右侧的 ☰ 按钮，在系统弹出的菜单中选择 使用本地值 选项，然后在 折弯半径 文本框中输入数值 35；其他参数采用系统默认设置值；单击 <确定 按钮，完成折弯特征的创建。

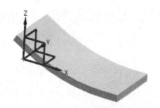

图 13.4 折弯特征

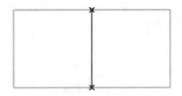

图 13.5 折弯线

Step4. 创建图 13.6 所示的弯边特征 1。选择下拉菜单 插入(S) ➡ 折弯(N) ▸ ➡ 弯边(F)... 命令，系统弹出"弯边"对话框；选取图 13.7 所示的边线为线性边；在 宽度 区域的 宽度选项 下拉列表中选择 ■ 完整 选项，在 弯边属性 区域的 长度 文本框中输入数值 10，在 角度 文本框中输入数值 15，在 参考长度 下拉列表中选择 ⌐内部 选项，在 内嵌 下拉列表中选择 ⌐折弯外侧 选项；在 偏置 区域的 偏置 文本框中输入数值 0；在 折弯参数 区域中单击 折弯半径 文本框右侧的 ☰ 按钮，在系统弹出的菜单中选择 使用本地值 选项，然后在 折弯半径 文本框中输入数值 2；在 止裂口 区域中的 折弯止裂口 下拉列表中选择 ⊘无 选项；在 拐角止裂口 下拉列表中选择 仅折弯 选项；单击 <确定 按钮，完成弯边特征 1 的创建。

图 13.6 弯边特征 1

图 13.7 选取线性边

Step5. 创建图 13.8 所示的弯边特征 2。选择下拉菜单 插入(S) ➡ 折弯(N) ▸ ➡ 弯边(F)... 命令；选取图 13.9 所示的边线为弯边的线性边，在 宽度选项 下拉列表中选择 ■ 完整 选项；在 弯边属性 区域的 长度 文本框中输入数值 50；在 角度 文本框中输入数值 15；在 参考长度 下拉列表中选择 ⌐内部 选项；在 内嵌 下拉列表中选择 ⌐折弯外侧 选项；在 偏置 区域的 偏置 文本框中输入数值 0；单击 折弯半径 文本框右侧的 ☰ 按钮，在系统弹出的菜单中选择 使用本地值 选项，然后在 折弯半径 文本框中输入数值 2；在 止裂口 区域的 折弯止裂口 下拉列表中选择 ⊘无 选项；单击 <确定 按钮，完成弯边特征 2 的创建。

图 13.8 弯边特征 2

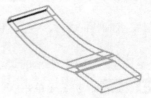

图 13.9 选取线性边

Step6. 创建图 13.10 所示的拉伸特征 1。选择下拉菜单 插入(S) ➡ 切削(T)▶ ➡ 拉伸(E)... 命令（或单击 按钮），系统弹出"拉伸"对话框；单击"拉伸"对话框中的"绘制截面"按钮 ，系统弹出"创建草图"对话框；选取图 13.11 所示的平面为草图平面，单击 确定 按钮，进入草图环境；绘制图 13.12 所示的截面草图；单击 完成草图 按钮，退出草图环境；在 限制 区域的 开始 下拉列表中选择 值 选项，并在 距离 文本框中输入数值 0，在 结束 下拉列表中选择 值 选项，并在 距离 文本框中输入数值 1.5；单击"反向"按钮 ，在布尔区域的 布尔 下拉列表中选择 求差 选项；单击 确定 按钮，完成拉伸特征 1 的创建。

图 13.10　拉伸特征 1　　　　图 13.11　选取草图平面　　　　图 13.12　弯边特征 2

Step7. 创建图 13.13 所示的拉伸特征 2。选取 ZX 平面为草图平面，进入草图环境；绘制图 13.14 所示的截面草图；在 限制 区域的 开始 下拉列表中选择 值 选项，并在 距离 文本框中输入数值 -5，在 结束 下拉列表中选择 值 选项，并在 距离 文本框中输入数值 5；在布尔区域的 布尔 下拉列表中选择 无 选项；单击 确定 按钮，完成拉伸特征 2 的创建。

Step8. 创建图 13.15 所示的旋转特征。选择下拉菜单 启动 ➡ 建模(M)... 命令，进入建模环境；选择 插入(S) ➡ 设计特征(E)▶ ➡ 旋转(R)... 命令（或单击 按钮），系统弹出"旋转"对话框；单击"旋转"对话框中 按钮，选取 ZX 平面为草图平面，单击 确定 按钮，进入草图环境，绘制图 13.16 所示的截面草图；选取图 13.16 所示的直线作为旋转轴；在 限制 区域的 开始 下拉列表中选择 值 选项，在 角度 文本框中输入数值 0；在 结束 下拉列表中选择 值，在 角度 文本框中输入数值 360；在 布尔 区域的 布尔 下拉列表中选择 求和 选项，选取拉伸特征 2 为求和对象；单击 确定 按钮，完成旋转特征的创建。

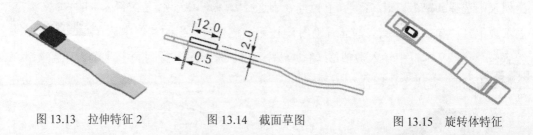

图 13.13　拉伸特征 2　　　　图 13.14　截面草图　　　　图 13.15　旋转体特征

Step9. 创建图 13.17 所示的边倒圆特征 1。选择下拉菜单 插入(S) ➡ 细节特征(L)▶ ➡ 边倒圆(E)... 命令（或单击 按钮），系统弹出"边倒圆"对话框；选取图 13.17 所示的边线为边倒圆参照边，并在 半径 1 文本框中输入数值 1；单击 确定 按钮，完成边倒圆特征 1 的创建。

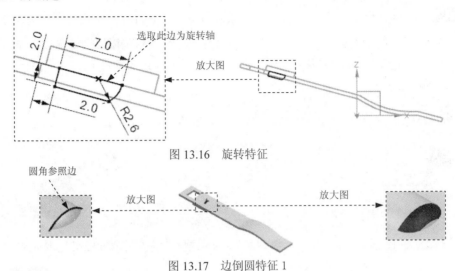

图 13.16 旋转特征

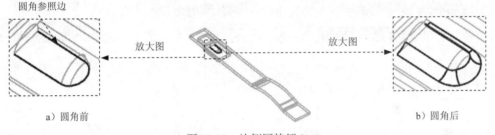

图 13.17 边倒圆特征 1

Step10. 创建图 13.18 所示的边倒圆特征 2。选取图示的边线为边倒圆参照边，并在 半径 1 文本框中输入数值 1.5；单击 〈确定〉 按钮，完成边倒圆特征 2 的创建。

a）圆角前   b）圆角后

图 13.18 边倒圆特征 2

Step11. 创建图 13.19 所示的实体冲压特征。选择下拉菜单 启动 ➡ 钣金(L)... 命令，进入钣金环境；选择下拉菜单 插入(S) ➡ 冲孔(H) ➡ 实体冲压(S)... 命令，系统弹出"实体冲压"对话框；在"实体冲压"对话框 类型 下拉列表中选择 冲模 选项，确定 选择 区域的"目标面"按钮 已处于激活状态，选取图 13.20 所示的面为目标面；确定 选择 区域的"工具体"按钮 已处于激活状态，选取图 13.21 所示的实体为工具体；在 实体冲压属性 区域选中 ☑ 自动判断厚度 复选框和 ☑ 隐藏工具体 复选框；单击"实体冲压"对话框中的 〈确定〉 按钮，完成实体冲压特征的创建。

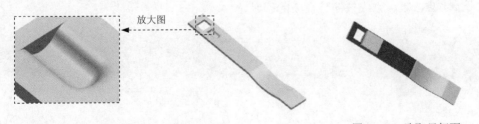

图 13.19 实体冲压特征   图 13.20 选取目标面

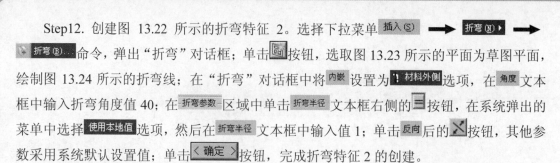

Step12. 创建图 13.22 所示的折弯特征 2。选择下拉菜单 插入(S) ➡ 折弯(N) ➡ 折弯(B)... 命令，弹出"折弯"对话框；单击 按钮，选取图 13.23 所示的平面为草图平面，绘制图 13.24 所示的折弯线；在"折弯"对话框中将 内嵌 设置为 材料外侧 选项，在 角度 文本框中输入折弯角度值 40；在 折弯参数 区域中单击 折弯半径 文本框右侧的 按钮，在系统弹出的菜单中选择 使用本地值 选项，然后在 折弯半径 文本框中输入值 1；单击 反向 后的 按钮，其他参数采用系统默认设置值；单击 确定 按钮，完成折弯特征 2 的创建。

图 13.21　选取工具体

图 13.22　折弯特征 2

图 13.23　选取草图平面

Step13. 创建图 13.25 所示的法向除料特征。选择下拉菜单 插入(S) ➡ 切削(T) ➡ 法向除料(N)...命令，系统弹出"法向除料"对话框；单击 按钮，选取图 13.26 所示的平面为草图平面，单击 确定 按钮，绘制图 13.27 所示的截面草图；在 除料属性 区域的 切削方法 下拉列表中选择 厚度 选项，在 限制 下拉列表中选择 直至下一个 选项；单击 确定 按钮，完成法向除料特征的创建。

说明：若方向相反，可单击"反向"按钮 进行调整。

图 13.25　法向除料特征

图 13.26　草图平面

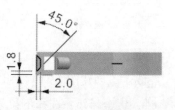
图 13.27　截面草图

图 13.24　折弯线

Step14. 创建图 13.28 所示的拉伸特征 3。选择下拉菜单 插入(S) ➡ 切削(T) ➡ 拉伸(E)...命令，选取图 13.29 所示的平面为草图平面，绘制图 13.30 所示的截面草图；在 限制 区域的 开始 下拉列表中选择 值 选项，并在 距离 文本框中输入数值-3，在 结束 下拉列表中选择 值 选项，并在 距离 文本框中输入数值 3；在 布尔 区域的 布尔 下拉列表中选择 求差 选项；单击 确定 按钮，完成拉伸特征 3 的创建。

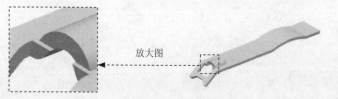
放大图
图 13.28　拉伸特征 3

图 13.29　选取草图平面

Step15. 创建图 13.31 所示的基准平面。选择下拉菜单 插入(S) ➡ 基准/点(D)▸ ➡ 基准平面(D)... 命令，系统弹出"基准平面"对话框；在 类型 下拉列表中选择 按某一距离 选项，选取图 13.32 所示的平面为偏移参考面；在 偏置 区域中的 距离 文本框内输入数值 10；单击 〈 确定 〉 按钮，完成基准平面的创建。

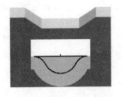

图 13.30 截面草图

图 13.31 基准平面

图 13.32 选取偏移面

Step16. 创建图 13.33 所示的拉伸特征 4。选择下拉菜单 插入(S) ➡ 切削(T)▸ ➡ 拉伸(E)... 命令，选取 Step15 创建的基准平面为草图平面，绘制图 13.34 所示的截面草图；在 极限 区域的 开始 下拉列表中选择 值 选项，并在 距离 文本框中输入数值 0，在 结束 下拉列表中选择 贯通 选项；在 布尔 区域的 布尔 下拉列表中选择 求差 选项；单击 〈 确定 〉 按钮，完成拉伸特征 4 的创建。

图 13.33 拉伸特征 4

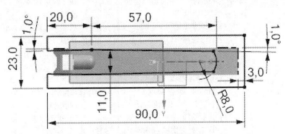

图 13.34 截面草图

Step17. 创建图 13.35 所示的边倒圆特征 3。选取图示的边线为边倒圆参照边，输入圆角半径值为 1.5。

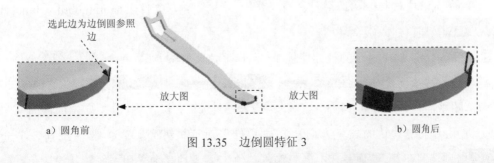

a）圆角前   b）圆角后

图 13.35 边倒圆特征 3

Step18. 保存钣金件模型。选择下拉菜单 文件(F) ➡ 保存(S) 命令，即可保存钣金件模型。

实例 **14** 钣金固定架

实例概述：

本范例介绍了钣金固定架的设计过程，首先创建了拉伸特征和转换为钣金特征，用于创建后面的成形特征；然后通过"弯边"命令对模型进行折弯操作。钣金件模型及模型树如图 14.1 所示。

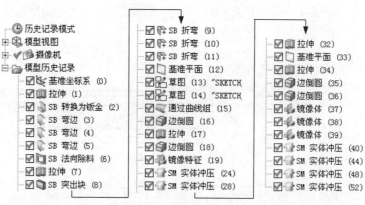

图 14.1 钣金件模型及模型树

Step1. 新建文件。选择下拉菜单 文件(F) ➡ 新建(N)... 命令，系统弹出"新建"对话框。在 模板 区域中选择 NX 钣金 模板，在 名称 文本框中输入文件名称 immobility_bracket，单击 确定 按钮，进入钣金环境。

Step2. 创建图 14.2 所示的拉伸特征 1。选择下拉菜单 启动· ➡ 建模(M)... 命令，进入建模环境；选择下拉菜单 插入(S) ➡ 设计特征(E)▶ ➡ 拉伸(E)... 命令；选取 YZ 基准平面为草图平面，选中 设置 区域的 ☑ 创建中间基准 CSYS 复选框，绘制图 14.3 所示的截面草图，拉伸方向采用系统默认的矢量方向；在"拉伸"对话框 限制 区域的 开始 下拉列表中选择 对称值 选项，并在其下的 距离 文本框中输入数值 12；其他参数采用系统默认设置值；单击 < 确定 > 按钮，完成拉伸特征 1 的创建。

Step3. 将实体零件转换为钣金件。选择下拉菜单 启动· ➡ 钣金(L)... 命令，进入"NX 钣金"环境。选择下拉菜单 插入(S) ➡ 转换(V)▶ ➡ 转换为钣金(C)... 命令，系统弹出"转换为钣金"对话框。选取图 14.4 所示的模型表面为基本面。在"转换为钣金"对话框中单击 确定 按钮，完成特征的转换。

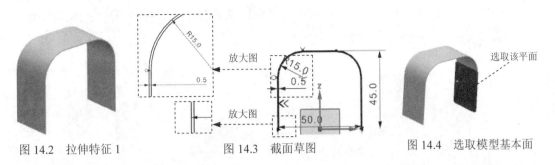

图 14.2 拉伸特征 1　　　　图 14.3 截面草图　　　　图 14.4 选取模型基本面

Step4. 创建图 14.5 所示的弯边特征 1。选择下拉菜单 插入(S) ➡ 折弯(N) ➡ 弯边(F)... 命令，系统弹出"弯边"对话框。选取图 14.6 所示的边线为线性边。在 截面 区域单击 按钮，绘制图 14.7 所示的截面草图。绘制完成后单击 完成草图 按钮。在 弯边属性 区域的 匹配面 下拉列表中选择 无 选项，在 角度 文本框中输入数值 90，在 内嵌 下拉列表中选择 材料内侧 选项。在 偏置 区域的 偏置 文本框中输入数值 0；在 折弯参数 区域中单击 折弯半径 文本框右侧的 按钮，在系统弹出的菜单中选择 使用本地值 选项，然后在 折弯半径 文本框中输入数值 0.2；在 止裂口 区域中的 折弯止裂口 下拉列表中选择 无 选项；在 拐角止裂口 下拉列表中选择 仅折弯 选项。单击 确定 按钮，完成弯边特征 1 的创建。

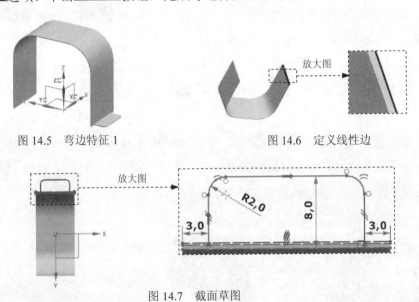

图 14.5 弯边特征 1　　　　图 14.6 定义线性边

图 14.7 截面草图

Step5. 创建图 14.8 所示的弯边特征 2。选择下拉菜单 插入(S) ➡ 折弯(N) ➡ 弯边(F)... 命令，系统弹出"弯边"对话框。选取图 14.9 所示的边线为线性边。在 截面 区域单击 按钮，绘制图 14.10 所示的截面草图。绘制完成后单击 完成草图 按钮。在 弯边属性 区域的 匹配面 下拉列表中选择 无 选项，在 角度 文本框中输入数值 90，在 内嵌 下拉列表中选择

选项。在 偏置 区域的 偏置 文本框中输入数值 0；在 折弯参数 区域中单击 折弯半径 文本框右侧的 ▤ 按钮，在系统弹出的菜单中选择 使用本地值 选项，然后在 折弯半径 文本框中输入数值 0.2；在 止裂口 区域中的 折弯止裂口 下拉列表中选择 ╱ 正方形 选项；在 拐角止裂口 下拉列表中选择 仅折弯 选项。单击 <确定> 按钮，完成弯边特征 2 的创建。

图 14.8　弯边特征 2

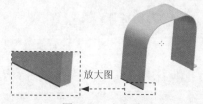

图 14.9　定义线性边

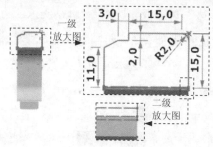

图 14.10　截面草图

Step6. 创建图 14.11 所示的弯边特征 3。选择下拉菜单 插入(S) ➡ 折弯(N)▸ ➡ 弯边(F)... 命令，系统弹出"弯边"对话框。选取图 14.12 所示的边线为线性边。在 宽度 区域的 宽度选项 下拉列表中选择 ☐ 完整 选项，在 弯边属性 区域的 长度 文本框中输入数值 3，在 角度 文本框中输入数值 90，在 参考长度 下拉列表中选择 ┐ 外部 选项，在 内嵌 下拉列表中选择 ┐ 折弯外侧 选项。在 偏置 区域的 偏置 文本框中输入数值 0；在 折弯参数 区域中单击 折弯半径 文本框右侧的 ▤ 按钮，在系统弹出的菜单中选择 使用本地值 选项，然后在 折弯半径 文本框中输入数值 0.2；在 止裂口 区域中的 折弯止裂口 下拉列表中选择 ╱ 正方形 选项；在 拐角止裂口 下拉列表中选择 仅折弯 选项。单击 <确定> 按钮，完成弯边特征 3 的创建。

图 14.11　弯边特征 3

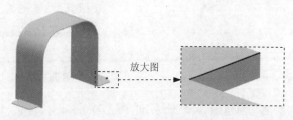

图 14.12　定义线性边

Step7. 创建图 14.13 所示的法向除料特征 1。选择下拉菜单 插入(S) ➡ 切削(T)▸ ➡ 法向除料(N)... 命令，系统弹出"法向除料"对话框。单击 ▦ 按钮，选取图 14.14 所示的模型表面为草图平面，取消选中 设置 区域的 ☐ 创建中间基准 CSYS 复选框，单击 确定 按钮，绘制图 14.15 所示的除料截面草图。在 除料属性 区域的 切削方法 下拉列表中选择 厚度 选项，在 限制 下拉列表中选择 ⊟ 贯通 选项。单击 < 确定 > 按钮，完成法向除料特征 1 的创建。

图 14.13 法向除料特征 1

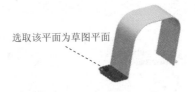
选取该平面为草图平面
图 14.14 定义草图平面

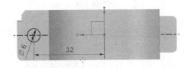
图 14.15 除料截面草图

Step8. 创建图 14.16 所示的拉伸特征 1。选择下拉菜单 插入(S) ➜ 切削(T) ▸ ➜ ▥ 拉伸(E)... 命令；选取图 14.17 所示的平面为草图平面，绘制图 14.18 所示的截面草图；在 方向 区域中单击"反向"按钮 ✕；在 开始 下拉列表中选择 ⬛ 值 选项，并在其下的 距离 文本框中输入数值 0；在 结束 下拉列表中选择 ⬛ 贯通 选项；在 布尔 下拉列表中选择 ⬛ 求差 选项，采用系统默认求差对象；单击 < 确定 > 按钮，完成拉伸特征 1 的创建。

图 14.16 拉伸特征 1

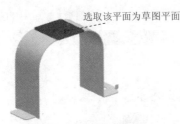
选取该平面为草图平面
图 14.17 定义草图平面

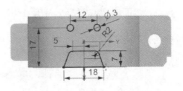
图 14.18 截面草图

Step9. 创建图 14.19 所示的突出块特征 1。选择下拉菜单 插入(S) ➜ ▢ 突出块(B)... 命令，系统弹出"突出块"对话框；选取图 14.20 所示的平面为草图平面，绘制图 14.21 所示的截面草图。绘制完成后单击 ✖ 完成草图 按钮。单击 < 确定 > 按钮，完成突出块特征 1 的创建。

图 14.19 突出块特征 1

草图平面
图 14.20 定义草图平面

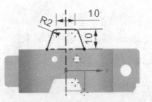
图 14.21 截面草图

Step10. 创建图 14.22 所示的折弯特征 1。选择下拉菜单 插入(S) ➜ 折弯(N) ▸ ➜ 折弯(B)... 命令，系统弹出"折弯"对话框。单击 ▨ 按钮，选取图 14.23 所示的平面为草图平面，取消选中 设置 区域的 □ 创建中间基准 CSYS 复选框，单击 确定 按钮，绘制图 14.24 所示的截面草图。绘制完成后单击 完成草图 按钮。在"折弯"对话框中的 角度 文本框中输入折弯角度值 45，单击"反侧"按钮 ，将 内嵌 设置为 外模具线轮廓 选项，在 折弯参数 区域中单击 折弯半径 文本框右侧的 按钮，在系统弹出的菜单中选择 使用本地值 选项，然后在 折弯半径 文本框中输入数值 0.2；在 止裂口 区域中的 折弯止裂口 下拉列表中选择 无 选项；在 拐角止裂口 下拉列表中选择 仅折弯 选项。单击 确定 按钮，完成折弯特征 1 的创建。

选取该平面为草图平面

　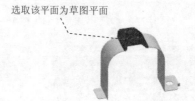　

图 14.22　折弯特征 1　　　图 14.23　定义草图平面　　　图 14.24　截面草图

Step11. 创建图 14.25 所示的折弯特征 2。选择下拉菜单 插入(S) ➔ 折弯(N) ➔ 折弯(B)... 命令，系统弹出"折弯"对话框。单击 按钮，选取图 14.26 所示的平面为草图平面，单击 确定 按钮，绘制图 14.27 所示的截面草图。绘制完成后单击 完成草图 按钮。在"折弯"对话框中将 内嵌 设置为 外模具线轮廓 选项，在 角度 文本框中输入折弯角度值 45，在 折弯参数 区域中单击 折弯半径 文本框右侧的 按钮，在系统弹出的菜单中选择 使用本地值 选项，然后在 折弯半径 文本框中输入数值 0.2；在 止裂口 区域中的 折弯止裂口 下拉列表中选择 无 选项；在 拐角止裂口 下拉列表中选择 仅折弯 选项。单击 确定 按钮，完成折弯特征 2 的创建。

选取该平面为草图平面

放大图

　　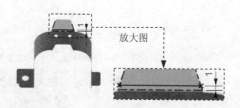

图 14.25　折弯特征 2　　　图 14.26　定义草图平面　　　图 14.27　截面草图

Step12. 创建图 14.28 所示的折弯特征 3。选择下拉菜单 插入(S) ➔ 折弯(N) ➔ 折弯(B)... 命令，系统弹出"折弯"对话框。单击 按钮，选取图 14.29 所示的平面为草图平面，单击 确定 按钮，绘制图 14.30 所示的截面草图。绘制完成后单击 完成草图 按钮。在"折弯"对话框中将 内嵌 设置为 外模具线轮廓 选项，在 角度 文本框中输入折弯角度值 90，在 折弯参数 区域中单击 折弯半径 文本框右侧的 按钮，在系统弹出的菜单中选择 使用本地值 选项，然后在 折弯半径 文本框中输入数值 0.2；在 止裂口 区域中的 折弯止裂口 下拉列表中选择 无选项；在  下拉列表中选择  选项。单击 <确定> 按钮，完成折弯特征 3 的创建。

选取该平面为草图平面

图 14.28 折弯特征 3

图 14.29 定义草图平面

图 14.30 截面草图

Step13. 创建图 14.31 所示的基准平面 1。选择下拉菜单 插入(S) ➡ 基准/点(D) ➡ 基准平面(D)... 命令（或单击 按钮），系统弹出"基准平面"对话框。在类型区域的下拉列表框中选择 按某一距离 选项，在绘图区选取 ZX 基准平面，输入偏移值 28。单击 <确定> 按钮，完成基准平面 1 的创建。

Step14. 创建图 14.32 所示的草图 1。选择下拉菜单 插入(S) ➡ 在任务环境中绘制草图(V)... 命令；选取基准平面 1 为草图平面；进入草图环境，绘制图 14.32 所示的草图 1。绘制完成后单击 完成草图 按钮，完成草图 1 的创建。

图 14.31 基准平面 1

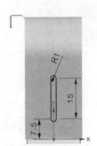
图 14.32 草图 1

Step15. 创建图 14.33 所示的草图 2。选择下拉菜单 插入(S) ➡ 在任务环境中绘制草图(V)... 命令；选取图 14.34 所示的平面为草图平面；进入草图环境，绘制图 14.33 所示的草图 2。绘制完成后单击 完成草图 按钮，完成草图 2 的创建。

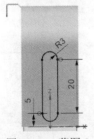
图 14.33 草图 2

选取该平面为草图平面

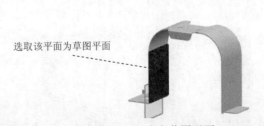
图 14.34 定义草图平面

Step16. 创建图 14.35 所示的零件特征——网格曲面 1。选择下拉菜单 开始 ➡ 建模(M)... 命令，进入"建模"环境。选择下拉菜单 插入(S) ➡ 网格曲面(M) ➡

钣金设计实例精解

通过曲线组(T)... 命令；依次选取图 14.36 所示的曲线，并分别单击中键确认；单击 确定
按钮，完成网格曲面 1 的创建。

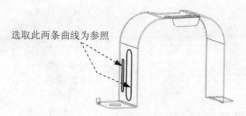

图 14.35　网格曲面 1　　　　　　　　　　　图 14.36　定义参照线

Step17. 创建图 14.37 所示的边倒圆特征 1。选择下拉菜单 插入(S) ➡ 细节特征(L) ▶
➡ 边倒圆(E) 命令（或单击 按钮），在 要倒圆的边 区域中单击 按钮，选择图 14.38
所示的边链为边倒圆参照，并在 半径 1 文本框中输入值 0.6。单击 确定 按钮，完成边倒圆
特征 1 的创建。

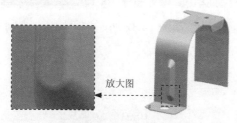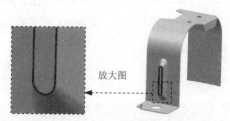

图 14.37　边倒圆特征 1　　　　　　　　　　　图 14.38　定义参照边

Step18. 创建图 14.39 所示的零件基础特征——拉伸 2。选择下拉菜单 插入(S) ➡
设计特征(E) ➡ 拉伸(E)... 命令，系统弹出"拉伸"对话框。选取图 14.40 所示的平面为
草图平面，绘制图 14.41 所示的截面草图；在 ✓ 指定矢量 下拉列表中选择 -YC 选项；在 限制 区
域的 开始 下拉列表中选择 值 选项，并在其下的 距离 文本框中输入值 0，在 限制 区域的 结束 下
拉列表框中选择 值 选项，并在其下的 距离 文本框中输入值 5，在 布尔 区域的下拉列表框中
选择 求和 选项，选取前面的网格曲面特征为求和对象。单击 确定 按钮，完成拉伸特征
2 的创建。

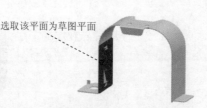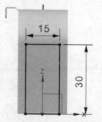

图 14.39　拉伸特征 2　　　　图 14.40　定义草图平面　　　图 14.41　截面草图

Step19. 创建图 14.42 所示的边倒圆特征 2。选择图 14.43 所示的边链为边倒圆参照，
并在 半径 1 文本框中输入值 1.5。单击 确定 按钮，完成边倒圆特征 2 的创建。

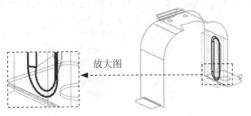

图 14.42　边倒圆特征 2　　　　　　　　图 14.43　定义参照边

Step20. 创建图 14.44 所示的零件特征——镜像 1。选择下拉菜单 插入(S) ➞ 关联复制(A) ➞ 镜像特征(M)... 命令，在绘图区中选取图 14.35 所示的网格曲面 1 和图 14.37 所示的边倒圆特征 1 和图 14.39 所示拉伸特征 2 和图 14.42 所示的边倒圆特征 2 为要镜像的特征。在 镜像平面 区域中单击 按钮，在绘图区中选取 XZ 基准平面作为镜像平面。单击 <确定> 按钮，完成镜像特征 1 的创建。

图 14.44　　镜像特征 1

Step21. 创建图 14.45 所示的实体冲压特征 1。将模型切换至 "NX 钣金" 设计环境，选择下拉菜单 插入(S) ➞ 冲孔(H) ➞ 实体冲压(S)... 命令，系统弹出 "实体冲压" 对话框。在 类型 下拉列表中选择 冲模 选项，选取图 14.46 所示的面为目标面。选取图 14.46 所示的特征为工具体。在 实体冲压属性 区域选中 ☑ 自动判断厚度 复选框。单击 "实体冲压" 对话框中的 <确定> 按钮，完成实体冲压特征 1 的创建。

图 14.45　实体冲压特征 1　　　　　　图 14.46　定义工具体

Step22. 创建图 14.47 所示的实体冲压特征 2。选择下拉菜单 插入(S) ➞ 冲孔(H) ➞ 实体冲压(S)... 命令，系统弹出 "实体冲压" 对话框。在 类型 下拉列表中选择 冲模 选项，选取图 14.46 所示的面为目标面。选取图 14.48 所示的特征为工具体。在 实体冲压属性 区域选中 ☑ 自动判断厚度 复选框。单击 "实体冲压" 对话框中的 <确定> 按钮，完成实体冲压特征 2 的创建。

选取该平面为目标面

图 14.47 实体冲压特征 2

选取此实体为工具体

图 14.48 定义工具体

Step23. 创建图 14.49 所示的拉伸特征 3。切换至"建模"设计环境，选择下拉菜单 插入(S) ➡ 设计特征(E) ➡ 拉伸(E)... 命令；选取图 14.50 所示的平面为草图平面，绘制图 14.51 所示的截面草图；在 ✓ 指定矢量 下拉列表中选择 YC 选项；在 开始 下拉列表中选择 值 选项，并在其下的 距离 文本框中输入数值 0；在 结束 下拉列表中选择 值 选项，并在其下的 距离 文本框中输入数值 5；在 布尔 下拉列表中选择 无 选项，单击 〈确定〉 按钮，完成拉伸特征 3 的创建。

图 14.49 拉伸特征 3

选取该平面为草图平面

图 14.50 定义草图平面

Step24. 创建图 14.52 所示的基准平面 2。选择下拉菜单 插入(S) ➡ 基准/点(D) ➡ 基准平面(D)... 命令（或单击 按钮），系统弹出"基准平面"对话框。在 类型 区域的下拉列表框中选择 按某一距离 选项，在绘图区选取 YZ 基准平面，输入偏移值 9。单击 〈确定〉 按钮，完成基准平面 2 的创建。

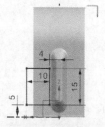

图 14.51 截面草图

图 14.52 基准平面 2

Step25. 创建图 14.53 所示的拉伸特征 4。选择下拉菜单 插入(S) ➡ 设计特征(E) ➡ 拉伸(E)... 命令；选取基准平面 2 为草图平面，绘制图 14.54 所示的截面草图；在 ✓ 指定矢量 下拉列表中选择 XC 选项；在 开始 下拉列表中选择 对称值 选项，并在其下的 距离 文本框中输入数值 3；在 布尔 区域的下拉列表框中选择 求和 选项，选取拉伸特征 3 为求和对象。单击 〈 确定 〉 按钮，完成拉伸特征 4 的创建。

图 14.53　拉伸特征 4

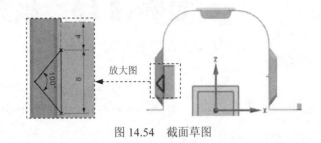

图 14.54　截面草图

Step26. 后面的详细操作过程请参见随书光盘中 video\ch14\reference\文件下的语音视频讲解文件 immobility_bracket-r01.avi。

实例 **15** 剃须刀手柄

实例概述:

　　本实例详细讲解了剃须刀手柄的设计过程,主要应用了轮廓弯边、实体冲压、拉伸等命令。需要读者注意的是"实体冲压"命令的操作方法及过程。钣金件模型及相应的模型树如图 15.1 所示。

从 A 向查看

图 15.1　钣金件模型及模型树

　　Step1. 新建文件。选择下拉菜单 文件(F) ➡ 新建(N)... 命令,系统弹出"新建"对话框;在 模型 选项卡 模板 区域下的列表中选择 NX 钣金 模板;在 新文件名 区域的 名称 文本框中输入文件名称 shaver_party;单击 确定 按钮,进入"NX 钣金"环境。

　　Step2. 创建图 15.2 所示的拉伸特征 1。选择下拉菜单 插入(S) ➡ 切削(T)▶ ➡ 拉伸(E)... 命令,系统弹出"拉伸"对话框;单击"拉伸"对话框中的"绘制截面"按钮 ,系统弹出"创建草图"对话框;选取 XY 平面为草图平面,选中 设置 区域的 ☑ 创建中间基准 CSYS 复选框,单击 确定 按钮,进入草图环境;绘制图 15.3 所示的截面草图;单击 完成草图 按钮,退出草图环境;在"拉伸"对话框 限制 区域的 开始 下拉列表中选择 对称值 选项,并在其下的 距离 文本框中输入数值 5;其他采用系统默认设置;单击 确定 按钮,完成拉伸特征 1 的创建。

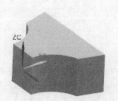

图 15.2　拉伸特征 1

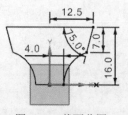

图 15.3　截面草图

Step3. 创建图 15.4 所示的拉伸特征 2。选择下拉菜单 插入(S) ➡ 切削(T)▸ ➡
▥ 拉伸(E)...命令；选取图 15.4 所示的模型表面为草图平面，取消选中 设置 区域的
☐ 创建中间基准 CSYS 复选框，绘制图 15.5 所示的截面草图，在"拉伸"对话框 开始 下拉列表
中选择 ⋔ 值选项，在 距离 文本框中输入值 0，在 结束 下拉列表中选择 ⋔ 值选项，并在其下的 距离
文本框中输入数值 1.5；在 布尔 区域的 布尔 下拉列表中选择 ⊕ 求和 选项，采用系统默认的求
和对象；单击 < 确定 > 按钮，完成特征的创建。

图 15.4 拉伸特征 2

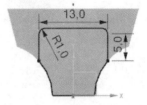

图 15.5 截面草图

Step4. 创建图 15.6 所示的拉伸特征 3。选择下拉菜单 插入(S) ➡ 切削(T)▸ ➡
▥ 拉伸(E)...命令；选取 YZ 平面为草图平面，绘制图 15.7 所示的截面草图，在"拉伸"对话
框 开始 下拉列表中选择 ⋔ 值选项，在 距离 文本框中输入值-4，在 结束 下拉列表中选择 ⋔ 值选
项，并在其下的 距离 文本框中输入数值 4；在 布尔 区域的 布尔 下拉列表中选择 ⊕ 求和 选项，采
用系统默认的求和对象；单击 < 确定 > 按钮，完成特征的创建。

图 15.6 拉伸特征 3

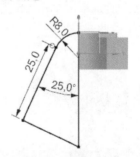

图 15.7 截面草图

Step5. 创建图 15.8b 所示的边倒圆特征 1。选择下拉菜单 ⚙ 开始▾ ➡ ▦ 建模(M)...命令，
进入建模环境；选择下拉菜单 插入(S) ➡ 细节特征(L)▸ ➡ ▦ 边倒圆(E)...命令，在
要倒圆的边 区域的 形状 下拉列表中选择 ▦ 圆形 选项，选取图 15.8a 所示的边线为边倒圆参照边，
在 半径 1 文本框中输入值 1；单击"边倒圆"对话框的 < 确定 > 按钮，完成边倒圆特征 1 的创建。

a）圆角前　　　　　　　　　　　　　　　　　　b）圆角后

图 15.8 边倒圆特征 1

Step6. 创建圆角特征 2。选取图 15.9 所示的边为圆角参照边，圆角半径值为 1。

Step7. 创建圆角特征 3。选取图 15.10 所示的边为圆角参照边，圆角半径值为 1。

Step8. 创建圆角特征 4。选取图 15.11 所示的边为圆角参照边，圆角半径值为 0.2。

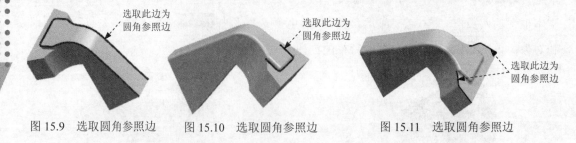

图 15.9　选取圆角参照边　　　图 15.10　选取圆角参照边　　　图 15.11　选取圆角参照边

Step9. 创建图 15.12 所示的轮廓弯边特征 1。将模型切换至"NX 钣金"环境，选择下拉菜单 插入(S) ➡ 折弯(N) ➡ 轮廓弯边(C) 命令，系统弹出"轮廓弯边"对话框；在"轮廓弯边"对话框 类型 区域的下拉列表中选择 基本 选项；单击 按钮，选取 YZ 平面为草图平面，单击 确定 按钮，绘制图 15.13 所示的截面草图；厚度方向采用系统默认的矢量方向，单击 厚度 文本框右侧的 按钮，在弹出的快捷菜单中选择 使用本地值 选项，然后在 厚度 文本框中输入数值 0.5；在 宽度选项 下拉列表中选择 对称 选项，在 宽度 文本框中输入数值 30；在"轮廓弯边"对话框中单击 确定 按钮，完成特征的创建。

图 15.12　轮廓弯边特征 1

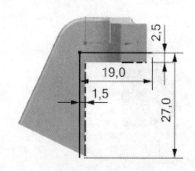

图 15.13　截面草图

Step10. 创建图 15.14 所示实体冲压特征 1。选择下拉菜单 插入(S) ➡ 冲孔(H) ➡ 实体冲压(S) 命令，系统弹出"实体冲压"对话框；在"实体冲压"对话框 类型 下拉列表中选择 冲模 选项，即采用冲孔类型创建钣金特征；在"实体冲压"对话框 选择 区域中单击"目标面"按钮 ，选取图 15.15 所示的面为目标面；在"实体冲压"对话框 选择 区域中单击"工具体"按钮 ，选取图 15.16 所示的特征为工具体；在"实体冲压"对话框 选择 区域中单击"冲裁面"按钮 ，选取图 15.17 所示的冲裁面；在"实体冲压"对话框 实体冲压属性 区域中选中 自动判断厚度 、 隐藏工具体 ；在 倒圆 区域中取消选中 实体冲压边倒圆 选项，选中 恒定厚度 复选框；单击"实体冲压"对话框中的 确定 按钮，完成实体冲压特征 1 的创建。

图 15.14　实体冲压特征 1

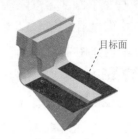

目标面

图 15.15　定义目标面

工具体

图 15.16　定义工具体

冲裁面

冲裁面

图 15.17　定义冲裁面

Sep11. 创建图 15.18 所示的基准平面 1。选择下拉菜单 插入(S) ➡ 基准/点(D)▶ ➡ 基准平面(D)... 命令，系统弹出"基准平面"对话框；在 类型 下拉列表中选择 按某一距离 选项；选取 YZ 基准平面为参考对象；在 偏置 区域的 距离 文本框内输入数值 9，单击 确定 按钮，完成基准平面 1 的创建。

Step12. 创建图 15.19 所示的旋转特征。选择下拉菜单 启动▾ ➡ 建模(M)... 命令，进入建模环境；选择 插入(S) ➡ 设计特征(E)▶ ➡ 旋转(R)... 命令，系统弹出"旋转"对话框；单击"旋转"对话框中的 按钮，选取 Step11 创建的基准平面 1 为草图平面，单击 确定 按钮，进入草图环境，绘制图 15.20 所示的截面草图，选择下拉菜单 任务(K) ➡ 完成草图(K) 命令，退出草图环境；选取图 15.20 所示的边线作为旋转轴；在 开始 下拉列表中选择 值，在 距离 文本框中输入值 0；在 结束 下拉列表中选择 值，在 距离 文本框中输入值 360；在 布尔 区域的 布尔 下拉列表中选择 无；单击 确定 按钮，完成旋转特征的创建。

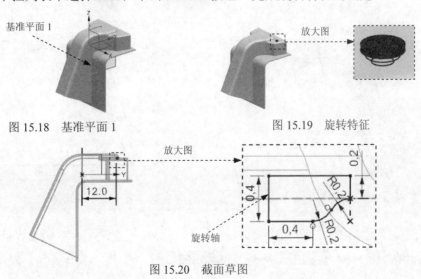

基准平面 1

图 15.18　基准平面 1

放大图

图 15.19　旋转特征

放大图

12.0

旋转轴

0.4

0.4

R0.2

R0.2

2.0

图 15.20　截面草图

Step13. 创建圆角特征 5。选取图 15.21 所示的边为圆角参照边，圆角半径值为 0.1。

Step14. 创建图 15.22 所示的镜像体。选择下拉菜单 插入(S) ➡ 关联复制(A) ➡
抽取几何体(E)... 命令（或单击 按钮），系统弹出"抽取几何体"对话框；在对话框的 类型 下
拉列表中选择 镜像体 选项；选取 Step12、Step13 创建的实体为镜像体，单击中键确认；在
镜像平面 区域中，单击 按钮，选取 YZ 基准平面为镜像平面；单击 < 确定 > 按钮，完成镜像
体的创建。

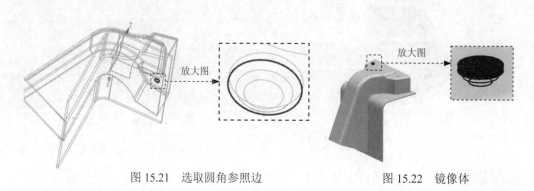

图 15.21　选取圆角参照边　　　　　　　图 15.22　镜像体

Step15. 创建图 15.23 所示的拉伸特征 4。选择下拉菜单 插入(S) ➡ 设计特征(E)▸
➡ 拉伸(E)... 命令；选取 YZ 平面为草图平面，绘制图 15.24 所示的截面草图；拉伸方
向采用系统默认的矢量方向，在"拉伸"对话框 限制 区域的 开始 下拉列表中选择 对称值 选项，
在 距离 文本框中输入值 20；在 布尔 区域的 布尔 下拉列表中选择 求差 选项，选择实体冲压特
征后的模型实体为求差对象；单击"拉伸"对话框中的 < 确定 > 按钮，完成拉伸特征 4 的创
建。

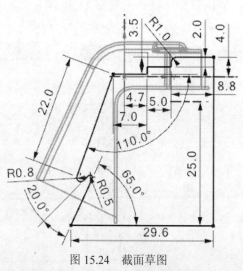

图 15.23　拉伸特征 4　　　　　　　　图 15.24　截面草图

Step16. 创建图 15.25 所示的实体冲压特征 2。将模型切换至 NX 钣金设计环境，选择
下拉菜单 插入(S) ➡ 冲孔(H)▸ ➡ 实体冲压(S)... 命令，在"实体冲压"对话框 类型 下拉

列表中选择 ▼ 冲模 选项，选取图 15.26 所示的面为目标面，选取图 15.27 所示的实体为工具体，选中 ☑ 自动判断厚度 、☑ 隐藏工具体 和 ☑ 恒定厚度 复选框，取消选中 ☐ 实体冲压边倒圆 复选框；单击 < 确定 > 按钮，完成特征的创建。

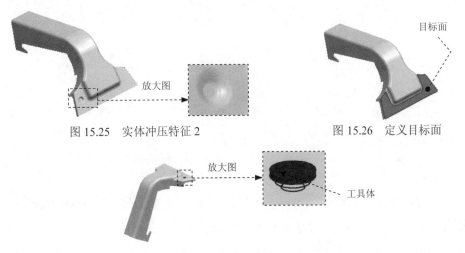

图 15.25 实体冲压特征 2   图 15.26 定义目标面

图 15.27 定义工具体

Step17. 创建图 15.28 所示的实体冲压特征 3。选择下拉菜单 插入(S) ➡ 冲孔(H) ▶ ➡ 实体冲压(S)... 命令，在"实体冲压"对话框 类型 下拉列表中选择 ▼ 冲模 选项，选取图 15.26 所示的面为目标面，选取图 15.29 所示的实体为工具体，选中 ☑ 自动判断厚度 、☑ 隐藏工具体 和 ☑ 恒定厚度 复选框，取消选中 ☐ 实体冲压边倒圆 复选框；单击 < 确定 > 按钮，完成特征的创建。

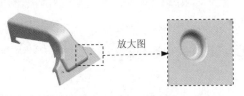

图 15.28 实体冲压特征 3

图 15.29 定义工具体

Step18. 创建图 15.30 所示的拉伸特征 5。选择下拉菜单 插入(S) ➡ 切削(T) ▶ ➡ 拉伸(E)... 命令；选取图 15.31 所示平面为草图平面，绘制图 15.32 所示的截面草图；在 方向 区域中单击"反向"按钮 ✕；在"拉伸"对话框 开始 下拉列表中选择 ⅲ 值，在 距离 文本框中输入值 0，在 结束 下拉列表中选择 ⅲ 贯通 选项，在 布尔 区域的 布尔 下拉列表中选择 ⅲ 求差 选项，其他采用系统默认的设置；单击"拉伸"对话框中的 < 确定 > 按钮，完成拉伸特征 5 的创建。

图 15.30 拉伸特征 5

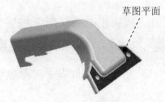

图 15.31 定义草图平面

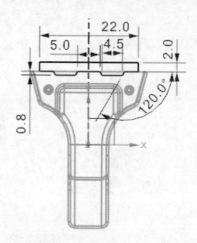

图 15.32　截面草图

Step19. 创建图 15.33 所示的轮廓弯边特征。选择下拉菜单 插入(S) ➡ 折弯(N) ➡ 轮廓弯边(C)... 命令，系统弹出"轮廓弯边"对话框；在"轮廓弯边"对话框 类型 区域的下拉列表中选择 基本 选项；单击 按钮，系统弹出"创建草图"对话框，在 类型 下拉列表中选择 基于路径 选项，选取图 15.34 所示的模型边线为路径，在 位置 下拉列表中选择 弧长百分比 选项，在 弧长百分比 文本框中输入值 50；其他选项采用系统默认设置值，单击 确定 按钮，进入草图绘制环境，绘制图 15.35 所示的截面草图；在 厚度 区域单击 按钮，在弹出的菜单中选择 使用本地值 选项，然后在 厚度 文本框中输入值 0.5；在 宽度选项 下拉列表中选择 对称 选项，在 宽度 文本框中输入数值 4；在 折弯参数 区域中单击 折弯半径 文本框右侧的 按钮，在弹出的菜单中选择 使用本地值 选项，然后在 折弯半径 文本框中输入数值 0.2；在 止裂口 区域中的 折弯止裂口 下拉列表中选择 无 选项，在 拐角止裂口 下拉列表中选择 无 选项；在"轮廓弯边"对话框中单击 确定 按钮，完成特征的创建。

图 15.33　轮廓弯边特征 2

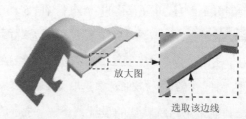

放大图

选取该边线

图 15.34　选取路径

Step20. 创建图 15.36 所示的突出块特征。选择下拉菜单 插入(S) ➡ 突出块(B)... 命令；在 类型 区域的下拉列表中选择 次要 选项，选取图 15.37 所示的模型表面为草图平面，绘制图 15.38 所示的截面草图；厚度方向采用系统默认的矢量方向；单击 确定 按钮，完成突出块特征的创建。

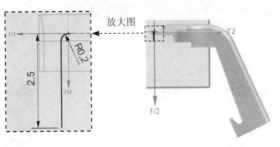

图 15.35 截面草图

图 15.36 突出块特征

图 15.37 定义草图平面

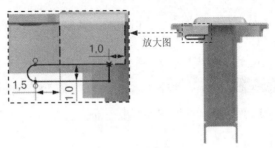

图 15.38 截面草图

Step21. 创建图 15.39 所示的折弯特征。选择下拉菜单 插入(S) ➙ 折弯(N)▶ ➙ 折弯(B)... 命令，系统弹出"折弯"对话框；选取图 15.37 所示的模型表面为草图平面，绘制图 15.40 所示的折弯线；在"折弯"对话框中将 内嵌 设置为 外模具线轮廓 选项，在 角度 文本框中输入折弯角度值 20，在 折弯参数 区域中单击 折弯半径 文本框右侧的 按钮，在系统弹出的菜单中选择 使用本地值 选项，然后在 折弯半径 文本框中输入值 0.2；单击 反向 后的 按钮，其他参数采用系统默认设置值；单击 〈确定〉 按钮，完成折弯特征的创建。

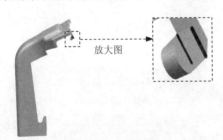

图 15.39 折弯特征

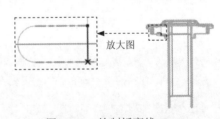

图 15.40 绘制折弯线

Step22. 创建图 15.41 所示的基准平面。选择下拉菜单 插入(S) ➙ 基准/点(D)▶ ➙ 基准平面(D)... 命令，系统弹出"基准平面"对话框；在 类型 下拉列表中选择 成一角度 选项；选取 XY 基准平面为参考平面，选取 X 轴为参考轴；在 角度 区域的 角度选项 下拉列表中选择 值 选项，在其下的 角度 文本框内输入角度值-45，单击 〈确定〉 按钮，完成基准平面的创建。

Step23. 创建图 15.42 所示的拉伸特征 6。选择下拉菜单 插入(S) ➙ 切削(T)▶ ➙ 拉伸(E)... 命令；选取 Step22 创建的基准平面为草图平面，绘制图 15.43 所示的截面草图；在"拉伸"对话框 开始 下拉列表中选择 值 选项，在 距离 文本框中输入值 0；在 结束 下

拉列表中选择 ⊛ 贯通 选项，在 布尔 区域的 布尔 下拉列表中选择 ▢ 求差 选项，选择图 15.44 所示的实体为求差对象；单击"拉伸"对话框中的 ＜ 确定 ＞ 按钮，完成拉伸特征 6 的创建。

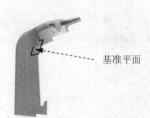

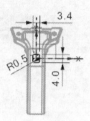

图 15.41　基准平面特征　　图 15.42　拉伸特征 6　　图 15.43　截面草图　　图 15.44　求差对象

Step24. 创建图 15.45 所示的镜像体。选择下拉菜单 插入(S) ➡ 关联复制(A)▸ ➡ 镜像体(B)... 命令，系统弹出"镜像体"对话框；在"镜像体"对话框中选取图 15.46 所示实体为镜像对象，选取 YZ 基准平面为镜像平面，单击 确定 按钮，完成镜像体的创建。

图 15.45　镜像体　　　　　　　图 15.46　选取实体

Step25. 后面的详细操作过程请参见随书光盘中 video\ch15\reference\文件下的语音视频讲解文件 shaver_party-r01.avi。

实例 16 水杯组件

16.1 概 述

本实例讲解了一个完整水杯（图 16.1.1）的设计过程，其中包括水杯腔体及水杯手柄两个部分。水杯腔体是通过"旋转"命令创建出主体部分之后再进行细节设计的。在设计水杯手柄时，应用"折边弯边"命令来创建手柄边部的弯边。这两处都应是读者需要注意的地方。

水杯腔体 ←------   ------→ 水杯手柄

图 16.1.1 水杯

16.2 水 杯 腔 体

钣金件模型及其模型树如图 16.2.1 所示。

图 16.2.1 钣金件模型及模型树

Step1. 新建文件。选择下拉菜单 文件(F) ➡ 新建(N)... 命令，系统弹出"新建"对话框。在 模型 选项卡 模板 区域下的列表中选择 NX 钣金 模板。在 新文件名 区域的 名称 文本框中输入文件名称 cup。单击 确定 按钮，进入"NX 钣金"环境。

Step2. 创建图 16.2.2 所示的旋转特征。选择下拉菜单 启动 ➡ 建模(M)... 命令，进入建模环境；选择 插入(S) ➡ 设计特征(E) ➡ 旋转(R)... 命令，系统弹出"旋转"对话框；单击"旋转"对话框中 按钮，选取 ZX 基准平面为草图平面，选中 设置 区域的

☑ 创建中间基准 CSYS 复选框，单击 确定 按钮，进入草图环境，绘制图 16.2.3 所示的截面草图；选取 Z 轴作为旋转轴；在 开始 下拉列表中选择 值，在 距离 文本框中输入值 0；在 结束 下拉列表中选择 值，在 距离 文本框中输入值 360；在 布尔 区域的 布尔 下拉列表中选择 无；在 偏置 区域的 偏置 下拉列表中选择 两侧 选项，并在其下的 开始 文本框中输入数值 0，在 结束 文本框中输入数值 0.2；单击 确定 按钮，完成旋转特征的创建。

Step3. 将模型转换为钣金。选择下拉菜单 开始 ➡ NX 钣金 (H) 命令，进入 NX 钣金环境；选择下拉菜单 插入 (S) ➡ 转换 (V) ➡ 转换为钣金 (C) 命令，系统弹出"转换为钣金"对话框。选取图 16.2.4 所示的面，单击 确定 按钮，完成操作。

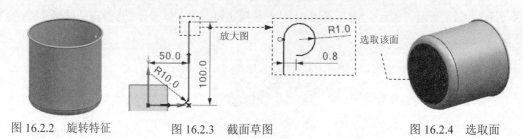

图 16.2.2　旋转特征　　　　图 16.2.3　截面草图　　　　图 16.2.4　选取面

Step4. 保存钣金件模型。选择下拉菜单 文件 (F) ➡ 保存 (S) 命令，即可保存钣金件模型。

16.3　水　杯　手　柄

钣金件模型及其模型树如图 16.3.1 所示。

图 16.3.1　钣金件模型及模型树

Step1. 新建文件。选择下拉菜单 文件 (F) ➡ 新建 (N) 命令，系统弹出"新建"对话框。在 模型 选项卡 模板 区域下的列表中选择 NX 钣金 模板，在 新文件名 区域的 名称 文本框中输入文件名称 handle。单击 确定 按钮，进入"NX 钣金"环境。

Step2. 创建图 16.3.2 所示的突出块特征 1。选择下拉菜单 插入 (S) ➡ 突出块 (B) 命令；选取 XY 基准平面为草图平面，选中 设置 区域的 ☑ 创建中间基准 CSYS 复选框，绘制图 16.3.3

所示的截面草图；在 厚度 文本框中输入数值 0.4，厚度方向采用系统默认的矢量方向；单击 < 确定 > 按钮，完成突出块特征的创建。

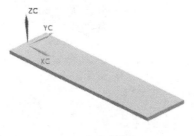

图 16.3.2 突出块特征 1

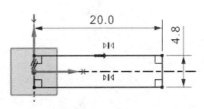

图 16.3.3 截面草图

Step3. 创建图 16.3.4 所示的弯边特征。选择下拉菜单 插入(S) ➡ 折弯(N)▶ ➡ 弯边(F)... 命令，系统弹出"弯边"对话框；选取图 16.3.5 所示的模型边线为折弯边；在 宽度选项 下拉列表中选择 □ 完整 选项；在 长度 文本框中输入数值 30，在 角度 文本框中输入数值 100，在 参考长度 下拉列表中选择 ⌐ 内部 选项；在 内嵌 下拉列表中选择 ⌐ 材料内侧 选项；在 偏置 区域的 偏置 文本框中输入数值 0；单击 折弯半径 文本框右侧的 ☰ 按钮，在系统弹出的快捷菜单中选择 使用本地值 选项，然后再在 折弯半径 文本框中输入数值 5；在 止裂口 区域的 折弯止裂口 下拉列表中选择 ⊘ 无 选项，在 拐角止裂口 下拉列表中选择 仅折弯 选项；单击 < 确定 > 按钮，完成弯边特征 1 的创建。

图 16.3.4 弯边特征 1

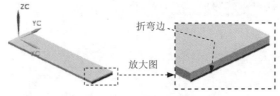

图 16.3.5 定义折弯边

Step4. 创建图 16.3.6 所示的轮廓弯边特征。选择下拉菜单 插入(S) ➡ 折弯(N)▶ ➡ 轮廓弯边(C)... 命令，系统弹出"轮廓弯边"对话框；在"轮廓弯边"对话框 类型 区域的下拉列表中选择 次要 选项；单击 按钮，系统弹出"创建草图"对话框，选取图 16.3.7 所示的模型边线为路径，在 平面位置 区域 位置 选项组中选择 弧长 选项，然后在 弧长 后的文本框中输入数值 0，其他选项采用系统默认设置，单击 确定 按钮，绘制图 16.3.8 所示的截面草图；单击"反向"按钮 ✕，在 宽度选项 下拉列表中选择 □ 有限 选项，在 宽度 文本框中输入数值 4.8；在 折弯参数 区域中单击 折弯半径 文本框右侧的 ☰ 按钮，在弹出的菜单中选择 使用本地值 选项，然后在 折弯半径 文本框中输入数值 0.2；在 止裂口 区域中的 折弯止裂口 下拉列表中选择 ⊘ 无 选项，在 拐角止裂口 下拉列表中选择 ⊘ 无 选项；在 斜接 区域中取消选中 □ 使用法向除料法进行斜接 复选框；在"轮廓弯边"对话框中单击 < 确定 > 按钮，完成特征的创建。

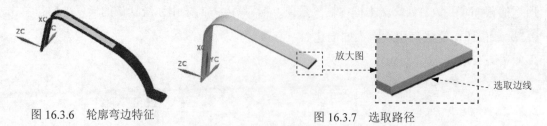

图 16.3.6　轮廓弯边特征　　　　　　　　图 16.3.7　选取路径

图 16.3.8　截面草图

Step5. 创建图 16.3.9 所示的折边弯边特征。选择下拉菜单 插入(S) ➡ 折弯(N) ➡ 折边弯边(H)... 命令，系统弹出"折边"对话框；在"折边"对话框 类型 区域的下拉列表中选择 开环 选项；选取图 16.3.10 所示的边线为折边弯边的附着边；在"折边"对话框 内嵌选项 区域的 内嵌 下拉列表中选择 折弯外侧 选项；在 折弯参数 区域的 1.折弯半径 文本框中输入数值 0.4，5.扫掠角度 文本框中输入数值 270；在 斜接 区域中取消选中 斜接折边 复选框；在"折边"对话框中单击 确定 按钮，完成折边弯边特征的创建。

图 16.3.9　折边弯边特征　　　　　　　　图 16.3.10　定义附着边

Step6. 创建图 16.3.11 所示的镜像特征。选择下拉菜单 插入(S) ➡ 关联复制(A) ➡ 镜像特征(M)... 命令，系统弹出"镜像特征"对话框；选取 Step5 创建的折边弯边特征为镜像对象，选取 XZ 基准平面为镜像平面，单击 确定 按钮，完成镜像特征的创建。

Step7. 创建图 16.3.12 所示的弯边特征 2。选择下拉菜单 插入(S) ➡ 折弯(N) ➡ 弯边(F)... 命令；选取图 16.3.13 所示的边线为弯边的线性边，在 宽度选项 下拉列表中选择 完整 选项；在 长度 文本框中输入数值 6，在 角度 文本框中输入数值 90，在 参考长度 下拉列表中选择 内部 选项；在 内嵌 下拉列表中选择 材料内侧 选项；在 偏置 区域的 偏置 文本框中输入数值 0；单击 折弯半径 文本框右侧的 ▤ 按钮，在系统弹出的菜单中选择 使用本地值 选项，然后

再在 折弯半径 文本框中输入数值 0.2；在 止裂口 区域中的 折弯止裂口 下拉列表中选择 正方形 选项，在 拐角止裂口 下拉列表中选择 仅折弯 选项；单击 〈确定〉 按钮，完成弯边特征 2 的创建。

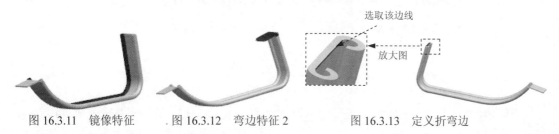

选取该边线

放大图

图 16.3.11 镜像特征   图 16.3.12 弯边特征 2   图 16.3.13 定义折弯边

Step8. 创建图 16.3.14 所示的钣金倒角特征。选择下拉菜单 插入(S) ➡ 拐角(O)... ➡ 倒角(B)... 命令，系统弹出"倒角"对话框；在"倒角"对话框 倒角属性 区域的 方法 下拉列表中选择 圆角；选取图 16.3.14 所示的四条边线，在 半径 文本框中输入值 2；单击 "倒角"对话框的 〈确定〉 按钮，完成钣金倒角特征 1 的创建。

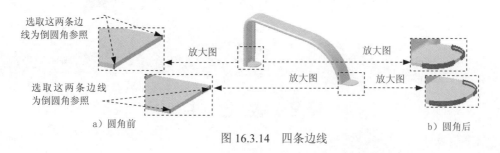

选取这两条边线为倒圆角参照

放大图

选取这两条边线为倒圆角参照

放大图   放大图   放大图

a) 圆角前   b) 圆角后

图 16.3.14 四条边线

Step9. 保存钣金件模型。选择下拉菜单 文件(F) ➡ 保存(S) 命令，即可保存钣金件模型。

实例 **17** 灭火器手柄组件

17.1 实 例 概 述

本实例详细介绍了图 17.1.1 所示的灭火器手柄的设计过程。在创建钣金件 1 和钣金件 2 时，主要使用了"轮廓弯边"命令。此处的创建思想值得借鉴。

a）装配图　　　　　　　　　　　　　　　　b）分解图

图 17.1.1　灭火器手柄模型

17.2 钣 金 件 1

钣金件模型及模型树如图 17.2.1 所示。

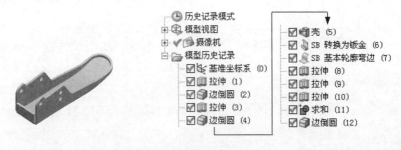

图 17.2.1　零件模型及模型树

说明：本应用前面的详细操作过程请参见随书光盘中 video\ch17.01\reference\文件下的语音视频讲解文件 fire_extinguisher_hand_01-r01.avi。

Step1.　打开文件 D:\ugnx90.10\work\ch17.01\ fire_extinguisher_hand_01_ex.prt。

Step2.　创建图 17.2.2 所示的拉伸特征 2。选择下拉菜单 插入(S) ➡ 设计特征(E)▶ ➡ 拉伸(E)... 命令，选取 YZ 平面为草图平面，取消选中 设置 区域的 □ 创建中间基准 CSYS 复选框，绘制图 17.2.3 所示的截面草图，拉伸方向采用系统默认的矢量方向；在 开始 下拉列表中选择 贯通 选项，在 结束 下拉列表中选择 贯通 选项，在 布尔 区域的 布尔 下拉列表中选择 求差 选项，采用系统默认的求差对象；单击 <确定> 按钮，完成拉伸特征 2 的创建。

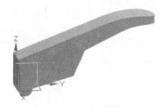

图 17.2.2 拉伸特征 2

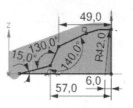

图 17.2.3 截面草图

Step3. 创建图 17.2.4b 所示的边倒圆特征 2。选取图 17.2.4a 所示的边线为边倒圆参照，圆角半径值为 5。

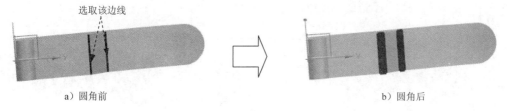

a）圆角前　　　　　　　　　　　　　　　　　　b）圆角后

图 17.2.4 边倒圆特征 2

Step4. 创建图 17.2.5b 所示的抽壳特征 1。选择下拉菜单 插入(S) ➡ 偏置/缩放(O) ➡ 抽壳(H)... 命令，系统弹出"抽壳"对话框；在"抽壳"对话框的 类型 下拉列表中选择 移除面,然后抽壳 ；选取图 17.2.5a 所示的加亮模型表面作为抽壳移除的面；采用系统默认的抽壳方向（方向指向模型内部）；在 厚度 区域的 厚度 文本框内输入数值 1；单击 <确定> 按钮，完成抽壳特征 1 的创建。

a）抽壳前（实体零件）　　　　　　　　　　　　　　b）抽壳后

图 17.2.5 抽壳特征 1

Step5. 将模型转换为钣金。选择下拉菜单 启动▾ ➡ 钣金(L)... 命令，进入 NX 钣金环境；选择下拉菜单 插入(S) ➡ 转换(V)▶ ➡ 转换为钣金(C)... 命令，系统弹出"转换为钣金"对话框。选取如图 17.2.6 所示的面，单击 确定 按钮，完成该操作。

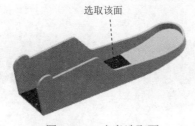

图 17.2.6 定义选取面

Step6. 创建图 17.2.7 所示的轮廓弯边特征 1。选择下拉菜单 插入(S) ➡️ 折弯(N) ➡️  轮廓弯边(C)... 命令，系统弹出"轮廓弯边"对话框；单击 按钮，系统弹出"创建草图"对话框，选取图 17.2.8 所示的模型边线为路径，在 平面位置 区域 位置 选项组中选择 弧长百分比 选项，然后在 弧长百分比 后的文本框中输入数值 50，其他选项采用系统默认设置值，单击 确定 按钮，绘制图 17.2.9 所示的截面草图；在"轮廓弯边"对话框 类型 区域的下拉列表中选择 基本 选项；在 宽度选项 下拉列表中选择 对称 选项，在 宽度 文本框中输入数值 18；在 折弯参数 区域中单击 折弯半径 文本框右侧的 按钮，在弹出的菜单中选择 使用本地值 选项，然后在 折弯半径 文本框中输入数值 0.5；在 止裂口 区域中的 折弯止裂口 下拉列表中选择 无 选项；在"轮廓弯边"对话框中单击 < 确定 > 按钮，完成特征的创建。

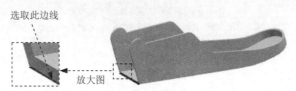

图 17.2.7 轮廓弯边特征 1   图 17.2.8 选取路径

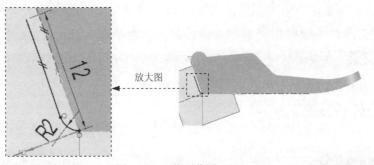

图 17.2.9 截面草图

Step7. 创建图 17.2.10 所示的拉伸特征 3。选择下拉菜单 启动 ➡️ 建模(M)... 命令，进入建模环境；选择下拉菜单 插入(S) ➡️ 设计特征(E) ➡️ 拉伸(E)... 命令，选取图 17.2.10 所示的模型表面为草图平面，绘制图 17.2.11 所示的截面草图，单击"反向"按钮 ，在"拉伸"对话框 开始 下拉列表中选择 值，在 距离 文本框中输入值 0，在 结束 下拉列表中选择 贯通 选项，在 布尔 区域的 布尔 下拉列表中选择 求差 选项，选取图 17.2.10 所示实体作为求差对象；单击 < 确定 > 按钮，完成拉伸特征 3 的创建。

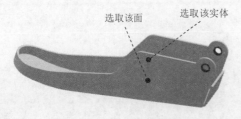

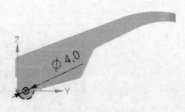

图 17.2.10 拉伸特征 3   图 17.2.11 截面草图

Step8. 创建图 17.2.12 所示的拉伸特征 4。选择下拉菜单 插入(S) ➡ 设计特征(E) ▶ ➡ 拉伸(E)... 命令，选取图 17.2.12 所示的模型表面为草图平面，绘制图 17.2.13 所示的截面草图，单击"反向"按钮 ✕；在"拉伸"对话框 开始 下拉列表中选择 值，在 距离 文本框中输入值 0，在 结束 下拉列表中选择 贯通 选项，在 布尔 区域的 布尔 下拉列表中选择 求差 选项，选取图 17.2.13 所示实体作为求差对象；单击 < 确定 > 按钮，完成拉伸特征 4 的创建。

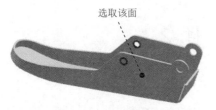

图 17.2.12　拉伸特征 4

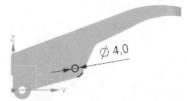

图 17.2.13　截面草图

Step9. 创建图 17.2.14 所示的拉伸特征 5。选择下拉菜单 插入(S) ➡ 设计特征(E) ▶ ➡ 拉伸(E)... 命令，选取图 17.2.14 所示的模型表面为草图平面，绘制图 17.2.15 所示的截面草图，单击"反向"按钮 ✕；在"拉伸"对话框 开始 下拉列表中选择 值，在 距离 文本框中输入值 0，在 结束 下拉列表中选择 贯通 选项，在 布尔 区域的 布尔 下拉列表中选择 求差 选项，选取图 17.2.10 所示实体作为求差对象；单击 < 确定 > 按钮，完成拉伸特征 5 的创建。

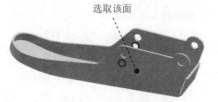

图 17.2.14　拉伸特征 5

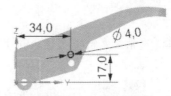

图 17.2.15　截面草图

Step10. 对实体进行求和。选择下拉菜单 插入(S) ➡ 组合(B) ➡ 求和(U)... 命令，选取图 17.2.16 所示的实体为目标体，选取图 17.2.17 所示的实体为工具体；单击 < 确定 > 按钮，完成特征的创建。

图 17.2.16　选取目标体

图 17.2.17　选取工具体

Step11. 创建图 17.2.18b 所示的边倒圆特征 3。选取图 17.2.18a 所示的边线为边倒圆参照，圆角半径值为 1。

Step12. 保存钣金件模型。选择下拉菜单 文件(F) ➡ 保存(S) 命令，即可保存钣金件模型。

a）圆角前　　　　　　　　　　　　　　　　　　　　　b）圆角后

图 17.2.18　边倒圆特征 3

17.3　钣　金　件 2

钣金件模型及模型树如图 17.3.1 所示。

图 17.3.1　钣金件模型及模型树

Step1. 新建文件。选择下拉菜单 文件(F) ➡ 新建(N)...命令，系统弹出"新建"对话框。在 模板 区域中选择 NX 钣金 模板，在 名称 文本框中输入文件名称 fire_extinguisher_hand _02，单击 确定 按钮。进入钣金环境。

Step2. 创建图 17.3.2 所示的轮廓弯边特征 1。选择下拉菜单 插入(S) ➡ 折弯(N) ▶ ➡ 轮廓弯边(C)...命令，系统弹出"轮廓弯边"对话框；在"轮廓弯边"对话框 类型 区域的下拉列表中选择 基本 选项；单击 按钮，选取 YZ 平面为草图平面，绘制图 17.3.3 所示的截面草图；在 厚度 文本框中输入值 1，在 宽度选项 下拉列表中选择 对称 选项，在 宽度 文本框中输入值 14；在 止裂口 区域中的 折弯止裂口 下拉列表中选择 无 选项；单击 确定 按钮，完成轮廓弯边特征 1 的创建。

图 17.3.2　轮廓弯边特征 1

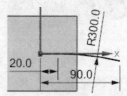

图 17.3.3　截面草图

Step3. 创建图 17.3.4 所示的轮廓弯边特征 2。选择下拉菜单 插入(S) ➡ 折弯(N) ▶ ➡ 轮廓弯边(C)...命令，系统弹出"轮廓弯边"对话框；在"轮廓弯边"对话框 类型 区域的下拉列表中选择 [次要] 选项；单击 [X] 按钮，选取图 17.3.5 所示的边线为路径，在 [平面位置] 区域 [位置] 选项组中选择 [弧长] 选项，然后在 [弧长] 后的文本框中输入数值 0，其他选项采用系统默认设置，单击 [确定] 按钮，绘制图 17.3.6 所示的截面草图；在 [宽度选项] 下拉列表中选择 [链] 选项，选取图 17.3.5 所示的边线为路径；在 [止裂口] 区域中的 [折弯止裂口] 下拉列表中选择 [无] 选项；单击 [< 确定 >] 按钮，完成轮廓弯边特征 2 的创建。

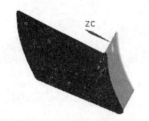

图 17.3.4 轮廓弯边特征 2

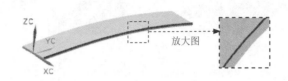

图 17.3.5 选取边线路径

Step4. 创建图 17.3.7b 所示的镜像特征 1。选择下拉菜单 [插入(S)] ➡ [关联复制(A)▶] ➡ [镜像特征(M)...] 命令，选取轮廓弯边特征 2 为镜像源特征（图 17.3.7a），YZ 基准平面为镜像平面；单击 [确定] 按钮，完成镜像特征 1 的创建。

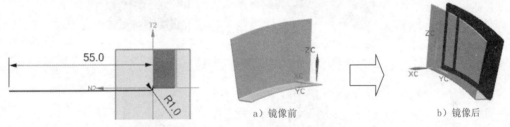

a) 镜像前　　　　　　b) 镜像后

图 17.3.6 截面草图　　　　　　图 17.3.7 镜像特征 1

Step5. 创建图 17.3.8 所示的拉伸特征 1。选择下拉菜单 [插入(S)] ➡ [切削(T)▶] ➡ [拉伸(E)...] 命令，系统弹出"拉伸"对话框；选取图 17.3.9 所示的模型表面为草图平面，绘制图 17.3.10 所示的截面草图；在 [方向] 区域中的 [* 指定矢量] 下拉列表中选择 [-XC] 选项；在 [限制] 区域的 [开始] 下拉列表中选择 [值] 选项，并在其下的 [距离] 文本框中输入数值 0；在 [结束] 下拉列表中选择 [贯通] 选项；在 [布尔] 下拉列表中选择 [求差] 选项，采用系统默认的求差对象；单击 [< 确定 >] 按钮，完成拉伸特征 1 的创建。

图 17.3.8 拉伸特征 1

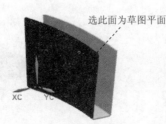

图 17.3.9 定义草图平面

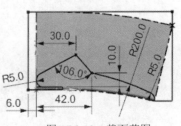

图 17.3.10 截面草图

钣金设计实例精解

Step6. 创建图 17.3.11 所示的钣金倒角特征 1。选择下拉菜单 插入(S) ➡ 拐角(D)... ▶
➡ 倒角(B)... 命令，系统弹出"倒角"对话框；在"倒角"对话框 倒角属性 区域的 方法
下拉列表中选择 圆角 ；选取图 17.3.12 所示的两条边线，在 半径 文本框中输入值 10；单
击"倒角"对话框的 <确定> 按钮，完成钣金倒角特征 1 的创建。

图 17.3.11　钣金倒角特征 1　　　　　图 17.3.12　选取倒角参照边

Step7. 创建图 17.3.13 所示的钣金倒角特征 2。选择下拉菜单 插入(S) ➡ 拐角(D)... ▶
➡ 倒角(B)... 命令，选取图 17.3.14 所示的两条边线，在 半径 文本框中输入值 5。单
击 <确定> 按钮，完成钣金倒角特征 2 的创建。

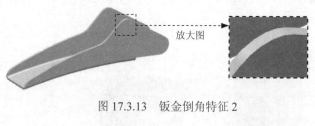

图 17.3.13　钣金倒角特征 2

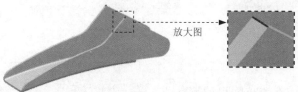

图 17.3.14　选取倒角参照边

Step8. 创建图 17.3.15 所示的法向除料特征 1。选择下拉菜单 插入(S) ➡ 切削(T) ▶
➡ 法向除料(N)... 命令，系统弹出"法向除料"对话框；单击 按钮，选取图 17.3.16
所示的模型表面为草图平面，绘制图 17.3.17 所示的除料截面草图；在 除料属性 区域的 切削方法
下拉列表中选择 厚度 选项，在 限制 下拉列表中选择 贯通 选项；单击 <确定> 按钮，完成
法向除料特征 1 的创建。

选此面为草图平面

　　　　　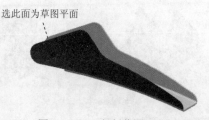

图 17.3.15　法向除料特征 1　　　　　图 17.3.16　定义草图平面

图 17.3.17 除料截面草图

Step9. 保存钣金件模型。选择下拉菜单 文件(F) ➡ 保存(S) 命令，即可保存钣金件模型。

实例 **18** 夹子组件

18.1 实例概述

本实例介绍了一款夹子组件的整个设计过程，该夹子组件包括图 18.1.1 所示的两个零件，每个零件的设计思路是先创建"突出块"，然后再使用"弯边"等命令构建出最终模型，其中钣金件 2 的创建方法值得借鉴，它主要是通过一个成形工具特征创建出来的。下面将对每个钣金件的设计过程进行详细的讲解。

a）装配图

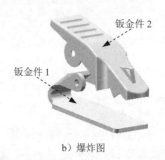

钣金件 2

钣金件 1

b）爆炸图

图 18.1.1 夹子组件

18.2 钣 金 件 1

钣金件模型及模型树如图 18.2.1 所示。

图 18.2.1 零件模型及设计树

Step1. 新建文件。选择下拉菜单 文件(F) ➡ 新建(N)... 命令，系统弹出"新建"对话框。在 模板 区域中选择 NX 钣金 模板，在 名称 文本框中输入文件名称 clamp_01，单击 确定 按钮，进入钣金环境。

Step2. 创建图 18.2.2 所示的突出块特征 1。选择下拉菜单 插入(S) ➡ 突出块(B)...命令，系统弹出"突出块"对话框；单击 按钮，选取 XY 平面为草图平面，选中 设置 区域的 ☑ 创建中间基准 CSYS 复选框，单击 确定 按钮，绘制图 18.2.3 所示的截面草图；厚度方向采用系统默认的矢量方向，在 厚度 文本框中输入数值 1；单击 确定 按钮，完成突出块特征 1 的创建。

图 18.2.2　突出块特征 1

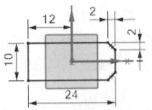

图 18.2.3　截面草图

Step3. 创建图 18.2.4 所示的弯边特征 1。选择下拉菜单 插入(S) ➡ 折弯(N)▶ ➡ 弯边(F)...命令，系统弹出"弯边"对话框；选取图 18.2.5 所示的边缘为弯边的线性边；在 宽度选项 下拉列表中选择 完整 选项；在 长度 文本框中输入数值 10，在 角度 文本框中输入数值 140，在 参考长度 下拉列表中选择 内部 选项，在 内嵌 下拉列表中选择 折弯外侧 选项；在 偏置 文本框中输入数值 0.0；单击 折弯半径 文本框右侧的 按钮，在系统弹出的快捷菜单中选择 使用本地值 选项，然后在 折弯半径 文本框中输入数值 1.0；在 止裂口 区域中的 折弯止裂口 下拉列表中选择 无 选项，在 拐角止裂口 下拉列表中选择 无 选项；单击"弯边"对话框的 确定 按钮，完成弯边特征 1 的创建。

创建此边线-法兰

图 18.2.4　弯边特征 1

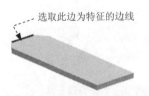

选取此边为特征的边线

图 18.2.5　弯边的线性边

Step4. 创建图 18.2.6 所示的弯边特征 2。选择下拉菜单 插入(S) ➡ 折弯(N)▶ ➡ 弯边(F)...命令，系统弹出"弯边"对话框；选取图 18.2.7 所示的边缘为弯边的线性边；在 宽度选项 下拉列表中选择 完整 选项；在 长度 文本框中输入数值 5，在 角度 文本框中输入数值 90，在 参考长度 下拉列表中选择 内部 选项，在 内嵌 下拉列表中选择 折弯外侧 选项；在 偏置 文本框中输入数值 0；在 折弯参数 区域中单击 折弯半径 文本框右侧的 按钮，在弹出的快捷菜单中选择 使用本地值 选项，然后在 折弯半径 文本框中输入数值 0.2；在 止裂口 区域中的 折弯止裂口 下拉列表中选择 无 选项，在 拐角止裂口 下拉列表中选择 仅折弯 选项；在"弯边"对话框中的 截面 区域单击 按钮，绘制图 18.2.8 所示的弯边截面草图；单击"弯边"对话框的 确定 按钮，完成弯边特征 2 的创建。

图 18.2.6 弯边特征 2

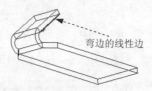
图 18.2.7 弯边的线性边

图 18.2.8 弯边截面草图

Step5. 创建图 18.2.9b 所示的镜像特征。选择下拉菜单 插入(S) ➡ 关联复制(A) ➡ 镜像特征(M)... 命令，选取图 18.2.9a 所示的弯边特征 2 为镜像源特征，选取 ZX 基准平面为镜像平面；单击 确定 按钮，完成镜像特征的创建。

镜像此特征

a）镜像前
b）镜像后

图 18.2.9 镜像特征

Step6. 创建图 18.2.10 所示的法向除料特征 1。选择下拉菜单 插入(S) ➡ 切削(T) ▸ ➡ 法向除料(N)... 命令，选取图 18.2.11 所示的模型表面为草图平面，绘制图 18.2.12 所示的除料截面草图；在 除料属性 区域的 切削方式 下拉列表中选择 厚度 选项，在 限制 下拉列表中选择 直至下一个 选项；单击 确定 按钮，完成法向除料特征 1 的创建。

图 18.2.10 法向除料特征 1

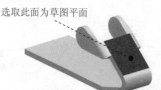
选取此面为草图平面

图 18.2.11 定义草图平面

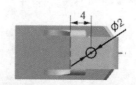
图 18.2.12 除料截面草图

Step7. 创建图 18.2.13 所示的拉伸特征 1。选择下拉菜单 插入(S) ➡ 切削(T) ▸ ➡ 拉伸(E)... 命令，选取 ZX 平面为草图平面，绘制图 18.2.14 所示的截面草图，在 开始 下拉列表中选择 贯通 选项，在 结束 下拉列表中选择 贯通 选项，在 布尔 下拉列表中选择 求差 选项；单击 确定 按钮，完成拉伸特征 1 的创建。

图 18.2.13 拉伸特征 1

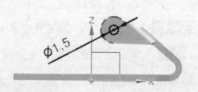
图 18.2.14 截面草图

Step8. 创建图 18.2.15 所示的倒角特征 1。选择下拉菜单 插入(S) ➡ 拐角(O)... ▶ ➡ 🔲 倒角(B)... 命令，选取图 18.2.16 所示的四条边线为要倒角的参照边，在 倒角属性 区域的 方法 下拉列表中选择 🔲 圆角 选项，在 半径 文本框中输入值 0.5。单击 < 确定 > 按钮，完成倒角特征 1 的创建。

图 18.2.15　倒角特征 1

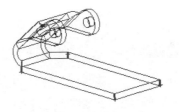

图 18.2.16　倒角参照边

Step9. 保存钣金件模型。选择下拉菜单 文件(F) ➡ 🔲 保存(S) 命令，即可保存钣金件模型。

18.3　钣金件 2

钣金件模型及模型树如图 18.3.1 所示。

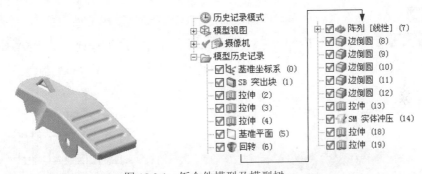

图 18.3.1　钣金件模型及模型树

Step1. 新建文件。选择下拉菜单 文件(F) ➡ 🔲 新建(N)... 命令，系统弹出"新建"对话框。在 模板 区域中选择 🔲 NX 钣金 模板，在 名称 文本框中输入文件名称 clamp_02，单击 确定 按钮，进入钣金环境。

Step2. 创建图 18.3.2 所示的突出块特征 1。选择下拉菜单 插入(S) ➡ 🔲 突出块(B)... 命令，系统弹出"突出块"对话框；单击 🔲 按钮，选取 XY 平面为草图平面，选中 设置 区域的 ☑ 创建中间基准 CSYS 复选框，单击 确定 按钮，绘制图 18.3.3 所示的截面草图；厚度方向采用系统默认的矢量方向，在 厚度 文本框中输入数值 0.2；单击 < 确定 > 按钮，完成突出块特征 1 的创建。

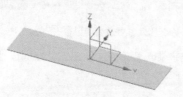

图 18.3.2　突出块特征 1

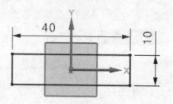

图 18.3.3　截面草图

　　Step3. 创建图 18.3.4 所示的拉伸特征 1。选择下拉菜单 插入(S) ➡ 切削(T)▶ ➡ 拉伸(E)... 命令，选取 ZX 平面为草图平面，取消选中 设置 区域的 □创建中间基准 CSYS 复选框，绘制图 18.3.5 所示的截面草图；在 开始 下拉列表中选择 对称值 选项，并在其下的 距离 文本框中输入数值 4.2，在 布尔 下拉列表中选择 无 选项；单击 确定 按钮，完成拉伸特征 1 的创建。

图 18.3.4　拉伸特征 1

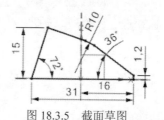

图 18.3.5　截面草图

　　Step4. 创建图 18.3.6 所示的拉伸特征 2。选择下拉菜单 插入(S) ➡ 切削(T)▶ ➡ 拉伸(E)... 命令，选取 XY 平面为草图平面，绘制图 18.3.7 所示的截面草图，在 开始 下拉列表中选择 贯通 选项，在 结束 下拉列表中选择 贯通 选项，在 布尔 下拉列表中选择 求差 选项，选取上一步创建的拉伸特征为求差对象；单击 确定 按钮，完成拉伸特征 2 的创建。

图 18.3.6　拉伸特征 2

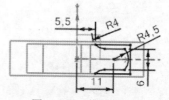

图 18.3.7　截面草图

　　Step5. 创建图 18.3.8 所示的拉伸特征 3。选择下拉菜单 插入(S) ➡ 切削(T)▶ ➡ 拉伸(E)... 命令，选取 ZX 平面为草图平面，绘制图 18.3.9 所示的截面草图，在 开始 下拉列表中选择 对称值 选项，并在其下的 距离 文本框中输入数值 1；在 布尔 下拉列表中选择 求和 选项，选取拉伸特征 2 为求和对象。单击 确定 按钮，完成拉伸特征 3 的创建。

图 18.3.8　拉伸特征 3

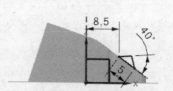

图 18.3.9　截面草图

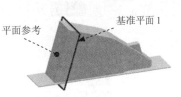

Step6. 创建图 18.3.10 所示的基准平面 1。选择下拉菜单 插入(S) ➡ 基准/点(D)▶ ➡ 基准平面(D)... 命令，系统弹出"基准平面"对话框；在类型下拉列表中选择 按某一距离 选项；在图形区选取图 18.3.10 所示的模型表面为平面参考；在 偏置 区域的 距离 文本框中输入值-2；单击 〈确定〉 按钮，完成基准平面 1 的创建。

图 18.3.10 基准平面 1

Step7. 创建图 18.3.11 所示的旋转特征 1（切换至建模环境）。选择 插入(S) ➡ 设计特征(E)▶ ➡ 旋转(R)... 命令（或单击 按钮），系统弹出"旋转"对话框；选取 Step6 创建的基准平面 1 作为草图平面，绘制图 18.3.12 所示的截面草图；在图形区选取图 18.3.12 所示的边线作为旋转轴；在 限制 区域的 开始 下拉列表中选择 值 选项，并在其下的 角度 文本框中输入数值 0，在 结束 下拉列表中选择 值 选项，并在其下的 角度 文本框中输入数值 360，在 布尔 下拉列表中选择 求差 选项，选取拉伸特征 2 作为求差对象；单击 〈确定〉 按钮，完成旋转特征 1 的创建。

图 18.3.11 旋转特征 1

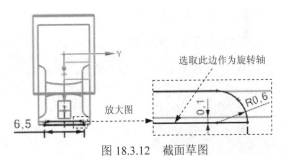

图 18.3.12 截面草图

Step8. 创建图 18.3.13 所示的线性阵列特征。选择下拉菜单 插入(S) ➡ 关联复制(A)▶ ➡ 阵列特征(A)... 命令，系统弹出"阵列特征"对话框；选取 Step7 所创建的旋转特征为阵列对象；在对话框中的 布局 下拉列表中选择 线性 选项；在对话框的 方向 1 区域中单击 下拉列表中的"面/平面法向"按钮，在图形中选取图 18.3.14 所示的模型表面为参考，并单击 按钮调整阵列方向如图 18.3.14 所示；在 间距 下拉列表中选择 数量和节距 选项，然后在 数量 文本框中输入阵列数量为 4，在 节距 文本框中输入阵列节距值为 2.5；并在 方向 2 区域中取消选中 使用方向 2 复选框；单击 确定 按钮，完成线性阵列的创建。

图 18.3.13 线性阵列特征

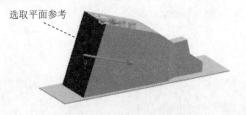

选取平面参考

图 18.3.14 定义阵列参考及方向

Step9. 创建图 18.3.15b 所示的边倒圆特征 1。选择下拉菜单 插入(S) ➡ 细节特征(L)

➡ 边倒圆(E)...命令;选取图 18.3.15a 所示的边线为边倒圆参照,在 要倒圆的边 区域的 形状 下拉列表中选择 圆形 选项,在 半径1 文本框中输入值 0.5;单击"边倒圆"对话框的 确定 按钮,完成边倒圆特征 1 的创建。

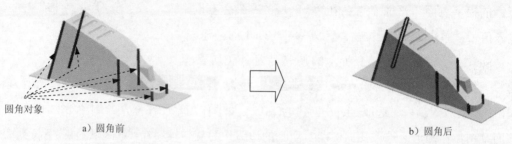

a) 圆角前

b) 圆角后

图 18.3.15 边倒圆特征 1

Step10. 创建图 18.3.16b 所示的边倒圆特征 2。选择下拉菜单 插入(S) ➡ 细节特征(L) ➡ 边倒圆(E)...命令;选取图 18.3.16a 所示的边线为边倒圆参照,在 要倒圆的边 区域的 形状 下拉列表中选择 圆形 选项,在 半径1 文本框中输入值 0.3;单击"边倒圆"对话框的 确定 按钮,完成边倒圆特征 2 的创建。

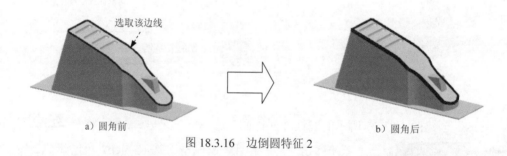

a) 圆角前

b) 圆角后

图 18.3.16 边倒圆特征 2

Step11. 创建图 18.3.17b 所示的边倒圆特征 3。选取图 18.3.17a 所示的边线为边倒圆参照,圆角半径值为 0.3。

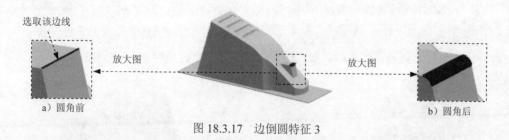

a) 圆角前

b) 圆角后

图 18.3.17 边倒圆特征 3

Step12. 创建图 18.3.18b 所示的边倒圆特征 4。选取图 18.3.18a 所示的边线为边倒圆参照,圆角半径值为 0.4。

Step13. 创建图 18.3.19b 所示的边倒圆特征 5。选取图 18.3.19a 所示的边线为边倒圆参照,圆角半径值为 0.3。

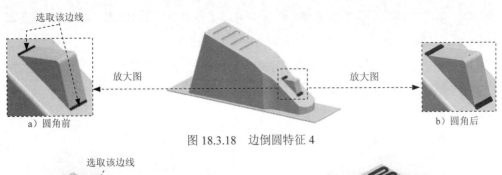

选取该边线

放大图

a）圆角前

放大图

b）圆角后

图 18.3.18 边倒圆特征 4

选取该边线

a）圆角前

b）圆角后

图 18.3.19 边倒圆特征 5

Step14. 创建图 18.3.20 所示的拉伸特征 4。选择下拉菜单 插入(S) → 设计特征(E)▶ → 拉伸(E)... 命令；选取图 18.3.21 所示的模型表面为草图平面，绘制图 18.3.22 所示的截面草图；在"拉伸"对话框 开始 下拉列表中选择 值 选项，在 距离 文本框中输入值 0，在 结束 下拉列表中选择 值 选项，在 距离 文本框中输入值 2.0，在 布尔 区域的 布尔 下拉列表中选择 求和 选项；选取拉伸特征 2 作为求和对象，单击"拉伸"对话框中的 〈确定〉 按钮，完成拉伸特征 4 的创建。

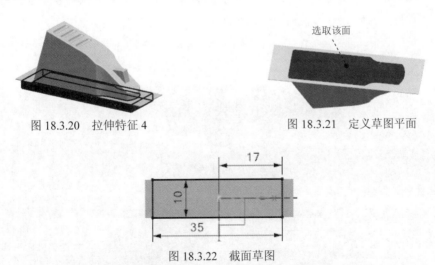

图 18.3.20 拉伸特征 4

选取该面

图 18.3.21 定义草图平面

17

10

35

图 18.3.22 截面草图

Step15. 创建图 18.3.23 所示的实体冲压特征 1。将模型切换至"NX 钣金"环境，选择下拉菜单 插入(S) → 冲孔(H)▶ → 实体冲压(S)... 命令，系统弹出"实体冲压"对话框；在"实体冲压"对话框 类型 下拉列表中选择 冲模 选项，即采用冲孔类型创建钣金特征；在"实体冲压"对话框 选择 区域中单击"目标面"按钮，选取图 18.3.24 所示的面为目标面；在"实体冲压"对话框 选择 区域中单击"工具体"按钮 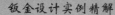，选取图 18.3.25 所示的特征为工具体；在"实体冲压"对话框 选择 区域中单击"冲裁面"按钮 ，选取图 18.3.26 所示的面为冲裁面；在对话框中选中 ☑ 自动判断厚度 、☑ 隐藏工具体 和 ☑ 恒定厚度 复选框，取消选中 ☐ 实体冲压边倒圆 复选框；单击"实体冲压"对话框中的 < 确定 > 按钮，完成实体冲压特征 1 的创建。

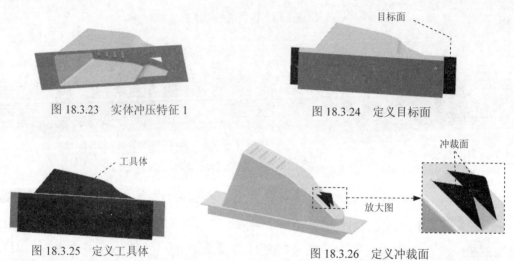

图 18.3.23　实体冲压特征 1　　　　　图 18.3.24　定义目标面

图 18.3.25　定义工具体　　　　　图 18.3.26　定义冲裁面

Step16. 创建图 18.3.27 所示的拉伸特征 5。选择下拉菜单 插入(S) ➡ 切削(T) ▶ ➡ ⊞ 拉伸(E)... 命令，选取 ZX 平面为草图平面，绘制图 18.3.28 所示的截面草图，在 开始 下拉列表中选择 贯通 选项，在 结束 下拉列表中选择 贯通 选项，在 布尔 下拉列表中选择 求差 选项；单击 < 确定 > 按钮，完成拉伸特征 5 的创建。

图 18.3.27　拉伸特征 5

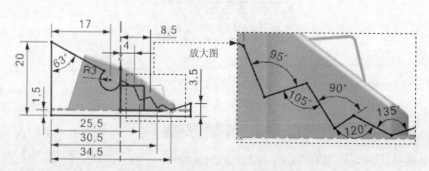

图 18.3.28　截面草图

Step17. 创建图 18.3.29 所示的拉伸特征 6。选择下拉菜单 插入(S) ➡ 切削(T)▶ ➡ 拉伸(E)... 命令，选取 ZX 平面为草图平面，绘制图 18.3.30 所示的截面草图，在开始下拉列表中选择 贯通 选项，在结束下拉列表中选择 贯通 选项，在布尔下拉列表中选择 求差 选项；单击 〈确定〉 按钮，完成拉伸特征 6 的创建。

图 18.3.29 拉伸特征 6

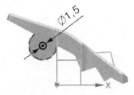

图 18.3.30 截面草图

Step18. 保存钣金件模型。选择下拉菜单 文件(F) ➡ 保存(S) 命令，即可保存钣金件模型。

实例 **19** 打孔机组件

19.1 实 例 概 述

本实例详细介绍了图 19.1.1 所示的打孔机的设计过程。钣金件 1、钣金件 2 和钣金件 3 的设计过程比较简单，其中用到了实体冲压、法向除料、钣金件转换、弯边、折弯等命令。

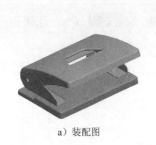

a）装配图

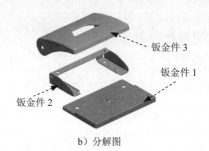

b）分解图

图 19.1.1 打孔机组件

19.2 钣 金 件 1

钣金件模型及模型树如图 19.2.1 所示。

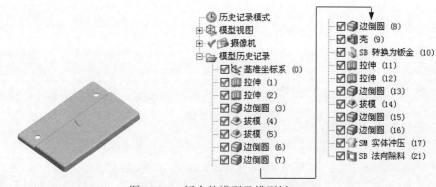

图 19.2.1 钣金件模型及模型树

Step1. 新建文件。选择下拉菜单 文件(F) ➡ 新建(N)... 命令，系统弹出"新建"对话框。在 模板 区域中选择 NX 钣金 模板，在 名称 文本框中输入文件名称 base，单击 确定 按钮，进入钣金环境。

Step2. 创建图 19.2.2 所示的拉伸特征 1。选择下拉菜单 启动▼ ➡ 建模(M)... 命令，进入建模环境；选择下拉菜单 插入(S) ➡ 设计特征(E)▶ ➡ 拉伸(E)... 命令，选取 XY 平面为草图平面，选中 设置 区域的 ☑ 创建中间基准 CSYS 复选框，绘制图 19.2.3 所示的截面草图，拉伸方向采用系统默认的矢量方向；在 开始 下拉列表中选择 值 选项，并在其下的 距离 文本框中输入数值 0；在 结束 下拉列表中选择 值 选项，并在其下的 距离 文本框中输入数值 8，其他采用系统默认的设置；单击 < 确定 > 按钮，完成拉伸特征 1 的创建。

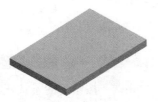

图 19.2.2 拉伸特征 1

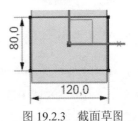

图 19.2.3 截面草图

Step3. 创建图 19.2.4 所示的拉伸特征 2。选择下拉菜单 插入(S) → 设计特征(E) → 拉伸(E) 命令，选取 YZ 平面为草图平面，取消选中 设置 区域的 ☐ 创建中间基准 CSYS 复选框，绘制图 19.2.5 所示的截面草图，拉伸方向采用系统默认的矢量方向；在 开始 下拉列表中选择 贯通 选项，在 结束 下拉列表中选择 贯通 选项，在 布尔 下拉列表中选择 求差 选项，采用系统默认求差对象；单击 < 确定 > 按钮，完成拉伸特征 2 的创建。

图 19.2.4 拉伸特征 2

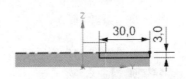

图 19.2.5 截面草图

Step4. 创建图 19.2.6b 所示的边倒圆特征 1。选择下拉菜单 插入(S) → 细节特征(L) → 边倒圆(E) 命令，选取图 19.2.6a 所示的边线为边倒圆参照，在 要倒圆的边 区域的 形状 下拉列表中选择 圆形，在 半径 1 文本框中输入值 4，单击 < 确定 > 按钮，完成边倒圆特征 1 的创建。

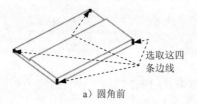

选取这四条边线

a）圆角前

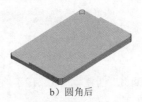

b）圆角后

图 19.2.6 边倒圆特征 1

Step5. 创建图 19.2.7 所示的拔模特征 1。选择下拉菜单 插入(S) → 细节特征(L) → 拔模(T)... 命令，系统弹出"拔模"对话框；在 类型 区域中选择 从平面或曲面 选项；单击 按钮下的子按钮 ZC，选取 Z 轴正方向作为脱模的方向；选取图 19.2.8 所示的模型表面作为拔模固定面；选取图 19.2.8 所示的表面作为拔模面；设置拔模角度为 5；单击 < 确定 > 按钮，完成拔模特征 1 的创建。

图 19.2.7　拔模特征 1

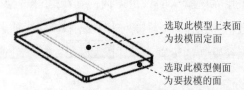

选取此模型上表面
为拔模固定面

选取此模型侧面
为要拔模的面

图 19.2.8　定义拔模固定面和拔模面

Step6. 创建图 19.2.9 所示的拔模特征 2。选择下拉菜单 插入(S) ➡ 细节特征(L) ➡ 拔模(T)... 命令；在 类型 区域中选择 从平面或曲面 选项；单击 ↑ 按钮下的子按钮 ZC↑，选取 Z 轴正方向作为脱模的方向。选取图 19.2.10 所示的模型表面作为拔模固定面。选取图 19.2.10 所示的表面作为拔模面。设置拔模角度为 5。单击 〈 确定 〉 按钮，完成拔模特征 2 的创建。

图 19.2.9　拔模特征 2

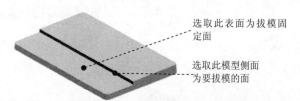

选取此表面为拔模固
定面

选取此模型侧面
为要拔模的面

图 19.2.10　定义拔模固定面和拔模面

Step7. 创建图 19.2.11b 所示的边倒圆特征 2。选择下拉菜单 插入(S) ➡ 细节特征(L) ▶ ➡ 边倒圆(E) 命令，选取图 19.2.11a 所示的边线为边倒圆参照，在 要倒圆的边 区域的 形状 下拉列表中选择 圆形 选项，在 半径 1 文本框中输入值 2，单击 〈 确定 〉 按钮，完成边倒圆特征 2 的创建。

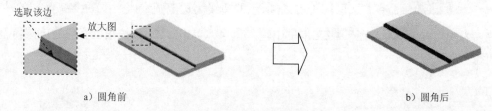

选取该边
放大图

a）圆角前

b）圆角后

图 19.2.11　边倒圆特征 2

Step8. 创建图 19.2.12b 所示的边倒圆特征 3。选取图 19.2.12a 所示的边线为边倒圆参照，圆角半径值为 2.0。

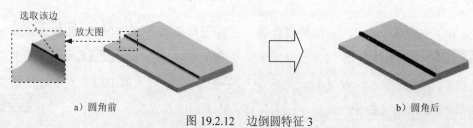

选取该边
放大图

a）圆角前

b）圆角后

图 19.2.12　边倒圆特征 3

Step9. 创建图 19.2.13b 所示的边倒圆特征 4。选取图 19.2.13a 所示的边线为边倒圆参照，圆角半径值为 2.0。

a）圆角前   b）圆角后

图 19.2.13 边倒圆特征 4

Step10. 创建图 19.2.14b 所示的抽壳特征 1。选择下拉菜单 插入(S) ➡ 偏置/缩放(O) ➡ 抽壳(H)... 命令，系统弹出"抽壳"对话框；在"抽壳"对话框 类型 下拉列表中选择 移除面，然后抽壳 选项；选取图 19.2.14a 所示的模型表面作为抽壳移除的面；采用系统默认的抽壳方向（方向指向模型内部）；在 厚度 区域的 厚度 文本框内输入值 1；单击 < 确定 > 按钮，完成抽壳特征 1 的创建。

抽壳移除面

a）抽壳前（实体零件）   b）抽壳后

图 19.2.14 抽壳特征 1

Step11. 将模型转换为钣金。选择下拉菜单 启动 ➡ 钣金(L)... 命令，进入"NX 钣金"环境；选择下拉菜单 插入(S) ➡ 转换(V) ➡ 转换为钣金(C)... 命令，系统弹出"转换为钣金"对话框。选取图 19.2.15 所示的面，单击 确定 按钮，完成该操作。

Step12. 创建图 19.2.16 所示的拉伸特征 3。选择下拉菜单 插入(S) ➡ 切削(T) ➡ 拉伸(E)... 命令；选取图 19.2.15 所示的平面为草图平面，绘制图 19.2.17 所示的截面草图，在"拉伸"对话框 限制 区域的 开始 下拉列表中选择 值 选项，并在其下的 距离 文本框中输入数值 0；在 限制 区域的 结束 下拉列表中选择 值 选项，并在其下的 距离 文本框中输入数值 1.5，在 方向 区域中单击"反向"按钮 ；在 布尔 区域的 布尔 下拉列表中选择 无 选项，单击 < 确定 > 按钮，完成拉伸特征 3 的创建。

选取该面

图 19.2.15 定义选取面   图 19.2.16 拉伸特征 3   图 19.2.17 截面草图

Step13. 创建图 19.2.18 所示的拉伸特征 4。选择下拉菜单 插入(S) ➡ 切削(T)▶ ➡ 拉伸(E)... 命令；选取图 19.2.15 所示的平面为草图平面，绘制图 19.2.19 所示的截面草图，在"拉伸"对话框 限制 区域的 开始 下拉列表中选择 值 选项，并在其下的 距离 文本框中输入数值 0；在 限制 区域的 结束 下拉列表中选择 值 选项，并在其下的 距离 文本框中输入数值 3，在 布尔 区域的 布尔 下拉列表中选择 求和 选项，选取拉伸特征 3 作为求和对象；单击 确定 按钮，完成拉伸特征 4 的创建。

图 19.2.18　拉伸特征 4

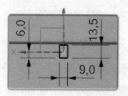

图 19.2.19　截面草图

Step14. 创建图 19.2.20b 所示的边倒圆特征 5。将模型切换至"建模"环境，选取图 19.2.20 所示的三条边线为边倒圆参照，圆角半径值为 0.5。

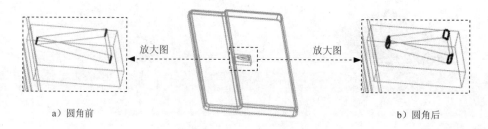

a）圆角前　　　　　　　　　　　　　　　　　　　　b）圆角后

图 19.2.20　边倒圆特征 5

Step15. 创建图 19.2.21 所示的拔模特征 3。选择下拉菜单 插入(S) ➡ 细节特征(L)▶ ➡ 拔模(T)... 命令，在"拔模"对话框的 类型 下拉列表中选择 从平面或曲面 选项。单击 按钮下的子按钮 ZC↑，选取 Z 轴正方向作为脱模的方向。选取图 19.2.21 所示的模型上表面作为拔模固定面。选取图 19.2.21 所示的模型侧面作为拔模面。设置拔模角度为 10。单击 确定 按钮，完成拔模特征 3 的创建。

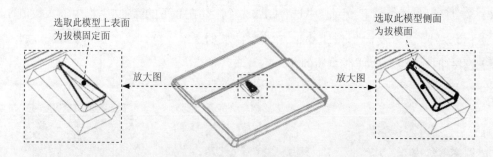

选取此模型上表面
为拔模固定面

选取此模型侧面
为拔模面

放大图　　　　　　　　　　　　　　　　放大图

图 19.2.21　定义拔模固定面和拔模面

Step16. 创建图 19.2.22 所示的边倒圆特征 6。选取图 19.2.22a 所示的边线为边倒圆参照，圆角半径值为 0.4。

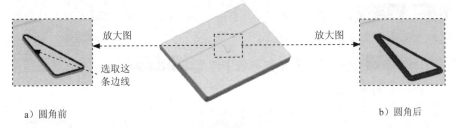

图 19.2.22 圆角特征 6

Step17. 创建图 19.2.23 所示的边倒圆特征 7。选取图 19.2.23a 所示的边线为边倒圆参照，圆角半径值为 1.2。

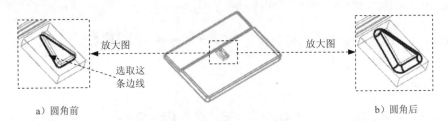

图 19.2.23 圆角特征 7

Step18. 创建图 19.2.24 所示的实体冲压特征 1。将模型切换至 "NX 钣金" 环境，选择下拉菜单 插入(S) ➡ 冲孔(H) ▸ ➡ 实体冲压(S)... 命令，系统弹出 "实体冲压" 对话框；在 "实体冲压" 对话框 类型 下拉列表中选择 冲模 选项；在 "实体冲压" 对话框 选择 区域中单击 "目标面" 按钮 ，选取图 19.2.25 所示的面为目标面；在 "实体冲压" 对话框 选择 区域中单击 "工具体" 按钮 ，选取图 19.2.26 所示的实体为工具体；单击 "实体冲压" 对话框中的 <确定> 按钮，完成实体冲压特征 1 的创建。

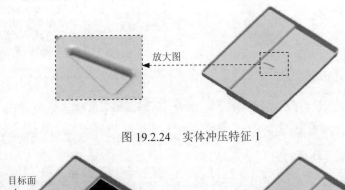

图 19.2.24 实体冲压特征 1

图 19.2.25 定义目标面

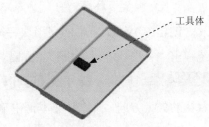

图 19.2.26 定义工具体

Step19. 创建图 19.2.27 所示的法向除料特征 1。选择下拉菜单 插入(S) ➡ 切削(T) ▶ ➡ 法向除料(N) 命令，系统弹出"法向除料"对话框；单击 图 按钮，选取图 19.2.28 所示的模型表面为草图平面，绘制图 19.2.29 所示的截面草图；在 除料属性 区域的 切削方法 下拉列表中选择 厚度 选项，在 限制 下拉列表中选择 直至下一个 选项；单击 < 确定 > 按钮，完成法向除料特征 1 的创建。

图 19.2.27　法向除料特征 1　　图 19.2.28　定义草图平面　　图 19.2.29　截面草图

Step20. 保存钣金件模型。选择下拉菜单 文件(F) ➡ 保存(S) 命令，即可保存钣金件模型。

19.3　钣金件 2

钣金件模型及模型树如图 19.3.1 所示。

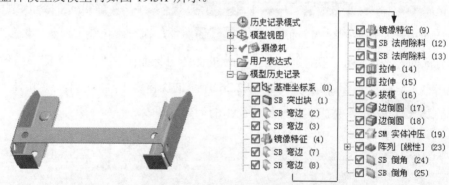

图 19.3.1　钣金件模型及模型树

Step1. 新建文件。选择下拉菜单 文件(F) ➡ 新建(N)... 命令，系统弹出"新建"对话框。在 模板 区域中选择 NX 钣金 模板，在 名称 文本框中输入文件名称 bracket，单击 确定 按钮，进入"NX 钣金"环境。

Step2. 创建图 19.3.2 所示的突出块特征 1。选择下拉菜单 插入(S) ➡ 突出块(B)... 命令，系统弹出"突出块"对话框；单击 图 按钮，选取 XY 平面为草图平面，选中 设置 区域的 ☑ 创建中间基准 CSYS 复选框，单击 确定 按钮，绘制图 19.3.3 所示的截面草图；厚度方向采用系统默认的矢量方向，在 厚度 文本框中输入数值 1；单击 < 确定 > 按钮，完成突出块特征 1 的创建。

图 19.3.2　突出块特征 1

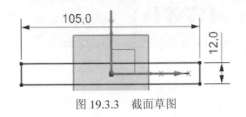

图 19.3.3　截面草图

Step3. 创建图 19.3.4 所示的弯边特征 1。选择下拉菜单 插入(S) ➡ 折弯(N) ➡ 弯边(F)... 命令。选取图 19.3.5 所示的边线为弯边的线性边，在"弯边"对话框中的 截面 区域单击 按钮，绘制图 19.3.6 所示的弯边截面草图；在 角度 文本框中输入数值 90；在 内嵌 下拉列表中选择 材料内侧 选项；在 偏置 区域的 偏置 文本框中输入数值 0；单击 折弯半径 文本框右侧的 按钮，在系统弹出的快捷菜单中选择 使用本地值 选项，然后在 折弯半径 文本框中输入数值 0.5；在 止裂口 区域中的 折弯止裂口 下拉列表中选择 无 选项；在 拐角止裂口 下拉列表中选择 仅折弯 选项；单击 < 确定 > 按钮，完成弯边特征 1 的创建。

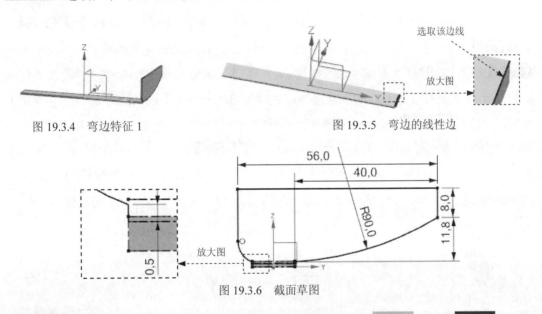

图 19.3.4　弯边特征 1

图 19.3.5　弯边的线性边

图 19.3.6　截面草图

Step4. 创建图 19.3.7 所示的弯边特征 2。选择下拉菜单 插入(S) ➡ 折弯(N) ➡ 弯边(F)... 命令；选取图 19.3.8 所示的边缘为弯边的线性边，在 宽度选项 下拉列表中选择 完整 选项；在 长度 文本框中输入数值 15，在 角度 文本框中输入数值 90，在 参考长度 下拉列表中选择 内部 选项；在 内嵌 下拉列表中选择 材料内侧 选项；在 偏置 区域的 偏置 文本框中输入数值 0；单击 折弯半径 文本框右侧的 按钮，在系统弹出的快捷菜单命令中选择 使用本地值 选项，然后再在 折弯半径 文本框中输入数值 0.5；在 止裂口 区域的 折弯止裂口 下拉列表中选择 无 选项，在 拐角止裂口 下拉列表中选择 仅折弯 选项，单击"弯边"对话框的 < 确定 > 按钮，完成弯边特征 2 的创建。

Step5. 创建图 19.3.9b 所示的镜像特征 1。选择下拉菜单 插入(S) ➡ 关联复制(A) ▸

➡ 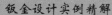命令，选取弯边特征 1 和弯边特征 2 为镜像源特征（图 19.3.9a），选取 YZ 基准平面为镜像平面；单击 确定 按钮，完成镜像特征的创建。

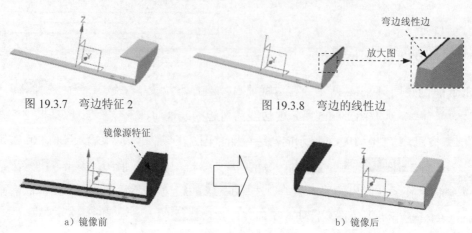

图 19.3.7 弯边特征 2   图 19.3.8 弯边的线性边

a）镜像前   b）镜像后

图 19.3.9 镜像特征 1

Step6. 创建图 19.3.10 所示的弯边特征 3。选择下拉菜单 插入(S) ➡ 折弯(N) ▶ 弯边(F)... 命令；选取图 19.3.11 所示的边线为弯边的线性边，在 宽度选项 下拉列表中选择 ■ 从两端 选项；在 距离 1 文本框中输入数值 5，在 距离 2 文本框中输入数值 5，在 长度 文本框中输入数值 3，在 角度 文本框中输入数值 90，在 参考长度 下拉列表中选择 内部 选项；在 内嵌 下拉列表中选择 折弯外侧 选项；在 偏置 区域的 偏置 文本框中输入数值 0；单击 折弯半径 文本框右侧的 ≡ 按钮，在系统弹出的快捷菜单命令中选择 使用本地值 选项，然后再在 折弯半径 文本框中输入数值 0.5；在 止裂口 区域中的 折弯止裂口 下拉列表中选择 无 选项，在 拐角止裂口 下拉列表中选择 仅折弯 选项。单击"弯边"对话框的 < 确定 > 按钮，完成弯边特征 3 的创建。

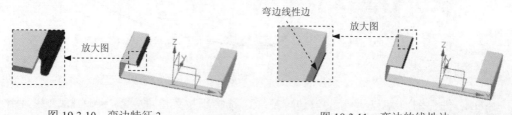

图 19.3.10 弯边特征 3   图 19.3.11 弯边的线性边

Step7. 创建图 19.3.12 所示的弯边特征 4。选择下拉菜单 插入(S) ➡ 折弯(N) ▶ 弯边(F)... 命令；选取图 19.3.13 所示的边线为弯边的线性边，在 宽度选项 下拉列表中选择 ■ 完整 选项；在 长度 文本框中输入数值 12，在 角度 文本框中输入数值 90，在 参考长度 下拉列表中选择 内部 选项；在 内嵌 下拉列表中选择 材料内侧 选项；在 偏置 区域的 偏置 文本框中输入数值 0；单击 折弯半径 文本框右侧的 ≡ 按钮，在系统弹出的快捷菜单命令中选择 使用本地值 选项，然后再在 折弯半径 文本框中输入数值 0.5；在 止裂口 区域中的 折弯止裂口 下拉列表中选择 正方形 选项，在 拐角止裂口 下拉列表中选择 仅折弯 选项。单击"弯边"对话框的 < 确定 > 按钮，完成弯边特征 4 的创建。

图 19.3.12 弯边特征 4

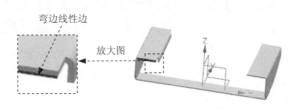

图 19.3.13 弯边的线性边

Step8. 创建图 19.3.14b 所示的镜像特征 2。选择下拉菜单 插入(S) ➡ 关联复制(A) ▶ ➡ 镜像特征(M)... 命令，选取弯边特征 3 和弯边特征 4 为镜像源特征（图 19.3.14a），选取 YZ 基准平面为镜像平面。

a）镜像前 b）镜像后

图 19.3.14 镜像特征 2

Step9. 创建图 19.3.15 所示的法向除料特征 1。选择下拉菜单 插入(S) ➡ 切削(T) ▶ ➡ 法向除料(N)... 命令，单击 按钮，选取 XY 平面为草图平面，取消选中 设置 区域的 □创建中间基准 CSYS 复选框，单击 确定 按钮，绘制图 19.3.16 所示的截面草图。在 除料属性 区域的 切削方法 下拉列表中选择 厚度 选项；在 限制 下拉列表中选择 贯通 选项，单击 ＜确定＞ 按钮，完成法向除料特征 1 的创建。

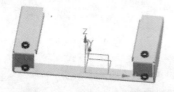

图 19.3.15 法向除料特征 1

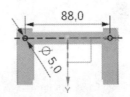

图 19.3.16 除料截面草图

Step10. 创建图 19.3.17 所示的法向除料特征 2。选择下拉菜单 插入(S) ➡ 切削(T) ▶ ➡ 法向除料(N)... 命令，选取图 19.3.17 所示的模型表面为草图平面，绘制图 19.3.18 所示的截面草图。在 除料属性 区域的 切削方法 下拉列表中选择 厚度 选项；在 限制 下拉列表中选择 贯通 选项，单击 ＜确定＞ 按钮，完成法向除料特征 2 的创建。

图 19.3.17 法向除料特征 2

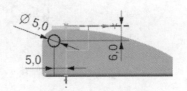

图 19.3.18 除料截面草图

Step11. 创建图 19.3.19 所示的拉伸特征 1。选择下拉菜单 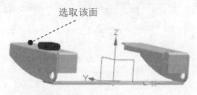 命令，进入建模环境；选择下拉菜单 插入(S) ➡ 设计特征(E)▶ ➡ 拉伸(E) 命令；选取图 19.3.19 所示的模型表面为草图平面，绘制图 19.3.20 所示的截面草图；单击"反向"按钮 ，在"拉伸"对话框 开始 下拉列表中选择 值 选项，在 距离 文本框中输入值 0，在 结束 下拉列表中选择 值 选项，在 距离 文本框中输入值 3，在 布尔 区域的 布尔 下拉列表中选择 无 选项；单击"拉伸"对话框中的 确定 按钮，完成拉伸特征 1 的创建。

选取该面

Z

Y

图 19.3.19　拉伸特征 1

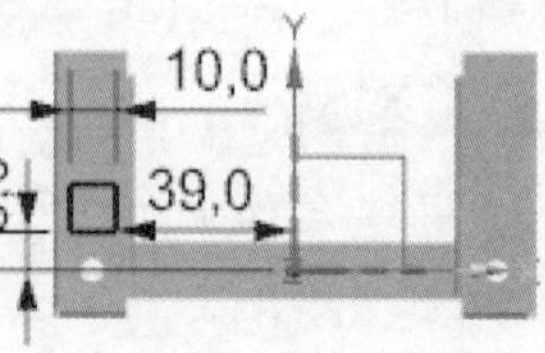

10.0

8.0

39.0

图 19.3.20　截面草图

Step12. 创建图 19.3.21 所示的拉伸特征 2。选择下拉菜单 插入(S) ➡ 设计特征(E)▶ ➡ 拉伸(E) 命令；选取图 19.3.19 所示的模型表面为草图平面，绘制图 19.3.22 所示的截面草图；在"拉伸"对话框 开始 下拉列表中选择 值 选项，在 距离 文本框中输入值 0，在 结束 下拉列表中选择 值 选项，在 距离 文本框中输入值 1.5，在 布尔 区域的 布尔 下拉列表中选择 求和 选项；选取拉伸特征 1 作为求和对象，单击"拉伸"对话框中的 确定 按钮，完成拉伸特征 2 的创建。

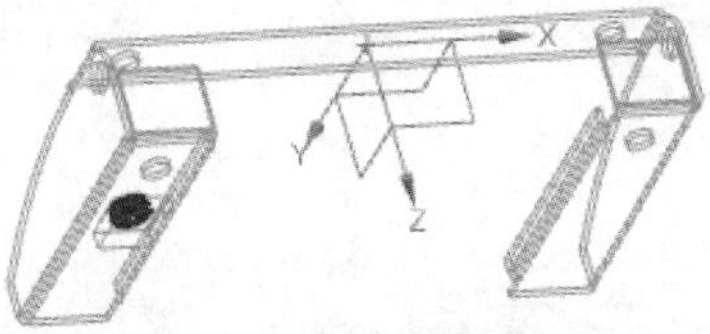

X

Y

Z

图 19.3.21　拉伸特征 2

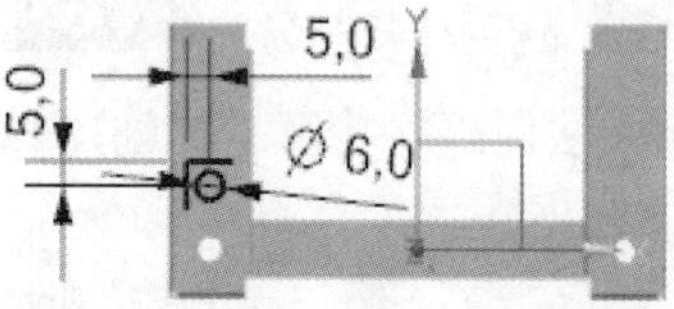

5.0

5.0

Ø 6.0

图 19.3.22　截面草图

Step13. 创建拔模特征 1。选择下拉菜单 插入(S) ➡ 细节特征(L) ➡ 拔模(T)... 命令，在"拔模"对话框中的 类型 下拉列表中选择 从平面或曲面 选项。单击 按钮下的子按钮 -ZC ，选取 Z 轴负方向作为脱模的方向。选取图 19.3.23 所示的面作为拔模固定面。选取图 19.3.23 所示的表面作为拔模面，设置拔模角为 10。单击 确定 按钮，完成拔模特征 1 的创建。

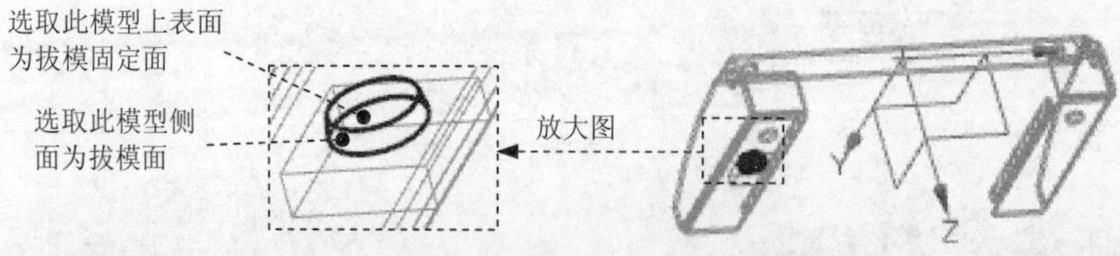

选取此模型上表面
为拔模固定面

选取此模型侧
面为拔模面

放大图

Y

Z

图 19.3.23　定义拔模固定面和拔模面

Step14. 创建图 19.3.24b 所示的边倒圆特征 1。选择下拉菜单 插入(S) ➡ 细节特征(L)▶

➡️ 边倒圆(E) 命令；选取图 19.3.24a 所示的边线为边倒圆参照，在 要倒圆的边 区域的 形状 下拉列表中选择 圆形 选项，在 半径 1 文本框中输入值 0.3；单击"边倒圆"对话框的 确定 按钮，完成边倒圆特征 1 的创建。

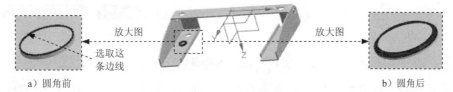

a）圆角前   b）圆角后

图 19.3.24 边倒圆特征 1

Step15. 创建图 19.3.25b 所示的边倒圆特征 2。选取图 19.2.25a 所示的边线为边倒圆参照，圆角半径值为 0.5。

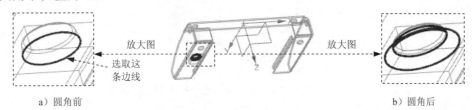

a）圆角前   b）圆角后

图 19.3.25 边倒圆特征 2

Step16. 创建图 19.3.26 所示的实体冲压特征 1。将模型切换至"NX 钣金"环境，选择下拉菜单 插入(S) ➡️ 冲孔(H) ➡️ 实体冲压(S)... 命令，系统弹出"实体冲压"对话框；在"实体冲压"对话框 类型 下拉列表中选择 冲模 选项，即采用冲孔类型创建钣金特征；在"实体冲压"对话框 选择 区域中单击"目标面"按钮 🔲，选取图 19.3.27 所示的面为目标面；在"实体冲压"对话框 选择 区域中单击"工具体"按钮 🔲，选取图 19.3.28 所示的特征为工具体；在对话框中选中 ☑自动判断厚度 、☑隐藏工具体 和 ☑恒定厚度 复选框，取消选中 □实体冲压边倒圆 复选框；单击"实体冲压"对话框中的 确定 按钮，完成实体冲压特征 1 的创建。

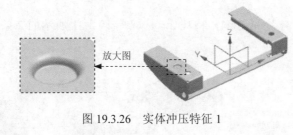

放大图

图 19.3.26 实体冲压特征 1

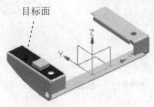
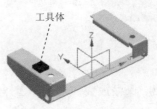

图 19.3.27 定义目标面   图 19.3.28 定义工具体

Step17. 创建图 19.3.29 所示的线性阵列特征 1。选择下拉菜单 插入(S) ➡ 关联复制(A) ▶
➡ 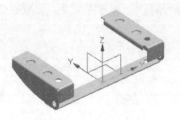 阵列特征(A)... 命令，系统弹出"阵列特征"对话框；选取实体冲压特征 1 为阵列对象；在对话框中的 布局 下拉列表中选择 线性 选项；在对话框中的 方向1 区域中单击 ➡ 按钮，选择 XC 轴为第一阵列方向；在 间距 下拉列表中选择 数量和节距 选项，然后在 数量 文本框中输入阵列数量为 2，在 节距 文本框中输入阵列节距值为 88；在对话框中的 方向2 区域中单击 ➡ 按钮，选择 YC 轴为第二阵列方向；在 间距 下拉列表中选择 数量和节距 选项，然后在 数量 文本框中输入阵列数量为 2，在 节距 文本框中输入阵列节距值为 20；单击 确定 按钮，完成线性阵列的创建。

图 19.3.29　线性阵列特征 1

Step18. 创建图 19.3.30 所示的倒角特征 1。选择下拉菜单 插入(S) ➡ 拐角(O) ▶
➡ 倒角(B)... 命令，系统弹出"倒角"对话框；在"倒角"对话框 倒角属性 区域的 方法 下拉列表中选择 圆角；选取图 19.3.30 所示的 2 条边线，在 半径 文本框中输入值 3；单击"倒角"对话框的 < 确定 > 按钮，完成倒角特征 1 的创建。

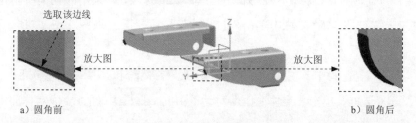

选取该边线　　放大图　　　　　　　　　　　　放大图

a）圆角前　　　　　　　　　　　　　　　　　　b）圆角后

图 19.3.30　倒角特征 1

Step19. 创建图 19.3.31 所示的倒角特征 2。选取图 19.3.31 所示的 2 条边线，圆角半径值为 2。

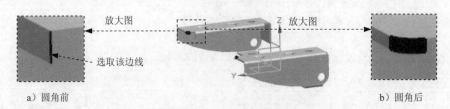

放大图　　　　　　　　　　放大图

选取该边线

a）圆角前　　　　　　　　　　　　　　　　　　b）圆角后

图 19.3.31　倒角特征 2

Step20. 保存钣金件模型。选择下拉菜单 文件(F) ➡ 保存(S) 命令，即可保存钣金件模型。

19.4 钣 金 件 3

钣金件模型及模型树如图 19.4.1 所示。

- 历史记录模式
- 模型视图
- 摄像机
- 模型历史记录
  - 基准坐标系 (0)
  - 拉伸 (1)
  - 边倒圆 (2)
  - 壳 (3)
  - 拉伸 (4)
  - SB 转换为钣金 (5)
  - 拉伸 (6)
  - SB 法向除料 (7)
  - 边倒圆 (8)

图 19.4.1 钣金件模型及模型树

Step1. 新建文件。选择下拉菜单 文件(F) ➡ 新建(N)... 命令，系统弹出"新建"对话框。在 模板 区域中选择 NX 钣金 模板，在 名称 文本框中输入文件名称 hand，单击 确定 按钮，进入钣金环境。

Step2. 创建图 19.4.2 所示的拉伸特征 1。选择下拉菜单 启动 ➡ 建模(M)... 命令，进入建模环境；选择下拉菜单 插入(S) ➡ 设计特征(E) ➡ 拉伸(E)... 命令，选取 ZX 平面为草图平面，选中 设置 区域的 ☑ 创建中间基准 CSYS 复选框，绘制图 19.4.3 所示的截面草图，在 开始 下拉列表中选择 对称值 选项；并在其下的 距离 文本框中输入数值 55，其他采用系统默认的设置；单击 确定 按钮，完成拉伸特征 1 的创建。

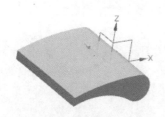

图 19.4.2 拉伸特征 1

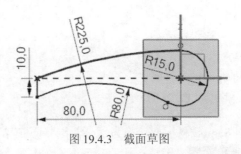

图 19.4.3 截面草图

Step3. 创建图 19.4.4b 所示的边倒圆特征 1。选择下拉菜单 插入(S) ➡ 细节特征(L) ➡ 边倒圆(E)... 命令；选取图 19.4.4a 所示的边线为边倒圆参照，在 要倒圆的边 区域的 形状 下拉列表中选择 圆形 选项，在 半径 1 文本框中输入值 5；单击"边倒圆"对话框的 确定 按钮，完成边倒圆特征 1 的创建。

Step4. 创建图 19.4.5b 所示的抽壳特征 1。选择下拉菜单 插入(S) ➡ 偏置/缩放(O) ➡ 抽壳(H)... 命令，系统弹出"抽壳"对话框；在"抽壳"对话框 类型 下拉列表中选择

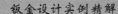
[移除面,然后抽壳]选项；选取图 19.4.5a 所示的加亮模型表面作为抽壳移除的面；调整抽壳方向指向模型外部；在[厚度]区域的[厚度]文本框内输入值 1；单击<确定>按钮，完成抽壳特征 1 的创建。

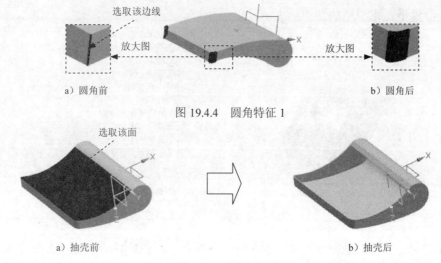

选取该边线

放大图   放大图

a）圆角前   b）圆角后

图 19.4.4 圆角特征 1

选取该面

a）抽壳前   b）抽壳后

图 19.4.5 抽壳特征 1

Step5. 创建图 19.4.6 所示的拉伸特征 2。选择下拉菜单[插入(S)] ➡ [设计特征(E)] ➡ [拉伸(E)...]命令，选取 ZX 平面为草图平面，取消选中[设置]区域的 □[创建中间基准 CSYS]复选框，绘制图 19.4.7 所示的截面草图，拉伸方向采用系统默认的矢量方向；在[开始]下拉列表中选择[贯通]选项，在[结束]下拉列表中选择[贯通]选项，在[布尔]区域的[布尔]下拉列表中选择[求差]选项，采用系统默认的求差对象。单击<确定>按钮，完成拉伸特征 2 的创建。

图 19.4.6 拉伸特征 2   图 19.4.7 截面草图

Step6. 将模型转换为钣金。选择下拉菜单[启动▾] ➡ [钣金(L)...]命令，进入 NX 钣金环境；选择下拉菜单[插入(S)] ➡ [转换(V)] ➡ [转换为钣金(C)...]命令，系统弹出"转换为钣金"对话框。选取图 19.4.8 所示的面，单击<确定>按钮，完成该操作。

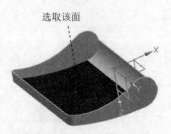

选取该面

图 19.4.8 定义选取面

Step7. 创建图 19.4.9 所示的拉伸特征 3。选择下拉菜单[插入(S)] ➡ [切削(T)] ➡ [拉伸(E)...]命令，选取 XY 平面为草图平面，绘制图 19.4.10 所示的截面草图，选取 ZC 轴作为拉伸的方向。在[开始]下拉列表中选择[值]选项，并在其下

的 距离 文本框中输入数值 0；在 结束 下拉列表中选择 贯通 选项，在 布尔 区域的 布尔 下拉列表中选择 求差 选项，采用系统默认的求差对象，单击 确定 按钮，完成拉伸特征 3 的创建。

图 19.4.9 拉伸特征 3

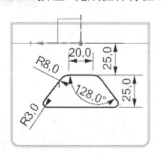

图 19.4.10 截面草图

Step8. 创建图 19.4.11 所示的法向除料特征 1。选择下拉菜单 插入(S) ➡ 切削(T) ➡ 法向除料(N)... 命令，选取如图 19.4.11 所示的面为草图平面，绘制图 19.4.12 所示的截面草图。在 除料属性 区域的 切削方法 下拉列表中选择 厚度 选项；在 限制 下拉列表中选择 贯通 选项，单击 确定 按钮，完成法向除料特征 1 的创建。

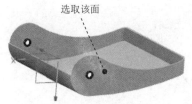

图 19.4.11 法向除料特征 1

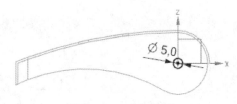

图 19.4.12 截面草图

Step9. 创建图 19.4.13b 所示的边倒圆特征 2。切换至建模环境。选择下拉菜单 插入(S) ➡ 细节特征(L) ➡ 边倒圆(E)... 命令；选取图 19.4.13a 所示的边线为边倒圆参照，在 半径 1 文本框中输入值 1；单击"边倒圆"对话框的 确定 按钮，完成边倒圆特征 2 的创建。

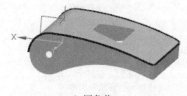

a）圆角前

b）圆角后

图 19.4.13 边倒圆特征 2

Step10. 保存钣金件模型。选择下拉菜单 文件(F) ➡ 保存(S) 命令，即可保存钣金件模型。

实例 **20** 电源外壳组件

20.1 实 例 概 述

本实例详细介绍了图 20.1.1 所示的电源外壳的设计过程。在创建钣金件 1 时，应注意将实体转化为钣金和实体冲压的应用，通过这两个折弯特征创建出可以与钣金件 2 进行配合的形状，此处的创建思想值得借鉴。

a）装配图   钣金件 1   钣金件 2   b）分解图

图 20.1.1 电源外壳组件

20.2 钣 金 件 1

钣金件模型及模型树如图 20.2.1 所示。

历史记录模式
模型视图
摄像机
用户表达式
模型历史记录
　基准坐标系 (0)
　SB 突出块 (1)
　SB 弯边 (2)
　SB 弯边 (3)
　SB 法向除料 (4)
　SB 弯边 (5)
　SB 弯边 (6)
　镜像特征 (7)
　SB 弯边 (13)
　SB 弯边 (14)
　拉伸 (15)
　SB 突出块 (16)
　SB 法向除料 (17)
　镜像特征 (18)
　拉伸 (21)

　拉伸 (22)
　阵列 [线性] (23)
　SB 法向除料 (24)
　SB 法向除料 (25)
　基准平面 (26)
　回转 (27)
　边倒圆 (28)
　SM 实体冲压 (29)
　拉伸 (33)
　SB 法向除料 (34)
　基准平面 (35)
　拉伸 (36)
　拉伸 (37)
　边倒圆 (38)
　边倒圆 (39)
　SM 实体冲压 (40)
　阵列 [线性] (44)
　SB 法向除料 (45)

图 20.2.1 钣金件模型及模型树

Step1. 新建文件。选择下拉菜单 文件(F) ➡ 新建(N)... 命令，系统弹出"新建"对话框。在模板区域中选择⬛NX 钣金模板，在名称文本框中输入文件名称 down_cover，单击确定按钮，进入钣金环境。

Step2. 创建图 20.2.2 所示的突出块特征 1。选择下拉菜单插入(S) ➡ ⬛突出块(B)...命令，系统弹出"突出块"对话框；单击🖳按钮，选取 XY 平面为草图平面，选中设置区域的☑创建中间基准 CSYS复选框，单击确定按钮，绘制图 20.2.3 所示的截面草图；厚度方向采用系统默认的矢量方向，在厚度文本框中输入数值 1；单击<确定>按钮，完成突出块特征 1 的创建。

图 20.2.2 突出块特征 1

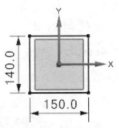

图 20.2.3 截面草图

Step3. 创建图 20.2.4 所示的弯边特征 1。选择下拉菜单插入(S) ➡ 折弯(N)▶ ➡ ⬛弯边(F)...命令，系统弹出"弯边"对话框；选取图 20.2.5 所示的边缘为弯边的线性边；在宽度选项下拉列表中选择□完整选项；在长度文本框中输入数值 85，在角度文本框中输入数值 90，在参考长度下拉列表中选择⌐内部选项，在内嵌下拉列表中选择⌐材料内侧选项；在偏置文本框中输入数值 0.0；单击折弯半径文本框右侧的☰按钮，在系统弹出的快捷菜单中选择使用本地值选项，然后在折弯半径文本框中输入数值 0.5；在止裂口区域中的折弯止裂口下拉列表中选择⊘无选项，在拐角止裂口下拉列表中选择⊘无选项；单击"弯边"对话框的<确定>按钮，完成弯边特征 1 的创建。

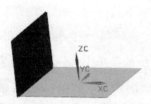

图 20.2.4 弯边特征 1

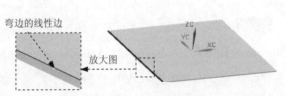

图 20.2.5 弯边的线性边

Step4. 创建图 20.2.6 所示的弯边特征 2。选择下拉菜单插入(S) ➡ 折弯(N)▶ ➡ ⬛弯边(F)...命令；选取图 20.2.7 所示的边缘为弯边的线性边，在宽度选项下拉列表中选择□完整选项；在长度文本框中输入数值 10，在角度文本框中输入数值 90，在参考长度下拉列表中选择⌐内部选项；在内嵌下拉列表中选择⌐材料内侧选项；在偏置区域的偏置文本框中输入数值 0；单击折弯半径文本框右侧的☰按钮，在系统弹出的快捷菜单中选择使用本地值选项，然后再在折弯半径文本框中输入数值 0.5；在止裂口区域中的折弯止裂口下拉列表中选择⊘无选项，在

拐角止裂口 下拉列表中选择 无 选项。单击"弯边"对话框的 < 确定 > 按钮，完成弯边特征 2 的创建。

图 20.2.6 弯边特征 2

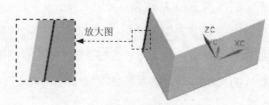

图 20.2.7 弯边的线性边

Step5. 创建图 20.2.8 所示的法向除料特征 1。选择下拉菜单 插入(S) ➡ 切削(T) ▶ ➡ 法向除料(N)... 命令，系统弹出"法向除料"对话框；单击 按钮，选取图 20.2.9 所示的模型表面为草图平面，取消选中 设置 区域的 □ 创建中间基准 CSYS 复选框，单击 确定 按钮，绘制图 20.2.10 所示的截面草图；在 除料属性 区域的 切削方法 下拉列表中选择 厚度 选项，在 限制 下拉列表中选择 直至下一个 选项；单击 < 确定 > 按钮，完成法向除料特征 1 的创建。

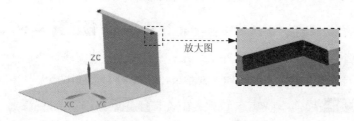

图 20.2.8 法向除料特征 1

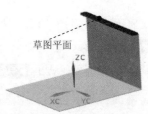

图 20.2.9 定义草图平面

Step6. 创建图 20.2.11 所示的弯边特征 3。选择下拉菜单 插入(S) ➡ 折弯(N) ▶ ➡ 弯边(F)... 命令，系统弹出"弯边"对话框；选取图 20.2.12 所示的边缘为弯边的线性边；在 宽度选项 下拉列表中选择 从两端 选项；在 距离 1 文本框中输入数值 5，在 距离 2 文本框中输入数值 5；在 长度 文本框中输入数值 5，在 角度 文本框中输入数值 90，在 参考长度 下拉列表中选择 内部 选项；在 内嵌 下拉列表中选择 材料内侧 选项；在 偏置 区域的 偏置 文本框中输入数值 0；单击 折弯半径 文本框右侧的 按钮，在系统弹出的快捷菜单中选择 使用本地值 选项，然后再在 折弯半径 文本框中输入数值 0.5；在 止裂口 区域中的 折弯止裂口 下拉列表中选择 圆形 选项，在 深度 文本框中输入值 0.1，在 宽度 文本框中输入值 2；在 拐角止裂口 下拉列表中选择 仅折弯 选项；单击"弯边"对话框的 < 确定 > 按钮，完成弯边特征 3 的创建。

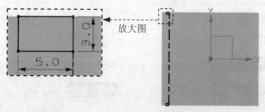

图 20.2.10 除料截面草图

图 20.2.11 弯边特征 3

Step7. 创建图 20.2.13 所示的弯边特征 4。选择下拉菜单 插入(S) ➡ 折弯(N) ➡
弯边(F)... 命令，系统弹出"弯边"对话框；选取图 20.2.14 所示的边缘为弯边的线性边；
在 宽度选项 下拉列表中选择 从两端 选项；在 距离 1 文本框中输入数值 5，在 距离 2 文本框中
输入数值 5；在 长度 文本框中输入数值 5，在 角度 文本框中输入数值 90，在 参考长度 下拉列表
中选择 内部 选项；在 内嵌 下拉列表中选择 材料内侧 选项；在 偏置 区域的 偏置 文本框中输入
数值 0；单击 折弯半径 文本框右侧的 按钮，在系统弹出的快捷菜单中选择 使用本地值 选项，
然后再在 折弯半径 文本框中输入数值 0.5；在 止裂口 区域中的 折弯止裂口 下拉列表中选择 圆形 选
项，在 深度 文本框中输入值 0.1，在 宽度 文本框中输入值 2；在 拐角止裂口 下拉列表中选择 仅折弯
选项；单击"弯边"对话框的 确定 按钮，完成弯边特征 4 的创建。

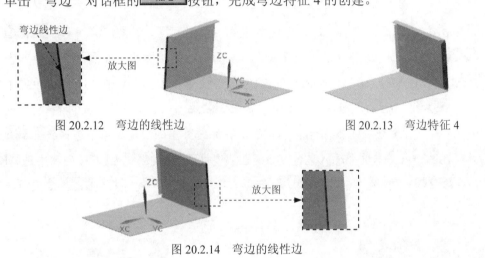

图 20.2.12　弯边的线性边　　　　　　　　　图 20.2.13　弯边特征 4

图 20.2.14　弯边的线性边

Step8. 创建图 20.2.15b 所示的镜像特征 1。选择下拉菜单 插入(S) ➡ 关联复制(A) ➡
镜像特征(M)... 命令，选取弯边特征 1、弯边特征 2、法向除料特征 1、弯边特征 3 和
弯边特征 4 为镜像源特征，选取 YZ 基准平面为镜像平面；单击 确定 按钮，完成镜像特
征 1 的创建。

a）镜像前　　　　　　　　　　　　　　　　b）镜像后

图 20.2.15　镜像特征 1

Step9. 创建图 20.2.16 所示的弯边特征 5。选择下拉菜单 插入(S) ➡ 折弯(N) ➡
弯边(F)... 命令；选取图 20.2.17 所示的边缘为弯边的线性边，在 宽度选项 下拉列表中选择
完整 选项；在 长度 文本框中输入数值 5，在 角度 文本框中输入数值 90，在 参考长度 下拉列表
中选择 内部 选项；在 内嵌 下拉列表中选择 材料外侧 选项；在 偏置 区域的 偏置 文本框中输入

数值 0；单击 折弯半径 文本框右侧的 ≡ 按钮，在系统弹出的快捷菜单中选择 使用本地值 选项，然后再在 折弯半径 文本框中输入数值 0.5；在 止裂口 区域中的 折弯止裂口 下拉列表中选择 ⊘ 无 选项，在 拐角止裂口 下拉列表中选择 仅折弯 选项。单击"弯边"对话框的 〈确定〉 按钮，完成弯边特征 5 的创建。

图 20.2.16　弯边特征 5　　　　　图 20.2.17　弯边的线性边

Step10. 创建图 20.2.18 所示的弯边特征 6。选择下拉菜单 插入(S) ➡ 折弯(N)▶ ➡ ◈弯边(F)... 命令；选取图 20.2.19 所示的边缘为弯边的线性边，在 宽度选项 下拉列表中选择 ▣ 完整 选项；在 长度 文本框中输入数值 5，在 角度 文本框中输入数值 90，在 参考长度 下拉列表中选择 ⏉ 内部 选项；在 内嵌 下拉列表中选择 ⏉ 材料外侧 选项；在 偏置 区域的 偏置 文本框中输入数值 0；单击 折弯半径 文本框右侧的 ≡ 按钮，在系统弹出的快捷菜单中选择 使用本地值 选项，然后再在 折弯半径 文本框中输入数值 0.5；在 止裂口 区域中的 折弯止裂口 下拉列表中选择 ⊘ 无 选项，在 拐角止裂口 下拉列表中选择 仅折弯 选项。单击"弯边"对话框的 〈确定〉 按钮，完成弯边特征 6 的创建。

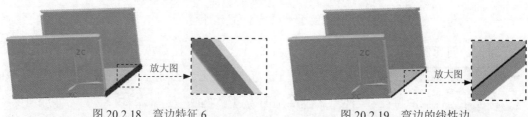

图 20.2.18　弯边特征 6　　　　　图 20.2.19　弯边的线性边

Step11. 创建图 20.2.20 所示的拉伸特征 1。选择下拉菜单 插入(S) ➡ 切削(T)▶ ➡ ▥拉伸(E)... 命令（或单击 ▥ 按钮），系统弹出"拉伸"对话框；单击 🔛 按钮，选取图 20.2.21 所示的模型表面为草图平面，绘制图 20.2.22 所示的截面草图；在 方向 区域中的 ✷ 指定矢量 下拉列表中选择 XC 选项；在 限制 区域的 开始 下拉列表中选择 ⏉ 值 选项，并在其下的 距离 文本框中输入值 0；在 限制 区域的 结束 下拉列表中选择 ⏉ 值 选项，并在其下的 距离 文本框中输入值 2；在 布尔 下拉列表中选择 ⏉ 求差 选项，采用系统默认的求差对象；单击 〈确定〉 按钮，完成拉伸特征 1 的创建。

Step12. 创建图 20.2.23 所示的突出块特征 2。选择下拉菜单 插入(S) ➡ ▢ 突出块(B)... 命令；单击 🔛 按钮，选取图 20.2.24 所示的模型表面为草图平面，绘制图 20.2.25 所示的截面草图。单击 〈确定〉 按钮，完成突出块特征 2 的创建。

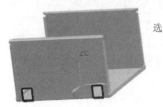

选此面为草图平面

图 20.2.20 拉伸特征 1

图 20.2.21 定义草图平面

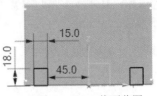

15.0

18.0

45.0

图 20.2.22 截面草图

图 20.2.23 突出块特征 2

选此面为草图平面

图 20.2.24 定义草图平面

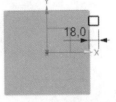

18.0

图 20.2.25 截面草图

Step13. 创建图 20.2.26 所示的法向除料特征 2。选择下拉菜单 插入(S) ➡ 切削(T)▶

➡ 法向除料(N)...命令，系统弹出"法向除料"对话框；单击 按钮，选取图 20.2.27 所示的模型表面为草图平面，绘制图 20.2.28 所示的截面草图；在 除料属性 区域的 切削方法 下拉列表中选择 厚度 选项，在 限制 下拉列表中选择 直至下一个 选项；单击 <确定> 按钮，完成法向除料特征 2 的创建。

图 20.2.26 法向除料特征 2

选此面为草图平面

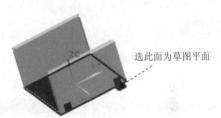

图 20.2.27 定义草图平面

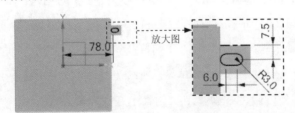

放大图

78.0

7.5

6.0

R3.0

图 20.2.28 除料截面草图

Step14. 创建图 20.2.29b 所示的镜像特征 2。选择下拉菜单 插入(S) ➡ 关联复制(A)▶

➡ 镜像特征(M)...命令，选取突出块特征 2 和法向除料特征 2 为镜像源特征（图 20.2.29a 所示），ZX 基准平面为镜像平面；单击 确定 按钮，完成镜像特征 2 的创建。

Step15. 创建图 20.2.30 所示的拉伸特征 2。选择下拉菜单 插入(S) ➡ 切削(T)▶ ➡

拉伸(E)...命令，系统弹出"拉伸"对话框；单击 按钮，选取图 20.2.31 所示的模型表面为草图平面，绘制图 20.2.32 所示的截面草图；在 方向 区域中的 *指定矢量 下拉列表中选择

选项；在限制区域的开始下拉列表中选择值选项，并在其下的距离文本框中输入值 0；在限制区域的结束下拉列表中选择值选项，并在其下的距离文本框中输入值 15；在布尔下拉列表中选择求差选项，采用系统默认的求差对象；单击 确定 按钮，完成拉伸特征 2 的创建。

a）镜像前   b）镜像后

图 20.2.29　镜像特征 2

图 20.2.30　拉伸特征 2

选此面为草图平面

图 20.2.31　定义草图平面

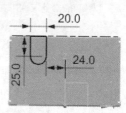

图 20.2.32　截面草图

Step16. 创建图 20.2.33 所示的拉伸特征 3。选择下拉菜单 插入(S) ➡ 切削(T) ➡ 拉伸(E)... 命令，系统弹出"拉伸"对话框；单击按钮，选取图 20.2.31 所示的模型表面为草图平面，绘制图 20.2.34 所示的截面草图；在方向区域中的指定矢量下拉列表中选择选项；在限制区域的开始下拉列表中选择值选项，并在其下的距离文本框中输入值 0；在限制区域的结束下拉列表中选择直至下一个选项；在布尔下拉列表中选择求差选项，采用系统默认的求差对象；单击 确定 按钮，完成拉伸特征 3 的创建。

Step17. 创建图 20.2.35 所示的线性阵列特征 1。选择下拉菜单 插入(S) ➡ 关联复制(A) ➡ 阵列特征(A)... 命令，系统弹出"阵列特征"对话框；选取拉伸特征 3 为阵列对象；在对话框中的布局下拉列表中选择线性选项；在对话框的方向 1 区域中单击按钮，选择 YC 轴为第一阵列方向；在间距下拉列表中选择数量和节距选项，然后在数量文本框中输入阵列数量为 19，在节距文本框中输入阵列节距值为 7；并在方向 2 区域中取消选中使用方向 2 复选框；单击 确定 按钮，完成线性阵列的创建。

图 20.2.33　拉伸特征 3

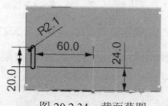

图 20.2.34　截面草图

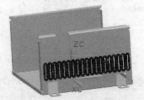

图 20.2.35　线性阵列特征 1

Step18. 创建图 20.2.36 所示的法向除料特征 3。选择下拉菜单 插入(S) ➡ 切削(T)▶ ➡ 法向除料(N)... 命令；选取图 20.2.37 所示的模型表面为草图平面，绘制图 20.2.38 所示的截面草图；在 除料属性 区域的 切削方法 下拉列表中选择 厚度 选项；在 限制 下拉列表中选择 直至下一个 选项；单击 <确定> 按钮，完成法向除料特征 3 的创建。

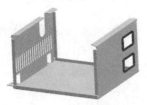

图 20.2.36 法向除料特征 3

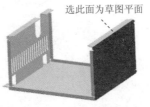

图 20.2.37 定义草图平面

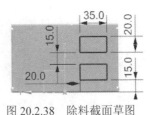

图 20.2.38 除料截面草图

Step19. 创建图 20.2.39 所示的法向除料特征 4。选择下拉菜单 插入(S) ➡ 切削(T)▶ ➡ 法向除料(N)... 命令；选取图 20.2.37 所示的模型表面为草图平面，绘制图 20.2.40 所示的截面草图；在 除料属性 区域的 切削方法 下拉列表中选择 厚度 选项；在 限制 下拉列表中选择 直至下一个 选项；单击 <确定> 按钮，完成法向除料特征 4 的创建。

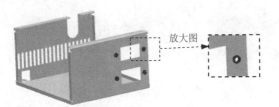

图 20.2.39 法向除料特征 4

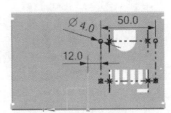

图 20.2.40 除料截面草图

Step20. 创建图 20.2.41 所示的基准平面 1。选择下拉菜单 插入(S) ➡ 基准/点(D)▶ ➡ 基准平面(D)... 命令，系统弹出"基准平面"对话框；在 类型 下拉列表中选择 按某一距离 选项；选取 XY 平面为参照平面，在 偏置 区域中的 距离 文本框中输入值 43；单击 <确定> 按钮，完成基准平面 1 的创建。

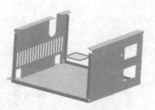

图 20.2.41 基准平面 1

Step21. 创建图 20.2.42 所示的旋转特征 1。选择下拉菜单 启动▾ ➡ 建模(M)... 命令，进入建模环境；选择 插入(S) ➡ 设计特征(E)▶ ➡ 旋转(R)... 命令（或单击 按钮），系统弹出"旋转"对话框；单击 按钮，选取 Step20 创建的基准平面 1 为草图平面，绘制图 20.2.43 所示的截面草图；在图形区选取图 20.2.43 所示的边线作为旋转轴；在 限制 区域的 开始

下拉列表中选择 值 选项，并在其下的 角度 文本框中输入数值 0，在 结束 下拉列表中选择 值 选项，并在其下的 角度 文本框中输入数值 360；在 布尔 区域的下拉列表中选择 无 选项；单击 < 确定 > 按钮，完成旋转特征 1 的创建。

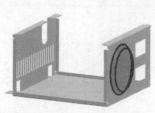

图 20.2.42　旋转特征 1

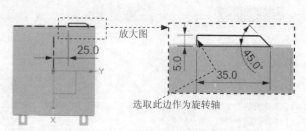

图 20.2.43　截面草图

Step22. 创建图 20.2.44 所示的圆角特征 1。选择下拉菜单 插入(S) ➡ 细节特征(L) ▸ ➡ 边倒圆(E). 命令，系统弹出"边倒圆"对话框；选取图 20.2.45 所示的边线为边倒圆参照，在 半径1 文本框中输入圆角半径值 2；单击 < 确定 > 按钮，完成圆角特征 1 的创建。

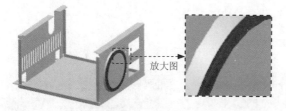

图 20.2.44　圆角特征 1

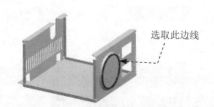

图 20.2.45　选取圆角参照边

Step23. 创建图 20.2.46 所示的实体冲压特征 1。选择下拉菜单 启动▾ ➡ 钣金(L)... 命令，进入"NX 钣金"设计环境；选择下拉菜单 插入(S) ➡ 冲孔(H) ▸ ➡ 实体冲压(S)... 命令；定义实体冲压目标面和工具体。在"实体冲压"对话框 类型 下拉列表中选择 冲模 选项，选取图 20.2.47 所示的面为目标面，选取图 20.2.48 所示的实体为工具体，选中 ☑ 自动判断厚度 、☑ 隐藏工具体 和 ☑ 恒定厚度 复选框，取消选中 ☐ 实体冲压边倒圆 复选框；单击 < 确定 > 按钮，完成实体冲压特征 1 的创建。

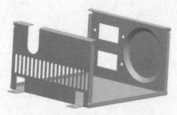

图 20.2.46　实体冲压特征 1

图 20.2.47　目标面

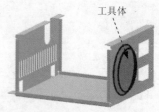

图 20.2.48　工具体

注意：创建完此步的实体冲压特征后，系统会自动将前面所创建的旋转和边倒圆特征隐藏起来。

Step24. 创建图 20.2.49 所示的拉伸特征 4。选择下拉菜单 插入(S) ➡ 切削(T) ▸

➡ 🔲拉伸(E)...命令；选取图 20.2.50 为草图平面，绘制图 20.2.51 所示的截面草图，在 方向 区域中单击"反向"按钮 ✗；在 开始 下拉列表中选择 值 选项，并在其下的 距离 文本框 中输入数值 0；在 结束 下拉列表中选择 直至下一个 选项；在 布尔 下拉列表中选择 求差 选项， 采用系统默认的求差对象。单击 〈确定〉按钮，完成拉伸特征 4 的创建。

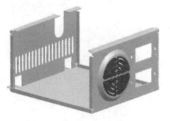

图 20.2.49 拉伸特征 4

选取此表面为草图平面

图 20.2.50 定义草图平面

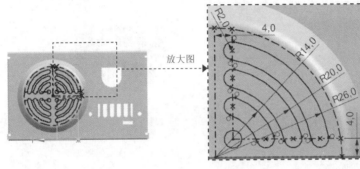

放大图

图 20.2.51 截面草图

Step25. 创建图 20.2.52 所示的法向除料特征 5。选择下拉菜单 插入(S) ➡ 切削(T)▸
➡ 🔲法向除料(N)...命令；选取图 20.2.53 所示的模型表面为草图平面，绘制图 20.2.54 所示的截面草图；在 除料属性 区域的 切削方法 下拉列表中选择 厚度 选项；在 限制 下拉列表中 选择 直至下一个 选项；单击 〈确定〉按钮，完成法向除料特征 5 的创建。

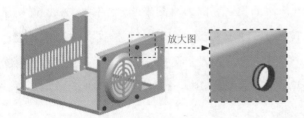

放大图

图 20.2.52 法向除料特征 5

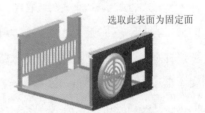

选取此表面为固定面

图 20.2.53 定义草图平面

Step26. 创建图 20.2.55 所示的基准平面 2。选择下拉菜单 插入(S) ➡ 基准/点(D)▸
➡ 🔲基准平面(D)...命令，系统弹出"基准平面"对话框；单击 〈确定〉按钮，完成基准平 面 2 的创建（注：具体参数和操作参见随书光盘）。

Step27. 创建图 20.2.56 所示的拉伸特征 5。选择下拉菜单 插入(S) ➡ 切削(T)▸
➡ 🔲拉伸(E)...命令；选取基准平面 2 为草图平面，绘制图 20.2.57 所示的截面草图；

在 方向 区域中的 * 指定矢量 下拉列表中选择 YC 选项；在 开始 下拉列表中选择 值 选项，并在其下的 距离 文本框中输入数值 0；在 结束 下拉列表中选择 值 选项，并在其下的 距离 文本框中输入数值 6；在 布尔 下拉列表中选择 无 选项。单击 < 确定 > 按钮，完成拉伸特征 5 的创建。

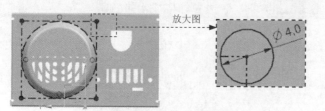

图 20.2.54　截面草图　　　　　　　　　　图 20.2.55　基准平面 2

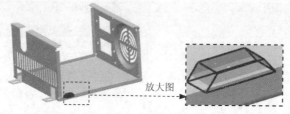

图 20.2.56　拉伸特征 5

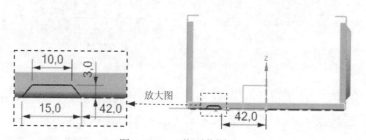

图 20.2.57　截面草图

Step28. 创建图 20.2.58 所示的拉伸特征 6。选择下拉菜单 插入(S) ➡ 切削(T) ➡ 拉伸(E)... 命令；选取图 20.2.59 所示的模型表面为草图平面，绘制图 20.2.60 所示的截面草图；在 方向 区域中的 * 指定矢量 下拉列表中选择 ZC 选项；在 开始 下拉列表中选择 值 选项，并在其下的 距离 文本框中输入数值 0；在 结束 下拉列表中选择 值 选项，并在其下的 距离 文本框中输入数值 2.5；在 布尔 下拉列表中选择 求和 选项，选取拉伸特征 5 为求和对象。单击 < 确定 > 按钮，完成拉伸特征 6 的创建。

图 20.2.58　拉伸特征 6

图 20.2.59　定义草图平面

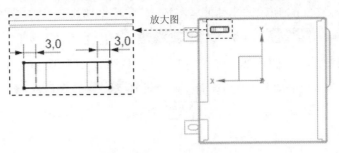

图 20.2.60　截面草图

Step29. 创建图 20.2.61 所示的圆角特征 2。将模型切换至"建模"环境。选择下拉菜单 插入(S) ➝ 细节特征(L) ▶ ➝ 边倒圆(E)命令，系统弹出"边倒圆"对话框；选取图 20.2.62 所示的边线为边倒圆参照，在 半径 1 文本框中输入圆角半径值 0.5；单击 < 确定 > 按钮，完成圆角特征 2 的创建。

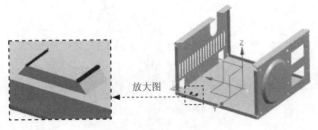

图 20.2.61　圆角特征 2

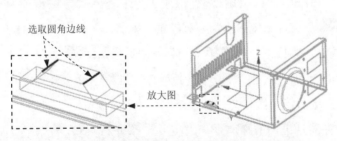

图 20.2.62　圆角参照边

Step30. 创建图 20.2.63 所示的圆角特征 3。选取图 20.2.63 所示的边线为边倒圆参照，在 半径 1 文本框中输入圆角半径值 2。

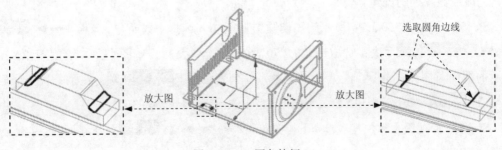

图 20.2.63　圆角特征 3

Step31. 创建图 20.2.64 所示的实体冲压特征 2。将模型切换至"NX 钣金"环境。选择下拉菜单 插入(S) ➡️ 冲孔(H) ▶ ➡️ 实体冲压(S)... 命令；在"实体冲压"对话框 类型 下拉列表中选择 冲模 选项，选取图 20.2.65 所示的面为目标面，选取图 20.2.66 所示的实体为工具体，选取图 20.2.67 所示的面为冲裁面，选中 ☑自动判断厚度、☑隐藏工具体 和 ☑恒定厚度 复选框，取消选中 ☐实体冲压边倒圆 复选框；单击 〈 确定 〉 按钮，完成实体冲压特征 2 的创建。

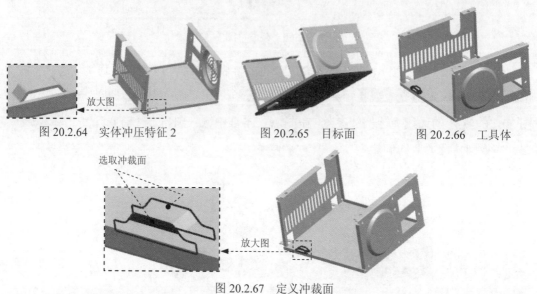

图 20.2.64 实体冲压特征 2   图 20.2.65 目标面   图 20.2.66 工具体

图 20.2.67 定义冲裁面

Step32. 创建图 20.2.68 所示的线性阵列特征 2。选择下拉菜单 插入(S) ➡️ 关联复制(A) ▶ ➡️ 阵列特征(A)... 命令，系统弹出"阵列特征"对话框；选取 Step31 所创建的实体冲压特征 2 为阵列对象；在对话框中的 布局 下拉列表中选择 线性 选项；在对话框中的 方向 1 区域中单击 ⬆️ 按钮，选择 XC 轴为第一阵列方向；在 间距 下拉列表中选择 数量和节距 选项，然后在 数量 文本框中输入阵列数量为 2，在 节距 文本框中输入阵列节距值为-84；在对话框中的 方向 2 区域中选中 ☑使用方向 2 复选框，单击 ⬆️ 按钮，选择 YC 轴为第二阵列方向；在 间距 下拉列表中选择 数量和节距 选项，然后在 数量 文本框中输入阵列数量为 2，在 节距 文本框中输入阵列节距值为-110；单击 确定 按钮，完成线性阵列的创建。

图 20.2.68 线性阵列特征 2

Step33. 创建图 20.2.69 所示的法向除料特征 6。选择下拉菜单 插入(S) ➡️ 切削(T) ▶ ➡️ 法向除料(N)... 命令；选取图 20.2.70 所示的模型表面为草图平面，绘制图 20.2.71 所示的截面草图；在 除料属性 区域的 切削方法 下拉列表中选择 厚度 选项；在 限制 下拉列表中选择 直至下一个 选项；单击 〈 确定 〉 按钮，完成法向除料特征 6 的创建。

Step34. 保存钣金件模型。选择下拉菜单 文件(F) ➡️ 保存(S) 命令，即可保存钣金件模型。

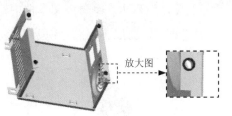

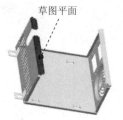

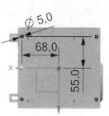

图 20.2.69 法向除料特征 6　　图 20.2.70 定义草图平面　　图 20.2.71 截面草图

20.3 钣 金 件 2

钣金件模型及模型树如图 20.3.1 所示。

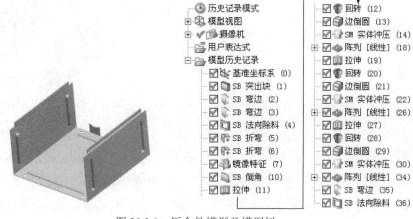

图 20.3.1 钣金件模型及模型树

Step1. 新建文件。选择下拉菜单 文件(F) ➞ 新建(N)... 命令，系统弹出"新建"对话框。在 模板 区域中选择 NX 钣金 模板，在 名称 文本框中输入文件名称 top_cover，单击 确定 按钮，进入钣金环境。

Step2. 创建图 20.3.2 所示的突出块特征 1。选择下拉菜单 插入(S) ➞ 突出块(B)... 命令，系统弹出"突出块"对话框；单击 按钮，选取 XY 平面为草图平面，选中 设置 区域的 ☑ 创建中间基准 CSYS 复选框，单击 确定 按钮，绘制图 20.3.3 所示的截面草图；厚度方向采用系统默认的矢量方向，在 厚度 文本框中输入数值 1；单击 ＜确定＞ 按钮，完成突出块特征 1 的创建。

Step3. 创建图 20.3.4 所示的弯边特征 1。选择下拉菜单 插入(S) ➞ 折弯(N)▸ ➞ 弯边(F)... 命令，系统弹出"弯边"对话框；选取图 20.3.5 所示的模型边线为线性边；在 宽度 区域的 宽度选项 下拉列表中选择 完整 选项；在 弯边属性 区域的 长度 文本框中输入数值 85，在 角度 文本框中输入数值 90；在 参考长度 下拉列表中选择 内部 选项；在 内嵌 下拉列表中选择 材料内侧 选项；在 偏置 区域的 偏置 文本框中输入数值 0；在 折弯参数 区域中单击 折弯半径 文本框

右侧的  按钮，在系统弹出的快捷菜单中选择 使用本地值 选项，然后再在 折弯半径 文本框中输入数值 0.5；其他参数采用系统默认值；单击"弯边"对话框的 < 确定 > 按钮，完成弯边特征 1 的创建。

图 20.3.2　突出块特征 1

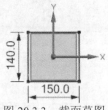

图 20.3.3　截面草图

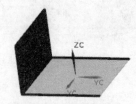

图 20.3.4　弯边特征 1

Step4. 创建图 20.3.6 所示的弯边特征 2。选取图 20.3.7 所示的边缘为弯边的线性边，详细操作过程参见上一步。

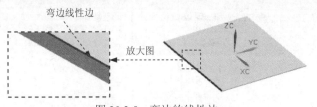

图 20.3.5　弯边的线性边

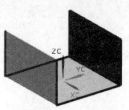

图 20.3.6　弯边特征 2

Step5. 创建图 20.3.8 所示的法向除料特征 1。选择下拉菜单 插入(S) ➡ 切削(T) ➡ 法向除料(N)... 命令，系统弹出"法向除料"对话框；单击 按钮，选取图 20.3.9 所示的模型表面为草图平面，取消选中 设置 区域的 ☐ 创建中间基准 CSYS 复选框，单击 确定 按钮，绘制图 20.3.10 所示的除料截面草图；在 除料属性 区域的 切削方法 下拉列表中选择 厚度 选项，在 限制 下拉列表中选择 贯通 选项；单击 < 确定 > 按钮，完成法向除料特征 1 的创建。

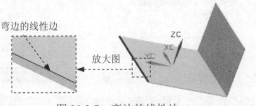

图 20.3.7　弯边的线性边

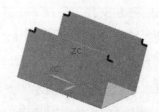

图 20.3.8　法向除料特征 1

图 20.3.9　定义草图平面

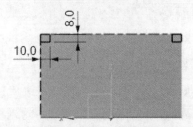

图 20.3.10　除料截面草图

Step6. 创建图 20.3.11 所示的折弯特征 1。选择下拉菜单 插入(S) ➡ 折弯(N) ➡ 折弯(B)... 命令，系统弹出"折弯"对话框；选取图 20.3.9 所示的模型表面为草图平面，绘制图 20.3.12 所示的折弯线；在 角度 文本框中输入折弯角度值 45，单击 反向 后的 按钮，再单击 反侧 后的 按钮，在 内嵌 下拉列表中选择 外模具线轮廓 选项；在 折弯参数 区域中单击 折弯半径 文本框右侧的 按钮，在系统弹出的快捷菜单中选择 使用本地值 选项，然后在 折弯半径 文本框中输入数值 0.5；在 止裂口 区域的 折弯止裂口 下拉列表中选择 无 选项，在 拐角止裂口 下拉列表中选择 仅折弯 选项。其他参数采用系统默认设置值，折弯方向如图 20.3.13 所示；单击"折弯"对话框的 确定 按钮，完成折弯特征 1 的创建。

图 20.3.11 折弯特征 1

图 20.3.12 绘制折弯线

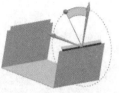
图 20.3.13 折弯方向

Step7. 创建图 20.3.14 所示的折弯特征 2。选择下拉菜单 插入(S) ➡ 折弯(N) ➡ 折弯(B)... 命令，选取图 20.3.15 所示的模型表面为草图平面，绘制图 20.3.16 所示的折弯线；在 角度 文本框中输入折弯角度值 45，在 内嵌 下拉列表中选择 外模具线轮廓 选项；在 折弯参数 区域中单击 折弯半径 文本框右侧的 按钮，在系统弹出的快捷菜单中选择 使用本地值 选项，然后在 折弯半径 文本框中输入数值 0.5；单击 反侧 后的 按钮，其他参数采用系统默认设置值，折弯方向如图 20.3.17 所示。

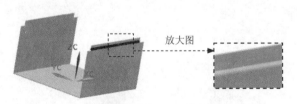
图 20.3.14 折弯特征 2

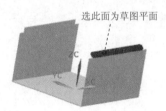
图 20.3.15 定义草图平面

图 20.3.16 绘制折弯线

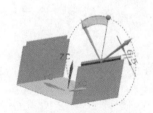
图 20.3.17 折弯方向

Step8. 创建图 20.3.18b 所示的镜像特征 1。选择下拉菜单 插入(S) ➡ 关联复制(A) ➡ 镜像特征(M)... 命令；选取折弯特征 1 和折弯特征 2 为镜像源特征（图 20.3.18a），选取 ZX 基准平面为镜像平面；单击 确定 按钮，完成镜像特征 1 的创建。

Step9. 创建图 20.3.19 所示的倒角特征 1。选择下拉菜单 插入(S) ➡ 拐角(O)... ➡ 倒角(B)... 命令，选取图 20.3.20 所示的四条边线为要倒角的参照边，在 倒角属性 区

域的 方法 下拉列表中选择 圆角 选项，在 半径 文本框中输入值 0.5。单击 < 确定 > 按钮，完成倒角特征 1 的创建。

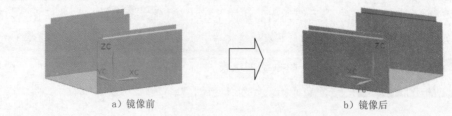

a）镜像前   b）镜像后

图 20.3.18   镜像特征 1

图 20.3.19   倒角特征 1   图 20.3.20   倒角参照边

Step10. 创建图 20.3.21 所示的拉伸特征 1。选择下拉菜单 插入(S) ➡ 切削(I)▸ ➡ 拉伸(E)... 命令，系统弹出"拉伸"对话框；选取图 20.3.22 所示的模型表面为草图平面，绘制图 20.3.23 所示的截面草图；在 方向 区域中的 * 指定矢量 下拉列表中选择 ZC 选项；在 限制 区域的 开始 下拉列表中选择 值 选项，并在其下的 距离 文本框中输入数值 0；在 结束 下拉列表中选择 值 选项，并在其下的 距离 文本框中输入数值 3；在 布尔 下拉列表中选择 无 选项；单击 < 确定 > 按钮，完成拉伸特征 1 的创建。

说明：图 20.3.21 所示的拉伸特征为已将其他特征隐藏的显示效果。

选此面为草图平面

图 20.3.21   拉伸特征 1   图 20.3.22   定义草图平面   图 20.3.23   截面草图

Step11. 创建图 20.3.24 所示的旋转特征 1。选择下拉菜单 启动▾ ➡ 建模(M)... 命令，进入建模环境；选择 插入(S) ➡ 设计特征(E) ▸ ➡ 旋转(R)... 命令（或单击 按钮），系统弹出"旋转"对话框；单击 按钮，选取图 20.3.22 所示的模型表面为草图平面，绘制图 20.3.25 所示的截面草图；在图形区选取图 20.3.25 所示的边线作为旋转轴；在 限制 区域的 开始 下拉列表中选择 值 选项，并在其下的 角度 文本框中输入数值 0，在 结束 下拉列表中选择 值 选项，并在其下的 角度 文本框中输入数值 180；单击"反向"按钮 ，在 布尔 区域的下拉列表中选择 求和 选项，选取 Step10 所创建的拉伸特征 1 为求和对象；单击 < 确定 > 按钮，完成旋转特征 1 的创建。

说明：图 20.3.24 所示的旋转特征为已将其他特征隐藏的显示效果。

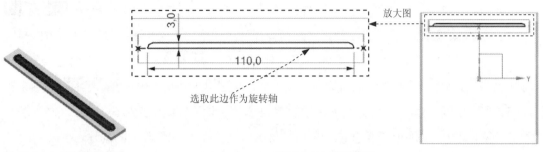

图 20.3.24 旋转特征 1   图 20.3.25 截面草图

Step12. 创建图 20.3.26 所示的圆角特征 1。选择下拉菜单 插入(S) ➡ 细节特征(L) ▶ ➡ 边倒圆(E) 命令，系统弹出"边倒圆"对话框；选取图 20.3.27 所示的边线为边倒圆参照，在 半径 1 文本框中输入圆角半径值 2；单击 < 确定 > 按钮，完成圆角特征 1 的创建。

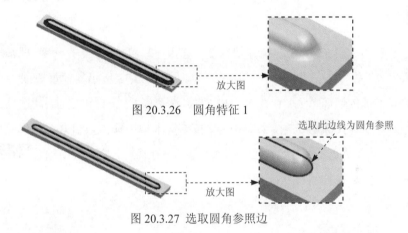

图 20.3.26 圆角特征 1

图 20.3.27 选取圆角参照边

Step13. 创建图 20.3.28 所示的实体冲压特征 1。选择下拉菜单 启动 ▾ ➡ NX 钣金(N) 命令，进入"NX 钣金"设计环境；选择下拉菜单 插入(S) ➡ 冲孔(H) ▶ ➡ 实体冲压(S) 命令；在"实体冲压"对话框 类型 下拉列表中选择 冲模 选项，选取图 20.3.29 所示的面（模型的底面）为目标面，选取图 20.3.30 所示的实体为工具体，选中 ☑ 自动判断厚度 、☑ 隐藏工具体 和 ☑ 恒定厚度 复选框，取消选中 ☐ 实体冲压边倒圆 复选框；单击 < 确定 > 按钮，完成实体冲压特征 1 的创建。

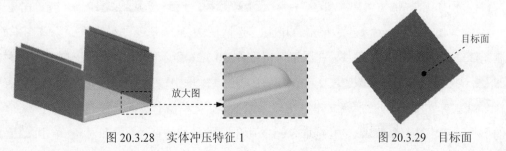

图 20.3.28 实体冲压特征 1   图 20.3.29 目标面

注意: 创建完此步的实体冲压特征后, 系统会自动将前面所创建的旋转和边倒圆特征隐藏起来。

Step14. 创建图 20.3.31 所示的线性阵列特征 1。选择下拉菜单 插入(S) ➡ 关联复制(A)▶ ➡ 阵列特征(A)... 命令, 系统弹出 "阵列特征" 对话框; 选取 Step13 所创建的实体冲压特征 1 为阵列对象; 在对话框中的 布局 下拉列表中选择 线性 选项; 在对话框的 方向 1 区域中单击 ✓· 按钮, 选择 XC 轴为第一阵列方向; 在 间距 下拉列表中选择 数量和节距 选项, 然后在 数量 文本框中输入阵列数量为 2, 在 节距 文本框中输入阵列节距值为-120; 并在 方向 2 区域中取消选中 □ 使用方向 2 复选框; 单击 确定 按钮, 完成线性阵列的创建。

图 20.3.30　工具体

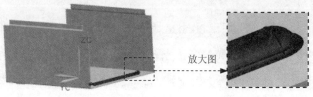

放大图

图 20.3.31　线性阵列特征 1

Step15. 创建图 20.3.32 所示的拉伸特征 2。选择下拉菜单 插入(S) ➡ 切削(T)▶ ➡ 拉伸(E)... 命令, 系统弹出 "拉伸" 对话框; 选取图 20.3.33 所示的模型表面为草图平面, 绘制图 20.3.34 所示的截面草图; 在 方向 区域中的 ✱ 指定矢量 下拉列表中选择 YC 选项; 在 限制 区域的 开始 下拉列表中选择 值 选项, 并在其下的 距离 文本框中输入数值 0; 在 结束 下拉列表中选择 值 选项, 并在其下的 距离 文本框中输入数值 3; 在 布尔 下拉列表中选择 无 选项; 单击 <确定> 按钮, 完成拉伸特征 2 的创建。

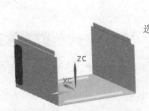

图 20.3.32　拉伸特征 2

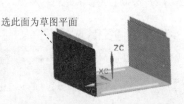

选此面为草图平面

图 20.3.33　定义草图平面

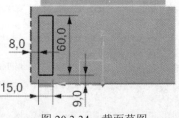

8.0　60.0

15.0　9.0

图 20.3.34　截面草图

Step16. 创建图 20.3.35 所示的旋转特征 2。选择下拉菜单 启动▾ ➡ 建模(M)... 命令, 进入建模环境; 选择下拉菜单 插入(S) ➡ 设计特征(E)▶ ➡ 旋转(R)... 命令 (或单击 按钮), 系统弹出 "旋转" 对话框; 单击 按钮, 选取图 20.3.33 所示的模型表面为草图平面, 绘制图 20.3.36 所示的截面草图; 在图形区选取图 20.3.36 所示的边线作为旋转轴; 在 限制 区域的 开始 下拉列表中选择 值 选项, 并在其下的 角度 文本框中输入数值 0, 在 结束 下拉列表中选择 值 选项, 并在其下的 角度 文本框中输入数值 180; 单击 "反向" 按钮, 在 布尔 区域中的下拉列表中选择 求和 选项, 选取 Step15 所创建的拉伸特征 2 为求和对象; 单击 <确定>

按钮，完成旋转特征 2 的创建。

　　说明： 图 20.3.35 所示的旋转特征为已将其他特征隐藏的显示效果。

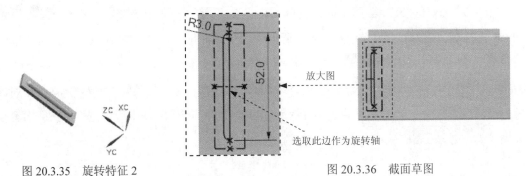

图 20.3.35　旋转特征 2　　　　　　　　　　　图 20.3.36　截面草图

　　Step17. 创建图 20.3.37 所示的圆角特征 2。选择下拉菜单 插入(S) ➡ 细节特征(L) ▶ ➡ 边倒圆(E) 命令，系统弹出"边倒圆"对话框；选取图 20.3.38 所示的边线为边倒圆参照，在 半径 1 文本框中输入圆角半径值 2；单击 确定 按钮，完成圆角特征 2 的创建。

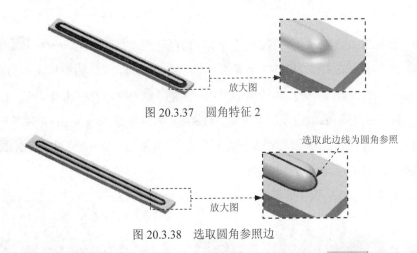

图 20.3.37　圆角特征 2

图 20.3.38　选取圆角参照边

　　Step18. 创建图 20.3.39 所示的实体冲压特征 2。选择下拉菜单 启动 ➡ NX 钣金(H) 命令，进入"NX 钣金"设计环境；选择下拉菜单 插入(S) ➡ 冲孔(H) ▶ ➡ 实体冲压(S) 命令；在"实体冲压"对话框 类型 下拉列表中选择 冲模 选项，选取图 20.3.40 所示的面为目标面，选取图 20.3.41 所示的实体为工具体，选中 ☑ 自动判断厚度、☑ 隐藏工具体 和 ☑ 恒定厚度 复选框，取消选中 ☐ 实体冲压边倒圆 复选框；单击 确定 按钮，完成实体冲压特征 2 的创建。

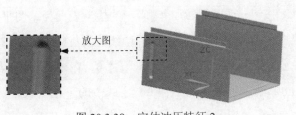

图 20.3.39　实体冲压特征 2

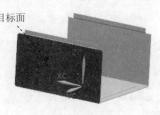

图 20.3.40　目标面

注意：创建完此步的实体冲压特征后，系统会自动将前面所创建的旋转和边倒圆特征隐藏起来。

Step19. 创建图 20.3.42 所示的线性阵列特征 2。选择下拉菜单 插入(S) ➡ 关联复制(A)▶ ➡ 阵列特征(A)... 命令，选取 Step18 所创建的实体冲压特征 2 为阵列对象。在对话框中的 布局 下拉列表中选择 线性 选项。在对话框的 方向 1 区域中单击 按钮，选择 XC 轴为第一阵列方向；在 间距 下拉列表中选择 数量和节距 选项，然后在 数量 文本框中输入阵列数量为 2，在 节距 文本框中输入阵列节距值为-120；并在 方向 2 区域中取消选中 使用方向 2 复选框。单击 确定 按钮，完成线性阵列的创建。

图 20.3.41　工具体

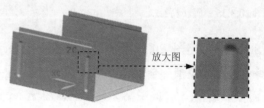

放大图

图 20.3.42　线性阵列特征 2

Step20. 创建图 20.3.43 所示的拉伸特征 3。选择下拉菜单 插入(S) ➡ 切削(T)▶ ➡ 拉伸(E)... 命令，系统弹出"拉伸"对话框；选取图 20.3.44 所示的模型表面为草图平面，绘制图 20.3.45 所示的截面草图；在 方向 区域中的 * 指定矢量 下拉列表中选择 YC 选项；在 限制 区域的 开始 下拉列表中选择 值 选项，并在其下的 距离 文本框中输入数值 0；在 结束 下拉列表中选择 值 选项，并在其下的 距离 文本框中输入数值 3；在 布尔 下拉列表中选择 无 选项；单击 确定 按钮，完成拉伸特征 3 的创建。

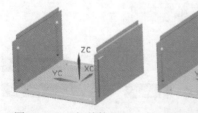

图 20.3.43　拉伸特征 3

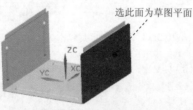

图 20.3.44　定义草图平面

选此面为草图平面

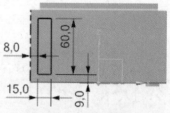

图 20.3.45　截面草图

Step21. 创建图 20.3.46 所示的旋转特征 3。选择下拉菜单 启动▼ ➡ 建模(M)... 命令，进入建模环境；选择下拉菜单 插入(S) ➡ 设计特征(E)▶ ➡ 旋转(R)... 命令（或单击 按钮），系统弹出"旋转"对话框；单击 按钮，选取图 20.3.44 所示的模型表面为草图平面，绘制图 20.3.47 所示的截面草图；在图形区选取图 20.3.47 所示的边线作为旋转轴；在 限制 区域的 开始 下拉列表中选择 值 选项，并在其下的 角度 文本框中输入数值 0，在 结束 下拉列表中选择 值 选项，并在其下的 角度 文本框中输入数值 180；在 布尔 区域中的下拉列表中选择 求和 选项，选取 Step20 所创建的拉伸特征 3 为求和对象；单击 确定 按钮，完成旋转特征 3 的创建。

说明：图 20.3.46 所示的旋转特征为已将其他特征隐藏的显示效果。

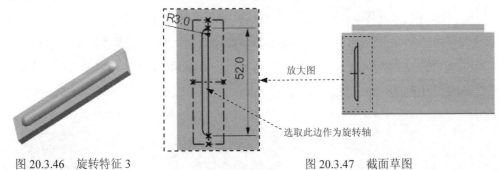

图 20.3.46　旋转特征 3　　　　　　　　　　图 20.3.47　截面草图

Step22. 创建图 20.3.48 所示的圆角特征 3。选择下拉菜单 插入(S) ➡️ 细节特征(L) ▶

➡️ 边倒圆(E). 命令，系统弹出"边倒圆"对话框；选取图 20.3.49 所示的边线为边倒

圆参照，在 半径 1 文本框中输入圆角半径值 2；单击 <确定> 按钮，完成圆角特征 3 的创建。

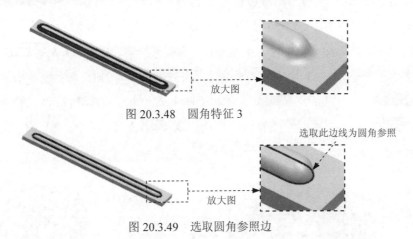

图 20.3.48　圆角特征 3

图 20.3.49　选取圆角参照边

Step23. 创建图 20.3.50 所示的实体冲压特征 3。选择下拉菜单 启动▾ ➡️ 钣金(L)...

命令，进入"NX 钣金"设计环境；选择下拉菜单 插入(S) ➡️ 冲孔(H) ▶ ➡️ 实体冲压(S)...

命令；在"实体冲压"对话框 类型 下拉列表中选择 冲模 选项，选取图 20.3.51 所示的面为

目标面，选取图 20.3.52 所示的实体为工具体，选中 ☑自动判断厚度 、 ☑隐藏工具体 和 ☑恒定厚度 复

选框，取消选中 ☐实体冲压边倒圆 复选框；单击 <确定> 按钮，完成实体冲压特征 3 的创建。

注意：创建完此步的实体冲压特征后，系统会自动将前面所创建的旋转和边倒圆特征

隐藏起来。

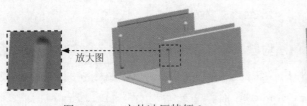

图 20.3.50　实体冲压特征 3

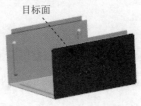

图 20.3.51　目标面

Step24. 创建图 20.3.53 所示的线性阵列特征 3。选择下拉菜单 插入(S) ➡ 关联复制(A)▶ ➡ 阵列特征(A)... 命令，选取 Step23 所创建的实体冲压特征 3 为阵列对象。在对话框中的 布局 下拉列表中选择 线性 选项。在对话框的 方向 1 区域中单击 ❘✔ 按钮，选择 XC 轴为第一阵列方向；在 间距 下拉列表中选择 数量和节距 选项，然后在 数量 文本框中输入阵列数量为 2，在 节距 文本框中输入阵列节距值为 120；并在 方向 2 区域中取消选中 □ 使用方向 2 复选框。单击 确定 按钮，完成线性阵列的创建。

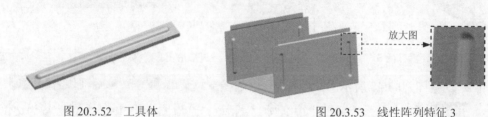

图 20.3.52　工具体　　　　　　　　图 20.3.53　线性阵列特征 3

Step25. 创建图 20.3.54 所示的弯边特征 3。选择下拉菜单 插入(S) ➡ 折弯(N)▶ ➡ 弯边(F)... 命令，选取图 20.3.55 所示的边线为弯边的线性边，单击 🖳 按钮，绘制图 20.3.56 所示的截面草图；在 角度 文本框中输入数值 90，在 内嵌 下拉列表中选择 ⏋ 材料内侧 选项；在 偏置 区域的 偏置 文本框中输入数值 0；单击 折弯半径 文本框右侧的 ☰ 按钮，在系统弹出的快捷菜单中选择 使用本地值 选项，然后再在 折弯半径 文本框中输入数值 0.5；在 止裂口 区域的 折弯止裂口 下拉列表中选择 ◎ 无 选项，在 拐角止裂口 下拉列表中选择 仅折弯 选项。单击 ⟨ 确定 ⟩ 按钮，完成弯边特征 3 的创建。

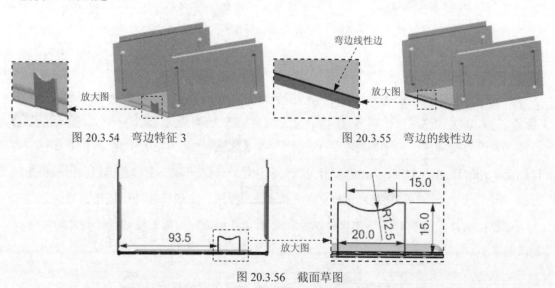

弯边线性边

放大图　　　　　　　　　　　　　放大图

图 20.3.54　弯边特征 3　　　　　　图 20.3.55　弯边的线性边

15.0

R12.5

20.0　　　15.0

93.5　　　　　　放大图

图 20.3.56　截面草图

Step26. 创建图 20.3.57 所示的法向除料特征 2。选择下拉菜单 插入(S) ➡ 切削(T)▶ ➡ 法向除料(N)... 命令，系统弹出"法向除料"对话框；单击 🖳 按钮，选取图 20.3.58 所示的模型表面为草图平面，绘制图 20.3.59 所示的截面草图；在 除料属性 区域的 切削方法 下

拉列表中选择 厚度 选项，在 限制 下拉列表中选择 ⊐ 直至下一个 选项；单击 < 确定 > 按钮，完成法向除料特征 2 的创建。

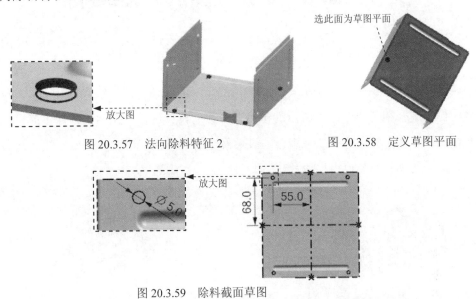

图 20.3.57 法向除料特征 2   图 20.3.58 定义草图平面

图 20.3.59 除料截面草图

Step27. 保存钣金件模型。选择下拉菜单 文件 (F) ➡ 🔲 保存 (S) 命令，即可保存钣金件模型。

实例 **21** 镇流器外壳组件

21.1 实 例 概 述

本实例详细介绍了图 21.1.1 所示的镇流器外壳的设计过程。在创建零件 1 时,应注意在钣金壁上连续两个折弯特征的应用,通过这两个折弯特征创建出可以与零件 2 进行配合的形状,此处的创建思想值得借鉴。

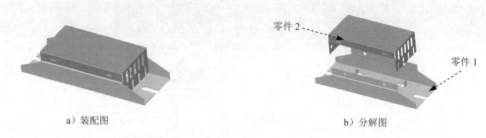

a)装配图 b)分解图

图 21.1.1 镇流器外壳组件

21.2 钣 金 件 1

钣金件模型及模型树如图 21.2.1 所示。

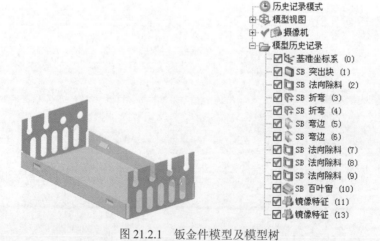

图 21.2.1 钣金件模型及模型树

Step1. 新建文件。选择下拉菜单 文件(F) ➡ 新建(N)... 命令,系统弹出"新建"对话框。在 模板 区域中选择 NX 钣金 模板,在 名称 文本框中输入文件名称 rectifier_top_shell,单击 确定 按钮,进入钣金环境。

Step2. 创建图 21.2.2 所示的突出块特征 1。选择下拉菜单 插入(S) ➡ 突出块(B)... 命令，系统弹出"突出块"对话框；单击 按钮，选取 XY 平面为草图平面，选中 设置 区域的 ☑ 创建中间基准 CSYS 复选框，单击 确定 按钮，绘制图 21.2.3 所示的截面草图；厚度方向采用系统默认的矢量方向，在 厚度 文本框中输入数值 0.5；单击 < 确定 > 按钮，完成突出块特征 1 的创建。

图 21.2.2 突出块特征 1

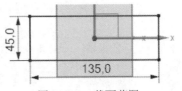

图 21.2.3 截面草图

Step3. 创建图 21.2.4 所示的法向除料特征 1。选择下拉菜单 插入(S) ➡ 切削(T)▶ ➡ 法向除料(N)... 命令，系统弹出"法向除料"对话框；单击 按钮，选取 XY 平面为草图平面，取消选中 设置 区域的 ☐ 创建中间基准 CSYS 复选框，单击 确定 按钮，绘制图 21.2.5 所示的截面草图；在 除料属性 区域的 切削方法 下拉列表中选择 厚度 选项；在 限制 下拉列表中选择 直至下一个 选项，单击"反向"按钮 调整除料方向；单击 < 确定 > 按钮，完成法向除料特征 1 的创建。

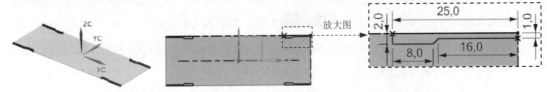

图 21.2.4 法向除料特征 1

图 21.2.5 除料截面草图

Step4. 创建图 21.2.6 所示的折弯特征 1。选择下拉菜单 插入(S) ➡ 折弯(N)▶ ➡ 折弯(B)... 命令，系统弹出"折弯"对话框；选取图 21.2.7 所示的模型表面为草图平面，绘制图 21.2.8 所示的折弯线；在 角度 文本框中输入折弯角度值 90，在"折弯"对话框的 内嵌 下拉列表中选择 外模具线轮廓 选项，在 折弯参数 区域中单击 折弯半径 文本框右侧的 按钮，在系统弹出的快捷菜单中选择 使用本地值 选项，在 折弯半径 文本框中输入数值 0.5；其他参数采用系统默认设置值，折弯方向如图 21.2.9 所示；单击 < 确定 > 按钮，完成折弯特征 1 的创建。

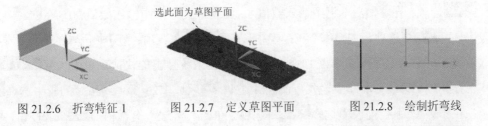

图 21.2.6 折弯特征 1   图 21.2.7 定义草图平面   图 21.2.8 绘制折弯线

Step5. 创建图 21.2.10 所示的折弯特征 2。选择下拉菜单 插入(S) ➡ 折弯(N)▶ ➡

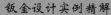 命令，选取图 21.2.7 所示的模型表面为草图平面，绘制图 21.2.11 所示的折弯线；在 角度 文本框中输入折弯角度值 90，在"折弯"对话框的 内嵌 下拉列表中选择 外模具线轮廓 选项，在 折弯参数 区域中单击 折弯半径 文本框右侧的 按钮，在系统弹出的快捷菜单中选择 使用本地值 选项，然后在 折弯半径 文本框中输入数值 0.5；单击 反侧 后的 按钮，其他参数采用系统默认设置值，折弯方向如图 21.2.12 所示；单击 确定 按钮，完成折弯特征的创建。

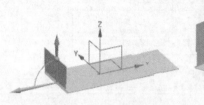

图 21.2.9　折弯方向　　　图 21.2.10　折弯特征 2　　　图 21.2.11　绘制折弯线

Step6. 创建图 21.2.13 所示的弯边特征 1。选择下拉菜单 插入(S) ➡ 折弯(N) ➡ 弯边(F)... 命令，系统弹出"弯边"对话框；选取图 21.2.14 所示的边缘为弯边的线性边，系统显示出图 21.2.13 所示的弯边方向；在 宽度选项 下拉列表中选择 完整 选项；在 长度 文本框中输入数值 8，在 角度 文本框中输入数值 90，在 参考长度 下拉列表中选择 内部 选项，在 内嵌 下拉列表中选择 材料内侧 选项；在 偏置 文本框中输入数值 0.0；单击 折弯半径 文本框右侧的 按钮，在系统弹出的快捷菜单中选择 使用本地值 选项，然后再在 折弯半径 文本框中输入数值 0.5；在 止裂口 区域的 折弯止裂口 下拉列表中选择 无 选项，在 拐角止裂口 下拉列表中选择 仅折弯 选项；单击"弯边"对话框的 确定 按钮，完成弯边特征 1 的创建。

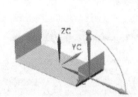 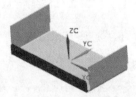 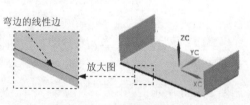

图 21.2.12　折弯方向　　　图 21.2.13　弯边特征 1　　　图 21.2.14　弯边的线性边

Step7. 创建图 21.2.15 所示的弯边特征 2，选择下拉菜单 插入(S) ➡ 折弯(N) ➡ 弯边(F)... 命令，选取图 21.2.16 所示的边缘为弯边的线性边，在 宽度选项 下拉列表中选择 完整 选项；在 长度 文本框中输入数值 8，在 角度 文本框中输入数值 90，在 参考长度 下拉列表中选择 内部 选项；在 内嵌 下拉列表中选择 材料内侧 选项；在 偏置 区域的 偏置 文本框中输入数值 0；单击 折弯半径 文本框右侧的 按钮，在系统弹出的快捷菜单中选择 使用本地值 选项，然后再在 折弯半径 文本框中输入数值 0.5；在 止裂口 区域中的 折弯止裂口 下拉列表中选择 无 选项，在 拐角止裂口 下拉列表中选择 仅折弯 选项。单击"弯边"对话框的 确定 按钮，完成弯边特征 2 的创建。

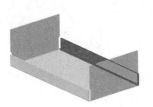

图 21.2.15 弯边特征 2

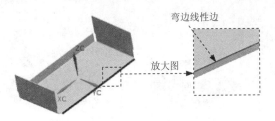

图 21.2.16 弯边的线性边

Step8. 创建图 21.2.17 所示的法向除料特征 2。选择下拉菜单 插入(S) ➡ 切削(T) ▶ ➡ 法向除料(N)... 命令；选取图 21.2.18 所示的模型表面为草图平面，绘制图 21.2.19 所示的截面草图并退出草图；在 除料属性 区域的 切削方法 下拉列表中选择 厚度 选项；在 限制 下拉列表中选择 贯通 选项；单击 〈确定〉 按钮，完成法向除料特征 2 的创建。

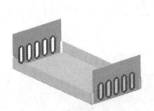

图 21.2.17 法向除料特征 2

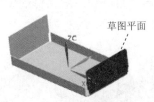

图 21.2.18 草图平面

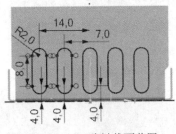

图 21.2.19 除料截面草图

Step9. 创建图 21.2.20 所示的法向除料特征 3。选择下拉菜单 插入(S) ➡ 切削(T) ▶ ➡ 法向除料(N)... 命令；选取图 21.2.18 所示的模型表面为草图平面，绘制图 21.2.21 所示的除料截面草图并退出草图；在 除料属性 区域中 切削方法 下拉列表中选择 厚度 选项；在 限制 下拉列表中选择 直至下一个 选项；单击 〈确定〉 按钮，完成法向除料特征 3 的创建。

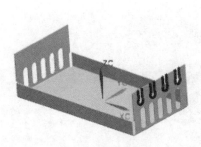

图 21.2.20 法向除料特征 3

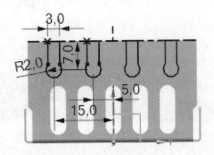

图 21.2.21 除料截面草图

Step10. 创建图 21.2.22 所示的法向除料特征 4。选择下拉菜单 插入(S) ➡ 切削(T) ▶ ➡ 法向除料(N)... 命令；选取图 21.2.23 所示的模型表面为草图平面，绘制图 21.2.24 所示的除料截面草图并退出草图；在 除料属性 区域的 切削方法 下拉列表中选择 厚度 选项；在 限制 下拉列表中选择 贯通 选项；单击 〈确定〉 按钮，完成法向除料特征 4 的创建。

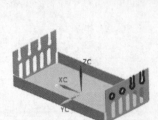

图 21.2.22　法向除料特征 4

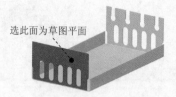

图 21.2.23　定义草图平面

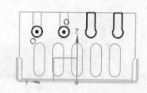

图 21.2.24　除料截面草图

Step11. 创建图 21.2.25 所示的百叶窗特征 1。选择下拉菜单 插入(S) ➡ 冲孔(H)▶

➡ 百叶窗(L)... 命令，系统弹出"百叶窗"对话框；单击 按钮，选取图 21.2.26 所示的模型表面为草图平面，绘制图 21.2.27 所示的百叶窗截面草图；在 百叶窗属性 区域中的 深度 文本框中输入数值 1.5，单击 反向 后的 按钮，在 宽度 文本框中输入数值 2.5，单击 反向 后的 按钮，在 百叶窗形状 下拉列表中选择 冲裁的 选项，在 倒圆 区域中选中 ☑ 百叶窗边倒圆 复选框，在 凹模半径 文本框中输入数值 0.5；单击"百叶窗"对话框的 ‹ 确定 › 按钮，完成百叶窗特征 1 的创建。

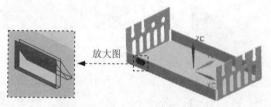

图 21.2.25　百叶窗特征 1

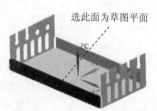

图 21.2.26　定义草图平面

Step12. 创建图 21.2.28b 所示的镜像特征 1。选择下拉菜单 插入(S) ➡ 关联复制(A)▶

➡ 镜像特征(M)... 命令，选取百叶窗特征 1 为镜像源特征（图 21.2.28a），选取 YZ 基准平面为镜像平面；单击 确定 按钮，完成镜像特征的创建。

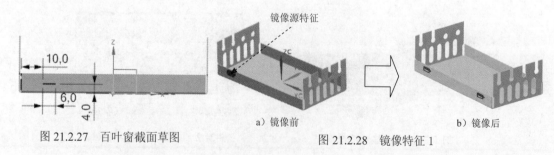

图 21.2.27　百叶窗截面草图

图 21.2.28　镜像特征 1

Step13. 创建图 21.2.29b 所示的镜像特征 2。选取百叶窗特征 1 和镜像特征 1 为镜像源特征（图 21.2.29a），选取 ZX 基准平面为镜像平面。

Step14. 保存钣金件模型。选择下拉菜单 文件(F) ➡ 保存(S) 命令，即可保存钣金件模型。

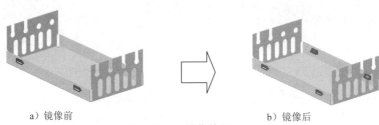

a）镜像前　　　　　　　　　　　　　　b）镜像后

图 21.2.29　镜像特征 2

21.3　钣 金 件 2

钣金件模型及模型树如图 21.3.1 所示。

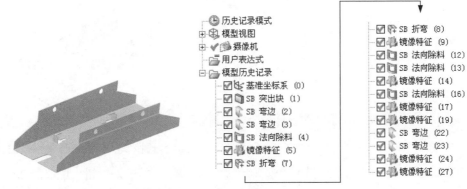

图 21.3.1　钣金件模型及模型树

Step1. 新建文件。选择下拉菜单 文件(F) ➡️ 新建(N)... 命令，系统弹出"新建"对话框。在 模板 区域中选择 NX 钣金 模板，在 名称 文本框中输入文件名称 rectifier_down_shell，单击 确定 按钮。进入钣金环境。

Step2. 创建图 21.3.2 所示的突出块特征 1。选择下拉菜单 插入(S) ➡️ 突出块(B)... 命令，系统弹出"突出块"对话框；单击 按钮，选取 XY 平面为草图平面，选中 设置 区域的 ☑ 创建中间基准 CSYS 复选框，单击 确定 按钮，绘制图 21.3.3 所示的截面草图；厚度方向采用系统默认的矢量方向，在 厚度 文本框中输入数值 0.5；单击 < 确定 > 按钮，完成突出块特征 1 的创建。

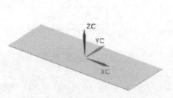

图 21.3.2　突出块特征 1

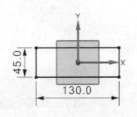

图 21.3.3　截面草图

Step3. 创建图 21.3.4 所示的弯边特征 1。选择下拉菜单 插入(S) ➡️ 折弯(N) ▶ ➡️

命令，系统弹出"弯边"对话框；选取图 21.3.5 所示的模型边线为线性边；在 宽度 区域的 宽度选项 下拉列表中选择 完整 选项；在 弯边属性 区域的 长度 文本框中输入数值 25，在 角度 文本框中输入数值 90；在 参考长度 下拉列表中选择 内部 选项；在 内嵌 下拉列表中选择 材料内侧 选项；在 偏置 区域的 偏置 文本框中输入数值 0；在 折弯参数 区域中单击 折弯半径 文本框右侧的 按钮，在系统弹出的快捷菜单命令中选择 使用本地值 选项，然后再在 折弯半径 文本框中输入数值 0.2；其他参数采用系统默认设置值；单击"弯边"对话框的 确定 按钮，完成弯边特征 1 的创建。

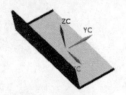

图 21.3.4　弯边特征 1

Step4. 创建图 21.3.6 所示的弯边特征 2。选取图 21.3.7 所示的边缘为弯边的线性边，详细操作过程参见上一步。

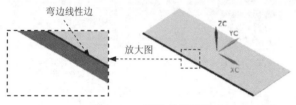

图 21.3.5　弯边的线性边

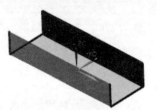

图 21.3.6　弯边特征 2

Step5. 创建图 21.3.8 所示的法向除料特征 1。选择下拉菜单 插入(S) ➡ 切削(T) ➡ 法向除料(N)... 命令，系统弹出"法向除料"对话框；单击 按钮，选取图 21.3.9 所示的模型表面为草图平面，取消选中 设置 区域的 创建中间基准 CSYS 复选框，单击 确定 按钮，绘制图 21.3.10 所示的除料截面草图；在 除料属性 区域的 切削方法 下拉列表中选择 厚度 选项，在 限制 下拉列表中选择 贯通 选项；单击 确定 按钮，完成法向除料特征 1 的创建。

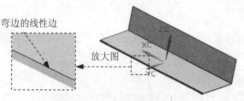

图 21.3.7　弯边的线性边

图 21.3.8　法向除料特征 1

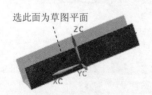

图 21.3.9　定义草图平面

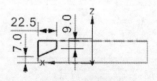

图 21.3.10　除料截面草图

Step6. 创建图 21.3.11b 所示的镜像特征 1。选择下拉菜单 插入(S) ➡ 关联复制(A) ➡ 镜像特征(M)... 命令，选取法向除料特征 1 为镜像源特征（图 21.3.11a），YZ 基准平面为镜像平面；单击 确定 按钮，完成镜像特征 1 的创建。

a）镜像前   b）镜像后

图 21.3.11　镜像特征 1

Step7. 创建图 21.3.12 所示的折弯特征 1。选择下拉菜单 插入(S) ➡ 折弯(N)▶ ➡ ↘折弯(B)...命令，系统弹出"折弯"对话框；选取图 21.3.9 所示的模型表面为草图平面，绘制图 21.3.13 所示的折弯线；在 角度 文本框中输入折弯角度值 45，单击 反向 后的 ✕ 按钮，再单击 反侧 后的 ✕ 按钮，在 折弯参数 区域中单击 折弯半径 文本框右侧的 ☰ 按钮，在系统弹出的快捷菜单中选择 使用本地值 选项，然后在 折弯半径 文本框中输入数值 0.2；其他参数采用系统默认设置值，折弯方向如图 21.3.14 所示；单击"折弯"对话框的 < 确定 > 按钮，完成折弯特征 1 的创建。

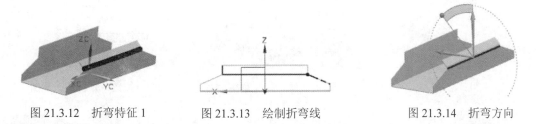

图 21.3.12　折弯特征 1   图 21.3.13　绘制折弯线   图 21.3.14　折弯方向

Step8. 创建图 21.3.15 所示的折弯特征 2。选择下拉菜单 插入(S) ➡ 折弯(N)▶ ➡ ↘折弯(B)...命令，选取图 21.3.16 所示的模型表面为草图平面，绘制图 21.3.17 所示的折弯线；在 角度 文本框中输入折弯角度值 45，在 折弯半径 文本框中输入数值 0.5，折弯方向如图 21.3.18 所示；单击 < 确定 > 按钮，完成折弯特征的创建。

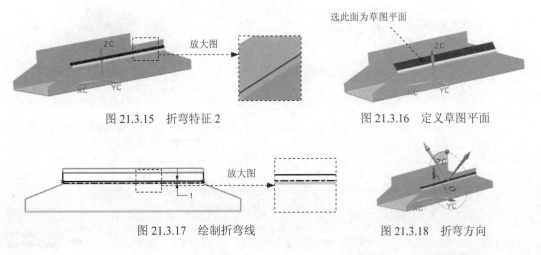

图 21.3.15　折弯特征 2   图 21.3.16　定义草图平面

图 21.3.17　绘制折弯线   图 21.3.18　折弯方向

Step9. 创建图 21.3.19b 所示的镜像特征 2。选择下拉菜单 插入(S) ➡ 关联复制(A)▶ ➡

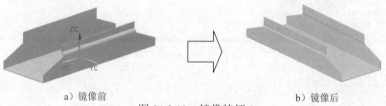命令，选取折弯特征1和折弯特征2为镜像源特征（图21.3.19a），选取ZX基准平面为镜像平面；单击 确定 按钮，完成镜像特征2的创建。

a）镜像前　　　　　　　　　　　　b）镜像后

图 21.3.19　镜像特征 2

Step10. 创建图 21.3.20 所示的法向除料特征 2。选择下拉菜单 插入(S) ➡ 切削(T)▶ ➡ 法向除料(N)... 命令；选取图 21.3.21 所示的模型表面为草图平面，绘制图 21.3.22 所示的除料截面草图并退出草图；在 除料属性 区域的 切削方法 下拉列表中选择 厚度 选项；在 限制 下拉列表中选择 贯通 选项；单击 <确定> 按钮，完成法向除料特征 2 的创建。

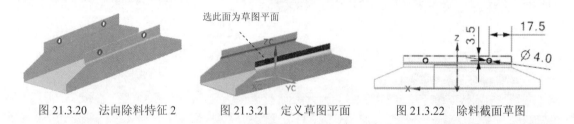

图 21.3.20　法向除料特征 2　　　　图 21.3.21　定义草图平面　　　　图 21.3.22　除料截面草图

Step11. 创建图 21.3.23 所示的法向除料特征 3。选择下拉菜单 插入(S) ➡ 切削(T)▶ ➡ 法向除料(N)... 命令；选取图 21.3.24 所示的模型表面为草图平面，绘制图 21.3.25 所示的除料截面草图并退出草图；在 除料属性 区域的 切削方法 下拉列表中选择 厚度 选项；在 限制 下拉列表中选择 贯通 选项；单击 <确定> 按钮，完成法向除料特征 3 的创建。

图 21.3.23　法向除料特征 3　　　　　　　　图 21.3.24　草图平面

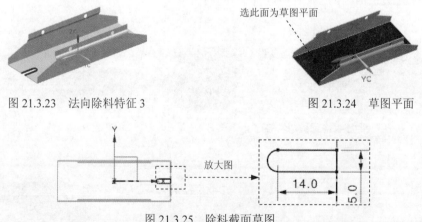

图 21.3.25　除料截面草图

Step12. 创建图 21.3.26b 所示的镜像特征 3。选择下拉菜单 插入(S) ➡ 关联复制(A)▶ ➡ 镜像特征(M)... 命令，选取法向除料特征 3 为镜像源特征（图21.3.26a），选取 YZ 基准平面为镜像平面；单击 确定 按钮，完成镜像特征 3 的创建。

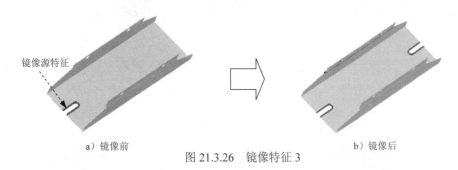

镜像源特征

a）镜像前　　　　　　　　　　　　　　b）镜像后

图 21.3.26　镜像特征 3

Step13. 创建图 21.3.27 所示的法向除料特征 4。选择下拉菜单 插入(S) ➡ 切削(T)▸ ➡ 法向除料(N)... 命令；选取图 21.3.24 所示的模型表面为草图平面，绘制图 21.3.28 所示的除料截面草图并退出草图；在 除料属性 区域的 切削方法 下拉列表中选择 厚度 选项；在 限制 下拉列表中选择 贯通 选项；单击 <确定> 按钮，完成法向除料特征 4 的创建。

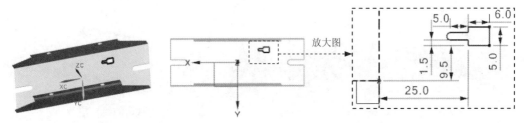

图 21.3.27　法向除料特征 4　　　　　　图 21.3.28　除料截面草图

Step14. 创建图 21.3.29b 所示的镜像特征 4。选择下拉菜单 插入(S) ➡ 关联复制(A)▸ ➡ 镜像特征(M)... 命令，选取法向除料特征 4 为镜像源特征（图 21.3.29a），选取 YZ 基准平面为镜像平面；单击 确定 按钮，完成镜像特征 4 的创建。

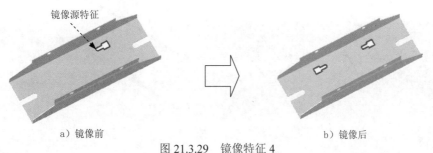

镜像源特征

a）镜像前　　　　　　　　　　　　　　b）镜像后

图 21.3.29　镜像特征 4

Step15. 创建图 21.3.30b 所示的镜像特征 5。选择下拉菜单 插入(S) ➡ 关联复制(A)▸ ➡ 镜像特征(M)... 命令，选取法向除料特征 4 和镜像特征 4 为镜像源特征（图 21.3.30a），选取 ZX 基准平面为镜像平面；单击 确定 按钮，完成镜像特征 5 的创建。

Step16. 创建图 21.3.31 所示的弯边特征 3。选择下拉菜单 插入(S) ➡ 折弯(N)▸ ➡ 弯边(F)... 命令；选取图 21.3.32 所示的边线为弯边的线性边，在 宽度选项 下拉列表中选择

■ 完整 选项；在 长度 文本框中输入数值 6，在 角度 文本框中输入数值 90，在 参考长度 下拉列表中选择 ┓ 内部 选项；在 内嵌 下拉列表中选择 ┓ 材料内侧 选项；在 偏置 区域的 偏置 文本框中输入数值 0；单击 折弯半径 文本框右侧的 ☰ 按钮，在系统弹出的快捷菜单中选择 使用本地值 选项，然后再在 折弯半径 文本框中输入数值 0.2；在 止裂口 区域中的 折弯止裂口 下拉列表中选择 ～ 圆形 选项，在 深度 文本框中输入数值 0.1，在 宽度 文本框中输入数值 0.1。单击"弯边"对话框的 ＜ 确定 ＞ 按钮，完成弯边特征 3 的创建。

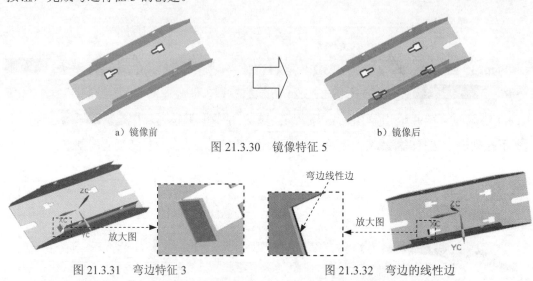

a）镜像前   b）镜像后

图 21.3.30　镜像特征 5

图 21.3.31　弯边特征 3   图 21.3.32　弯边的线性边

Step17. 创建图 21.3.33 所示的弯边特征 4。

（1）选择下拉菜单 插入(S) ➡ 折弯(N) ➡ ▣ 弯边(F)... 命令；选取图 21.3.34 所示的边缘为弯边的线性边，系统弹出弯边方向，弯边方向如图 21.3.33 所示。

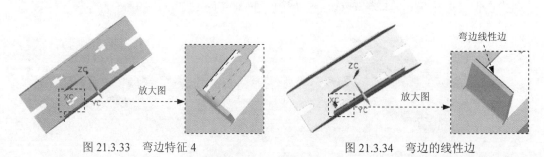

图 21.3.33　弯边特征 4   图 21.3.34　弯边的线性边

（2）在 宽度选项 下拉列表中选择 ▣ 在中心 选项；在 宽度 文本框中输入数值 2，在 长度 文本框中输入数值 5，在 角度 文本框中输入数值 90，在 参考长度 下拉列表中选择 ┓ 内部 选项，在 内嵌 下拉列表中选择 ┓ 折弯外侧 选项；在 偏置 区域的 偏置 文本框中输入数值 0；单击 折弯半径 文本框右侧的 ☰ 按钮，在系统弹出的快捷菜单中选择 使用本地值 选项，然后再在 折弯半径 文本框中输入数值 0.2。

（3）在 止裂口 区域的 折弯止裂口 下拉列表中选择 ▱ 无 选项；然后在 截面 区域单击 ▣ 按钮，

绘制图 21.3.35 所示的弯边截面草图。单击 "弯边" 对话框的 ⟨ 确定 ⟩ 按钮，完成弯边特征 4 的创建。

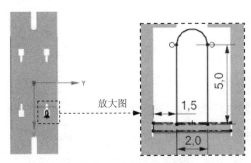

图 21.3.35 弯边截面草图

Step18. 后面的详细操作过程请参见随书光盘中 video\ch21.02\reference\文件下的语音视频讲解文件 rectifier_down_shell-r01.avi。

实例 **22** 文件夹钣金组件

22.1 实 例 概 述

本实例详细讲解了一款文件夹中钣金部分的设计过程，该文件夹由三个零件组成，如图 22.1.1 所示。这三个零件在设计过程中应用了折弯、实体冲压及凹坑等命令，设计的大概思路是先创建钣金第一壁，之后再使用折弯、凹坑等命令创建出最终模型。钣金件模型如图 22.1.1 所示。

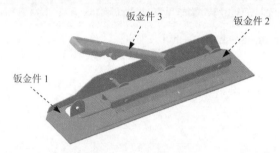

图 22.1.1 文件夹钣金组件

22.2 钣 金 件 1

钣金件模型及模型树如图 22.2.1 所示。

图 22.2.1 钣金件模型及模型树

Step1. 新建文件。选择下拉菜单 文件(F) ➔ 新建(N)... 命令，系统弹出"新建"对话框，在 模板 区域中选择 NX 钣金 模板，在 名称 文本框中输入文件名称 file_clamp_01，单击 确定 按钮，进入"NX 钣金"环境。

Step2. 创建图 22.2.2 所示的突出块特征 1。选择下拉菜单 插入(S) ➔ 突出块(B)... 命令，选取 XY 平面为草图平面，选中 设置 区域的 ☑ 创建中间基准 CSYS 复选框，绘制图 22.2.3 所示的截面草图;厚度方向采用系统默认的矢量方向;在 厚度 文本框中输入数值0.5,单击 <确定> 按钮,完成突出块特征 1 的创建。

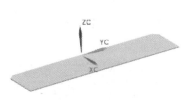

图 22.2.2 突出块特征 1

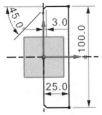

图 22.2.3 截面草图

Step3. 创建图 22.2.4 所示的弯边特征 1。选择下拉菜单 插入(S) ➡ 折弯(N) ➡ 弯边(F)... 命令,系统弹出"弯边"对话框;选取图 22.2.5 所示的边缘为弯边的线性边;在 宽度选项 下拉列表中选择 完整 选项;在 长度 文本框中输入数值 10,在 角度 文本框中输入数值 90,在 参考长度 下拉列表中选择 内部 选项,在 内嵌 下拉列表中选择 折弯外侧 选项;在 偏置 文本框中输入数值 0;在 折弯参数 区域中单击 折弯半径 文本框右侧的 按钮,在弹出的快捷菜单中选择 使用本地值 选项,然后在 折弯半径 文本框中输入数值 0.2;在 止裂口 区域中的 折弯止裂口 下拉列表中选择 无 选项,在 拐角止裂口 下拉列表中选择 仅折弯 选项;在"弯边"对话框中的 截面 区域单击 按钮,绘制图 22.2.6 所示的弯边截面草图;单击"弯边"对话框的 <确定> 按钮,完成弯边特征 1 的创建。

图 22.2.4 弯边特征 1

图 22.2.5 弯边的线性边

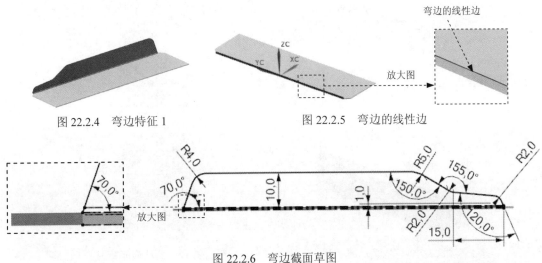

图 22.2.6 弯边截面草图

Step4. 创建图 22.2.7 所示的筋特征。选择下拉菜单 插入(S) ➡ 冲孔(H) ➡ 筋(B)... 命令,系统弹出"筋"对话框;单击"筋"对话框中的 截面 区域,单击 按钮,选取图 22.2.8 所示的模型表面为草图平面,取消选中 创建中间基准 CSYS 复选框,绘制图 22.2.9 所示的筋截面草图;在 横截面 下拉列表中选择 圆形 选项,在 深度 文本框中输入数值 0.8,在 半径 文本框中输入数值 0.8,在 结束条件 下拉列表中选择 成形的 选项;在 倒圆 区域中选中

☑ 筋边倒圆 复选框；在 凹模半径 文本框中输入数值 0.2；单击"筋"对话框的 < 确定 > 按钮，完成筋特征 1 的创建。

图 22.2.7　筋特征 1　　　　图 22.2.8　定义草图平面　　　　图 22.2.9　筋截面草图

Step5. 创建图 22.2.10 所示的凹坑特征。选择下拉菜单 插入(S) ➡ 冲孔(H) ➡
凹坑(D)... 命令，系统弹出"凹坑"对话框；选取图 22.2.11 所示的模型表面为草图平面，绘制图 22.2.12 所示的凹坑截面草图；在"凹坑"对话框中的 参考深度 下拉列表中选择 外部 选项，在 侧壁 下拉列表中选择 材料内侧 选项，在 深度 文本框中输入数值 0.8，在 侧角 文本框中输入数值 0，选中 ☑ 凹坑边倒圆 复选框，在 凸模半径 文本框中输入数值 0.25，在 凹模半径 文本框中输入数值 0.1，取消选中 □ 截面拐角倒圆 复选框；单击"凹坑"对话框的 < 确定 > 按钮，完成凹坑特征的创建。

图 22.2.10　凹坑特征

选此面为草图平面

图 22.2.11　定义草图平面

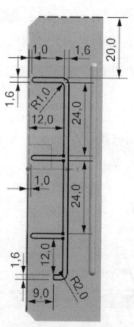

图 22.2.12　凹坑截面草图

Step6. 创建图 22.2.13 所示的法向除料特征。选择下拉菜单 插入(S) ➡ 切削(T) ➡ 法向除料(N)... 命令；选取图 22.2.14 所示的模型表面为草图平面，绘制图 22.2.15 所示的除料截面草图并退出草图；在 除料属性 区域中，在 切削方法 下拉列表中选择 厚度 选项，在 限制 下拉列表中选择 直至下一个 选项，接受系统默认的除料方向，单击 < 确定 > 按钮，完成特征的创建。

图 22.2.13　法向除料特征

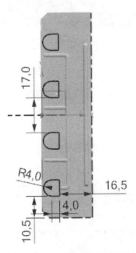

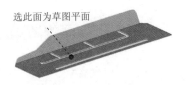

选此面为草图平面

图 22.2.14　定义草图平面

图 22.2.15　除料截面草图

Step7. 创建图 22.2.16 所示的弯边特征 2。选择下拉菜单 插入(S) ➡ 折弯(N) ➡ 弯边(F)... 命令，系统弹出"弯边"对话框；选取图 22.2.17 所示的边缘为弯边的线性边；在 宽度选项 下拉列表中选择 完整 选项；在 长度 文本框中输入数值 4，在 角度 文本框中输入数值 90，在 内嵌 下拉列表中选择 折弯外侧 选项；在 偏置 文本框中输入数值 0.0；单击 折弯半径 文本框右侧的 按钮，在系统弹出的快捷菜中选择 使用本地值 选项，然后在 折弯半径 文本框中输入数值 0.2；在 折弯止裂口 下拉列表中选择 无 选项，在 拐角止裂口 下拉列表中选择 仅折弯 选项；在"弯边"对话框中的 截面 区域单击 按钮，绘制图 22.2.18 所示的弯边截面草图；单击"弯边"对话框的 确定 按钮，完成弯边特征 2 的创建。

图 22.2.16　弯边特征 2

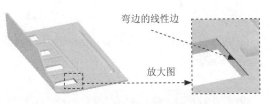

弯边的线性边

放大图

图 22.2.17　弯边的线性边

Step8. 创建图 22.2.19 所示的弯边特征 3。

图 22.2.18　弯边截面草图

图 22.2.19　弯边特征 3

（1）选择下拉菜单 插入(S) ➡ 折弯(N) ➡ 弯边(F)... 命令，系统弹出"弯边"对话框；选取图 22.2.20 所示的边缘为弯边的线性边；在 宽度选项 下拉列表中选择 完整 选项；在 长度 文本框中输入数值 4，在 角度 文本框中输入数值 90，在 内嵌 下拉列表中选择 折弯外侧 选项。

（2）在 偏置 文本框中输入数值 0.0；单击 折弯半径 文本框右侧的 按钮，在系统弹出的快

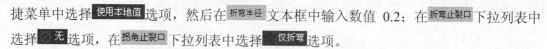
捷菜单中选择 使用本地值 选项，然后在 折弯半径 文本框中输入数值 0.2；在 折弯止裂口 下拉列表中选择 ⊘无 选项，在 拐角止裂口 下拉列表中选择 仅折弯 选项。

（3）在"弯边"对话框中的 截面 区域单击 按钮，绘制图 22.2.21 所示的弯边截面草图；单击"弯边"对话框的 <确定> 按钮，完成弯边特征 3 的创建。

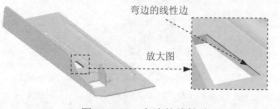

图 22.2.20　弯边的线性边

图 22.2.21　弯边截面草图

Step9. 创建图 22.2.22 所示的弯边特征 4。选择下拉菜单 插入(S) ➡ 折弯(N)▶ ➡ 弯边(F)... 命令，系统弹出"弯边"对话框；选取图 22.2.23 所示的边缘为弯边的线性边；在 宽度选项 下拉列表中选择 完整 选项；在 长度 文本框中输入数值 4，在 角度 文本框中输入数值 90，在 内嵌 下拉列表中选择 折弯外侧 选项；在 偏置 文本框中输入数值 0.0；单击 折弯半径 文本框右侧的 按钮，在系统弹出的快捷菜单中选择 使用本地值 选项，然后在 折弯半径 文本框中输入数值 0.2；在 折弯止裂口 下拉列表中选择 ⊘无 选项，在 拐角止裂口 下拉列表中选择 仅折弯 选项；在"弯边"对话框中的 截面 区域单击 按钮，绘制图 22.2.24 所示的弯边截面草图；单击"弯边"对话框的 <确定> 按钮，完成弯边特征 4 的创建。

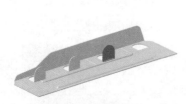

图 22.2.22　弯边特征 4

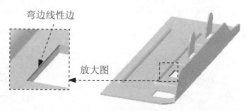

图 22.2.23　弯边的线性边

Step10. 创建图 22.2.25 所示的弯边特征 5。

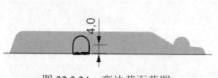

图 22.2.24　弯边截面草图

图 22.2.25　弯边特征 5

（1）选择下拉菜单 插入(S) ➡ 折弯(N)▶ ➡ 弯边(F)... 命令，系统弹出"弯边"对话框；选取图 22.2.26 所示的边缘为弯边的线性边；在 宽度选项 下拉列表中选择 完整 选项；在 长度 文本框中输入数值 4，在 角度 文本框中输入数值 90，在 内嵌 下拉列表中选择 折弯外侧 选项。

（2）在 偏置 文本框中输入数值 0.0；单击 折弯半径 文本框右侧的 按钮，在系统弹出的快

捷菜单中选择 使用本地值 选项，然后在 折弯半径 文本框中输入数值 0.2；在 折弯止裂口 下拉列表中选择 无 选项，在 拐角止裂口 下拉列表中选择 仅折弯 选项；在"弯边"对话框中的 截面 区域单击 按钮，绘制图 22.2.27 所示的弯边截面草图；单击"弯边"对话框的 〈 确定 〉 按钮，完成弯边特征 5 的创建。

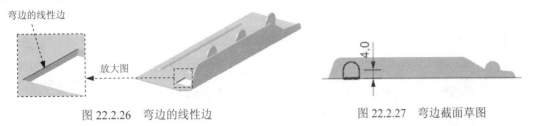

图 22.2.26 弯边的线性边   图 22.2.27 弯边截面草图

Step11. 创建图 22.2.28 所示的孔特征 1。选择下拉菜单 插入(I) ➡ 设计特征(E)▶ ➡ 孔(H)... 命令，系统弹出"孔"对话框；在"孔"对话框的 类型 下拉列表中选择 常规孔 选项；选取图 22.2.29 所示的圆弧边线为孔的放置参照；在"孔"对话框的 成形 下拉列表中选择 简单 选项，在 直径 后的文本框中输入数值 2，在 深度限制 下拉列表中选择 贯通体 选项，其他选项采用系统默认设置，单击 〈 确定 〉 按钮，完成孔特征 1 的创建。

Step12. 参照 Step11 的方法创建图 22.2.30 所示的其余三个孔。

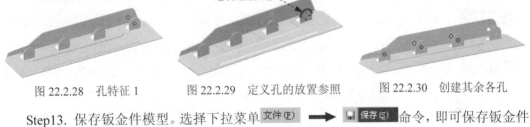

图 22.2.28 孔特征 1   图 22.2.29 定义孔的放置参照   图 22.2.30 创建其余各孔

Step13. 保存钣金件模型。选择下拉菜单 文件(F) ➡ 保存(S) 命令，即可保存钣金件模型。

22.3 钣 金 件 2

钣金件模型及模型树如图 22.3.1 所示。

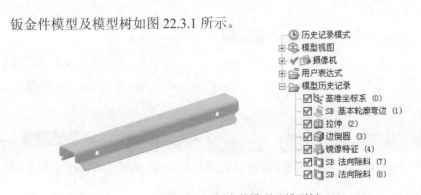

图 22.3.1 钣金件模型及模型树

Step1. 新建文件。选择下拉菜单 文件(F) → 新建(N)...命令，系统弹出"新建"对话框。在 模板 区域中选择 NX 钣金 模板，在 名称 文本框中输入文件名称 file_clamp_02，单击 确定 按钮，进入"NX 钣金"环境。

Step2. 创建图 22.3.2 所示的轮廓弯边特征。选择下拉菜单 插入(S) → 折弯(N)▶ → 轮廓弯边(C)...命令，系统弹出"轮廓弯边"对话框；选取 ZX 平面为草图平面，选中 设置 区域的 ☑ 创建中间基准 CSYS 复选框，单击 确定 按钮，绘制图 22.3.3 所示的截面草图；单击 厚度 文本框右侧的 按钮，在系统弹出的快捷菜单中选择 使用本地值 选项，在 厚度 文本框中输入值 0.5；在 宽度选项 下拉列表中选择 对称 选项，在 宽度 文本框中输入值 65；单击 ＜确定＞ 按钮，完成轮廓弯边特征的创建。

图 22.3.2　轮廓弯边特征

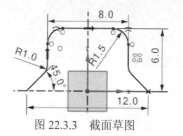

图 22.3.3　截面草图

Step3. 创建图 22.3.4 所示的拉伸特征。选择下拉菜单 插入(S) → 切削(T)▶ → 拉伸(E)...命令，选取 YZ 平面为草图平面，取消选中 设置 区域的 ☐ 创建中间基准 CSYS 复选框，绘制图 22.3.5 所示的截面草图，拉伸方向采用系统默认的矢量方向；在 开始 下拉列表中选择 贯通 选项，在 结束 下拉列表中选择 贯通 选项，在 布尔 下拉列表中选择 求差 选项，采用系统默认的求差对象；单击 ＜确定＞ 按钮，完成拉伸特征的创建。

图 22.3.4　拉伸特征

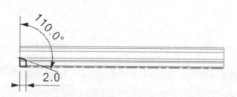

图 22.3.5　截面草图

Step4. 选择下拉菜单 启动▼ → 建模(M)...命令，进入建模环境。

Step5. 创建图 22.3.6b 所示的圆角特征 1。选择下拉菜单 插入(S) → 细节特征(L) → 边倒圆(E)...命令，选取图 22.3.6a 所示的边线，圆角半径值为 1；单击 ＜确定＞ 按钮，完成特征的创建。

Step6. 创建图 22.3.7b 所示的镜像特征。选择下拉菜单 插入(S) → 关联复制(A) → 镜像特征(M)...命令，选取图 22.3.7a 所示的拉伸特征和圆角特征为镜像源特征，选取 ZX 基准平面为镜像平面；单击 确定 按钮，完成镜像特征的创建。

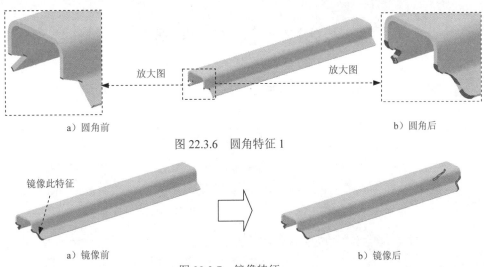

a）圆角前　　　　　　　　　　　　　　　　　　　　　　　　　b）圆角后

图 22.3.6　圆角特征 1

镜像此特征

a）镜像前　　　　　　　　　　　　　　　　　　　b）镜像后

图 22.3.7　镜像特征

Step7. 选择下拉菜单 [启动] ➡ [钣金(L)...] 命令，进入 "NX 钣金" 环境。

Step8. 创建图 22.3.8 所示的法向除料特征 1。选择下拉菜单 [插入(S)] ➡ [切削(T)▶] ➡ [法向除料(N)...] 命令；选取图 22.3.9 所示的模型表面为草图平面，绘制图 22.3.10 所示的除料截面草图；在 [除料属性] 区域中，在 [切削方法] 下拉列表中选择 [厚度] 选项，在 [限制] 下拉列表中选择 [贯通] 选项。单击 <确定> 按钮，完成特征的创建。

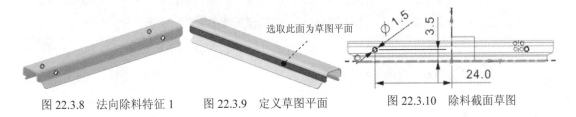

图 22.3.8　法向除料特征 1　　　图 22.3.9　定义草图平面　　　选取此面为草图平面

图 22.3.10　除料截面草图

Step9. 创建图 22.3.11 所示的法向除料特征 2。选择下拉菜单 [插入(S)] ➡ [切削(T)▶] ➡ [法向除料(N)...] 命令，选取图 22.3.9 所示的模型表面为草图平面，绘制图 22.3.12 所示的除料截面草图；在 [除料属性] 区域的 [切削方法] 下拉列表中选择 [厚度] 选项，在 [限制] 下拉列表中选择 [直至下一个] 选项；单击 <确定> 按钮，完成特征的创建。

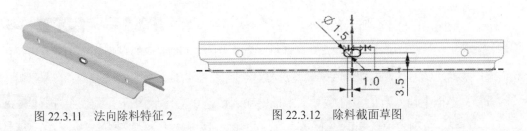

图 22.3.11　法向除料特征 2　　　　　　图 22.3.12　除料截面草图

Step10. 保存钣金件模型。选择下拉菜单 [文件(F)] ➡ [保存(S)] 命令，即可保存钣金件模型。

22.4　钣金件3

钣金件模型及模型树如图 22.4.1 所示。

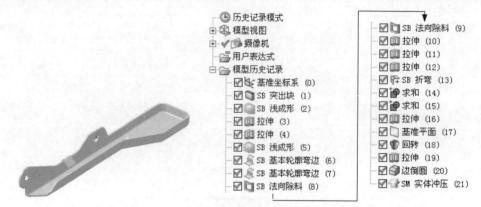

图 22.4.1　钣金件模型及模型树

Step1. 新建文件。选择下拉菜单 文件(F) ➡ 新建(N)... 命令，系统弹出"新建"对话框。在 模板 区域中选择 NX 钣金 模板，在 名称 文本框中输入文件名称 file_clamp_03，单击 确定 按钮，进入"NX 钣金"环境。

Step2. 创建图 22.4.2 所示的突出块特征 1。选择下拉菜单 插入(S) ➡ 突出块(B)... 命令，选取 XY 平面为草图平面，选中 设置 区域的 ☑ 创建中间基准 CSYS 复选框，绘制图 22.4.3 所示的截面草图；厚度方向采用系统默认的矢量方向；在 厚度 文本框中输入数值 0.5；单击 < 确定 > 按钮，完成突出块特征 1 的创建。

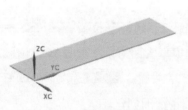

图 22.4.2　突出块特征 1

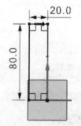

图 22.4.3　截面草图

Step3. 创建图 22.4.4 所示的凹坑特征 1。选择下拉菜单 插入(S) ➡ 冲孔(H) ▶ ➡ 凹坑(D)... 命令，系统弹出 "凹坑"对话框；选取图 22.4.4 所示的模型表面为草图平面，取消选中 设置 区域的 ☐ 创建中间基准 CSYS 复选框，绘制图 22.4.5 所示的凹坑截面；在 凹坑属性 区域的 深度 文本框中输入数值 3；在 侧角 文本框中输入数值 0；在 参考深度 下拉列表中选择 ⌐ 内部 选项；在 侧壁 下拉列表中选择 ⌐ 材料外侧 选项，在 倒圆 区域中选中 ☑ 凹坑边倒圆 复选框；在 凸模半径 文本框中输入数值 0.5；在 凹模半径 文本框中输入数值 0；取消选中 ☐ 截面拐角倒圆 复选框；单击

"凹坑"对话框的 <确定> 按钮，完成凹坑特征 1 的创建。

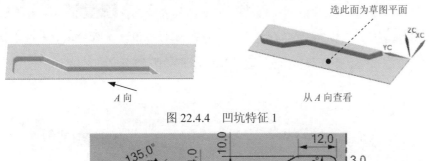

选此面为草图平面

从 A 向查看

A 向

图 22.4.4 凹坑特征 1

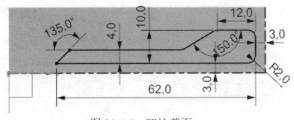

图 22.4.5 凹坑截面

Step4. 创建图 22.4.6 所示的拉伸特征 1。选择下拉菜单 插入(S) → 切削(T)▸ → 拉伸(E)... 命令，选取 YZ 平面为草图平面，绘制图 22.4.7 所示的截面草图，在 开始 下拉列表中选择 贯通 选项，在 结束 下拉列表中选择 贯通 选项，在 布尔 下拉列表中选择 求差 选项；单击 <确定> 按钮，完成拉伸特征 1 的创建。

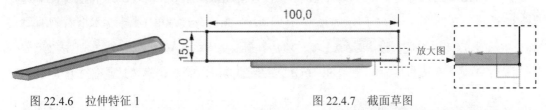

图 22.4.6 拉伸特征 1

图 22.4.7 截面草图

Step5. 创建图 22.4.8 所示的拉伸特征 2。选择下拉菜单 插入(S) → 切削(T)▸ → 拉伸(E)... 命令，选取图 22.4.8 所示的草图平面，绘制图 22.4.9 所示的截面草图；在 方向 区域中单击"反向"按钮 ✕；在对话框 限制 区域的 开始 下拉列表中选择 值 选项，并在其下的 距离 文本框中输入数值 0；在 限制 区域的 结束 下拉列表中选择 贯通 选项；在 布尔 下拉列表中选择 求差 选项；单击 <确定> 按钮，完成拉伸特征 2 的创建。

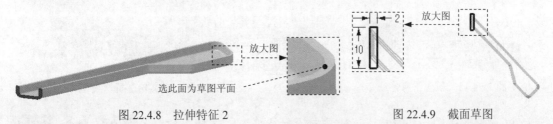

放大图

选此面为草图平面

图 22.4.8 拉伸特征 2

图 22.4.9 截面草图

Step6. 创建图 22.4.10 所示的凹坑特征 2。选择下拉菜单 插入(S) → 冲孔(H)▸ → 凹坑(D)... 命令，系统弹出"凹坑"对话框；选取图 22.4.11 所示的模型表面为草图平面，绘制图 22.4.12 所示的凹坑截面；在 凹坑属性 区域的 深度 文本框中输入数值 0.5，单击"反向"按钮，在 侧角 文本框中输入数值 20；在 参考深度 下拉列表中选择 内部 选项；在 侧壁 下拉列表中选择 材料内侧 选项，在 倒圆 区域中选中 凹坑边倒圆 复选框；在 凸模半径 文本框中输入数值 0.2；在 凹模半径 文本框中输入数值 0.2；取消选中 截面拐角倒圆 复选框；单击"凹坑"对话框的 确定 按钮，完成凹坑特征 2 的创建。

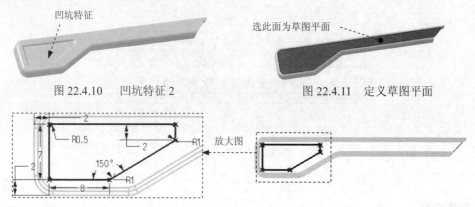

图 22.4.10　凹坑特征 2　　　　　　　图 22.4.11　定义草图平面

图 22.4.12　凹坑截面

Step7. 创建图 22.4.13 所示的轮廓弯边特征 1。选择下拉菜单 插入(S) ➡ 折弯(N) ➡ 轮廓弯边(C)... 命令，在 类型 下拉列表中选择 基本 选项；在 宽度选项 下拉列表中选择 有限 选项，选取图 22.4.14 所示的模型边线作为轮廓折弯线，单击 厚度 文本框右侧的 按钮，在弹出的菜单中选择 使用本地值 选项，然后在 厚度 文本框中输入数值 0.5，单击"反向"按钮，在 宽度 文本框中输入数值 8，单击 确定 按钮，完成轮廓弯边特征 1 的创建。

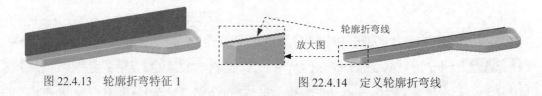

图 22.4.13　轮廓折弯特征 1　　　　　图 22.4.14　定义轮廓折弯线

Step8. 参照 Step7 创建图 22.4.15 所示的轮廓弯边特征 2。选取图 22.4.16 所示的模型边线作为轮廓折弯线，在 厚度 文本框中输入数值 0.5，在 宽度 文本框中输入数值 4。

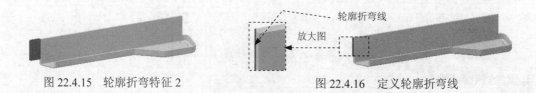

图 22.4.15　轮廓折弯特征 2　　　　　图 22.4.16　定义轮廓折弯线

Step9. 创建图 22.4.17 所示的法向除料特征 1。选择下拉菜单 插入(S) ➡ 切削(T) ➡ 法向除料(N)... 命令，选取图 22.4.18 所示的模型表面为草图平面，绘制图 22.4.19 所示的除料截面草图；在 除料属性 区域的 切削方式 下拉列表中选择 厚度 选项，在 限制 下拉列表

中选择  选项；单击 确定 按钮，完成法向除料特征 1 的创建。

选取此面为草图平面

图 22.4.17　法向除料特征 1　　　　　　图 22.4.18　定义草图平面

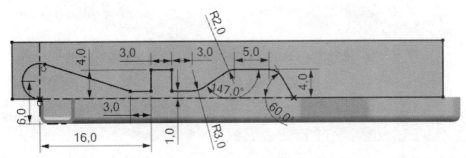

图 22.4.19　除料截面草图

Step10. 创建图 22.4.20 所示的法向除料特征 2。选取图 22.4.21 所示的模型表面为草图平面，除料截面草图如图 22.4.22 所示，其余操作过程参见上一步。

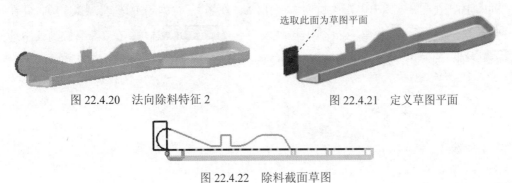

选取此面为草图平面

图 22.4.20　法向除料特征 2　　　　　　图 22.4.21　定义草图平面

图 22.4.22　除料截面草图

Step11. 创建图 22.4.23 所示的拉伸特征 3。选择下拉菜单 插入(S) ➡ 切削(T)▶

➡ 拉伸(E)... 命令，选取图 20.4.23 所示的模型表面为草图平面，绘制图 22.4.24 所示的截面草图，在 方向 区域中单击"反向"按钮 ；在 开始 下拉列表中选择 值 选项，并在其下的 距离 文本框中输入数值 0；在 结束 下拉列表中选择 贯通 选项；在 布尔 下拉列表中选择 求差 选项，选取图 22.4.25 所示的求差对象；单击 确定 按钮，完成拉伸特征 3 的创建。

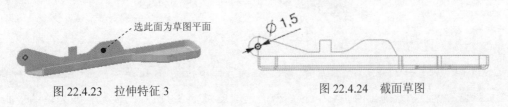

选此面为草图平面　　　　　　　　Ø 1.5

图 22.4.23　拉伸特征 3　　　　　　图 22.4.24　截面草图

Step12. 创建图 22.4.26 所示的拉伸特征 4。选择下拉菜单 插入(S) ➡ 切削(T)▶ ➡

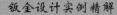 命令，选取图 20.4.23 所示的模型表面为草图平面，绘制图 22.4.27 所示的截面草图，在 方向 区域中单击"反向"按钮 ⬙；在 开始 下拉列表中选择 ⬙ 值 选项，并在其下的 距离 文本框中输入数值 0；在 结束 下拉列表中选择 ⬙ 贯通 选项；在 布尔 下拉列表中选择 ⬙ 求差 选项，选取图 22.4.28 所示的求差对象；单击 < 确定 > 按钮，完成拉伸特征 4 的创建。

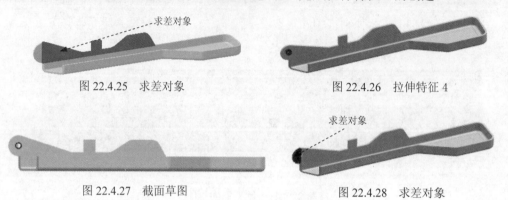

图 22.4.25　求差对象　　　　　　　　　图 22.4.26　拉伸特征 4

图 22.4.27　截面草图　　　　　　　　　图 22.4.28　求差对象

Step13. 创建图 22.4.29 所示的拉伸特征 5。选择下拉菜单 插入(S) ➡ 切削(T) ▶

➡ ⬙ 拉伸(E)... 命令，选取图 22.4.29 所示的模型表面为草图平面，绘制图 22.4.30 所示的截面草图；在 方向 区域中单击"反向"按钮 ⬙；在 开始 下拉列表中选择 ⬙ 值 选项，并在其下的 距离 文本框中输入数值 0；在 结束 下拉列表中选择 ⬙ 直至下一个 选项；在 布尔 下拉列表中选择 ⬙ 求差 选项，选取图 22.4.31 所示的求差对象；单击 < 确定 > 按钮，完成拉伸特征 5 的创建。

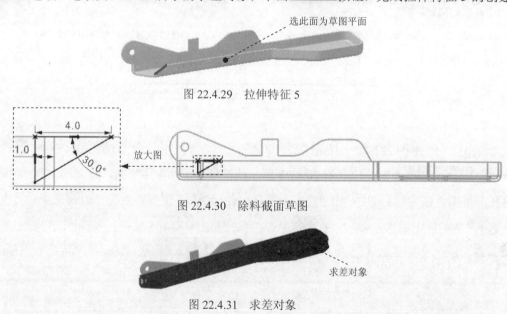

图 22.4.29　拉伸特征 5

图 22.4.30　除料截面草图

图 22.4.31　求差对象

Step14. 创建图 22.4.32 所示的折弯特征 1。选择下拉菜单 插入(S) ➡ 折弯(N) ▶ ➡

⬙ 折弯(B)... 命令，系统弹出"折弯"对话框；选取图 22.4.33 所示的模型表面为草图平面，绘制图 22.4.34 所示的折弯线；在"折弯"对话框的 内嵌 下拉列表中选择 ⬙ 外模具线轮廓 选项，

在 角度 文本框中输入折弯角度值 130，在 折弯参数 区域中单击 折弯半径 文本框右侧的 按钮，在系统弹出的快捷菜单中选择 使用本地值 选项，然后在 折弯半径 文本框中输入值 0.2；将折弯方向调整到图 22.4.35 所示的方向；单击"折弯"对话框的 确定 按钮，完成折弯特征 1 的创建。

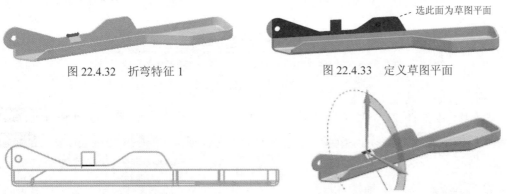

图 22.4.32　折弯特征 1　　　　　　　　图 22.4.33　定义草图平面

图 22.4.34　折弯线　　　　　　　　图 22.4.35　定义折弯方向

Step15. 选择下拉菜单 启动▼ → 建模(M)... 命令，进入建模环境。

Step16. 创建求和特征 1。选择下拉菜单 插入(S) → 组合(B) → 求和(U)...命令，选取图 22.4.36 所示的实体为目标体，选取图 22.4.37 所示的实体为工具体；单击 确定 按钮，完成求和特征 1 的创建。

图 22.4.36　选取目标体　　　　　　　　图 22.4.37　选取工具体

Step17. 创建求和特征 2。选择下拉菜单 插入(S) → 组合(B) → 求和(U)...命令；选取图 22.4.38 所示的实体为目标体，选取图 22.4.39 所示的实体为工具体；单击 确定 按钮，完成求和特征 2 的创建。

图 22.4.38　选取目标体　　　　　　　　图 22.4.39　选取工具体

Step18. 创建图 22.4.40 所示的拉伸特征 6。选择下拉菜单 插入(S) → 设计特征(E)▶ → 拉伸(E)...命令，选取图 22.4.41 所示的模型表面为草图平面，绘制图 22.4.42 所示的截面草图，拉伸方向采用系统默认的矢量方向；在"拉伸"对话框 开始 下拉列表中选择 值 选项，在 距离 文本框中输入数值 0；在 结束 下拉列表中选择选择 值，在 距离 文本框中输入数值 2；在 布尔 区域的 布尔 下拉列表中选择 无 选项；单击 确定 按钮，完成拉伸特征 6

的创建。

图 22.4.40　拉伸特征 6　　　　　　　　　图 22.4.41　定义草图平面

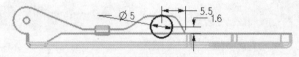

图 22.4.42　截面草图

Step19. 创建图 22.4.43 所示的基准平面 1。选择下拉菜单 插入(S) ➡ 基准/点(D)▸ ➡ 基准平面(D)... 命令，系统弹出"基准平面"对话框；在 类型 下拉列表中选择 曲线上 选项；在图形区选取图 22.4.44 所示的曲线为约束对象；在 曲线上的位置 区域的 位置 下拉列表中选择 弧长百分比 选项，在 弧长百分比 文本框内输入值 0，单击 〈确定〉 按钮，完成基准平面 1 的创建。

说明：如果基准平面方向不对，可以单击"循环解" 按钮获得所需的基准面。

图 22.4.43　基准平面 1　　　　　　　　　图 22.4.44　定义放置参照

Step20. 创建图 22.4.45 所示的旋转特征 1。选择 插入(S) ➡ 设计特征(E)▸ ➡ 旋转(R)... 命令（或单击 按钮），系统弹出"旋转"对话框；选取 Step19 创建的基准平面 1 作为草图平面，绘制图 22.4.46 所示的截面草图；在图形区选取图 22.4.46 所示的边线作为旋转轴；在 限制 区域的 开始 下拉列表中选择 值 选项，并在其下的 角度 文本框中输入数值 0，在 结束 下拉列表中选择 值 选项，并在其下的 角度 文本框中输入数值 360，在 布尔 下拉列表中选择 求和 选项，选取 Step18 创建的拉伸特征 6 作为求和对象；单击 〈确定〉 按钮，完成旋转特征 1 的创建。

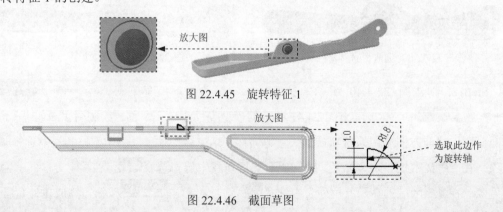

图 22.4.45　旋转特征 1

图 22.4.46　截面草图

Step21. 创建图 22.4.47 所示的拉伸特征 7。选择下拉菜单 插入(S) ➡ 设计特征(E)▶ ➡ 📖 拉伸(E)... 命令；选取图 22.4.48 所示的平面为草图平面，绘制图 22.4.49 所示的截面草图，拉伸方向采用系统默认的矢量方向；在 开始 下拉列表中选择 📐 值 选项，在 距离 文本框中输入数值 0；在 结束 下拉列表中选择 🔲 贯通 选项；在 布尔 下拉列表中选择 🔲 求差 选项，选取 Step20 创建的旋转特征 1 作为求差对象；单击 <确定> 按钮，完成拉伸特征 7 的创建。

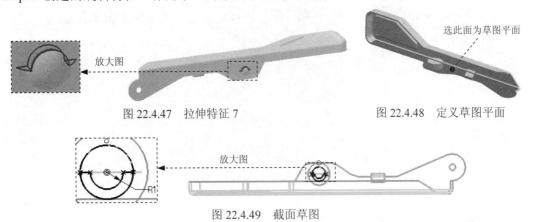

图 22.4.47 拉伸特征 7 　　　　　　　　　　　　图 22.4.48 定义草图平面

图 22.4.49 截面草图

Step22. 创建边倒圆特征 1。选择下拉菜单 插入(S) ➡ 细节特征(L)▶ ➡ 🔲 边倒圆(E)... 命令，系统弹出"边倒圆"对话框；选取图 22.4.50 所示边线，在 要倒圆的边 区域的 形状 下拉列表中选择 🔲 圆形 选项，半径 1 文本框中输入数值 0.5；单击"边倒圆"对话框的 <确定> 按钮，完成边倒圆特征 1 的创建。

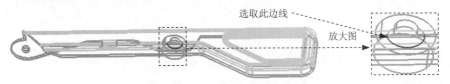

图 22.4.50 选定义边线放置参照

Step23. 创建图 22.4.51 所示的实体冲压特征 1。将模型切换至 NX 钣金设计环境，选择下拉菜单 插入(S) ➡ 冲孔(H)▶ ➡ 🔲 实体冲压(S)... 命令，在"实体冲压"对话框 类型 下拉列表中选择 🔲 冲模 选项，选取图 22.4.52 所示的面为目标面，选取图 22.4.53 所示的实体为工具体，选取图 22.4.54 所示的面为冲裁面，选中 ☑ 自动判断厚度 、☑ 隐藏工具体 和 ☑ 恒定厚度 复选框，取消选中 ☐ 实体冲压边倒圆 复选框；单击 <确定> 按钮，完成实体冲压特征 1 的创建。

图 22.4.51 实体冲压特征 1

Step24. 保存钣金件模型。选择下拉菜单 文件(F) ➡ 🔲 保存(S) 命令，即可保存钣金件模型。

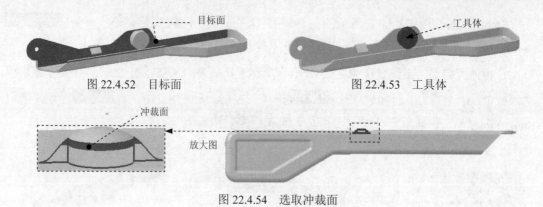

图 22.4.52　目标面　　　　　　　　　　图 22.4.53　工具体

图 22.4.54　选取冲裁面

实例 23 表链扣组件

23.1 概   述

本实例讲解了一个表链扣的设计过程，整个组件共包括图 23.1.1 所示的 4 个钣金件。在钣金件 1 中，凹下去的部分是通过"实体冲压"命令创建的，侧面上孔是使用沿曲线阵列的方式完成的。钣金件 2 和钣金件 3 的结构大致相同，读者可根据钣金件 2 的设计方法及思路独自进行钣金件 3 的设计。钣金件 4 的结构较为简单，主体形状是通过拉伸后进行抽壳产生的。

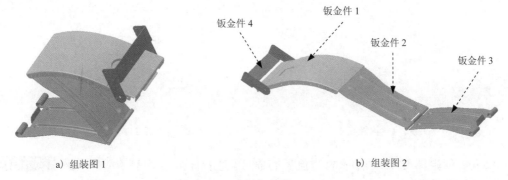

a) 组装图 1   b) 组装图 2

图 23.1.1 表链扣组件

23.2 钣 金 件 1

钣金件模型及模型树如图 23.2.1 所示。

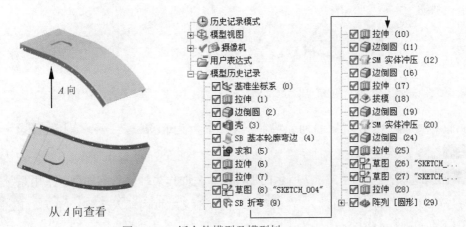

A 向

从 A 向查看

图 23.2.1 钣金件模型及模型树

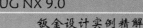
Step1. 新建文件。选择下拉菜单 文件(F) ━━▶ 新建(N)... 命令，系统弹出"新建"对话框。在 模型 选项卡 模板 区域下的列表中选择 NX 钣金 模板，在 新文件名 区域的 名称 文本框中输入文件名称 watchband_01，单击 确定 按钮，进入"NX 钣金"环境。

Step2. 创建图 23.2.2 所示的拉伸特征 1。选择下拉菜单 启动▼ ━━▶ 建模(M)... 命令，进入建模环境；选择下拉菜单 插入(S) ━━▶ 设计特征(E)▶ ━━▶ 拉伸(E)... 命令（或单击 按钮），系统弹出"拉伸"对话框；单击"拉伸"对话框中的"绘制截面"按钮 ，系统弹出"创建草图"对话框；选取 ZX 平面为草图平面，选中 设置 区域的 ☑ 创建中间基准 CSYS 复选框，单击 确定 按钮，进入草图环境；绘制图 23.2.3 所示的截面草图；在 限制 区域的 开始 下拉列表中选择 对称值 选项，并在 距离 文本框中输入数值 9，在 偏置 区域的下拉列表中选择 两侧 选项，在 开始 文本框中输入数值 0，在 结束 文本框中输入数值 1.9，其他采用系统默认的设置；单击 ＜确定＞ 按钮，完成拉伸特征 1 的创建。

图 23.2.2　拉伸特征 1

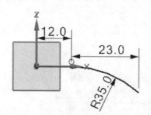

图 23.2.3　截面草图

Step3. 创建图 23.2.4 所示的边倒圆特征 1。选择下拉菜单 插入(S) ━━▶ 细节特征(L) ━━▶ 边倒圆(E)... 命令（或单击 按钮），系统弹出"边倒圆"对话框；在对话框中的 形状 下拉列表中选择 圆形 选项，在 要倒圆的边 区域中单击 按钮，选择图 23.2.5 所示的两条边线为要倒圆的边，在 半径 1 文本框中输入数值 0.4；单击 ＜确定＞ 按钮，完成边倒圆特征 1 的创建。

图 23.2.4　边倒圆特征 1

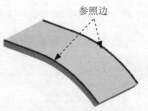

图 23.2.5　选取参照边

Step4. 创建图 23.2.6 所示的抽壳特征。选择下拉菜单 插入(S) ━━▶ 偏置/缩放(Q)▶ ━━▶ 抽壳(H)... 命令，系统弹出"抽壳"对话框；在"抽壳"对话框 类型 下拉列表中选择 移除面，然后抽壳 选项；选取图 23.2.7 所示的加亮模型表面作为抽壳移除的面；采用系统默认的抽壳方向（方向指向模型内部）；在 厚度 区域的 厚度 文本框内输入数值 0.2；单击 ＜确定＞ 按钮，完成抽壳特征的创建。

图 23.2.6　抽壳特征

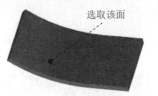

选取该面

图 23.2.7　选取移除面

Step5. 创建图 23.2.8 所示的轮廓弯边特征。选择下拉菜单 启动 ➡ 钣金(L)... 命令，进入"NX 钣金"环境；选择下拉菜单 插入(S) ➡ 折弯(N) ▶ ➡ 轮廓弯边(C)... 命令，系统弹出"轮廓弯边"对话框；在"轮廓弯边"对话框 类型 区域的下拉列表中选择 基本 选项；单击 按钮，系统弹出"创建草图"对话框，在 类型 下拉列表中选择 基于路径 选项，选取图 23.2.9 所示的模型边线为路径，在 平面位置 区域 位置 选项组中选择 弧长百分比 选项，然后在 弧长百分比 后的文本框中输入数值 50，取消选中 设置 区域的 □ 创建中间基准 CSYS 复选框，单击 确定 按钮，绘制图 23.2.10 所示的截面草图；在 厚度 区域的 厚度 文本框中输入数值 0.2，单击"反向"按钮 ；在 宽度选项 下拉列表中选择 对称 选项，在 宽度 文本框中输入数值 17.2；在"轮廓弯边"对话框中单击 < 确定 > 按钮，完成特征的创建。

图 23.2.8　轮廓弯边特征

选取该边线

放大图

图 23.2.9　选取路径

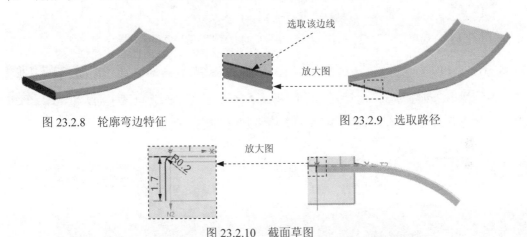

放大图

图 23.2.10　截面草图

Step6. 对实体进行求和。选择下拉菜单 启动 ➡ 建模(M)... 命令，进入建模环境；选择下拉菜单 插入(S) ➡ 组合(B) ▶ ➡ 求和(U)... 命令，系统弹出"求和"对话框；选取 Step5 创建的轮廓弯边特征为目标体，选取 Step2 创建的拉伸特征 1 为工具体，单击 < 确定 > 按钮，完成该布尔操作。

Step7. 创建图 23.2.11 所示的拉伸特征 2。选择下拉菜单 插入(S) ➡ 设计特征(E) ▶ ➡ 拉伸(E)... 命令，选取 ZX 平面为草图平面，取消选中 设置 区域的 □ 创建中间基准 CSYS 复选框，绘制图 23.2.12 所示的截面草图；在 开始 下拉列表中选择 贯通 选项；在 结束 下拉列表中选择 贯通 选项；在 布尔 下拉列表中选择 求差 选项，采用系统默认求差对象；单击 < 确定 > 按钮，完成拉伸特征 2 的创建。

图 23.2.11 拉伸特征 2

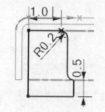

图 23.2.12 截面草图

Step8. 创建图 23.2.13 所示的拉伸特征 3。选择下拉菜单 插入(S) ➡ 设计特征(E) ▶ ➡ 🔟 拉伸(E)... 命令；选取 YZ 平面为草图平面，绘制图 23.2.14 所示的截面草图；在 开始 下拉列表中选择 值 选项，在 距离 文本框中输入数值 0；在 结束 下拉列表中选择 贯通 选项；在 布尔 下拉列表中选择 求差 选项，采用系统默认求差对象；单击 ＜确定＞ 按钮，完成拉伸特征 3 的创建。

图 23.2.13 拉伸特征 3

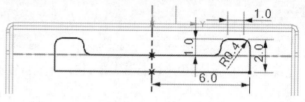

图 23.2.14 截面草图

Step9. 创建图 23.2.15 所示的草图 1。选择下拉菜单 插入(S) ➡ 📇 在任务环境中绘制草图(V)... 命令，系统弹出"创建草图"对话框，选取图 23.2.16 所示的平面为草图平面，单击 确定 按钮，进入草图环境，绘制草图；单击 ✖完成草图 按钮，退出草图环境。

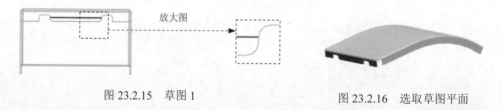

图 23.2.15 草图 1

图 23.2.16 选取草图平面

Step10. 创建图 23.2.17 所示的折弯特征。选择下拉菜单 🌣 启动▾ ➡ 🗞 钣金(L)... 命令，进入"NX 钣金"环境；选择下拉菜单 插入(S) ➡ 折弯(N) ▶ ➡ 折弯(B)... 命令，系统弹出"折弯"对话框；选取 Step9 绘制的草图直线为折弯线；在"折弯"对话框中将 内嵌 设置为 折弯中心线轮廓 选项，在 角度 文本框中输入折弯角度值 90，单击 反侧 后的 ✕ 按钮；在 折弯参数 区域中单击 折弯半径 文本框右侧的 ☰ 按钮，在系统弹出的菜单中选择 使用本地值 选项，然后在 折弯半径 文本框中输入值 0.1；其他参数采用系统默认设置值；单击 ＜确定＞ 按钮，完成折弯特征的创建。

Step11. 创建图 23.2.18 所示的拉伸特征 4。选择下拉菜单 插入(S) ➡ 切削(T) ▶ ➡ 🔟 拉伸(E).... 命令，选取图 23.2.19 所示的平面为草图平面，绘制图 23.2.20 所示的截面草图，

在 开始 下拉列表中选择 ⬛值 选项，并在其下的 距离 文本框中输入数值-0.1；在 结束 下拉列表中选择 ⬛值 选项，并在其下的 距离 文本框中输入数值1；在 布尔 下拉列表中选择 ⬛无 选项；单击 < 确定 > 按钮，完成拉伸特征4的创建。

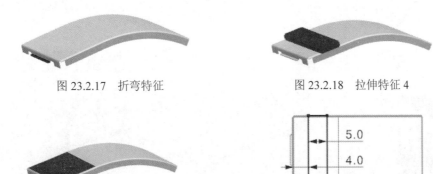

图 23.2.17　折弯特征　　　　　　　　图 23.2.18　拉伸特征 4

图 23.2.19　选取草图平面　　　　　　图 23.2.20　截面草图

Step12. 创建图 23.2.21 所示的边倒圆特征 2。选择下拉菜单 ⬛启动▾ ➡ ⬛建模(M)... 命令，进入建模环境；选择下拉菜单 插入(S) ➡ 细节特征(L) ➡ ⬛边倒圆(E)... 命令（或单击 ⬛ 按钮），系统弹出"边倒圆"对话框；选取图 23.2.22 所示的两条边线为边倒圆参照，并在 半径 1 文本框中输入值 0.2；单击 < 确定 > 按钮，完成边倒圆特征 2 的创建。

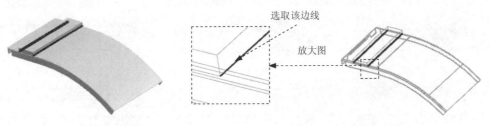

选取该边线

放大图

图 23.2.21　边倒圆特征 2　　　　　　图 23.2.22　选取参照边

Step13. 创建图 23.2.23 所示的实体冲压特征 1。选择下拉菜单 ⬛启动▾ ➡ ⬛钣金(L)... 命令，进入钣金环境；选择下拉菜单 插入(S) ➡ 冲孔(H)▸ ➡ ⬛实体冲压(S)... 命令，系统弹出"实体冲压"对话框；在"实体冲压"对话框 类型 下拉列表中选择 ⬛冲模 选项，确定 选择 区域的"目标面"按钮 ⬛ 已处于激活状态，选取图 23.2.24 所示的面为目标面；确定 选择 区域的"工具体"按钮 ⬛ 已处于激活状态，选取图 23.2.25 所示的实体为工具体；在 实体冲压属性 区域选中 ☑自动判断厚度 复选框；单击"实体冲压"对话框中的 < 确定 > 按钮，完成实体冲压特征 1 的创建。

Step14. 创建图 23.2.26 所示的边倒圆特征 3。选择下拉菜单 ⬛启动▾ ➡ ⬛建模... 命令，进入建模环境；选取图 23.2.27 所示的边线为边倒圆参照，并在 半径 1 文本框中输入值 0.2；单击 < 确定 > 按钮，完成边倒圆特征 3 的创建。

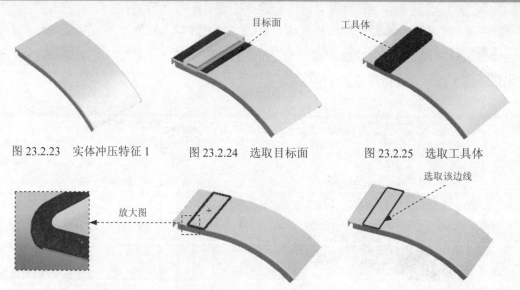

图 23.2.23　实体冲压特征 1　　　图 23.2.24　选取目标面　　　图 23.2.25　选取工具体

图 23.2.26　边倒圆特征 3　　　　　　　　图 23.2.27　选取参照边

Step15. 创建图 23.2.28 所示的拉伸特征 5。选择下拉菜单 插入(S) ➡ 设计特征(E) ▶

➡ 拉伸(E)... 命令，选取图 23.2.29 所示的平面为草图平面，绘制图 23.2.30 所示的截面草图，在 开始 下拉列表中选择 值 选项，并在其下的 距离 文本框中输入数值-0.8；在 结束 下拉列表中选择 值 选项，并在其下的 距离 文本框中输入数值 1；在 布尔 下拉列表中选择 无 选项；单击 〈 确定 〉按钮，完成拉伸特征 5 的创建。

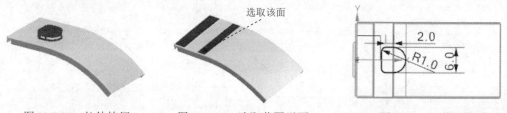

图 23.2.28　拉伸特征 5　　　图 23.2.29　选取草图平面　　　图 23.2.30　截面草图

Step16. 创建图 23.2.31 所示的拔模特征。选择下拉菜单 插入(S) ➡ 细节特征(L)

➡ 拔模(T)... 命令，系统弹出"拔模"对话框；在"拔模"对话框 类型 下拉列表中选择 从平面或曲面 选项；单击 ▶ 按钮下的 ↓ 子按钮，选取 Z 轴负方向作为脱模的方向；选取图 23.2.32 所示的上表面作为拔模固定平面；选取图 23.2.33 所示的表面作为要拔模的面；在 角度 1 文本框中，输入数值 10；单击"拔模"对话框中的 〈 确定 〉按钮，完成拔模特征的创建。

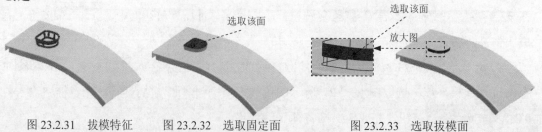

图 23.2.31　拔模特征　　　图 23.2.32　选取固定面　　　图 23.2.33　选取拔模面

Step17. 创建图 23.2.34 所示的边倒圆特征 4。选择下拉菜单 插入(S) ➡ 细节特征(L) ➡ 边倒圆(E)... 命令；选取图 23.2.35 所示的边线为边倒圆参照，并在 半径 1 文本框中输入数值 0.2；单击 〈确定〉 按钮，完成边倒圆特征 4 的创建。

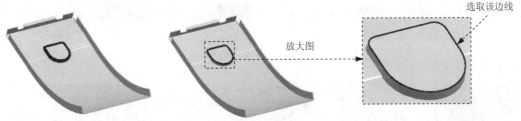

图 23.2.34　边倒圆特征 4　　　　图 23.2.35　选取参照边

Step18. 创建图 23.2.36 所示的实体冲压特征 2。选择下拉菜单 启动 ➡ 钣金(L)... 命令，进入"NX 钣金"环境；选择下拉菜单 插入(S) ➡ 冲孔(H) ➡ 实体冲压(S)... 命令，在"实体冲压"对话框 类型 下拉列表中选择 冲模 选项；选取图 23.2.37 所示的面为目标面；选取图 23.2.38 所示的实体为工具体；在 实体冲压属性 区域选中 ☑ 自动判断厚度 复选框；单击"实体冲压"对话框中的 〈确定〉 按钮，完成实体冲压特征 2 的创建。

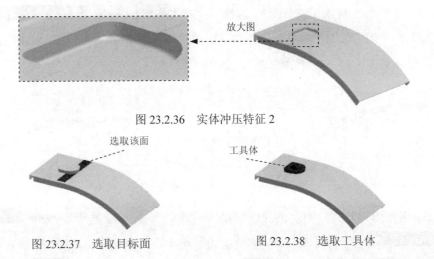

图 23.2.36　实体冲压特征 2

图 23.2.37　选取目标面　　　　　　图 23.2.38　选取工具体

Step19. 创建图 23.2.39 所示的边倒圆特征 5。选择下拉菜单 启动 ➡ 建模(M)... 命令，进入建模环境；选择下拉菜单 插入(S) ➡ 细节特征(L) ➡ 边倒圆(E)... 命令，选取图 23.2.40 所示的边线为边倒圆参照，并在 半径 1 文本框中输入数值 0.2；单击 〈确定〉 按钮，完成边倒圆特征 5 的创建。

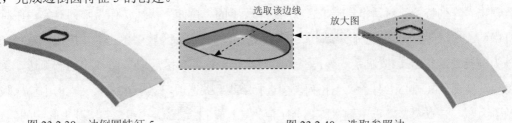

图 23.2.39　边倒圆特征 5　　　　　图 23.2.40　选取参照边

Step20. 创建图 23.2.41 所示的拉伸特征 6。选择下拉菜单 插入(S) ➡ 设计特征(E) ▶ ➡ 拉伸(E)... 命令，选取 ZX 平面为草图平面，绘制图 23.2.42 所示的截面草图，在 开始 下拉列表中选择 贯通 选项，并在其下的 距离 文本框中输入数值-0.8；在 结束 下拉列表中选择 贯通 选项，在 布尔-区域的 布尔 下拉列表中选择 求差 选项；单击 确定 按钮，完成拉伸特征 6 的创建。

图 23.2.41　拉伸特征 6　　　　　图 23.2.42　截面草图

Step21. 创建图 23.2.43 所示的草图 2。选择下拉菜单 插入(S) ➡ 在任务环境中绘制草图(V)... 命令，系统弹出"创建草图"对话框，选取 ZX 平面为草图平面，单击 确定 按钮，进入草图环境，绘制草图，单击 完成草图 按钮，退出草图环境。

Step22. 创建图 23.2.44 所示的草图 3。选择下拉菜单 插入(S) ➡ 在任务环境中绘制草图(V)... 命令，系统弹出"创建草图"对话框，选取 ZX 平面为草图平面，单击 确定 按钮，进入草图环境，绘制草图；单击 完成草图 按钮，退出草图环境。

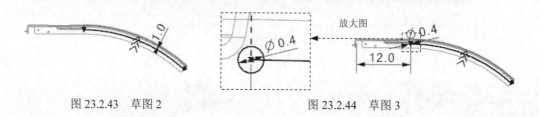

图 23.2.43　草图 2　　　　　图 23.2.44　草图 3

Step23. 创建图 23.2.45 所示的拉伸特征 7。选择下拉菜单 插入(S) ➡ 设计特征(E) ▶ ➡ 拉伸(E)... 命令，选取图 23.2.44 所示的草图 3 为拉伸截面，在 开始 下拉列表中选择 贯通 选项；在 结束 下拉列表中选择 贯通 选项；在 布尔 下拉列表中选择 求差 选项；单击 确定 按钮，完成拉伸特征 7 的创建。

Step24.创建图23.2.46所示的圆形阵列特征。选择下拉菜单 启动▾ ➡ 钣金(L)... 命令，进入钣金环境；选择下拉菜单 插入(S) ➡ 关联复制(A) ▶ ➡ 阵列特征(A)... 命令，系统弹出"阵列特征"对话框；选取图 23.2.45 所示的"拉伸"特征 7 作为阵列对象；在对话框中的 布局 下拉列表中选择 圆形 选项；在对话框的 旋转轴 区域中单击 ▼ 按钮，选择 YC 轴为旋转轴；单击 + 按钮系统弹出"点"对话框；在图形区选取草图 2 中的圆弧边，系统将自动捕捉到其圆心；在 间距 下拉列表中选择 数量和节距 选项，然后在 数量 文本框中输入阵列数量为 8，在 节距角 文本框中输入阵列节距值为 5；单击 确定 按钮，完成圆形阵列的创建。

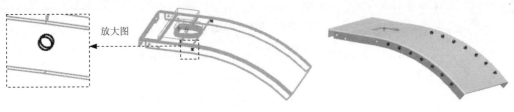

图 23.2.45　拉伸特征 7　　　　　　　　图 23.2.46　圆形阵列

Step25. 保存钣金件模型。选择下拉菜单 文件(F) ➡ 保存(S) 命令，即可保存钣金件模型。

23.3　钣　金　件　2

钣金件模型及模型树如图 23.3.1 所示。

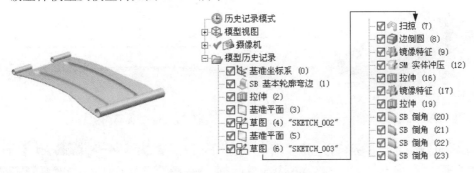

图 23.3.1　钣金件模型及模型树

Step1. 新建文件。选择下拉菜单 文件(F) ➡ 新建(N)... 命令，系统弹出"新建"对话框。在 模型 选项卡 模板 区域下的列表中选择 NX 钣金 模板。在 新文件名 区域的 名称 文本框中输入文件名称 watchband_02，单击 确定 按钮，进入"NX 钣金"环境。

Step2. 创建图 23.3.2 所示的轮廓弯边特征。选择下拉菜单 插入(S) ➡ 折弯(N) ▶ ➡ 轮廓弯边(C)... 命令，系统弹出"轮廓弯边"对话框；在"轮廓弯边"对话框 类型 区域的下拉列表中选择 基本 选项；单击 按钮，系统弹出"创建草图"对话框，选取 ZX 平面为草图平面，在 设置 区域中选中 ☑ 创建中间基准 CSYS 复选框，单击 确定 按钮，绘制图 23.3.3 所示的截面草图；在 厚度 文本框中输入数值 0.2；在 宽度选项 下拉列表中选择 对称 选项，在 宽度 文本框中输入数值 18；在"轮廓弯边"对话框中单击 < 确定 > 按钮，完成特征的创建。

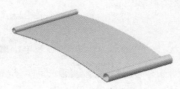

图 23.3.2　轮廓弯边特征

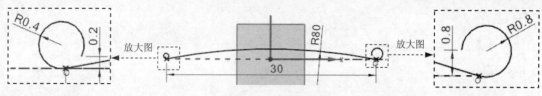

图 23.3.3　截面草图

Step3. 创建图 23.3.4 所示的拉伸特征 1。选择下拉菜单 插入(S) ➡ 切削(T)▶ ➡
拉伸(E)... 命令（或单击 按钮），系统弹出"拉伸"对话框；单击"拉伸"对话框中的"绘
制截面"按钮，系统弹出"创建草图"对话框；选取 ZX 平面为草图平面，取消选中设置
区域的 创建中间基准 CSYS 复选框，单击 确定 按钮，进入草图环境；绘制图 23.3.5 所示的截
面草图；单击 完成草图 按钮，退出草图环境；在限制区域的开始下拉列表中选择 对称值 选项，
并在距离文本框中输入值 8，在布尔 区域的布尔下拉列表中选择 无 选项；单击 确定 按钮，
完成拉伸特征 1 的创建。

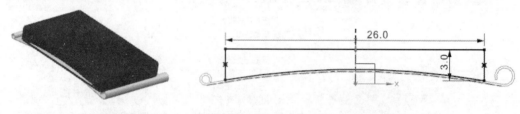

图 23.3.4　拉伸特征 1　　　　　　　　图 23.3.5　截面草图

Step4. 创建图 23.3.6 所示的基准平面 1。选择下拉菜单 插入(S) ➡ 基准/点(D)▶ ➡
基准平面(D)... 命令，系统弹出 "基准平面"对话框；在类型下拉列表中选择 按某一距离 选
项，选取 ZX 平面为偏移基准面；在偏置区域中的距离文本框内输入数值 4，单击"反向"
按钮 ；单击 确定 按钮，完成基准平面 1 的创建。

Step5. 创建图 23.3.7 所示的草图 1。选择下拉菜单 插入(S) ➡ 在任务环境中绘制草图(V)...
命令，系统弹出"创建草图"对话框，选取 Step4 创建的基准平面 1 为草图平面，单击 确定
按钮，进入草图环境，绘制草图；单击 完成草图 按钮，退出草图环境。

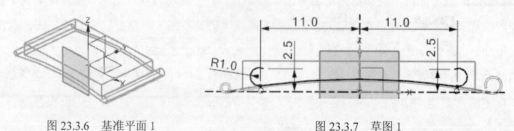

图 23.3.6　基准平面 1　　　　　　　　图 23.3.7　草图 1

Step6. 创建图 23.3.8 所示的基准平面 2。选择下拉菜单 插入(S) ➡ 基准/点(D)▶ ➡
基准平面(D)... 命令；在类型下拉列表中选择 曲线和点 选项，选取图 23.3.9 所示的曲线的端
点；单击 确定 按钮，完成基准平面 2 的创建。

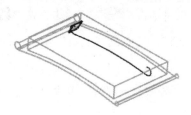

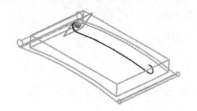

图 23.3.8　基准平面 2　　　　　　　　　图 23.3.9　选取曲线的端点

Step7. 创建图 23.3.10 所示的草图 2。选择下拉菜单 插入(S) ➡ 在任务环境中绘制草图(V)... 命令，选取基准平面 2 为草图平面，绘制图 23.3.11 所示的草图 2（圆心在草图 1 上）。

Step8. 创建图 23.3.12 所示的扫掠特征。选择下拉菜单 启动 ➡ 建模(M)... 命令，进入建模环境；选择下拉菜单 插入(S) ➡ 扫掠(W) ➡ 沿引导线扫掠(G)... 命令，弹出 "沿引导线扫掠" 对话框；选择草图 2 为截面（图 23.3.11）；选择图 23.3.7 所示的曲线作为引导线；在 布尔 区域中的 布尔 下拉列表中选择 求和 选项，选取 Step3 创建的拉伸特征 1 实体作为求和对象；单击 〈 确定 〉 按钮，完成扫掠特征的创建。

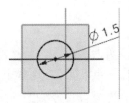

图 23.3.10　草图 2（建模环境下）　　图 23.3.11　草图 2　　　　图 23.3.12　扫掠特征

Step9. 创建图 23.3.13 所示的边倒圆特征 1。选择下拉菜单 插入(S) ➡ 细节特征(L) ➡ 边倒圆(E)... 命令（或单击 按钮），系统弹出 "边倒圆" 对话框；选取图 23.3.14 所示的边线为边倒圆参照，并在 半径 1 文本框中输入值 0.5；单击 〈 确定 〉 按钮，完成边倒圆特征 1 的创建。

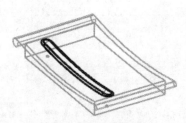

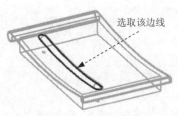

图 23.3.13　边倒圆特征 1　　　　　　图 23.3.14　选取参照边

Step10. 创建图 23.3.15 所示的镜像特征 1。选择下拉菜单 插入(S) ➡ 关联复制(A)▶ ➡ 镜像特征(M)... 命令，系统弹出 "镜像特征" 对话框；选取 Step8、Step9 创建的特征为镜像对象，选取 ZX 基准平面为镜像平面，单击 确定 按钮完成镜像特征 1 的创建。

Step11. 创建图 23.3.16 所示的实体冲压特征。选择下拉菜单 启动 ➡ 钣金(L)... 命令，进入 "NX 钣金" 环境；选择下拉菜单 插入(S) ➡ 冲孔(H)▶ ➡ 实体冲压(S)...

命令，系统弹出"实体冲压"对话框；在"实体冲压"对话框 类型 下拉列表中选择 ⊤ 冲模 选项，确定 选择 区域的"目标面"按钮 ⬡ 已处于激活状态，选取图 23.3.17 所示的面为目标面；确定 选择 区域的"工具体"按钮 ⛶ 已处于激活状态，选取图 23.3.18 所示的实体为工具体；在 实体冲压属性 区域选中 ☑ 自动判断厚度 复选框和 ☑ 隐藏工具体 复选框；单击"实体冲压"对话框中的 < 确定 > 按钮，完成实体冲压特征的创建。

图 23.3.15 镜像特征 1

图 23.3.16 实体冲压特征

图 23.3.17 选取目标面

图 23.3.18 选取工具体

Step12. 创建图 23.3.19 所示的拉伸特征 2。选择下拉菜单 插入(S) ➡ 切削(T)▶ ➡ ▥ 拉伸(E)... 命令；选取 XY 平面为草图平面，绘制图 23.3.20 所示的截面草图，在 开始 下拉列表中选择 ⊤ 贯通 选项；在 结束 下拉列表中选择 ⊤ 贯通 选项；在 布尔 下拉列表中选择 ↘ 求差 选项；单击 < 确定 > 按钮，完成拉伸特征 2 的创建。

图 23.3.19 拉伸特征 2

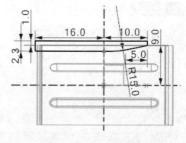

图 23.3.20 截面草图

Step13. 创建图 23.3.21 所示的镜像特征 2。选择下拉菜单 插入(S) ➡ 关联复制(A)▶ ➡ ▦ 镜像特征(M)... 命令；在"镜像特征"对话框 相关特征 列表框中选择 Step12 创建的拉伸特征 2 为镜像对象，选取 ZX 基准平面为镜像平面，单击 确定 按钮完成镜像特征 2 的创建。

Step14. 创建图 23.3.22 所示的拉伸特征 3。选择下拉菜单 插入(S) ➡ 切削(T)▶ ➡ ▥ 拉伸(E)... 命令；选取 XY 平面为草图平面，绘制图 23.3.23 所示的截面草图，在 开始 下拉列表中选择 ⊤ 贯通 选项；在 结束 下拉列表中选择 ⊤ 贯通 选项；在 布尔 下拉列表中选择 ↘ 求差 选项；单击 < 确定 > 按钮，完成拉伸特征 3 的创建。

图 23.3.21　镜像特征 2　　　图 23.3.22　拉伸特征 3　　　图 23.3.23　截面草图

Step15. 创建钣金倒角特征 1。选择下拉菜单 插入(S) ➡ 拐角(Q)... ▶ ➡ 倒角(K)...
命令；选取图 23.3.24 所示的 2 条边线为倒圆角参照，并在 半径 文本框中输入数值 0.2；单
击 < 确定 > 按钮，完成钣金倒角特征 1 的创建。

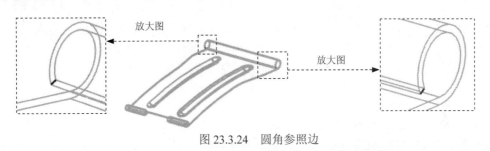

图 23.3.24　圆角参照边

Step16. 创建钣金倒角特征 2。选择下拉菜单 插入(S) ➡ 拐角(Q)... ▶ ➡ 倒角(K)...
命令；选取图 23.3.25 所示的 4 条边线为倒圆角参照，并在 半径 文本框中输入数值 0.2；单
击 < 确定 > 按钮，完成钣金倒角特征 2 的创建。

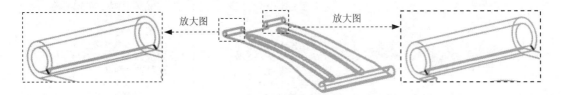

图 23.3.25　圆角参照边

Step17. 创建钣金倒角特征 3。选择下拉菜单 插入(S) ➡ 拐角(Q)... ▶ ➡ 倒角(K)...
命令；选取图 23.3.26 所示的 2 条边线为倒圆角参照，并在 半径 文本框中输入数值 0.2；单
击 < 确定 > 按钮，完成钣金倒角特征 3 的创建。

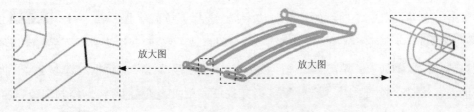

图 23.3.26　圆角参照边

Step18. 创建钣金倒角特征 4。选择下拉菜单 插入(S) ➡ 拐角(Q)... ▶ ➡ 倒角(K)...

命令；选取图 23.3.27 所示的 2 条边线为倒圆角参照，并在 半径 文本框中输入数值 5；单击 〈确定〉按钮，完成钣金倒角特征 4 的创建。

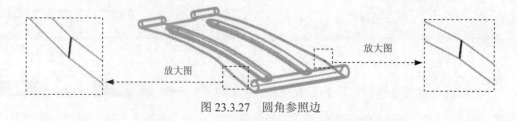

图 23.3.27　圆角参照边

Step19. 保存钣金件模型。选择下拉菜单 文件(F) ➡ 保存(S) 命令，即可保存钣金件模型。

23.4　钣金件 3

钣金件模型及模型树如图 23.4.1 所示。

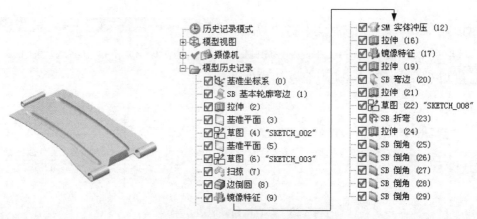

图 23.4.1　钣金件模型及模型树

Step1. 新建文件。选择下拉菜单 文件(F) ➡ 新建(N)... 命令，系统弹出"新建"对话框。在 模型 选项卡 模板 区域下的列表中选择 NX 钣金 模板，在 新文件名 区域的 名称 文本框中输入文件名称 watchband_03，单击 确定 按钮，进入"NX 钣金"环境。

Step2. 创建图 23.4.2 所示的轮廓弯边特征。选择下拉菜单 插入(S) ➡ 折弯(N) ➡ 轮廓弯边(C)... 命令，系统弹出"轮廓弯边"对话框；在"轮廓弯边"对话框 类型 区域的下拉列表中选择 基本 选项；单击 按钮，系统弹出"创建草图"对话框，选取 ZX 平面为草图平面，在 设置 区域中选中 ☑ 创建中间基准 CSYS 复选框，单击 确定 按钮，绘制图 23.4.3 所示的截面草图；在 厚度 文本框中输入数值 0.2；在 宽度选项 下拉列表中选择 对称 选项，在 宽度 文本框中输入数值 18；在"轮廓弯边"对话框中单击 〈确定〉按钮，完成特征的创建。

图 23.4.2 轮廓弯边特征

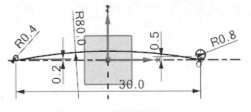

图 23.4.3 截面草图

Step3. 创建图 23.4.4 所示的拉伸特征 1。选择下拉菜单 插入(S) ➡️ 切削(T)▶ ➡️ 🔲 拉伸(E)... 命令（或单击🔲按钮），系统弹出"拉伸"对话框；单击"拉伸"对话框中的"绘制截面"按钮🖼️，系统弹出"创建草图"对话框；选取 ZX 平面为草图平面，取消选中 设置 区域的 □ 创建中间基准 CSYS 复选框，单击 确定 按钮，进入草图环境；绘制图 23.4.5 所示的截面草图；单击 🏁完成草图 按钮，退出草图环境；在 限制 区域的 开始 下拉列表中选择 ⬆️ 对称值 选项，并在 距离 文本框中输入数值 8，在 布尔 区域的 布尔 下拉列表中选择 🟦无 选项，其他采用系统默认的设置；单击 ＜确定＞ 按钮，完成拉伸特征 1 的创建。

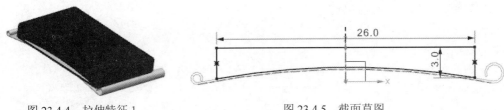

图 23.4.4 拉伸特征 1

图 23.4.5 截面草图

Step4. 创建图 23.4.6 所示的基准平面 1。选择下拉菜单 插入(S) ➡️ 基准/点(D)▶ ➡️ 🔲 基准平面(D)... 命令，系统弹出 "基准平面"对话框；在 类型 下拉列表中选择 🔲 按某一距离 选项，选取 ZX 平面为偏移基准面；在 偏置 区域中的 距离 文本框内输入数值 4，单击"反向"按钮 ❌；单击 ＜确定＞ 按钮，完成基准平面 1 的创建。

Step5. 创建图 23.4.7 所示的草图 1。选择下拉菜单 插入(S) ➡️ 🔳 在任务环境中绘制草图(V)... 命令，系统弹出"创建草图"对话框，选取 Step4 创建的基准平面 1 为草图平面，单击 确定 按钮，进入草图环境，绘制图 23.4.7 所示的草图；单击 🏁完成草图 按钮，退出草图环境。

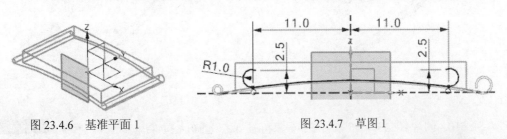

图 23.4.6 基准平面 1

图 23.4.7 草图 1

Step6. 创建图 23.4.8 所示的基准平面 2。选择下拉菜单 插入(S) ➡️ 基准/点(D)▶ ➡️ 🔲 基准平面(D)... 命令；在 类型 下拉列表中选择 🟦 曲线和点 选项，选取图 23.4.9 所示的曲线的端点；单击 <确定> 按钮，完成基准平面 2 的创建。

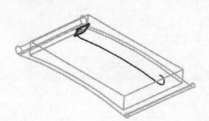

图 23.4.8　基准平面 2

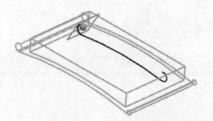

图 23.4.9　选取曲线端点

Step7. 创建图 23.4.10 所示的草图 2。选择下拉菜单 插入(S) ➡️ 在任务环境中绘制草图(V)... 命令，选取基准平面 2 为草图平面，绘制图 23.4.11 所示的草图 2（圆心在草图 1 上）。

Step8. 创建图 23.4.12 所示的扫掠特征。选择下拉菜单 启动 ➡️ 建模(M)... 命令，进入建模环境；选择下拉菜单 插入(S) ➡️ 扫掠(W) ➡️ 沿引导线扫掠(G)... 命令，弹出 "沿引导线扫掠" 对话框；选取草图 2 为截面；选取图 23.4.7 所示的曲线作为引导线；在 布尔 区域中的 布尔 下拉列表中选择 求和 选项，选取 Step3 创建的拉伸特征 1 实体作为求和对象；单击 <确定> 按钮，完成扫掠特征的操作。

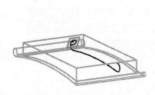

图 23.4.10　草图 2

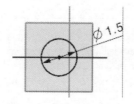

图 23.4.11　草图 2

图 23.4.12　扫掠特征

Step9. 创建图 23.4.13 所示的边倒圆特征 1。选择下拉菜单 插入(S) ➡️ 细节特征(L) ➡️ 边倒圆(E)... 命令（或单击 按钮），系统弹出 "边倒圆" 对话框；选取图 23.4.14 所示的边线为边倒圆参照，并在 半径 1 文本框中输入值 0.5；单击 <确定> 按钮，完成边倒圆特征 1 的创建。

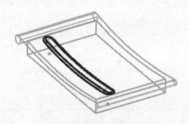

图 23.4.13　边倒圆特征 1

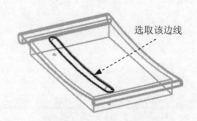

选取该边线

图 23.4.14　选取参照边

Step10. 创建图 23.4.15 所示的镜像特征 1。选择下拉菜单 插入(S) ➡️ 关联复制(A) ▶ ➡️ 镜像特征(M)... 命令，系统弹出 "镜像特征" 对话框；选取 Step8、Step9 创建的特征为镜像对象，选取 ZX 基准平面为镜像平面，单击 确定 按钮完成镜像特征 1 的创建。

Step11. 创建图 23.4.16 所示的实体冲压特征。选择下拉菜单 <kbd>启动▾</kbd> ➡ <kbd>钣金(L)...</kbd> 命令，进入"NX 钣金"环境；选择下拉菜单 <kbd>插入(S)</kbd> ➡ <kbd>冲孔(H)▸</kbd> ➡ <kbd>实体冲压(S)...</kbd> 命令，系统弹出"实体冲压"对话框；在"实体冲压"对话框 <kbd>类型</kbd> 下拉列表中选择 <kbd>冲模</kbd> 选项，确定 <kbd>选择</kbd> 区域的"目标面"按钮 已处于激活状态，选取图 23.4.17 所示的面为目标面；确定 <kbd>选择</kbd> 区域的"工具体"按钮 已处于激活状态，选取图 23.4.18 所示的实体为工具体；在 <kbd>实体冲压属性</kbd> 区域选中 ☑<kbd>自动判断厚度</kbd> 复选框和 ☑<kbd>隐藏工具体</kbd> 复选框；单击"实体冲压"对话框中的 <kbd>〈确定〉</kbd> 按钮，完成实体冲压特征的创建。

图 23.4.15　镜像特征 1

图 23.4.16　实体冲压特征

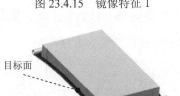

图 23.4.17　选取目标面

图 23.4.18　选取工具体

Step12. 创建图 23.4.19 所示的拉伸特征 2。选择下拉菜单 <kbd>插入(S)</kbd> ➡ <kbd>切削(T)▸</kbd> ➡ <kbd>拉伸(E)...</kbd> 命令；选取 XY 平面为草图平面，绘制图 23.4.20 所示的截面草图，在 <kbd>开始</kbd> 下拉列表中选择 <kbd>贯通</kbd> 选项；在 <kbd>结束</kbd> 下拉列表中选择 <kbd>贯通</kbd> 选项；在 <kbd>布尔</kbd> 下拉列表中选择 <kbd>求差</kbd> 选项；单击 <kbd>〈确定〉</kbd> 按钮，完成拉伸特征 2 的创建。

图 23.4.19　拉伸特征 2

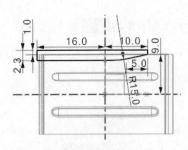

图 23.4.20　截面草图

Step13. 创建图 23.4.21 所示的镜像特征 2。选择下拉菜单 <kbd>插入(S)</kbd> ➡ <kbd>关联复制(A)▸</kbd> ➡ <kbd>镜像特征(M)...</kbd> 命令；选择 Step12 创建的拉伸特征 2 为镜像对象，选取 ZX 基准平面为镜像平面，单击 <kbd>确定</kbd> 按钮完成镜像特征 2 的创建。

Step14. 创建图 23.4.22 所示的拉伸特征 3。选择下拉菜单 <kbd>插入(S)</kbd> ➡ <kbd>切削(T)▸</kbd> ➡

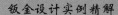

命令；选取 XY 平面为草图平面，绘制图 23.4.23 所示的截面草图，在 开始 下拉列表中选择 贯通 选项；在 结束 下拉列表中选择 贯通 选项；在 布尔 下拉列表中选择 求差 选项；单击 < 确定 > 按钮，完成拉伸特征 3 的创建。

图 23.4.21　镜像特征 2　　　　图 23.4.22　拉伸特征 3　　　　图 23.4.23　截面草图

Step15. 创建图 23.4.24 所示的弯边特征。选择下拉菜单 插入(S) ➡ 折弯(N) ▸ ➡ 弯边(F) 命令，系统弹出"弯边"对话框；选取图 23.4.25 所示的模型边线为线性边；在 宽度 区域的 宽度选项 下拉列表中选择 在中心 选项，在 宽度 文本框中输入数值 6。在 弯边属性 区域的 长度 文本框中输入值 2.4，在 角度 文本框中输入值 90，在 参考长度 下拉列表中选择 内部 选项，在 内嵌 下拉列表中选择 折弯外侧 选项；在 折弯参数 区域中调整 折弯半径 文本框数值为 0.2；单击 < 确定 > 按钮，完成弯边特征的创建。

图 23.4.24　弯边特征　　　　　　　　图 23.4.25　选取线性边

Step16. 创建图 23.4.26 所示的拉伸特征 4。选择下拉菜单 插入(S) ➡ 切削(T) ▸ ➡ 拉伸(E)... 命令；选取图 23.4.27 所示的平面为草图平面，绘制图 23.4.28 所示的截面草图，在 开始 下拉列表中选择 值 选项，在 距离 文本框中输入数值 0；在 结束 下拉列表中选择 值 选项，在 距离 文本框中输入数值 0.4；在 布尔 下拉列表中选择 求差 选项；单击 < 确定 > 按钮，完成拉伸特征 4 的创建。

图 23.4.26　拉伸特征 4　　　　　　　图 23.4.27　选取草图平面

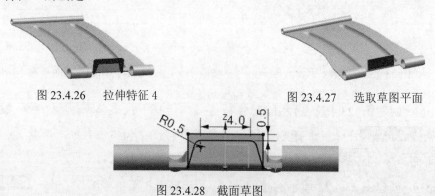

图 23.4.28　截面草图

Step17. 创建图 23.4.29 所示的草图 1。选择下拉菜单 插入(S) ➡ 在任务环境中绘制草图(V)... 命令，系统弹出"创建草图"对话框，选取图 23.4.30 所示的平面为草图平面；单击 完成草图 按钮，退出草图环境。

Step18. 创建图 23.4.30 所示的折弯特征。选择下拉菜单 插入(S) ➡ 折弯(N)▸ ➡ 折弯(B)... 命令，弹出"折弯"对话框；选取 Step17 绘制的草图直线为折弯线；在"折弯"对话框中将 内嵌 设置为 折弯中心线轮廓 选项，在 角度 文本框中输入折弯角度值 15，单击 反向 后的 ✕ 按钮，单击 反侧 后的 ✕ 按钮；在 折弯参数 区域中单击 折弯半径 文本框右侧的 ☰ 按钮，在系统弹出的菜单中选择 使用本地值 选项，然后在 折弯半径 文本框中输入数值 5；其他参数采用系统默认设置值；单击 〈确定〉 按钮，完成折弯特征的创建。

图 23.4.29 草图 1

图 23.4.30 折弯特征

Step19. 创建图 23.4.31 所示的拉伸特征 5。选择下拉菜单 插入(S) ➡ 切削(T)▸ ➡ 拉伸(E)... 命令；选取 XY 平面为草图平面，绘制图 23.4.32 所示的截面草图，在 开始 下拉列表中选择 贯通 选项；在 结束 下拉列表中选择 贯通 选项；在 布尔 下拉列表中选择 求差 选项；单击 〈确定〉 按钮，完成拉伸特征 5 的创建。

图 23.4.31 拉伸特征 5

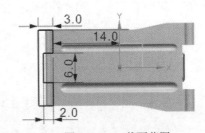

图 23.4.32 截面草图

Step20. 创建钣金倒角特征 1。选择下拉菜单 插入(S) ➡ 拐角(O)... ▸ ➡ 倒角(K)... 命令；选取图 23.4.33 所示的 4 条边线为倒圆角参照，并在 半径 1 文本框中输入值 0.5；单击 〈确定〉 按钮，完成倒角的创建。

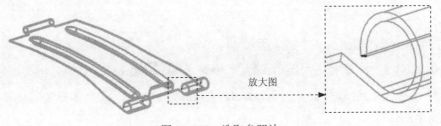

放大图

图 23.4.33 选取参照边

Step21. 创建钣金倒角特征 2。选取图 23.4.34 所示的 2 条边线为边倒圆参照，并在 半径 1 文本框中输入值 0.2。

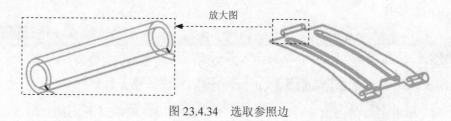

图 23.4.34　选取参照边

Step22. 创建钣金倒角特征 4。选取图 23.4.35 所示的 6 条边线为边倒圆参照，并在 半径 1 文本框中输入值 0.2。

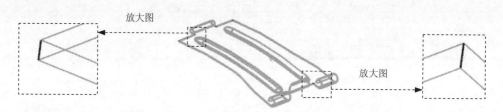

图 23.4.35　选取参照边

Step23. 创建钣金倒角特征 5。选取图 23.4.36 所示的 2 条边线为边倒圆参照，并在 半径 1 文本框中输入值 5。

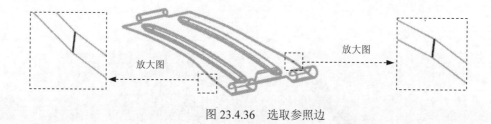

图 23.4.36　选取参照边

Step24. 保存钣金件模型。选择下拉菜单 文件(F) ➡️ 保存(S) 命令，即可保存钣金件模型。

23.5　钣　金　件　4

钣金件模型及模型树如图 23.5.1 所示。

Step1. 新建文件。选择下拉菜单 文件(F) ➡️ 新建(N)... 命令，系统弹出"新建"对话框。在 模板 区域中，选取模板类型为 模型，在 新文件名 区域的 名称 文本框中输入文件名称 watchband_04。

实例 23　表链扣组件

图 23.5.1　钣金件模型及模型树

Step2. 创建图 23.5.2 所示的拉伸特征 1。选择下拉菜单 插入(S) ➡ 设计特征(E) ➡ 拉伸(E)... 命令（或单击 按钮），系统弹出"拉伸"对话框；单击"拉伸"对话框中的"绘制截面"按钮 ，系统弹出"创建草图"对话框；选取 ZX 平面为草图平面，选中 设置 区域的 ☑ 创建中间基准 CSYS 复选框，单击 确定 按钮，进入草图环境；绘制图 23.5.3 所示的截面草图；单击 完成草图 按钮，退出草图环境；在 限制 区域的 开始 下拉列表中选择 对称值 选项，并在 距离 文本框中输入值 10，其他采用系统默认的设置；单击 < 确定 > 按钮，完成拉伸特征 1 的创建。

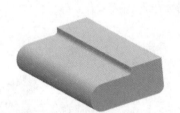

图 23.5.2　拉伸特征 1

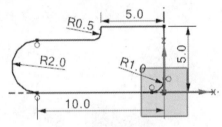

图 23.5.3　截面草图

Step3. 创建图 23.5.4 所示的边倒圆特征。选择下拉菜单 插入(S) ➡ 细节特征(L) ➡ 边倒圆(E)... 命令（或单击 按钮），系统弹出"边倒圆"对话框；选取图 23.5.5 所示的边线为边倒圆参照，并在 半径 1 文本框中输入值 0.5；单击 < 确定 > 按钮，完成边倒圆特征的创建。

图 23.5.4　圆角特征

图 23.5.5　选取参照边

Step4. 创建图 23.5.6b 所示的抽壳特征。选择下拉菜单 插入(S) ➡ 偏置/缩放(D) ➡ 抽壳(H)... 命令，系统弹出"抽壳"对话框；在"抽壳"对话框 类型 下拉列表中选择

209

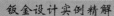
[移除面,然后抽壳]选项；选取图 23.5.6a 所示的表面为抽壳移除面；采用系统默认的抽壳方向（方向指向模型内部）；在[厚度]区域的[厚度]文本框内输入数值 0.2；单击[<确定>]按钮，完成抽壳特征的创建。

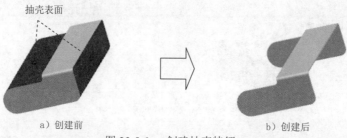

a）创建前　　　　　　　　　　　　　　　　b）创建后

图 23.5.6　　创建抽壳特征

Step5. 创建图 23.5.7 所示的拉伸特征 2。选择下拉菜单[插入(S)] ➡ [设计特征(E) ▶] ➡ [拉伸(E)...]命令；选取 ZX 平面为草图平面，取消选中[设置]区域的[□ 创建中间基准 CSYS]复选框；绘制图 23.5.8 所示的截面草图，在[开始]下拉列表中选择[贯通]选项；在[结束]下拉列表中选择[贯通]选项；在[布尔]下拉列表中选择[求差]选项；单击[<确定>]按钮，完成拉伸特征 2 的创建。

Step6. 将模型转换为钣金。选择下拉菜单[启动▾] ➡ [钣金(L)...]命令，进入"NX 钣金"环境；选择下拉菜单[插入(S)] ➡ [转换(V) ▶] ➡ [转换为钣金(C)...]命令，系统弹出"转换为钣金"对话框。选取图 23.5.9 所示的面，单击[确定]按钮，完成操作。

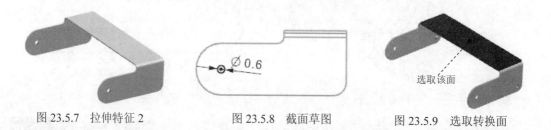

图 23.5.7　拉伸特征 2　　　　　　图 23.5.8　截面草图　　　　　图 23.5.9　选取转换面

Step7. 创建图 23.5.10 所示的凹坑特征。选择下拉菜单[插入(S)] ➡ [冲孔(H) ▶] ➡ [凹坑(D)...]命令，系统弹出"凹坑"对话框；在"凹坑"对话框中单击[圖]按钮，系统弹出"创建草图"对话框，选取图 23.5.11 所示的模型表面为草图平面，单击[确定]按钮，绘制图 23.5.12 所示的凹坑截面草图；在[凹坑属性]区域的[深度]文本框中输入数值 0.2；在[侧角]文本框中输入数值 5；在[参考深度]下拉列表中选择[内部]选项；在[侧壁]下拉列表中选择[材料内侧]选项。如方向相反可单击"反向"按钮[⤢]；在[倒圆]区域中选中[☑ 凹坑边倒圆]复选框，在[凸模半径]文本框中输入数值 0.1，在[凹模半径]文本框中输入数值 0.1；取消选中[□ 截面拐角倒圆]复选框；单击"凹坑"对话框的[<确定>]按钮，完成凹坑特征的创建。

Step8. 创建图 23.5.13b 所示的镜像特征。选择下拉菜单[插入(S)] ➡ [关联复制(A) ▶] ➡ [镜像特征(M)...]命令，系统弹出"镜像特征"对话框；选取 Step7 创建的凹坑特征为镜像对象，选取 ZX 基准平面为镜像平面，单击 <u>确定</u> 按钮完成镜像特征的创建。

图 23.5.10　凹坑特征 　　　图 23.5.11　选取草图平面 　　　图 23.5.12　截面草图

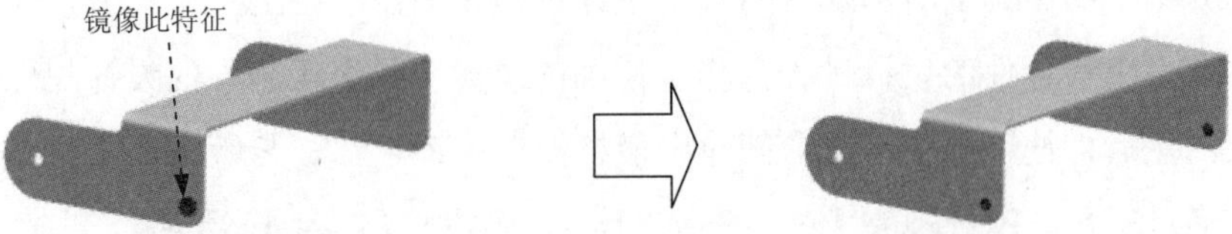

镜像此特征

a）镜像前　　　　　　　　　　　　　　b）镜像后

图 23.5.13　镜像特征

Step9. 保存钣金件模型。选择下拉菜单 文件(F) ━━━ 保存(S) 命令，即可保存钣金件模型。

实例 24 发 卡 设 计

24.1 实 例 概 述

本实例介绍了图 24.1.1 所示发卡的整个设计过程。该模型包括图 24.1.1b 所示的三个钣金件，本章对每个钣金件的设计过程都作了详细的讲解。每个钣金件的设计思路是先创建钣金突出块，然后再使用弯边等命令创建出最终模型，钣金件 2 与钣金件 3 主体的弧度较为明显，是通过"弯边"选项完成的。发卡的最终模型如图 24.1.1a 所示。

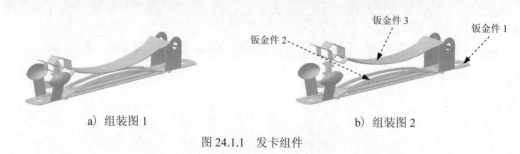

a）组装图 1　　　　　　　　　　　　　　　b）组装图 2

图 24.1.1　发卡组件

24.2 钣 金 件 1

钣金件模型及其模型树如图 24.2.1 所示。

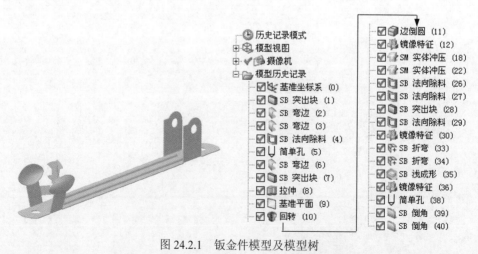

图 24.2.1　钣金件模型及模型树

Step1. 新建文件。选择下拉菜单 文件(F) ━━▶ 新建(N)... 命令，系统弹出"新建"对话框。在 模板 区域中选择 NX 钣金 模板，在 名称 文本框中输入文件名称 barrette_01，单击

确定 按钮，进入钣金环境。

Step2. 创建图 24.2.2 所示的突出块特征 1。选择下拉菜单 插入(S) ➡ 突出块(B)... 命令，系统弹出"突出块"对话框；单击 按钮，选取 XY 平面为草图平面，选中 设置 区域的 ☑ 创建中间基准 CSYS 复选框，单击 确定 按钮，绘制图 24.2.3 所示的截面草图；厚度方向采用系统默认的矢量方向，在 厚度 文本框中输入数值 0.2；单击 < 确定 > 按钮，完成突出块特征 1 的创建。

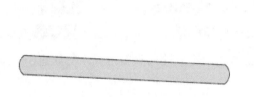

图 24.2.2 突出块特征 1

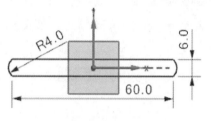

图 24.2.3 截面草图

Step3. 创建图 24.2.4 所示的弯边特征 1。选择下拉菜单 插入(S) ➡ 折弯(N) ➡ 弯边(F)... 命令，系统弹出"弯边"对话框；选取图 24.2.5 所示的模型边线为线性边；在 宽度 区域的 宽度选项 下拉列表中选择 从两端 选项，在 距离 1 文本框中输入数值 6；在 距离 2 文本框中输入数值 48。在 弯边属性 区域的 长度 文本框中输入数值 10，在 角度 文本框中输入数值 90，在 参考长度 下拉列表中选择 内部 选项，在 内嵌 下拉列表中选择 折弯外侧 选项；在 偏置 区域的 偏置 文本框中输入数值 0；在 折弯参数 区域中调整 折弯半径 文本框数值为 0.3；在 止裂口 区域中的 折弯止裂口 下拉列表中选择 无 选项，在 拐角止裂口 下拉列表中选择 仅折弯 选项；单击 < 确定 > 按钮，完成弯边特征 1 的创建。

图 24.2.4 弯边特征 1

图 24.2.5 定义线性边

Step4. 创建图 24.2.6 所示的弯边特征 2。选择下拉菜单 插入(S) ➡ 折弯(N) ➡ 弯边(F)... 命令；选取图 24.2.7 所示的模型边线为线性边，在 宽度选项 下拉列表中选择 从两端 选项，在 距离 1 文本框中输入数值 48，在 距离 2 文本框中输入数值 6；在 弯边属性 区域的 长度 文本框中输入数值 10，在 角度 文本框中输入数值 90；在 参考长度 下拉列表中选择 内部 选项；在 内嵌 下拉列表中选择 折弯外侧 选项；在 偏置 区域的 偏置 文本框中输入数值 0；单击 折弯半径 文本框右侧的 按钮，在系统弹出的快捷菜单中选择 使用本地值 选项，然后在 折弯半径 文本框中输入数值 0.3；在 止裂口 区域中的 折弯止裂口 下拉列表中选择 无 选项；单击"弯边"对话框中 < 确定 > 按钮，完成弯边特征 2 的创建。

图 24.2.6　弯边特征 2　　　　　　　　　图 24.2.7　定义线性边

Step5. 创建图 24.2.8 所示的法向除料特征 1。选择下拉菜单 插入(S) ➡ 切削(T) ➡ 法向除料(N)... 命令，系统弹出"法向除料"对话框；单击 按钮，选取图 24.2.8 所示的模型表面为草图平面，取消选中 设置 区域的 创建中间基准 CSYS 复选框，单击 确定 按钮，绘制图 24.2.9 所示的除料截面草图；在 除料属性 区域的 切削方法 下拉列表中选择 厚度 选项，在 限制 下拉列表中选择 贯通 选项；单击 确定 按钮，完成法向除料特征 1 的创建。

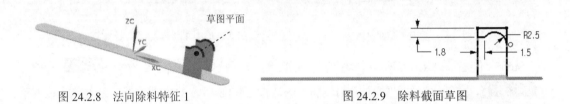

图 24.2.8　法向除料特征 1　　　　　　　图 24.2.9　除料截面草图

Step6. 创建图 24.2.10 所示的孔特征 1。选择下拉菜单 插入(S) ➡ 设计特征(E) ➡ 孔(H)... 命令，系统弹出"孔"对话框；在"孔"对话框的 类型 下拉列表中选择 常规孔 选项；选取图 24.2.11 所示的圆弧边线为孔的放置参照；在"孔"对话框的 成形 下拉列表中选择 简单 选项，在 直径 后的文本框中输入数值 2，在 深度限制 下拉列表中选择 贯通体 选项，单击 确定 按钮，完成孔特征 1 的创建。

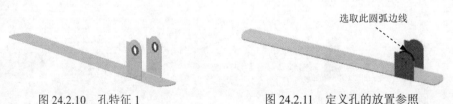

图 24.2.10　孔特征 1　　　　　　　图 24.2.11　定义孔的放置参照

Step7. 创建图 24.2.12 所示的弯边特征 3。选择下拉菜单 插入(S) ➡ 折弯(N) ➡ 弯边(F)... 命令；选取图 24.2.13 所示的模型边线为线性边，在 宽度选项 下拉列表中选择 从两端 选项，在 距离 1 文本框中输入数值40，在 距离 2 文本框中输入数值4；在 弯边属性 区域的 长度 文本框中输入数值4，在 角度 文本框中输入数值75；在 参考长度 下拉列表中选择 内部 选项；在 内嵌 下拉列表中选择 折弯外侧 选项；在 偏置 区域的 偏置 文本框中输入数值 0；单击 折弯半径 文本框右侧的 按钮，在系统弹出的快捷菜单中选择 使用本地值 选项，然后在 折弯半径 文本框中输入数值 0.1；在 止裂口 区域中的 折弯止裂口 下拉列表中选择 无 选项；单击"弯边"对话框中的 确定 按钮，完成弯边特征 3 的创建。

图 24.2.12 弯边特征 3

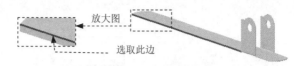

放大图

选取此边

图 24.2.13 定义线性边

Step8. 创建图 24.2.14 所示的突出块特征 2。选择下拉菜单 插入(S) ➡ 突出块(B) 命令，系统弹出"突出块"对话框；选取图 24.2.15 所示的模型表面为草图平面，单击 确定 按钮，绘制图 24.2.16 所示的截面草图；其他采用系统默认设置，单击 〈确定〉 按钮，完成突出块特征 2 的创建。

图 24.2.14 突出块特征 2

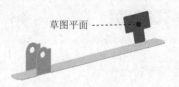

选此平面为草图平面

图 24.2.15 定义草绘平面

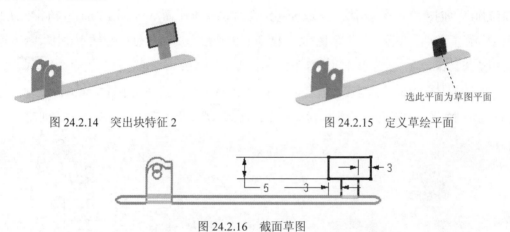

图 24.2.16 截面草图

Step9. 创建图 24.2.17 所示的拉伸特征 1。选择下拉菜单 插入(S) ➡ 切削(T) ➡ 拉伸(E)... 命令，选取图 24.2.18 所示的模型表面为草图平面，绘制图 24.2.19 所示的截面草图，拉伸方向采用系统默认的矢量方向；在 开始 下拉列表中选择 值 选项，并在其下的 距离 文本框中输入数值 0；在 结束 下拉列表中选择 值 选项，并在其下的 距离 文本框中输入数值 7.5；在 布尔 下拉列表中选择 无 选项；单击 〈确定〉 按钮，完成拉伸特征 1 的创建。

图 24.2.17 拉伸特征 1

草图平面

图 24.2.18 草图平面

Step10. 创建图 24.2.20 所示的基准平面 1。选择下拉菜单 插入(S) ➡ 基准/点(D) ➡ 基准平面(D)... 命令，系统弹出"基准平面"对话框；在 类型 下拉列表中选择 二等分 选项；依次选取图 24.2.20 所示拉伸特征的上下两个表面为参照平面；单击 〈确定〉 按钮，完成基准平面 1 的创建。

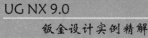
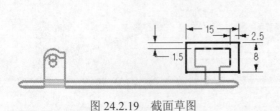

图 24.2.19 截面草图   图 24.2.20 基准平面 1

Step11. 选择下拉菜单 启动 ➡ 建模(M)... 命令，进入建模环境。

Step12. 创建图 24.2.21 所示的旋转特征 1。选择 插入(S) ➡ 设计特征(E) ▶ ➡ 旋转(R)... 命令（或单击 按钮），系统弹出"旋转"对话框；单击截面区域中的 按钮，系统弹出"创建草图"对话框，选取 Step10 创建的基准平面 1 为草图平面，绘制图 24.2.22 所示的截面草图；在图形区选取图 24.2.22 所示的边线作为旋转轴；在限制区域的开始下拉列表中选择值选项，并在其下的角度文本框中输入数值 0，在结束下拉列表中选择值选项，并在其下的角度文本框中输入数值 360；在布尔区域中的下拉列表中选择 求和选项，选取 Step9 所创建的拉伸特征 1 为求和对象；单击 确定 按钮，完成旋转特征 1 的创建。

图 24.2.21 旋转特征 1

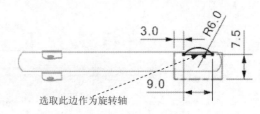

图 24.2.22 截面草图

Step13. 创建边倒圆特征 1。选取图 24.2.23 所示的边线为边倒圆参照，在半径 1 文本框中输入数值 0.3。

说明：在创建边倒圆特征前，先将 Step7 所创建的弯边特征 3 和 Step8 所创建的突出块特征 2 隐藏，以方便图 24.2.23 所示的边线的选取（或将模型转换到线框模式）。

Step14. 创建图 24.2.24 所示的镜像特征 1。选择下拉菜单 插入(S) ➡ 关联复制(A) ▶ ➡ 镜像特征(M)... 命令，在"镜像特征"对话框的 相关特征 区域列表中选择 Step6~ Step10 所创建的所有特征（图 24.2.25）为镜像源特征，选取 ZX 基准平面为镜像平面；单击 确定 按钮完成镜像特征的创建。

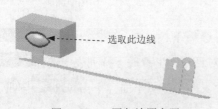

图 24.2.23 圆角放置参照

图 24.2.24 镜像特征 1

图 24.2.25 "镜像特征"对话框

Step15. 创建图 24.2.26 所示的实体冲压特征 1。选择下拉菜单 启动 ➡ 钣金(L)... 命令，进入"NX 钣金"环境。选择下拉菜单 插入(S) ➡ 冲孔(H) ▶ ➡ 实体冲压(S) 命令，系统弹出"实体冲压"对话框；在 类型 下拉列表中选择 冲模 选项，选取图 24.2.27 所示的面为目标面；选取图 24.2.28 所示的实体为工具体；单击 确定 按钮，完成实体冲压特征 1 的创建。

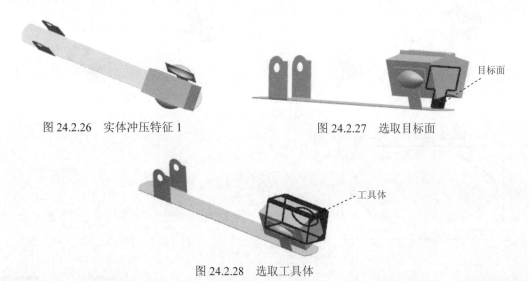

图 24.2.26 实体冲压特征 1   图 24.2.27 选取目标面

图 24.2.28 选取工具体

Step16. 创建图 24.2.29 所示的实体冲压特征 2。选择下拉菜单 插入(S) ➡ 冲孔(H) ▶ ➡ 实体冲压(S)... 命令，系统弹出"实体冲压"对话框；在 类型 下拉列表中选择 冲模 选项，选取图 24.2.30 所示的面为目标面；选取图 24.2.31 所示的实体为工具体；单击 确定 按钮，完成实体冲压特征 2 的创建。

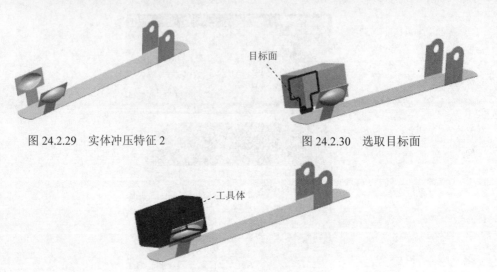

图 24.2.29　实体冲压特征 2　　　　　　图 24.2.30　选取目标面

图 24.2.31　选取工具体

Step17.　创建图 24.2.32b 所示的法向除料特征 2。选择下拉菜单 插入(S) ➡ 切削(T)▶

➡ 法向除料(N)... 命令；选取图 24.2.32a 所示的模型表面为草图平面，绘制图 24.2.33 所示的截面草图并退出草图；在 除料属性 区域的 切削方法 下拉列表中选择 厚度 选项；在 限制 下拉列表中选择 直至下一个 选项；接受系统默认的除料方向，单击 〈确定〉 按钮，完成法向除料特征 2 的创建。

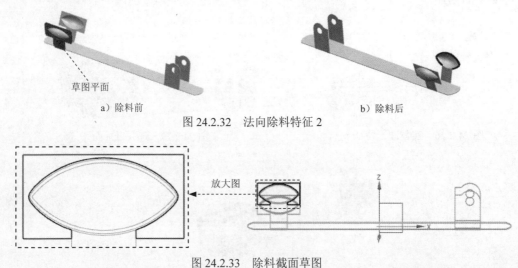

a）除料前　　　　　　　　　　　　　　　　　b）除料后

图 24.2.32　法向除料特征 2

放大图

图 24.2.33　除料截面草图

Step18.　创建图 24.2.34b 所示的法向除料特征 3。选择下拉菜单 插入(S) ➡ 切削(T)▶

➡ 法向除料(N)... 命令；选取图 24.2.34a 所示的模型表面为草图平面，绘制图 24.2.35 所示的截面草图并退出草图；在 除料属性 区域的 切削方法 下拉列表中选择 厚度 选项；在 限制 下拉列表中选择 直至下一个 选项；接受系统默认的除料方向，单击 〈确定〉 按钮，完成法向除料特征 3 的创建。

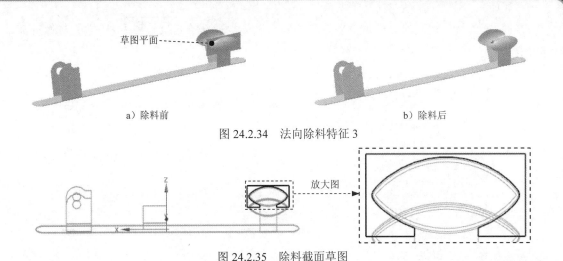

a）除料前   b）除料后

图 24.2.34   法向除料特征 3

图 24.2.35   除料截面草图

Step19. 创建图 24.2.36 所示的突出块特征 3。选择下拉菜单 插入(S) ➡ 突出块(B)... 命令，系统弹出"突出块"对话框；单击 按钮，选取图 24.2.36 所示的模型表面为草图平面，单击 确定 按钮，绘制图 24.2.37 所示的截面草图。其他采用系统默认设置；单击 〈确定〉按钮，完成突出块特征 3 的创建。

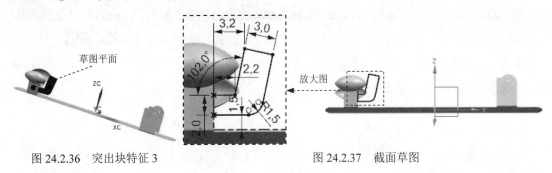

图 24.2.36   突出块特征 3   图 24.2.37   截面草图

Step20. 创建图 24.2.38 所示的法向除料特征 4。选择下拉菜单 插入(S) ➡ 切削(T)▶ ➡ 法向除料(N)... 命令；选取图 24.2.38 所示的模型表面为草图平面，绘制图 24.2.39 所示的截面草图并退出草图；在 除料属性 区域的 切削方法 下拉列表中选择 厚度 选项；在 限制 下拉列表中选择 直至下一个 选项；单击 〈确定〉按钮，完成法向除料特征 4 的创建。

草图平面

图 24.2.38   法向除料特征 4

Step21. 创建图 24.2.40 所示的镜像特征 2。选择下拉菜单 插入(S) ➡ 关联复制(A)▶ ➡ 镜像特征(M)... 命令，在"镜像特征"对话框 相关特征 列表框中选择 Step19 和 Step20

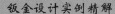

创建的特征为镜像源特征,选取 ZX 基准平面为镜像平面;单击 确定 按钮完成镜像特征
的创建。

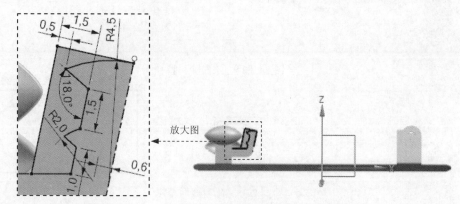

图 24.2.39 除料截面草图

Step22. 创建图 24.2.41 所示的折弯特征 1。选择下拉菜单 插入(S) ➡ 折弯(N) ▸ ➡
折弯(B)... 命令,系统弹出"折弯"对话框;单击 按钮,选取图 24.2.41 所示的模型表面
为草图平面,绘制图 24.2.42 所示的折弯线;在"折弯"对话框 折弯属性 区域的 角度 文本框
中输入数值 85,在 内嵌 下拉列表中选择 外模具线轮廓 选项,单击 反向 后的 按钮;在 折弯参数
区域中单击 折弯半径 文本框右侧的 按钮,在系统弹出的快捷菜单中选择 使用本地值 选项,并
在 折弯半径 文本框中输入折弯半径值 0.2,其他参数采用系统默认设置值;单击"折弯"对话
框的 < 确定 > 按钮,完成折弯特征 1 的创建。

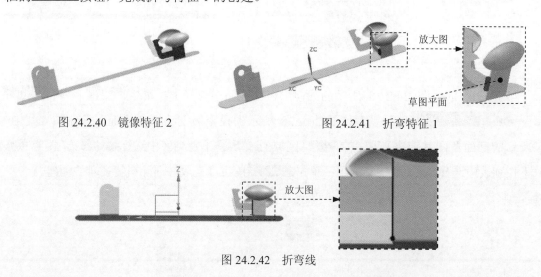

图 24.2.40 镜像特征 2   图 24.2.41 折弯特征 1

图 24.2.42 折弯线

Step23. 创建图 24.2.43 所示的折弯特征 2。选择下拉菜单 插入(S) ➡ 折弯(N) ▸ ➡
折弯(B)... 命令;选取图 24.2.44 所示的模型表面为草图平面,绘制图 24.2.45 所示的折弯线;
在"折弯"对话框 折弯属性 区域的 角度 文本框中输入数值 75,在 内嵌 下拉列表中选择
外模具线轮廓 选项;在 折弯参数 区域中单击 折弯半径 文本框右侧的 按钮,在系统弹出的快捷菜

单中选择 使用本地值 选项，并在 折弯半径 文本框中输入折弯半径值 0.2，其他参数采用系统默认设置值；单击 <确定> 按钮，完成折弯特征的创建。

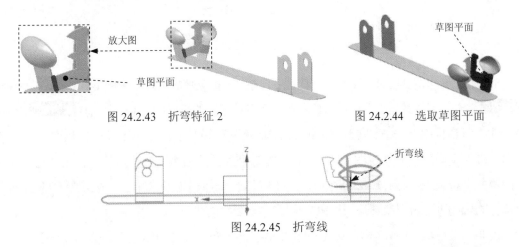

图 24.2.43　折弯特征 2　　　　　　　　　图 24.2.44　选取草图平面

图 24.2.45　折弯线

Step24. 创建图 24.2.46 所示的凹坑特征 1。选择下拉菜单 插入(S) —→ 冲孔(H) ▶ —→ 凹坑(D)... 命令，系统弹出"凹坑"对话框；在"凹坑"对话框中单击 按钮，系统弹出"创建草图"对话框，选取图 24.2.46 所示的模型表面为草图平面，单击 确定 按钮，绘制图 24.2.47 所示的凹坑截面；在 凹坑属性 区域的 深度 文本框中输入数值 0.5；在 侧角 文本框中输入数值 0；在 参考深度 下拉列表中选择 内部 选项；在 侧壁 下拉列表中选择 材料内侧 选项，单击"反向"按钮 ；在 倒圆 区域中选中 ☑ 凹坑边倒圆 复选框，在 凸模半径 文本框中输入数值 0.2，在 凹模半径 文本框中输入数值 0.2，选中 ☑ 截面拐角倒圆 复选框，在 拐角半径 文本框中输入数值 20；单击"凹坑"对话框的 <确定> 按钮，完成凹坑特征 1 的创建。

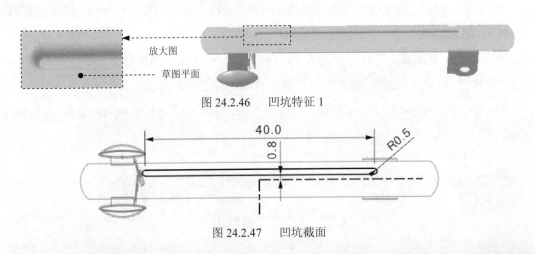

图 24.2.46　凹坑特征 1

图 24.2.47　凹坑截面

Step25. 创建图 24.2.48 所示的镜像特征 3。选择下拉菜单 插入(S) —→ 关联复制(A) ▶ —→ 镜像特征(M)... 命令，选取上步创建的凹坑特征 1 作为镜像对象，选取 ZX 基准平面为镜像平面；单击 确定 按钮完成镜像特征的创建。

a）镜像复制前   b）镜像复制后

图 24.2.48　镜像特征 3

Step26. 创建图 24.2.49 所示的孔特征 2。选择下拉菜单 插入(S) ➡ 设计特征(E)▶ ➡ 孔(H)... 命令，系统弹出"孔"对话框；在"孔"对话框的 类型 下拉列表中选择 常规孔 选项；在"孔"对话框中单击 按钮，在图 24.2.50 所示的模型表面上单击以确定该面为孔的放置面，进入草图环境后创建图 24.2.51 所示的 2 个点并添加相应的几何约束；在"孔"对话框的 成形 下拉列表中选择 简单 选项，在 直径 后的文本框中输入数值 2，在 深度限制 下拉列表中选择 贯通体 选项，单击 〈确定〉 按钮完成孔特征 2 的创建。

说明：图 24.2.51 所示的孔的定位草图中，点 1 和点 2 与圆弧轮廓的圆心重合。

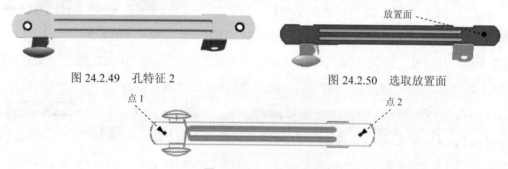

图 24.2.49　孔特征 2   图 24.2.50　选取放置面

图 24.2.51　孔的定位草图

Step27. 创建图 24.2.52 所示的钣金倒角特征 1。选择下拉菜单 插入(S) ➡ 拐角(O)... ▶ ➡ 倒角(B)... 命令，系统弹出"倒角"对话框；在"倒角"对话框 倒角属性 区域的 方法 下拉列表中选择 圆角；选取图 24.2.52 所示的两个角的边线，在 半径 文本框中输入值 0.5；单击"倒角"对话框的 〈确定〉 按钮，完成钣金倒角特征 1 的创建。

Step28. 创建图 24.2.53 所示的钣金倒角特征 2。在 半径 文本框中输入值 0.2，其余操作过程参见上一步。

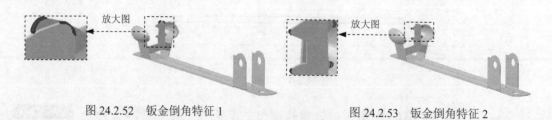

图 24.2.52　钣金倒角特征 1   图 24.2.53　钣金倒角特征 2

Step29. 保存钣金件模型。选择下拉菜单 文件(F) ➡ 保存(S) 命令，即可保存钣金件模型。

24.3 钣 金 件 2

钣金件模型及其模型树如图 24.3.1 所示。

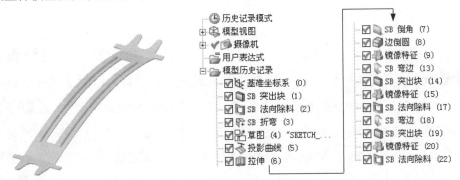

图 24.3.1　钣金件模型及模型树

Step1. 新建文件。选择下拉菜单 文件(F) ➡ 新建(N)... 命令，系统弹出"新建"对话框。在 模板 区域中选择 NX 钣金 模板，在 名称 文本框中输入文件名称 barrette_02，单击 确定 按钮，进入钣金环境。

Step2. 创建图 24.3.2 所示的突出块特征 1。选择下拉菜单 插入(S) ➡ 突出块(B)... 命令；单击 图 按钮，选取 XY 平面为草图平面，选中 设置 区域的 ☑创建中间基准 CSYS 复选框，单击 确定 按钮，绘制图 24.3.3 所示的截面草图；厚度方向采用系统默认的矢量方向，在 厚度 文本框中输入数值 0.2；单击 <确定> 按钮，完成突出块特征 1 的创建。

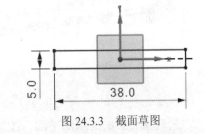

图 24.3.2　突出块特征 1　　　　　　　　图 24.3.3　截面草图

Step3. 创建图 24.3.4 所示的法向除料特征 1。选择下拉菜单 插入(S) ➡ 切削(T)▶ ➡ 法向除料(N)... 命令，系统弹出"法向除料"对话框；单击 图 按钮，选取图 24.3.5 所示的模型表面为草图平面，取消选中 设置 区域的 ☐创建中间基准 CSYS 复选框，单击 确定 按钮，绘制图 24.3.6 所示的除料截面草图；在 除料属性 区域的 切削方法 下拉列表中选择 厚度 选项，在 限制 下拉列表中选择 ➡直至下一个 选项；单击 <确定> 按钮，完成法向除料特征 1 的创建。

图 24.3.4　创建法向除料特征 1

图 24.3.5 草图平面

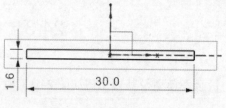

图 24.3.6 除料截面草图

Step4. 创建图 24.3.7 所示的折弯特征 1。选择下拉菜单 插入(S) ➡ 折弯(N) ➡ 折弯(B). 命令，系统弹出"折弯"对话框；单击 按钮，选取图 24.3.8 所示的模型表面为草图平面，绘制图 24.3.9 所示的折弯线；在"折弯"对话框中将 内嵌 设置为 折弯中心线轮廓 选项，在 角度 文本框中输入折弯角度值 30，单击 反侧 后的 按钮；在 折弯参数 区域中单击 折弯半径 文本框右侧的 按钮，在系统弹出的快捷菜单中选择 使用本地值 选项，然后在 折弯半径 文本框中输入数值 72；其他参数采用系统默认设置值；单击"折弯"对话框的 〈确定〉 按钮，完成折弯特征 1 的创建。

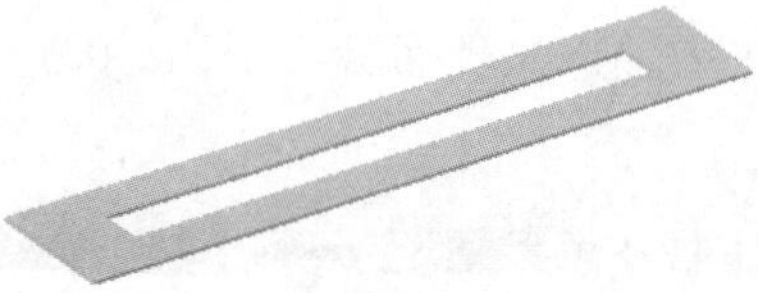

a）折弯前

b）折弯后

图 24.3.7 折弯特征 1

图 24.3.8 定义草图平面

图 24.3.9 折弯线

Step5. 创建图 24.3.10 所示的草图 1。选择下拉菜单 插入(S) ➡ 在任务环境中绘制草图(V)... 命令，选取 XY 平面为草图平面，绘制图 24.3.11 所示的草图 1。

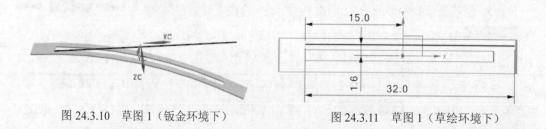

图 24.3.10 草图 1（钣金环境下）

图 24.3.11 草图 1（草绘环境下）

Step6. 创建图 24.3.12 所示的投影曲线 1。选择下拉菜单 插入(S) ➡ 来自曲线集的曲线(F) ➡ 投影(P)... 命令，在 投影方向 区域的 方向 下拉列表中选择 沿面的法向 选项，选取上步创建的草图 1 作为要投影的曲线，选取图 24.3.13 所示的模型表面作为要投影的曲面。

图 24.3.12 投影曲线 1　　　　　　　　图 24.3.13 选取投影曲线和投影曲面

要投影的曲线
要投影的曲面

Step7. 创建图 24.3.14 所示的拉伸特征 1。选择下拉菜单 插入(S) ➡ 切削(T)▶ ➡ 拉伸(E)... 命令（或单击 按钮）；选取投影曲线 1 为拉伸截面；拉伸方向采用系统默认的矢量方向，定义拉伸起始值和结束值。在"拉伸"对话框 限制 区域的 开始 下拉列表中选择 对称值 选项，并在其下的 距离 文本框中输入数值 0.3；在 偏置 区域的 偏置 下拉列表中选择 两侧 选项，并在其下的 开始 文本框中输入数值 0，在 结束 文本框中输入数值 0.3。单击 确定 按钮，完成拉伸特征 1 的创建。

图 24.3.14 拉伸特征 1

Step8. 创建图 24.3.15 所示的钣金倒角特征 1。选择下拉菜单 插入(S) ➡ 拐角(O)... ▶ ➡ 倒角(B)... 命令，系统弹出"倒角"对话框；在"倒角"对话框 倒角属性 区域的 方法 下拉列表中选择 圆角；取图 24.3.16 所示的两条边线，在 半径 文本框中输入值 0.5；单击"倒角"对话框的 确定 按钮，完成钣金倒角特征 1 的创建。

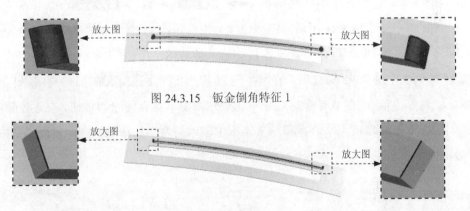

放大图　　　　　　　　　　放大图

图 24.3.15 钣金倒角特征 1

放大图　　　　　　　　　　放大图

图 24.3.16 倒角参照边

Step9. 选择下拉菜单 启动▾ ➡ 建模(M)... 命令，进入建模环境。

Step10. 创建图 24.3.17 所示的圆角特征 1。选择下拉菜单 插入(S) ➡ 细节特征(L) ➡ 边倒圆(E)... 命令（或单击 按钮），系统弹出"边倒圆"对话框；在对话框中的 形状 下拉列表中选择 圆形 选项，在 要倒圆的边 区域中单击 按钮，选择图 24.3.18 所示的两条边

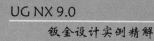
线为要倒圆的边，在 半径 1 文本框中输入圆角半径值 0.3；单击 < 确定 > 按钮，完成边倒圆特征 1 的创建。

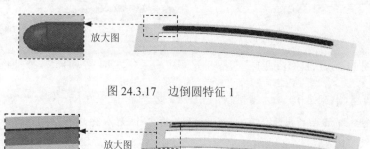

图 24.3.17　边倒圆特征 1

图 24.3.18　边倒圆参照边

Step11. 创建图 24.3.19 所示的镜像特征 1。选择下拉菜单 插入(S) ➡ 关联复制(A) ▶ ➡ 镜像特征(M) 命令，选取拉伸特征 1、钣金倒角特征 1 和边倒圆特征 1 为镜像源，选取 ZX 基准平面为镜像平面；单击 确定 按钮，完成镜像特征的创建。

a）镜像前　　　　　　　　　　　　　　　　b）镜像后

图 24.3.19　镜像特征 1

Step12. 创建图 24.3.20 所示的弯边特征 1。选择下拉菜单 启动▾ ➡ 钣金(L) 命令，进入钣金环境；选择下拉菜单 插入(S) ➡ 折弯(N) ▶ ➡ 弯边(F) 命令，系统弹出"弯边"对话框；选取图 24.3.21 所示的模型边线为线性边；在 宽度 区域的 宽度选项 下拉列表中选择 完整 选项。在 弯边属性 区域的 长度 文本框中输入数值 8，在 角度 文本框中输入数值 20，在 参考长度 下拉列表中选择 内部 选项，在 内嵌 下拉列表中选择 材料外侧 选项；在 偏置 区域的 偏置 文本框中输入数值 0；在 折弯参数 区域中单击 折弯半径 文本框右侧的 按钮，在系统弹出的快捷菜单中选择 使用本地值 选项，在 折弯半径 文本框中输入折弯半径值 0.2；单击 < 确定 > 按钮，完成弯边特征 1 的创建。

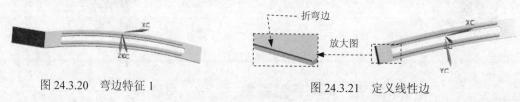

图 24.3.20　弯边特征 1　　　　　　　　　　图 24.3.21　定义线性边

Step13. 创建图 24.3.22 所示的突出块特征 2。选择下拉菜单 插入(S) ➡ 突出块(B) 命令，系统弹出"突出块"对话框；选取图 24.3.22 所示的模型表面为草图平面，绘制图 24.3.23 所示的截面草图；单击 < 确定 > 按钮，完成镜像突出块特征的创建。

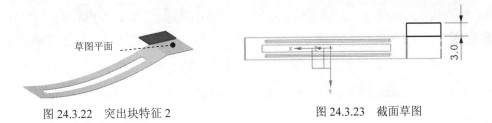

图 24.3.22 突出块特征 2　　　　图 24.3.23 截面草图

Step14. 创建图 24.3.24 所示的镜像特征 2。选择下拉菜单 插入(S) ➡ 关联复制(A) ➡ 镜像特征(M) 命令，选取 Step13 创建的突出块特征 2 作为镜像源，选取 ZX 基准平面为镜像平面；单击 确定 按钮，完成镜像特征的创建。

Step15. 创建图 24.3.25 所示的法向除料特征 2。选择下拉菜单 插入(S) ➡ 切削(T) ➡ 法向除料(N)... 命令；选取图 24.3.26 所示的模型表面为草图平面，绘制图 24.3.27 所示的截面草图并退出草图；在 除料属性 区域的 切削方法 下拉列表中选择 厚度 选项；在 限制 下拉列表中选择 贯通 选项；单击 确定 按钮，完成法向除料特征的创建。

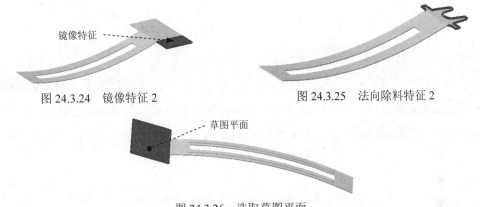

图 24.3.24 镜像特征 2　　　　图 24.3.25 法向除料特征 2

图 24.3.26 选取草图平面

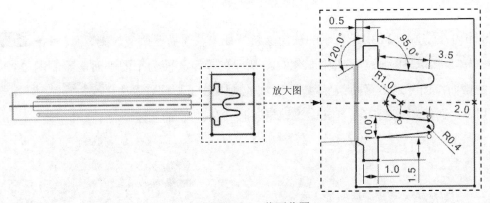

图 24.3.27 截面草图

Step16. 创建图 24.3.28 所示的弯边特征 2。选择下拉菜单 插入(S) ➡ 折弯(N) ➡ 弯边(F)... 命令，系统弹出"弯边"对话框；选取图 24.3.29 所示的模型边线为线性边；在 宽度 区域的 宽度选项 下拉列表中选择 完整 选项。在 弯边属性 区域的 长度 文本框中输入数值 8，在角度文本框中输入数值 20，在 参考长度 下拉列表中选择 ⌐内部 选项，在 内嵌 下拉列表中选择 ⌐¦ 材料外侧 选项；在 偏置 区域的 偏置 文本框中输入数值 0；在 折弯参数 区域中单击 折弯半径 文本框右侧的 三 按钮，在系统弹出的快捷菜单中选择 使用本地值 选项，在 折弯半径 文本框中输入折弯半径值 0.2；单击 < 确定 > 按钮，完成弯边特征 2 的创建。

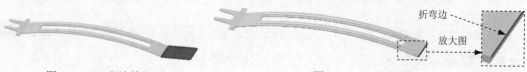

图 24.3.28　弯边特征 2　　　　　　　　图 24.3.29　定义线性边

Step17. 创建图 24.2.30 所示的突出块特征 3。选择下拉菜单 插入(S) ➡ 突出块(B)... 命令，系统弹出"突出块"对话框；选取图 24.3.30 所示的模型表面为草图平面，绘制图 24.3.31 所示的截面草图；单击 < 确定 > 按钮，完成突出块特征的创建。

图 24.3.30　突出块特征 3　　　　　　　图 24.3.31　截面草图

Step18. 创建图 24.3.32 所示的镜像特征 3。选择下拉菜单 插入(S) ➡ 关联复制(A) ▶ ➡ 镜像特征(M)... 命令，选取 Step17 创建的突出块特征 3 作为镜像源，选取 ZX 基准平面为镜像平面；单击 确定 按钮，完成特征的创建。

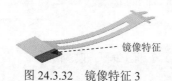

图 24.3.32　镜像特征 3

Step19. 创建图 24.3.33 所示的法向除料特征 2。选择下拉菜单 插入(S) ➡ 切削(T) ▶ ➡ 法向除料(N)... 命令；选取图 24.3.34 所示的模型表面为草图平面，绘制图 24.3.35 所示的截面草图并退出草图；在 除料属性 区域的 切削方法 下拉列表中选择 厚度 选项；在 限制 下拉列表中选择 贯通 选项；单击 < 确定 > 按钮，完成特征的创建。

图 24.3.33　法向除料特征 2　　　　　　图 24.3.34　选取草图平面

Step20. 保存钣金件模型。选择下拉菜单 文件(F) ➡ 保存(S) 命令，即可保存钣金件模型。

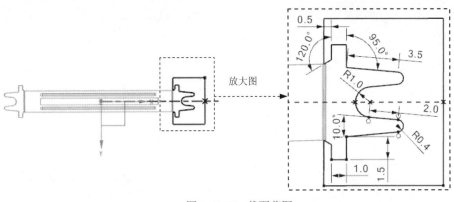

图 24.2.35　截面草图

24.4　钣 金 件 3

钣金件模型及其模型树如图 24.4.1 所示。

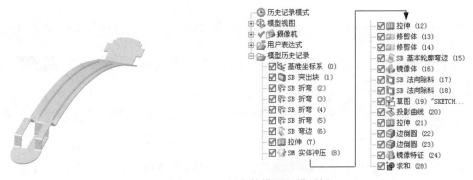

图 24.4.1　钣金件模型及模型树

Step1. 新建文件。选择下拉菜单 文件(F) ➡ 新建(N)... 命令，系统弹出"新建"对话框。在 模板 区域中选择 NX 钣金 模板，在 名称 文本框中输入文件名称 barrette_03，单击 确定 按钮。进入钣金环境。

Step2. 创建图 24.4.2 所示的突出块特征 1。选择下拉菜单 插入(S) ➡ 突出块(B)... 命令，系统弹出"突出块"对话框；单击 按钮，选取 XY 平面为草图平面，选中 设置 区域的 ☑ 创建中间基准 CSYS 复选框，单击 确定 按钮，绘制图 24.4.3 所示的截面草图；厚度方向采用系统默认的矢量方向，在 厚度 文本框中输入数值 0.2；单击 <确定> 按钮，完成突出块特征 1 的创建。

Step3. 创建图 24.4.4 所示的折弯特征 1。选择下拉菜单 插入(S) ➡ 折弯(N) ▸ ➡ 折弯(B)... 命令，系统弹出"折弯"对话框；单击 按钮，选取 XY 平面为草图平面，取消选中 设置 区域的 ☐ 创建中间基准 CSYS 复选框，单击 确定 按钮，绘制图 24.4.5 所示的折弯线；

在"折弯"对话框 折弯属性 区域的 角度 文本框中输入数值 85，在 内嵌 下拉列表中选择 外模具线轮廓 选项；在 折弯参数 区域中单击 折弯半径 文本框右侧的 三 按钮，在系统弹出的快捷菜单中选择 使用本地值 选项，并在 折弯半径 文本框中输入折弯半径值 0.2，其他参数采用系统默认设置值，折弯方向如图 24.4.6 所示；单击"折弯"对话框的 < 确定 > 按钮，完成折弯特征 1 的创建。

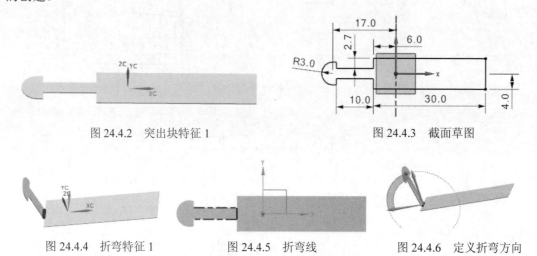

图 24.4.2　突出块特征 1　　　　　　　　图 24.4.3　截面草图

图 24.4.4　折弯特征 1　　　　图 24.4.5　折弯线　　　　图 24.4.6　定义折弯方向

Step4. 创建图 24.4.7 所示的折弯特征 2。选择下拉菜单 插入(S) ➡ 折弯(N) ➡ 折弯(B)... 命令；选取图 24.4.8 所示的模型表面为草图平面，绘制图 24.4.9 所示的折弯线；在"折弯"对话框 折弯属性 区域的 角度 文本框中输入数值 60，单击 反侧 后的 ✗ 按钮；在 内嵌 下拉列表中选择 折弯中心线轮廓 选项；在 折弯参数 区域中单击 折弯半径 文本框右侧的 三 按钮，在系统弹出的快捷菜单命令中选择 使用本地值 选项，在 折弯半径 文本框中输入折弯半径值 0.2；单击"折弯"对话框的 < 确定 > 按钮，完成折弯特征 2 的创建。

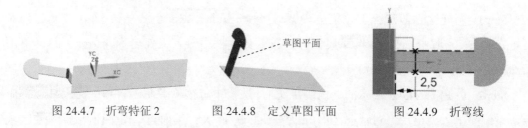

草图平面

图 24.4.7　折弯特征 2　　　　图 24.4.8　定义草图平面　　　　图 24.4.9　折弯线

Step5. 创建图 24.4.10 所示的折弯特征 3。选择下拉菜单 插入(S) ➡ 折弯(N) ➡ 折弯(B)... 命令；选取图 24.4.10 所示的模型表面为草图平面，绘制图 24.4.11 所示的折弯线；在"折弯"对话框 折弯属性 区域的 角度 文本框中输入数值 60，单击 反向 后的 ✗ 按钮；在 内嵌 下拉列表中选择 折弯中心线轮廓 选项；在 折弯参数 区域中单击 折弯半径 文本框右侧的 三 按钮，在系统弹出的快捷菜单中选择 使用本地值 选项，在 折弯半径 文本框中输入折弯半径值 0.2；单击"折弯"对话框的 < 确定 > 按钮，完成折弯特征 3 的创建。

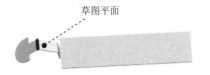

草图平面

图 24.4.10 折弯特征 3

2.5

图 24.4.11 折弯线

Step6. 创建图 24.4.12 所示的折弯特征 4。选择下拉菜单 插入(S) ➡ 折弯(N) ➡ 折弯(B)... 命令；选取图 24.4.12 所示的模型表面为草图平面，绘制图 24.4.13 所示的折弯线；在 "折弯" 对话框 折弯属性 区域的 角度 文本框中输入数值 60；在 内嵌 下拉列表中选择 内模具线轮廓 选项；在 折弯参数 区域中单击 折弯半径 文本框右侧的 按钮，在系统弹出的快捷菜单中选择 使用本地值 选项，在 折弯半径 文本框中输入折弯半径值 0.2；单击 "折弯" 对话框的 < 确定 > 按钮，完成折弯特征 4 的创建。

草图平面

图 24.4.12 折弯特征 4

图 24.4.13 折弯线

Step7. 创建图 24.4.14 所示的弯边特征 1。选择下拉菜单 插入(S) ➡ 折弯(N) ➡ 弯边(F)... 命令，系统弹出 "弯边" 对话框；选取图 24.4.15 所示的模型边线为线性边；在 宽度 区域的 宽度选项 下拉列表中选择 完整 选项。在 弯边属性 区域的 长度 文本框中输入数值 8，在 角度 文本框中输入数值 55，单击 反向 后的 按钮；在 参考长度 下拉列表中选择 内部 选项，在 内嵌 下拉列表中选择 材料内侧 选项；在 偏置 区域的 偏置 文本框中输入数值 0；在 折弯参数 区域中单击 折弯半径 文本框右侧的 按钮，在系统弹出的快捷菜单中选择 使用本地值 选项，在 折弯半径 文本框中输入折弯半径值 0.2；单击 < 确定 > 按钮，完成弯边特征 1 的创建。

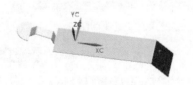

图 24.4.14 弯边特征 1

选取此边为折弯边

放大图

图 24.4.15 定义线性边

Step8. 创建图 24.4.16 所示的拉伸特征 1。选择下拉菜单 插入(S) ➡ 切削(T) ➡ 拉伸(E)... 命令（或单击 按钮）；选取 ZX 平面为草图平面，绘制图 24.4.17 所示的截面草图；拉伸方向采用系统默认的矢量方向，定义拉伸起始值和结束值。在 "拉伸" 对话框 限制 区域的 开始 下拉列表中选择 对称值 选项，并在其下的 距离 文本框中输入数值 4；单击 < 确定 > 按钮，完成拉伸特征 1 的创建。

图 24.4.16 拉伸特征 1　　　　　　　　图 24.4.17 截面草图

Step9. 创建图 24.4.18 所示的实体冲压特征 1。选择下拉菜单 插入(S) ➡ 冲孔(H) ▶ ➡ 实体冲压(S)... 命令,在"实体冲压"对话框 类型 下拉列表中选择 冲模 选项,选取图 24.4.19 所示的面为目标面,选取图 24.4.20 所示的实体为工具体,选中 ☑自动判断厚度 、 ☑隐藏工具体 和 ☑恒定厚度 复选框,取消选中 ☐实体冲压边倒圆 复选框;单击 <确定> 按钮,完成特征的创建。

图 24.4.18 实体冲压特征 1　　　图 24.4.19 目标面　　　　　图 24.4.20 工具体

Step10. 创建图 24.4.21 所示的拉伸特征 2。选择下拉菜单 插入(S) ➡ 切削(T) ▶ ➡ 拉伸(E)... 命令;选取 XY 平面为草图平面,绘制图 24.4.22 所示的截面草图,拉伸方向采用系统默认的矢量方向,定义拉伸起始值和结束值。在"拉伸"对话框 限制 区域的 开始 下拉列表中选择 对称值 选项,并在其下的 距离 文本框中输入数值 5;在 设置 区域的 体类型 下拉列表中选择 图纸页 选项。单击 <确定> 按钮,完成拉伸特征 2 的创建。

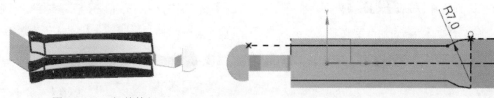

图 24.4.21 拉伸特征 2　　　　　　　图 24.4.22 截面草图

Step11. 创建图 24.4.23 所示的修剪体 1。选择下拉菜单 插入(S) ➡ 修剪(M) ▶ ➡ 修剪体(T)... 命令,系统弹出"修剪体"对话框。选取图 24.4.24 为目标体,在 工具 区域的 工具选项 下拉列表中选择 面或平面 选项,选取图 24.4.25 为工具体。单击 <确定> 按钮,完成修剪体 1 的创建。

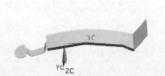

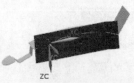

图 24.4.23 修剪体 1　　　　图 24.4.24 目标体　　　　图 24.4.25 工具体

Step12. 创建图 24.4.26 所示的修剪体 2。选择下拉菜单 插入(S) ➡ 修剪(M) ▸
➡ 修剪体(T)... 命令，系统弹出"修剪体"对话框。选取图 24.4.24 为目标体，在工具区
域的 工具选项 下拉列表中选择 面或平面 选项，选取图 24.4.27 为工具体。单击 〈确定〉 按钮，完
成修剪体 2 的创建。

Step13. 创建图 24.4.28 所示的轮廓弯边特征 1。选择下拉菜单 插入(S) ➡ 折弯(N) ▸
➡ 轮廓弯边(C)... 命令，系统弹出"轮廓弯边"对话框；在"轮廓弯边"对话框 类型 区
域的下拉列表中选择 基本 选项；选取图 24.4.29 所示的平面为草图平面，绘制图 24.4.30
所示的截面草图；在 厚度 区域的 厚度 文本框内输入数值 0.2；在 宽度选项 下拉列表中选择 有限
选项，在 宽度 文本框内输入数值 1.4，在 折弯参数 区域中单击 折弯半径 文本框右侧的 目 按钮，在
系统弹出的快捷菜单中选择 使用本地值 选项，在 折弯半径 文本框中输入折弯半径值 0.2；在"轮
廓弯边"对话框中单击 〈确定〉 按钮，完成特征的创建。

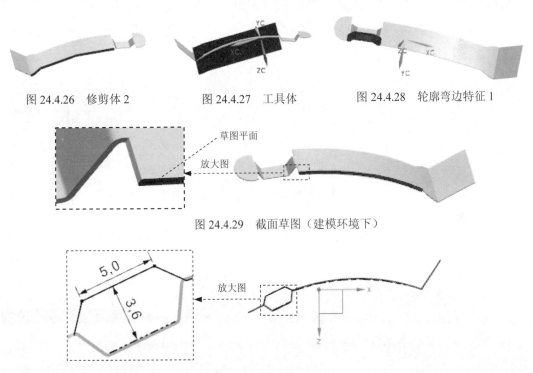

图 24.4.26　修剪体 2　　　　图 24.4.27　工具体　　　　图 24.4.28　轮廓弯边特征 1

草图平面

放大图

图 24.4.29　截面草图（建模环境下）

5.0

3.6

放大图

图 24.4.30　截面草图（草绘环境下）

Step14. 创建图 24.4.31 所示的镜像特征 1。选择下拉菜单 插入(S) ➡ 关联复制(A) ▸
➡ 镜像体(B)... 命令，选取 Step13 创建的轮廓弯边特征 1 作为镜像源，选取 ZX 基准平
面为镜像平面；单击 〈确定〉 按钮，完成特征的创建。

Step15. 创建图 24.4.32 所示的法向除料特征 1。选择下拉菜单 插入(S) ➡ 切削(T) ▸
➡ 法向除料(N)... 命令，系统弹出"法向除料"对话框；单击 按钮，选取图 24.4.33
所示的模型表面为草图平面，单击 确定 按钮，绘制图 24.4.34 所示的截面草图；在 除料属性

区域的 切削方法 下拉列表中选择 厚度 选项，在 限制 下拉列表中选择 ☐直至下一个 选项。

镜像体

图 24.4.31　镜像特征 1

　　　　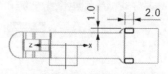

图 24.4.32　法向除料特征 1　　图 24.4.33　定义草图平面　　图 24.4.34　截面草图

Step16. 创建图 24.4.35 所示的法向除料特征 2。选择下拉菜单 插入(S) ➡️ 切削(T)▸
☐法向除料(N).. 命令；取图 24.4.33 所示的模型表面为草图平面，绘制图 24.4.36 所示的截面草图并退出草图；在 除料属性 区域的 切削方法 下拉列表中选择 厚度 选项；在 限制 下拉列表中选择 ☐贯通 选项；单击 <确定> 按钮，完成特征的创建。

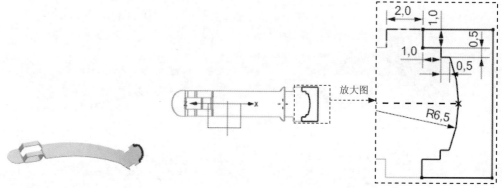

放大图

图 24.4.35　法向除料特征 2　　　　　　图 24.4.36　截面草图

Step17. 创建图 24.4.37 所示的草图 1。选择下拉菜单 插入(S) ➡️ 🔲 在任务环境中绘制草图(V)..
命令，选取 XY 基准平面为草图平面，绘制图 24.4.38 所示的草图 1。

图 24.4.37　草图 1（建模环境下）　　图 24.4.38　草图 1（草绘环境下）

Step18. 创建图 24.4.39 所示的投影曲线 1。选择下拉菜单 插入(S) ➡️ 来自曲线集的曲线(F)▸
➡️ 🔲 投影(P).. 命令，在 投影方向 区域的 方向 下拉列表中选择 沿面的法向 选项，选取上步创建的草图 1 作为要投影的曲线，选取图 24.4.40 所示的模型表面作为要投影的曲面。

图 24.4.39 投影曲线 1

要投影的曲面

要投影的曲线

图 24.4.40 选取投影曲线和投影曲面

Step19. 创建图 24.4.41 所示的拉伸特征 3。选择下拉菜单 插入(S) ➡ 切削(T)▶ ➡ 拉伸(E)... 命令（或单击 按钮）；选取投影曲线 1 为拉伸截面；拉伸方向采用系统默认的矢量方向，定义拉伸起始值和结束值。在"拉伸"对话框 限制 区域的 开始 下拉列表中选择 对称值 选项，并在其下的 距离 文本框中输入数值 0.3；在 偏置 区域的 偏置 下拉列表中选择 两侧 选项，并在其下的 开始 文本框中输入数值 0，在 结束 文本框中输入数值-0.3。单击 < 确定 > 按钮，完成拉伸特征 3 的创建。

Step20. 选择下拉菜单 启动▾ ➡ 建模(M)... 命令，进入建模环境。

Step21. 创建图 24.4.42 所示的圆角特征 1。选择下拉菜单 插入(S) ➡ 细节特征(L) ➡ 边倒圆(E)... 命令（或单击 按钮），系统弹出"边倒圆"对话框；在对话框中的 形状 下拉列表中选择 圆形 选项，在 要倒圆的边 区域中单击 按钮，选择图 24.4.43 所示的两条边线为要倒圆的边，在 半径 1 文本框中输入圆角半径值 0.5；单击 < 确定 > 按钮，完成边倒圆特征 1 的创建。

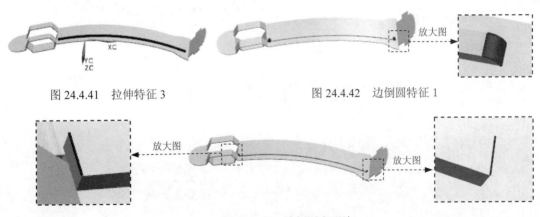

图 24.4.41 拉伸特征 3

图 24.4.42 边倒圆特征 1

放大图

放大图

放大图

图 24.4.43 边倒圆参照边

Step22. 后面的详细操作过程请参见随书光盘中 video\ch24.04\reference\文件下的语音视频讲解文件 barrette_03-r01.avi。

实例 **25** 订书机设计

25.1 实 例 概 述

本实例介绍了图 25.1.1 所示订书机组件的整个设计过程。该模型包括图 25.1.1b 所示的 6 个钣金件，本章对每个零件的设计过程都作了详细的讲解。每个零件的设计思路是先创建零件的大致形状，然后再使用折弯、实体冲压等命令创建出最终模型，其中钣金件 3 的创建方法值得借鉴，大致形状是通过一个成形特征创建出来的。订书机的最终模型如图 25.1.1a 所示。

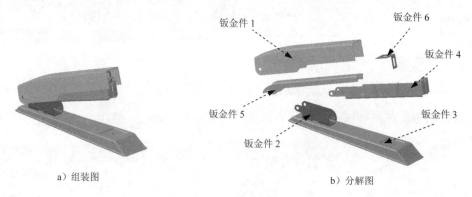

a）组装图 　　　　　　　　　　　　　　　b）分解图

图 25.1.1 订书机组件

25.2 钣 金 件 1

钣金件模型及模型树如图 25.2.1 所示。

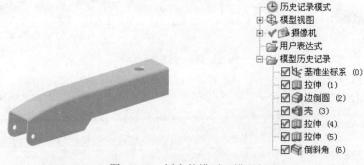

图 25.2.1 钣金件模型及模型树

Step1. 新建文件。选择下拉菜单 文件(F) ➡ 新建(N)... 命令，系统弹出"新建"对话框。在 模型 选项卡 模板 区域下的列表中选择 NX 钣金 模板，在 新文件名 区域的 名称 文本框中输入文件名称 staple_01，单击 确定 按钮，进入"NX 钣金"环境。

Step2. 创建图 25.2.2 所示的拉伸特征 1。选择下拉菜单 启动 ➡ 建模(M)... 命令，进入建模环境；选择下拉菜单 插入(S) ➡ 设计特征(E)▶ ➡ 拉伸(E)... 命令；选取 YZ 基准平面为草图平面，选中 设置 区域的 ☑ 创建中间基准 CSYS 复选框，绘制图 25.2.3 所示的截面草图，拉伸方向采用系统默认的矢量方向；在"拉伸"对话框 限制 区域的 开始 下拉列表中选择 对称值 选项，并在其下的 距离 文本框中输入数值 9.5；其他采用系统默认设置；单击 确定 按钮，完成拉伸特征 1 的创建。

图 25.2.2 拉伸特征 1

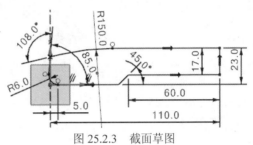

图 25.2.3 截面草图

Step3. 创建图 25.2.4b 所示的边倒圆特征。选择下拉菜单 插入(S) ➡ 细节特征(L) ➡ 边倒圆(E)... 命令；选取图 25.2.4a 所示的边线为边倒圆参照，在 半径 1 文本框中输入值 2；单击 确定 按钮完成边倒圆特征的创建。

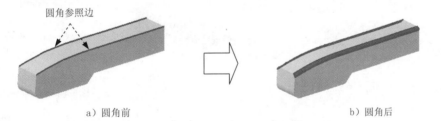

圆角参照边

a）圆角前 b）圆角后

图 25.2.4 边倒圆特征

Step4. 创建图 25.2.5b 所示的抽壳特征。选择下拉菜单 插入(S) ➡ 偏置/缩放(O) ➡ 抽壳(H)... 命令；在 类型 下拉列表中选择 移除面，然后抽壳 选项；选取图 25.2.5a 所示的模型表面作为抽壳移除的面（抽壳方向指向模型内部），在 厚度 文本框中输入数值 0.8；单击 确定 按钮完成抽壳特征的创建。

选取此模型表面

a）抽壳前 b）抽壳后

图 25.2.5 抽壳特征

Step5. 创建图 25.2.6 所示的拉伸特征 2。选择下拉菜单 插入(S) ➡ 设计特征(E)▶

➡️ 拉伸(E)... 命令；选取图 25.2.7 所示的模型表面为草图平面，取消选中 设置 区域的
□ 创建中间基准 CSYS 复选框，绘制图 25.2.8 所示的截面草图；单击"反向"按钮，在"拉
伸"对话框 限制 区域的 开始 下拉列表中选择 值 选项，并在其下的 距离 文本框中输入数值 0；
在 限制 区域 结束 的下拉列表中选择 贯通 选项；在 布尔 区域中的下拉列表中选择 求差 选项，
采用系统默认的求差对象；单击 〈确定〉 按钮，完成拉伸特征 2 的创建。

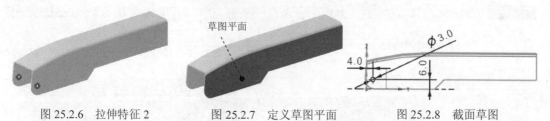

图 25.2.6　拉伸特征 2　　　　图 25.2.7　定义草图平面　　　　图 25.2.8　截面草图

Step6. 创建图 25.2.9 所示的拉伸特征 3。选择下拉菜单 插入(S) ➡️ 设计特征(E)▶
➡️ 拉伸(E)... 命令；选取图 25.2.10 所示的模型表面为草图平面，绘制图 25.2.11 所示的
截面草图；单击"反向"按钮，在 限制 区域的 开始 下拉列表中选择 值 选项，并在其下的
距离 文本框中输入数值 0；在 限制 区域的 结束 下拉列表中选择 贯通 选项；在 布尔 下拉列表中选
择 求差 选项，采用系统默认的求差对象；单击 〈确定〉 按钮，完成拉伸特征 3 的创建。

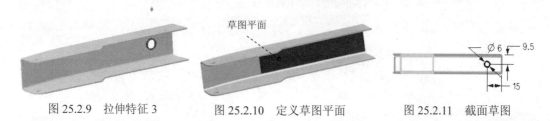

图 25.2.9　拉伸特征 3　　　　图 25.2.10　定义草图平面　　　　图 25.2.11　截面草图

Step7. 创建图 25.2.12b 所示的倒斜角特征。选择下拉菜单 插入(S) ➡️ 细节特征(L)
➡️ 倒斜角(C)... 命令；选取图 25.2.12a 所示的边线为倒角的参照边，在 偏置 区域的 横截面
下拉列表中选择 对称 选项，在 距离 文本框中输入数值 0.5；单击 〈确定〉 按钮，完成特征
的创建。

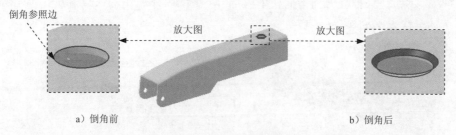

a）倒角前　　　　　　　　　　　　b）倒角后

图 25.2.12　倒斜角特征

Step8. 保存钣金件模型。选择下拉菜单 文件(F) ➡️ 保存(S) 命令，即可保存钣金件
模型。

25.3　钣 金 件 2

钣金件模型及模型树如图 25.3.1 所示。

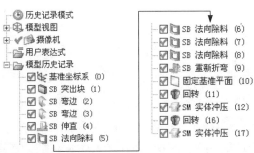

图 25.3.1　钣金件模型及模型树

Step1. 新建文件。选择下拉菜单 文件(F) ➡ 新建(N)... 命令，系统弹出"新建"对话框。在 模型 选项卡 模板 区域下的列表中选择 NX 钣金 模板。在 新文件名 区域的 名称 文本框中输入文件名称 staple_02。单击 确定 按钮，进入"NX 钣金"环境。

Step2. 创建图 25.3.2 所示的突出块特征。选择下拉菜单 插入(S) ➡ 突出块(B)... 命令；选取 XY 平面为草图平面，选中 设置 区域的 ☑ 创建中间基准 CSYS 复选框，绘制图 25.3.3 所示的截面草图；在 厚度 文本框中输入数值 0.6；厚度方向采用系统默认的矢量方向，单击 < 确定 > 按钮，完成特征的创建。

Step3. 创建图 25.3.4 所示的弯边特征 1。选择下拉菜单 插入(S) ➡ 折弯(N) ▶ ➡ 弯边(F)... 命令，系统弹出"弯边"对话框；选取图 25.3.5 所示的边缘为弯边的线性边，定义折弯方向如图 25.3.4 所示；在 宽度选项 下拉列表中选择 □ 完整 选项；在 长度 文本框中输入数值 12，在 角度 文本框中输入数值 90，在 参考长度 下拉列表中选择 内部 选项，在 内嵌 下拉列表中选择 材料内侧 选项；在 偏置 文本框中输入数值 0.0；在 折弯参数 区域中单击 折弯半径 文本框右侧的 ≡ 按钮，在系统弹出的快捷菜单中选择 使用本地值 选项，然后在 折弯半径 文本框中输入数值 3；在 折弯止裂口 下拉列表中选择 ◇ 无 选项，在 拐角止裂口 下拉列表中选择 仅折弯 选项；在"弯边"对话框中的 截面 区域中单击"截面"按钮 ，绘制图 25.3.6 所示的弯边截面草图；单击"弯边"对话框中的 < 确定 > 按钮，完成弯边特征 1 的创建。

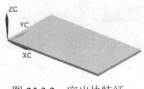

图 25.3.2　突出块特征

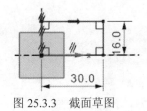

图 25.3.3　截面草图

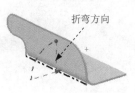

图 25.3.4　弯边特征 1

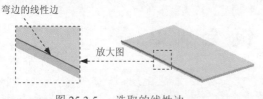

图 25.3.5　选取的线性边

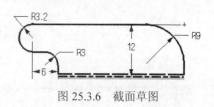

图 25.3.6　截面草图

Step4. 创建图 25.3.7 所示的弯边特征 2。选择下拉菜单 插入(S) ➡ 折弯(N) ▸ ➡ 弯边(F)... 命令，系统弹出"弯边"对话框；选取图 25.3.8 所示的边缘为弯边的线性边，折弯方向如图 25.3.7 所示；在 宽度选项 下拉列表中选择 完整 选项；在 长度 文本框中输入数值 12，在 角度 文本框中输入数值 90，在 参考长度 下拉列表中选择 内部 选项，在 内嵌 下拉列表中选择 材料内侧 选项；在 偏置 文本框中输入数值 0.0；在 折弯参数 区域中单击 折弯半径 文本框右侧的 ☰ 按钮，在系统弹出的快捷菜单中选择 使用本地值 选项，然后在 折弯半径 文本框中输入数值 3；在 折弯止裂口 的下拉列表中选择 无 选项，在 拐角止裂口 下拉列表中选择 仅折弯 选项；在"弯边"对话框的 截面 区域中单击"截面"按钮 ，绘制图 25.3.9 所示的弯边截面草图；单击"弯边"对话框的 确定 按钮，完成弯边特征 2 的创建。

图 25.3.7　弯边特征 2

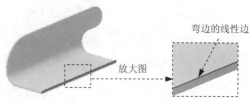

图 25.3.8　选取的线性边

Step5. 创建图 25.3.10 所示的伸直特征。选择下拉菜单 插入(S) ➡ 成形(R) ▸ ➡ 伸直(U)... 命令；系统弹出"伸直"对话框。选取图 25.3.11 所示的面为固定面，选取图 25.3.12 所示的两个面为折弯面；单击 确定 按钮，完成特征的创建。

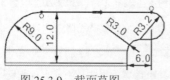

图 25.3.9　截面草图

图 25.3.10　伸直特征

图 25.3.11　固定面

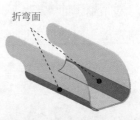

图 25.3.12　折弯面

Step6. 创建图 25.3.13 所示的法向除料特征 1。选择下拉菜单 插入(S) ➡ 切削(T) ▸

➡ 📁法向除料(N)...命令；选取 XY 基准平面为草图平面，取消选中☐创建中间基准 CSYS复选框，绘制图 25.3.14 所示的除料截面草图；在 除料属性 区域中 切削方法 的下拉列表中选择 厚度选项，在 限制 下拉列表中选择 贯通选项，单击"反向"按钮 ；单击 < 确定 > 按钮，完成特征的创建。

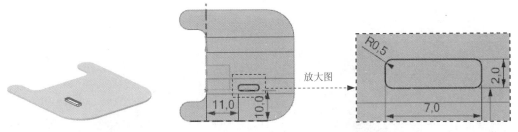

图 25.3.13　法向除料特征 1　　　　　　图 25.3.14　　除料截面草图

Step7. 创建图 25.3.15 所示的法向除料特征 2。选择下拉菜单 插入(S) ➡ 切削(T)▶
➡ 📁法向除料(N)...命令；选取 XY 基准平面为草图平面，绘制图 25.3.16 所示的除料截面草图；在 除料属性 区域中 切削方法 的下拉列表中选择 厚度选项，在 限制 下拉列表中选择 贯通选项，单击"反向"按钮 ；单击 < 确定 > 按钮，完成特征的创建。

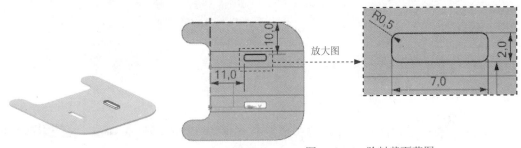

图 25.3.15　法向除料特征 2　　　　　　图 25.3.16　　除料截面草图

Step8. 创建图 25.3.17 所示的法向除料特征 3。选择下拉菜单 插入(S) ➡ 切削(T)▶
➡ 📁法向除料(N)...命令；选取 XY 基准平面为草图平面，绘制图 25.3.18 所示的除料截面草图；在 除料属性 区域中 切削方法 的下拉列表中选择 厚度选项，在 限制 下拉列表中选择 贯通选项，单击"反向"按钮 ；单击 < 确定 > 按钮，完成特征的创建。

Step9. 创建图 25.3.19 所示的法向除料特征 4。选择下拉菜单 插入(S) ➡ 切削(T)▶
➡ 📁法向除料(N)...命令；选取 XY 基准平面为草图平面，绘制图 25.3.20 所示的除料截面草图；在 除料属性 区域中 切削方法 的下拉列表中选择 厚度选项，在 限制 下拉列表中选择 贯通选项，单击"反向"按钮 ；单击 < 确定 > 按钮，完成特征的创建。

Step10. 创建图 25.3.21 所示的重新折弯特征。选择下拉菜单 插入(S) ➡ 成形(R)▶
➡ 重新折弯(R)...命令；系统弹出"重新折弯"对话框，选取图 25.3.22 所示的两个面为重新折弯面；单击 < 确定 > 按钮，完成特征的创建。

图 25.3.17 法向除料特征 3

图 25.3.18 除料截面草图

图 25.3.19 法向除料特征 4

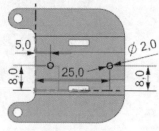

图 25.3.20 除料截面

图 25.3.21 重新折弯特征

Step11. 创建图 25.3.23 所示的基准平面 1。单击 <确定> 按钮，完成基准平面 1 的创建（注：具体参数和操作参见随书光盘）。

图 25.3.22 重新折弯面

图 25.3.23 基准平面 1

Step12. 创建图 25.3.24 所示的旋转特征 1。选择下拉菜单 启动 ➡ 建模(M)... 命令，进入建模环境；选择下拉菜单 插入(S) ➡ 设计特征(E)▶ ➡ 旋转(R)... 命令（或单击 按钮）；选取基准平面 1 为草图平面，绘制图 25.3.25 所示的截面草图；在图形区选取图 25.3.25 所示的边线作为旋转轴，在 开始 下拉列表中选择 值 选项，并在 角度 文本框中输入数值 0，在 结束 下拉列表中选择 值 选项，并在 角度 文本框中输入数值 360；在 布尔 下拉列表中选择 无 选项，单击 <确定> 按钮，完成旋转特征的创建。

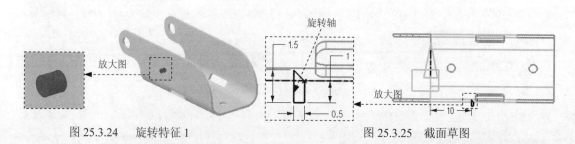

图 25.3.24 旋转特征 1   图 25.3.25 截面草图

Step13. 创建图 25.3.26 所示的实体冲压特征 1。将模型切换至 NX 钣金设计环境，选

择下拉菜单 插入(S) ➡️ 冲孔(H) ▶ ➡️ 实体冲压(S)... 命令；选取图 25.3.27 所示的面为目标面，选取图 25.3.28 所示的旋转特征 1 为工具体。选中 ☑自动判断厚度 、☑隐藏工具体 和 ☑恒定厚度 复选框，取消选中 ☐实体冲压边倒圆 复选框；单击 ＜确定＞ 按钮，完成特征的创建。

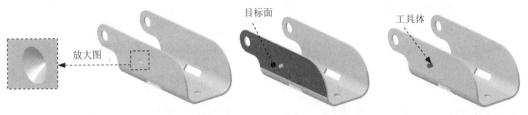

图 25.3.26 实体冲压特征 1   图 25.3.27 选取目标面   图 25.3.28 选取工具体

Step14. 创建图 25.3.29 所示的旋转特征 2。选择下拉菜单 启动▾ ➡️ 建模(M)... 命令，进入建模环境；选择下拉菜单 插入(S) ➡️ 设计特征(E) ▶ ➡️ 旋转(R)... 命令（或单击 按钮）；选取基准平面 1 为草图平面，绘制图 25.3.30 所示的截面草图；在图形区选取图 25.3.30 所示的边线作为旋转轴，在 开始 下拉列表中选择 值 选项，并在 角度 文本框中输入数值 0，在 结束 下拉列表中选择 值 选项，并在 角度 文本框中输入数值 360；在 布尔 下拉列表中选择 无 选项，单击 ＜确定＞ 按钮，完成旋转特征 2 的创建。

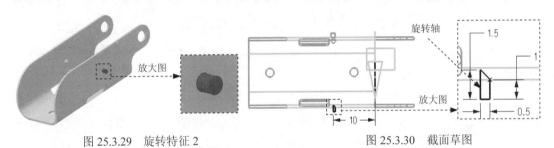

图 25.3.29 旋转特征 2   图 25.3.30 截面草图

Step15. 创建图 25.3.31 所示的实体冲压特征 2。将模型切换至 NX 钣金设计环境，选择下拉菜单 插入(S) ➡️ 冲孔(H) ▶ ➡️ 实体冲压(S)... 命令；选取图 25.3.32 所示的面为目标面，选取图 25.3.29 所示的旋转特征 2 为工具体。选中 ☑自动判断厚度 、☑隐藏工具体 和 ☑恒定厚度 复选框，取消选中 ☐实体冲压边倒圆 复选框；单击 ＜确定＞ 按钮，完成特征的创建。

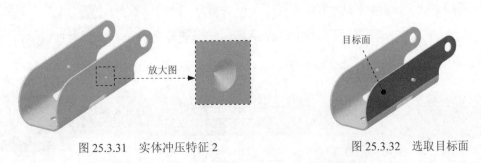

图 25.3.31 实体冲压特征 2   图 25.3.32 选取目标面

Step16. 保存钣金件模型。选择下拉菜单 文件(F) ➡️ 保存(S) 命令，即可保存钣金件模型。

25.4　钣金件 3

钣金件模型及模型树如图 25.4.1 所示。

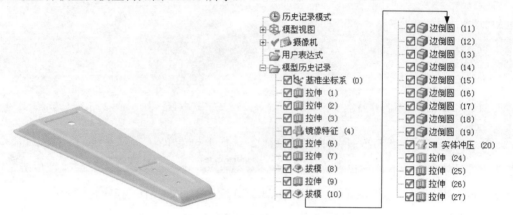

图 25.4.1　钣金件模型及模型树

Step1. 新建文件。选择下拉菜单 文件(F) ➡ 新建(N)... 命令，系统弹出"新建"对话框。在 模型 选项卡 模板 区域下的列表中选择 NX 钣金 模板，在 新文件名 区域的 名称 文本框中输入文件名称 staple_03，单击 确定 按钮，进入"NX 钣金"环境。

Step2. 创建图 25.4.2 所示的拉伸特征 1。选择下拉菜单 启动▾ ➡ 建模(M)... 命令，进入建模环境；选择下拉菜单 插入(S) ➡ 设计特征(E)▸ ➡ 拉伸(E)... 命令；选取 XY 基准平面为草图平面，选中 设置 区域的 ☑ 创建中间基准 CSYS 复选框，绘制图 25.4.3 所示的截面草图，拉伸方向采用系统默认的矢量方向；在 开始 下拉列表中选择 值 选项，在 距离 文本框中输入数值 0；在 结束 下拉列表中选择 值 选项，在 距离 文本框中输入数值 0.6，其他采用系统默认；单击 < 确定 > 按钮，完成拉伸特征 1 的创建。

Step3. 创建图 25.4.4 所示的拉伸特征 2。选择下拉菜单 插入(S) ➡ 设计特征(E)▸ ➡ 拉伸(E)... 命令；选取 ZX 基准平面为草图平面，取消选中 设置 区域的 ☐ 创建中间基准 CSYS 复选框，绘制图 25.4.5 所示的截面草图，拉伸方向采用系统默认的矢量方向；在 开始 下拉列表中选择 值 选项，在 距离 文本框中输入数值-17；在 结束 下拉列表中选择 值 选项，在 距离 文本框中输入数值 17，在 布尔 区域的 布尔 下拉列表中选择 无，其他采用系统默认设置；单击 < 确定 > 按钮，完成拉伸特征 2 的创建。

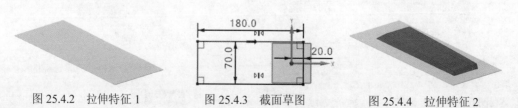

图 25.4.2　拉伸特征 1　　　图 25.4.3　截面草图　　　图 25.4.4　拉伸特征 2

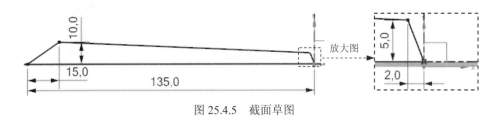

图 25.4.5 截面草图

Step4. 创建图 25.4.6 所示的拉伸特征 3。选择下拉菜单 插入(S) ➡ 设计特征(E)▶ ➡ 拉伸(E)... 命令；选取图 25.4.7 所示的模型表面为草图平面，绘制图 25.4.8 所示的截面草图，拉伸方向采用系统默认的矢量方向；在 开始 下拉列表中选择 值 选项，在 距离 文本框中输入数值 0；在 结束 下拉列表中选择 值 选项，在 距离 文本框中输入数值 12，在 布尔 区域的下拉列表中选择 求差 选项，选取 Step3 所创建的拉伸特征 2 为求差对象；单击 确定 按钮，完成拉伸特征 3 的创建。

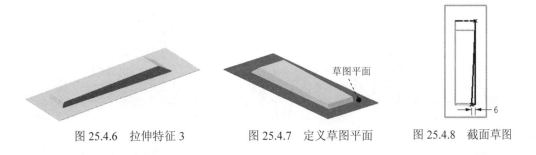

图 25.4.6 拉伸特征 3   图 25.4.7 定义草图平面   图 25.4.8 截面草图

Step5. 创建图 25.4.9b 所示的镜像特征。选择下拉菜单 插入(S) ➡ 关联复制(A) ➡ 镜像特征(M)... 命令；选取拉伸特征 3 为镜像对象，选取 ZX 基准平面为镜像平面，单击 确定 按钮，完成镜像特征的创建。

a）镜像前   b）镜像后

图 25.4.9 镜像特征

Step6. 创建图 25.4.10 所示的拉伸特征 4。选择下拉菜单 插入(S) ➡ 设计特征(E)▶ ➡ 拉伸(E)... 命令；选取图 25.4.7 所示的模型表面为草图平面，绘制图 25.4.11 所示的截面草图，在 限制 区域的 开始 下拉列表中选择 值 选项，并在其下的 距离 文本框中输入数值 0；在 限制 区域的 结束 下拉列表中选择 值 选项，并在其下的 距离 文本框中输入数值 15，并单击"反向"按钮 ；在 布尔 区域的下拉列表中选择 求和 选项，在图形区选取图 25.4.12 所示的实体特征为求和对象；单击 确定 按钮，完成拉伸特征 4 的创建。

说明：创建该拉伸特征的作用是为了作为实体冲压特征的目标体。

图 25.4.10　拉伸特征 4

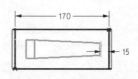

图 25.4.11　截面草图

图 25.4.12　选取求和对象

Step7. 创建图 25.4.13 所示的拉伸特征 5。选择下拉菜单 插入(S) ➡ 设计特征(E)▶ ➡ 拉伸(E)... 命令；选取图 25.4.14 所示的模型表面为草图平面，绘制图 25.4.15 所示的截面草图，单击"反向"按钮 ；在 开始 下拉列表中选择 值 选项，在 距离 文本框中输入数值 0；在 结束 下拉列表中选择 值 选项，在 距离 文本框中输入数值 1；在 布尔 区域的下拉列表中选择 求差 选项，在图形区选取图 25.4.16 所示的实体特征为求差对象；单击 < 确定 > 按钮，完成拉伸特征 5 的创建。

图 25.4.13　拉伸特征 5

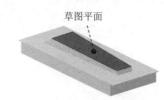

图 25.4.14　草图平面

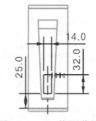

图 25.4.15　截面草图

图 25.4.16　选取求差对象

Step8. 创建拔模特征 1。选择下拉菜单 插入(S) ➡ 细节特征(L)▶ ➡ 拔模(T)... 命令，系统弹出"拔模"对话框。在 类型 区域的下拉列表中选择 从平面或曲面 选项，在 拔模方向 区域单击 按钮下的子按钮 ZC 选项，选取 Z 轴正方向作为脱模的方向；选取图 25.4.17 所示的平面作为拔模固定面，选取图 25.4.18 所示的四个表面作为拔模面；在 角度 1 文本框中输入数值 10；单击 < 确定 > 按钮，完成拔模特征 1 的创建。

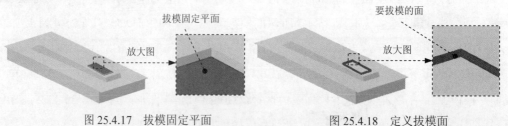

图 25.4.17　拔模固定平面　　　　　　　　图 25.4.18　定义拔模面

Step9. 创建图 25.4.19 所示的拉伸特征 6。选择下拉菜单 插入(S) ➡ 设计特征(E)▶ ➡

拉伸(E)...命令；选取图 25.4.20 所示的模型表面为草图平面，绘制图 25.4.21 所示的截面草图，单击"反向"按钮 ；在 开始 下拉列表中选择 值 选项，在 距离 文本框中输入数值 0；在 结束 下拉列表中选择 值 选项，在 距离 文本框中输入数值 1；在 布尔 区域的下拉列表中选择 求差 选项，在图形区选取图 25.4.16 所示的实体特征为求差对象，单击 确定 按钮，完成拉伸特征 6 的创建。

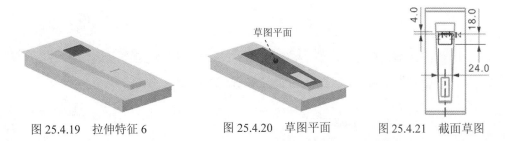

图 25.4.19　拉伸特征 6　　　图 25.4.20　草图平面　　　图 25.4.21　截面草图

Step10. 创建拔模特征 2。选择下拉菜单 插入(S) → 细节特征(L)▶ → 拔模(T)...命令，系统弹出"拔模"对话框。在 类型 区域的下拉列表中选择 从平面或曲面 选项，在 拔模方向 区域单击 按钮下的子按钮 ZC 选项，选取 Z 轴正方向作为脱模的方向；选取图 25.4.22 所示的平面作为拔模固定面，选取图 25.4.23 所示的四个表面作为拔模面；并在 角度 1 文本框中输入数值 10；单击 确定 按钮，完成拔模特征 2 的创建。

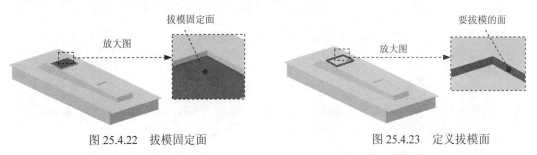

图 25.4.22　拔模固定面　　　　　　　图 25.4.23　定义拔模面

Step11. 创建图 25.4.24b 所示的边倒圆特征 1。选择下拉菜单 插入(S) → 细节特征(L) → 边倒圆(E)...命令；系统弹出"边倒圆"对话框；选取图 25.4.24a 所示的边线为边倒圆参照，在 半径 1 文本框中输入值 4；单击"边倒圆"对话框的 确定 按钮，完成边倒圆特征 1 的创建。

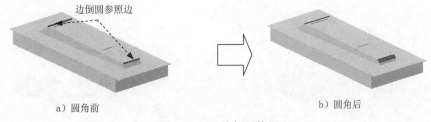

a）圆角前　　　　　　　　　　　b）圆角后

图 25.4.24　边倒圆特征 1

Step12. 创建边倒圆特征 2。选取图 25.4.25 所示的边线，圆角半径值为 1.5。

Step13. 创建边倒圆特征 3。选取图 25.4.26 所示的边线，圆角半径值为 0.8。

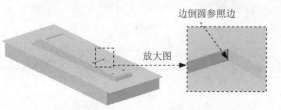

图 25.4.25　圆角参照边（一）

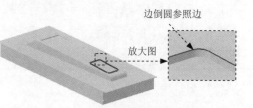

图 25.4.26　圆角参照边（二）

Step14. 创建边倒圆特征 4。选取图 25.4.27 所示的边线，圆角半径值为 1。

Step15. 创建边倒圆特征 5。选取图 25.4.28 所示的边线，圆角半径值为 1.5。

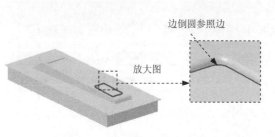

图 25.4.27　圆角参照边（三）

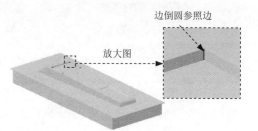

图 25.4.28　圆角参照边（四）

Step16. 创建边倒圆特征 6。选取图 25.4.29 所示的边线，圆角半径值为 0.8。

Step17. 创建边倒圆特征 7。选取图 25.4.30 所示的边线，圆角半径值为 1。

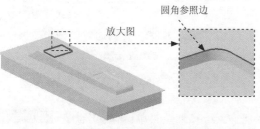

图 25.4.29　圆角参照边（五）

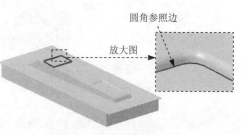

图 25.4.30　圆角参照边（六）

Step18. 创建边倒圆特征 8。选取图 25.4.31 所示的边线，圆角半径值为 1。

Step19. 创建边倒圆特征 9。选取图 25.4.32 所示的边线，圆角半径值为 1.5。

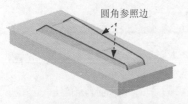

图 25.4.31　圆角参照边（七）

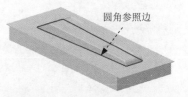

图 25.4.32　圆角参照边（八）

Step20. 创建图 25.4.33 所示的实体冲压特征 1。将模型切换至 NX 钣金设计环境，选

择下拉菜单 插入(S) ➡ 冲孔(H) ➡ 实体冲压(S) 命令；选取图 25.4.34 所示的面为目标面，选取图 25.4.35 所示的实体为工具体。选中 ☑自动判断厚度 、☑隐藏工具体 和 ☑恒定厚度 复选框，取消选中 ☐实体冲压边倒圆 复选框；单击 <确定> 按钮，完成实体冲压特征 1 的创建。

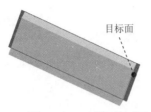

目标面

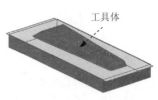

工具体

图 25.4.33　实体冲压特征 1　　　　图 25.4.34　选取目标面　　　　图 25.4.35　选取工具体

Step21. 创建图 25.4.36 所示的拉伸特征 7。选择下拉菜单 插入(S) ➡ 切削(T) ➡ 拉伸(E)... 命令；选取图 25.4.37 所示的模型表面为草图平面，绘制图 25.4.38 所示的截面草图，单击"反向"按钮 ↗；在 开始 下拉列表中选择 值 选项，在 距离 文本框中输入数值 0；在 结束 下拉列表中选择 贯通 选项，在 布尔 下拉列表中选择 求差 选项，采用系统默认的求差对象；单击 <确定> 按钮，完成拉伸特征 7 的创建。

说明：创建此拉伸特征的目的是为了切削冲压后多余的材料。

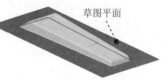

草图平面

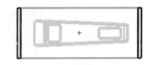

图 25.4.36　拉伸特征 7　　　　图 25.4.37　草图平面　　　　图 25.4.38　截面草图

Step22. 创建图 25.4.39 所示的拉伸特征 8。选择下拉菜单 插入(S) ➡ 切削(T) ➡ 拉伸(E)... 命令；选取图 25.4.37 所示的模型表面为草图平面，绘制图 25.4.40 所示的截面草图，单击"反向"按钮 ↗；在 开始 下拉列表中选择 值 选项，在 距离 文本框中输入数值 0；在 结束 下拉列表中选择 贯通 选项，在 布尔 下拉列表中选择 求差 选项，采用系统默认的求差对象；单击 <确定> 按钮，完成拉伸特征 8 的创建。

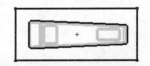

图 25.4.39　拉伸特征 8　　　　图 25.4.40　截面草图

Step23. 创建图 25.4.41 所示的拉伸特征 9。选择下拉菜单 插入(S) ➡ 剪切(T) ➡ 拉伸(E)... 命令；选取图 25.4.42 所示的模型表面为草图平面，绘制图 25.4.43 所示的截面草图;单击"反向"按钮 ;在 开始 下拉列表中选择 值 选项,在 距离 文本框中输入数值0;在 结束 下拉列表中选择 贯通 选项,在 布尔 下拉列表中选择 求差 选项,采用系统默认的求差对象;单击 确定 按钮,完成拉伸特征 9 的创建。

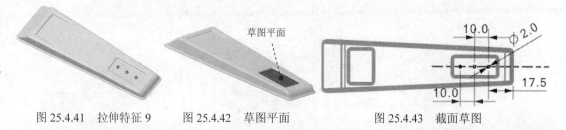

图 25.4.41　拉伸特征 9　　　图 25.4.42　草图平面　　　图 25.4.43　截面草图

Step24. 创建图 25.4.44 所示的拉伸特征 10。选择下拉菜单 插入(S) ➡ 切削(T)▶ ➡ 拉伸(E)... 命令;选取图 25.4.45 所示的模型表面为草图平面,绘制图 25.4.46 所示的截面草图;单击"反向"按钮 ;在 开始 下拉列表中选择 值 选项,在 距离 文本框中输入数值0;在 结束 下拉列表中选择 贯通 选项,在 布尔 下拉列表中选择 求差 选项,采用系统默认的求差对象;单击 确定 按钮,完成拉伸特征 10 的创建。

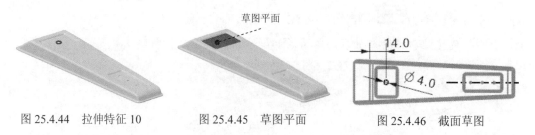

图 25.4.44　拉伸特征 10　　　图 25.4.45　草图平面　　　图 25.4.46　截面草图

Step25. 保存钣金件模型。选择下拉菜单 文件(F) ➡ 保存(S) 命令,即可保存钣金件模型。

25.5　钣 金 件 4

钣金件模型及模型树如图 25.5.1 所示。

图 25.5.1　钣金件模型及模型树

Step1. 新建文件。选择下拉菜单 文件(F) ➡ 新建(N)... 命令,系统弹出"新建"对话

框。在 模型 选项卡 模板 区域下的列表中选择 NX 钣金 模板。在 新文件名 区域的 名称 文本框中输入文件名称 staple_04。单击 确定 按钮，进入"NX 钣金"环境。

Step2. 创建图 25.5.2 所示的突出块特征 1。选择下拉菜单 插入(S) ➜ 突出块(B)... 命令；选取 XY 基准平面为草图平面，选中 设置 区域的 ☑ 创建中间基准 CSYS 复选框，绘制图 25.5.3 所示的截面草图；在 厚度 文本框中输入数值 0.8，厚度方向采用系统默认的矢量方向；单击 < 确定 > 按钮，完成突出块特征 1 的创建。

Step3. 创建图 25.5.4 所示的弯边特征 1。选择下拉菜单 插入(S) ➜ 折弯(N) ➜ 弯边(F)... 命令，系统弹出"弯边"对话框；选取图 25.5.5 所示的边缘为弯边的线性边，系统显示出图 25.5.4 所示的折弯方向；在 宽度选项 下拉列表中选择 完整 选项；在 长度 文本框中输入数值 15，在 角度 文本框中输入数值 90，在 参考长度 下拉列表中选择 内部 选项，在 内嵌 下拉列表中选择 材料内侧 选项；在 偏置 文本框中输入值 0；在 折弯参数 区域中单击 折弯半径 文本框右侧的 ≡ 按钮，在弹出的快捷菜单中选择 使用本地值 选项，然后在 折弯半径 文本框中输入数值 1.2；在 止裂口 区域的 折弯止裂口 下拉列表中选择 无 选项，在 拐角止裂口 下拉列表中选择 仅折弯 选项；在"弯边"对话框中的 截面 区域单击 按钮，绘制图 25.5.6 所示的弯边截面草图；单击"弯边"对话框的 < 确定 > 按钮，完成弯边特征 1 的创建。

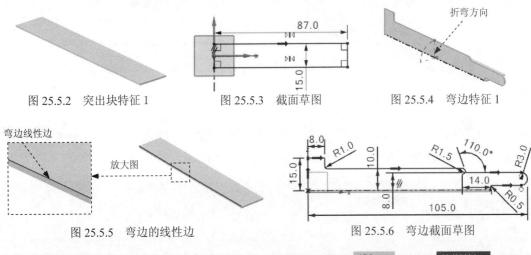

图 25.5.2 突出块特征 1　　　图 25.5.3 截面草图　　　图 25.5.4 弯边特征 1

图 25.5.5 弯边的线性边　　　　　　图 25.5.6 弯边截面草图

Step4. 创建图 25.5.7 所示的镜像特征 1。选择下拉菜单 插入(S) ➜ 关联复制(A) ➜ 镜像特征(M)... 命令，系统弹出"镜像特征"对话框；选取 Step3 创建的弯边特征 1 为镜像对象，选取 ZX 基准平面为镜像平面，单击 < 确定 > 按钮，完成镜像特征 1 的创建。

Step5. 创建图 25.5.8 所示的法向除料特征 1。选择下拉菜单 插入(S) ➜ 切削(T) ➜ 法向除料(N)... 命令；选取图 25.5.9 所示的模型表面为草图平面，取消选中 设置 区域的 ☐ 创建中间基准 CSYS 复选框，绘制图 25.5.10 所示的除料截面草图；在 除料属性 区域的 切削方法 下拉列表中选取 厚度 选项，在 限制 下拉列表中选取 贯通 选项；单击 < 确定 > 按钮，完成法向除料特征 1 的创建。

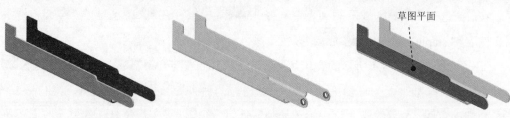

图 25.5.7 镜像特征 1　　　　图 25.5.8 法向除料特征 1　　　　图 25.5.9 草图平面

Step6. 创建图 25.5.11 所示的法向除料特征 2。选择下拉菜单 插入(S) ➡ 切削(T)▶ ➡ 法向除料(N)... 命令；选取图 25.5.12 所示的模型表面为草图平面，绘制图 25.5.13 所示的除料截面草图；在 除料属性 区域的 切削方法 下拉列表中选取 厚度 选项，在 限制 下拉列表中选取 贯通 选项；单击 < 确定 > 按钮，完成法向除料特征 2 的创建。

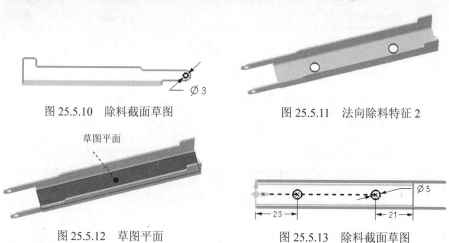

图 25.5.10 除料截面草图　　　　　　　图 25.5.11 法向除料特征 2

图 25.5.12 草图平面　　　　　　　　　图 25.5.13 除料截面草图

Step7. 创建图 25.5.14 所示的法向除料特征 3。选择下拉菜单 插入(S) ➡ 切削(T)▶ ➡ 法向除料(N)... 命令；选取图 25.5.9 所示的模型表面为草图平面，绘制图 25.5.15 所示的除料截面草图；在 除料属性 区域的 切削方法 下拉列表中选取 厚度 选项，在 限制 下拉列表中选取 贯通 选项；单击 < 确定 > 按钮，完成法向除料特征 3 的创建。

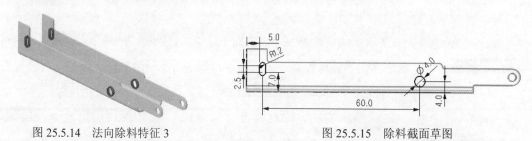

图 25.5.14 法向除料特征 3　　　　　　　图 25.5.15 除料截面草图

Step8. 创建图 25.5.16 所示的弯边特征 2。选择下拉菜单 插入(S) ➡ 折弯(N)▶ ➡ 弯边(F)... 命令，系统弹出"弯边"对话框；选取图 25.5.17 所示的边缘为弯边的线性边；在 宽度选项 下拉列表中选择 在中心 选项；在 宽度 文本框中输入数值 5，在 长度 文本框中输入数值 4，在 角度 文本框中输入数值 90，在 参考长度 下拉列表中选择 ┐内部 选项，在 内嵌 下拉列表中选择 ┐折弯外侧 选项；在 偏置 文本框中输入数值 0；单击 折弯半径 文本框右侧的 ☰ 按钮，在系统弹出的快捷菜单中选择 使用本地值 选项，然后在 折弯半径 文本框中输入数值 1；在 止裂口 区域的 折弯止裂口 下拉列表中选择 ⊘无 选项，在 拐角止裂口 下拉列表中选择 仅折弯 选项；单击"弯边"对话框的 ＜ 确定 ＞ 按钮，完成弯边特征 2 的创建。

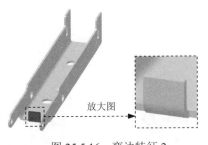

图 25.5.16　弯边特征 2

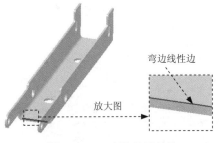

图 25.5.17　弯边的线性边

Step9. 创建图 25.5.18 所示的法向除料特征 4。选择下拉菜单 插入(S) ➡ 切削(T)▸ ➡ 法向除料(N)... 命令；选取图 25.5.12 所示的模型表面为草图平面，绘制图 25.5.19 所示的除料截面草图；在 除料属性 区域的 切削方法 下拉列表中选取 ┳厚度 选项，在 限制 下拉列表中选取 ┳贯通 选项；单击 ＜ 确定 ＞ 按钮，完成法向除料特征 4 的创建。

图 25.5.18　法向除料特征 4

图 25.5.19　除料截面草图

Step10. 创建图 25.5.20 所示的弯边特征 3。选择下拉菜单 插入(S) ➡ 折弯(N)▸ ➡ 弯边(F)... 命令，系统弹出"弯边"对话框；选取图 25.5.21 所示的边缘为弯边的线性边；在 宽度选项 下拉列表中选择 ▪▪在中心 选项；在 宽度 文本框中输入数值 5，在 长度 文本框中输入数值 4，在 角度 文本框中输入数值 90，在 参考长度 下拉列表中选择 ┐内部 选项，在 内嵌 下拉列表中选择 ┐折弯外侧 选项；在 偏置 文本框中输入数值 0；单击 折弯半径 文本框右侧的 ☰ 按钮，在系统弹出的快捷菜单中选择 使用本地值 选项，然后在 折弯半径 文本框中输入数值 1；在 止裂口 区域的 折弯止裂口 下拉列表中选择 ⊘无 选项，在 拐角止裂口 下拉列表中选择 仅折弯 选项；单击"弯边"对话框的 ＜ 确定 ＞ 按钮，完成弯边特征 3 的创建。

Step11. 创建图 25.5.22 所示的弯边特征 4。选择下拉菜单 插入(S) ➡ 折弯(N)▸ ➡ 弯边(F)... 命令，系统弹出"弯边"对话框；选取图 25.5.23 所示的边缘为弯边的线性边；

在 宽度选项 下拉列表中选择 完整；在 长度 文本框中输入数值6，在 角度 文本框中输入数值90，在 参考长度 下拉列表中选择 内部 选项，在 内嵌 下拉列表中选择 材料内侧 选项；在 偏置 文本框中输入数值0；单击 折弯半径 文本框右侧的 按钮，在系统弹出的快捷菜单中选择 使用本地值 选项，然后在 折弯半径 文本框中输入数值1；在 止裂口 区域的 折弯止裂口 下拉列表中选择 无 选项，在 拐角止裂口 下拉列表中选择 仅折弯 选项；在"弯边"对话框 截面 区域中单击"截面"按钮，绘制图25.5.24所示的弯边截面草图；单击"弯边"对话框的 确定 按钮，完成弯边特征4的创建。

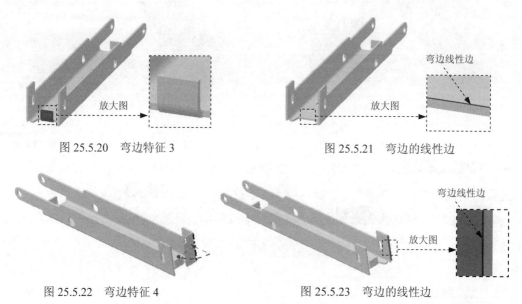

图 25.5.20 弯边特征 3   图 25.5.21 弯边的线性边

图 25.5.22 弯边特征 4   图 25.5.23 弯边的线性边

Step12. 创建图25.5.25所示的镜像特征2。选择下拉菜单 插入(S) —→ 关联复制(A) —→ 镜像特征(M) 命令，系统弹出"镜像特征"对话框；选取Step11创建的弯边特征4为镜像对象，选取ZX基准平面为镜像平面，单击 确定 按钮，完成镜像特征2的创建。

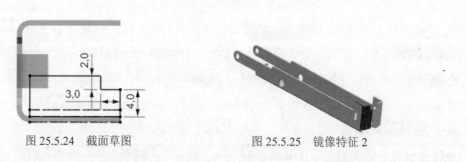

图 25.5.24 截面草图   图 25.5.25 镜像特征 2

Step13. 创建图25.5.26所示的法向除料特征5。选择下拉菜单 插入(S) —→ 切削(T)▶ 法向除料(N)... 命令；选取图25.5.27所示的模型表面为草图平面，绘制图25.5.28所示的除料截面草图；在 除料属性 区域的 切削方法 下拉列表中选取 厚度 选项，在 限制 下拉列表中选取 贯通 选项；单击 确定 按钮，完成法向除料特征5的创建。

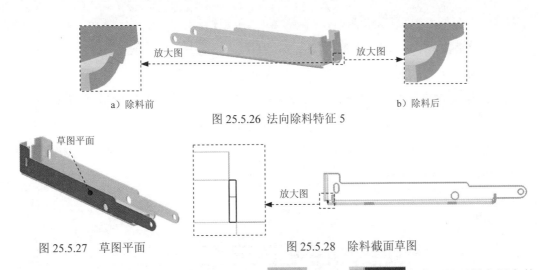

放大图   放大图

a）除料前   b）除料后

图 25.5.26 法向除料特征 5

草图平面

放大图

图 25.5.27 草图平面   图 25.5.28 除料截面草图

Step14. 保存钣金件模型。选择下拉菜单 文件(F) ➡ 保存(S) 命令，即可保存钣金件模型。

25.6 钣 金 件 5

钣金件模型及模型树如图 25.6.1 所示。

图 25.6.1 钣金件模型及模型树

Step1. 新建文件。选择下拉菜单 文件(F) ➡ 新建(N)... 命令，系统弹出"新建"对话框。在 模型 选项卡 模板 区域下的列表中选择 NX 钣金 模板，在 新文件名 区域的 名称 文本框中输入文件名称 staple_05，单击 确定 按钮，进入"NX 钣金"环境。

Step2. 创建图 25.6.2 所示的突出块特征 1。选择下拉菜单 插入(S) ➡ 突出块(B)... 命令；选取 XY 基准平面为草图平面，选中 设置 区域的 ☑ 创建中间基准 CSYS 复选框，绘制图 25.6.3 所示的截面草图；在 厚度 文本框中输入数值 0.8，厚度方向采用系统默认的矢量方向；单击 ＜ 确定 ＞ 按钮，完成突出块特征 1 的创建。

Step3. 创建图 25.6.4 所示的弯边特征 1。选择下拉菜单 插入(S) ➡ 折弯(N) ▶ ➡ 弯边(F)... 命令，系统弹出"弯边"对话框；选取图 25.6.5 所示的边缘为弯边的线性边；

在 宽度选项 下拉列表中选择 ■ 完整 选项；在 长度 文本框中输入数值 8，在 角度 文本框中输入数值 90，在 参考长度 下拉列表中选择 ┒ 内部 选项，在 内嵌 下拉列表中选择 ┒ 材料内侧 选项；在 偏置 文本框中输入数值 0；在 折弯参数 区域中单击 折弯半径 文本框右侧的 目 按钮，在弹出的快捷菜单中选择 使用本地值 选项，然后在 折弯半径 文本框中输入数值 1；在 止裂口 区域的 折弯止裂口 下拉列表中选择 ◯ 无 选项，在 拐角止裂口 下拉列表中选择 仅折弯 选项；在"弯边"对话框中的 截面 区域单击 按钮，绘制图 25.6.6 所示的弯边截面草图；单击"弯边"对话框的 <确定> 按钮，完成弯边特征 1 的创建。

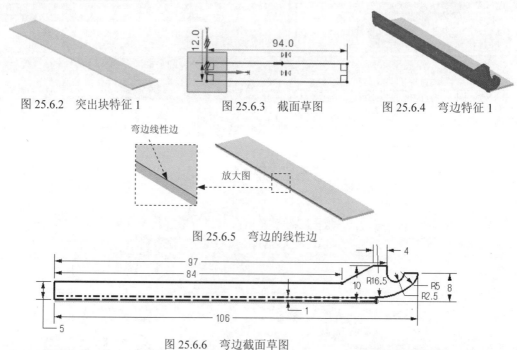

图 25.6.2　突出块特征 1　　　　图 25.6.3　截面草图　　　　图 25.6.4　弯边特征 1

图 25.6.5　弯边的线性边

图 25.6.6　弯边截面草图

Step4. 创建图 25.6.7 所示的镜像特征 1。选择下拉菜单 插入(S) → 关联复制(A) → 镜像特征(M)... 命令，系统弹出"镜像特征"对话框；选取 Step3 创建的弯边特征 1 为镜像对象，选取 ZX 基准平面为镜像平面，单击 确定 按钮，完成镜像特征 1 的创建。

Step5. 创建图 25.6.8 所示的法向除料特征 1。选择下拉菜单 插入(S) → 切削(T)▶ → 法向除料(N)... 命令；选取图 25.6.9 所示的模型表面为草图平面，取消选中 设置 区域的 □ 创建中间基准 CSYS 复选框，绘制图 25.6.10 所示的除料截面草图；在 除料属性 区域的 切削方法 下拉列表中选取 厚度 选项，在 限制 下拉列表中选取 ━ 贯通 选项，单击 <确定> 按钮，完成法向除料特征 1 的创建。

图 25.6.7　镜像特征 1

图 25.6.8　法向除料特征 1

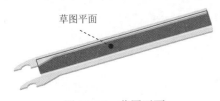

草图平面

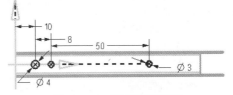

图 25.6.9　草图平面　　　　　　　　　　图 25.6.10　除料截面草图

Step6. 创建图 25.6.11 所示的法向除料特征 2。选择下拉菜单 插入(S) ➡ 切削(T) ▸ ➡ 法向除料(N)... 命令；选取图 25.6.9 所示的模型表面为草图平面，绘制图 25.6.12 所示的除料截面草图；在 除料属性 区域的 切削方法 下拉列表中选取 厚度 选项，在 限制 下拉列表中选取 贯通 选项；单击 确定 按钮，完成法向除料特征 2 的创建。

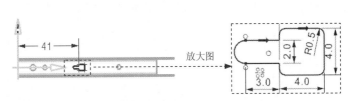

图 25.6.11　法向除料特征 2　　　　　　图 25.6.12　除料截面草图

Step7. 创建图 25.6.13 所示的拉伸特征 1。选择下拉菜单 插入(S) ➡ 切削(T) ▸ ➡ 拉伸(E)... 命令，选取 XY 基准平面为草图平面，绘制图 25.6.14 所示的截面草图，拉伸方向采用系统默认的矢量方向；在 开始 下拉列表中选择 值 选项，在 距离 文本框中输入数值 0；在 结束 下拉列表中选择 值 选项，在 距离 文本框中输入数值 0.8，在 布尔 区域的下拉列表中选择 求和 选项，采用系统默认的求和对象；单击 确定 按钮，完成拉伸特征 2 的创建。

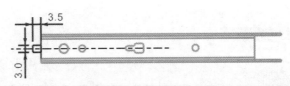

图 25.6.13　拉伸特征 1　　　　　　　　图 25.6.14　截面草图

Step8. 创建图 25.6.15b 所示的边倒圆特征 1。选择下拉菜单 启动▾ ➡ 建模(M)... 命令，进入建模环境，选择下拉菜单 插入(S) ➡ 细节特征(L) ➡ 边倒圆(E)... 命令，选取图 25.6.15a 所示的边线为边倒圆参照，在 要倒圆的边 区域的 形状 下拉列表中选择 圆形 选项，半径 1 文本框中输入数值 0.5；单击"边倒圆"对话框的 确定 按钮，完成边倒圆特征 1 的创建。

Step9. 保存钣金件模型。选择下拉菜单 文件(F) ➡ 保存(S) 命令，即可保存钣金件模型。

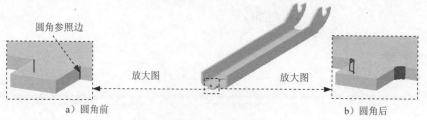

图 25.6.15　边倒圆特征 1

25.7　钣金件 6

钣金件模型及模型树如图 25.7.1 所示。

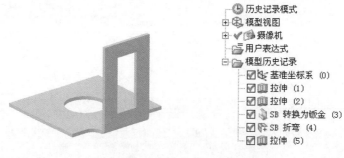

图 25.7.1　钣金件模型及模型树

Step1. 新建文件。选择下拉菜单 文件(F) ━━━▶ 新建(N)... 命令，系统弹出"新建"对话框。在 模型 选项卡 模板 区域下的列表中选择 NX 钣金 模板。在 新文件名 区域的 名称 文本框中输入文件名称 staple_06。单击 确定 按钮，进入"NX 钣金"环境。

Step2. 创建图 25.7.2 所示的拉伸特征 1。选择下拉菜单 插入(S) ━━━▶ 切削(T)▶ ━━━▶ 拉伸(E)... 命令，选取 XY 基准平面为草图平面，选中 设置 区域的 ☑ 创建中间基准 CSYS 复选框，绘制图 25.7.3 所示的截面草图，拉伸方向采用系统默认的矢量方向；在 开始 下拉列表中选择 值 选项，在 距离 文本框中输入数值 0；在 结束 下拉列表中选择 值 选项，在 距离 文本框中输入数值 0.5；单击 确定 按钮，完成拉伸特征 1 的创建。

Step3. 创建图 25.7.4 所示的拉伸特征 2。选择下拉菜单 插入(S) ━━━▶ 切削(T)▶ ━━━▶ 拉伸(E)... 命令，选取 XY 基准平面为草图平面，取消选中 设置 区域的 ☐ 创建中间基准 CSYS 复选框，绘制图 25.7.5 所示的截面草图，拉伸方向采用系统默认的矢量方向；在 开始 下拉列表中选择 值 选项，在 距离 文本框中输入数值 0；在 结束 下拉列表中选择 贯通 选项，在 布尔 区域的下拉列表中选择 求差 选项，采用系统默认的求差对象；单击 确定 按钮，完成拉伸特征 2 的创建。

图 25.7.2 拉伸特征 1

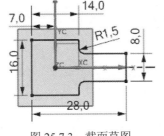

图 25.7.3 截面草图

图 25.7.4 拉伸特征 2

Step4. 将模型转换为钣金。选择下拉菜单 插入(S) ➡ 转换(V) ➡ 转换为钣金(C)... 命令；系统弹出"转换为钣金"对话框。选取图 25.7.6 所示的面，单击 确定 按钮，完成该操作。

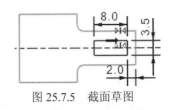

图 25.7.5 截面草图

图 25.7.6 选取面

Step5. 创建图 25.7.7 所示的折弯特征 1。选择下拉菜单 插入(S) ➡ 折弯(H)▶ ➡ 折弯(B)... 命令，系统弹出"折弯"对话框；选取图 25.7.6 所示的模型表面为草图平面，绘制图 25.7.8 所示的折弯线；在"折弯"对话框中将 内嵌 设置为 折弯中心线轮廓 选项，在 角度 文本框中输入折弯角度值 90，在 折弯参数 区域中单击 折弯半径 文本框右侧的 按钮，在系统弹出的菜单中选择 使用本地值 选项，然后在 折弯半径 文本框中输入数值 0.2；单击 反侧 后的 按钮；其他参数采用系统默认设置值；单击"折弯"对话框的 确定 按钮，完成折弯特征 1 的创建。

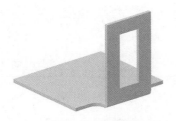

图 25.7.7 折弯特征 1

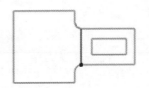

图 25.7.8 折弯线

Step6. 创建图 25.7.9 所示的拉伸特征 3。选择下拉菜单 插入(S) ➡ 切削(T)▶ ➡ 拉伸(E)... 命令，选取 XY 基准平面为草图平面，绘制图 25.7.10 所示的截面草图，拉伸方向采用系统默认的矢量方向；在 开始 下拉列表中选择 值 选项，在 距离 文本框中输入数值 0；在 结束 下拉列表中选择 贯通 选项，在 布尔 区域的下拉列表中选择 求差 选项，采用系统默认的求差对象；单击 确定 按钮，完成拉伸特征 3 的创建。

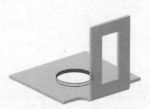

图 25.7.9　拉伸特征 3

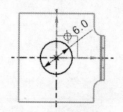

图 25.7.10　截面草图

Step7. 保存零件模型。选择下拉菜单 文件(F) ➡ 保存(S) 命令，即可保存零件模型。

实例 26　电器柜设计

26.1　实　例　概　述

　　本实例详细讲解了图 26.1.1 所示电器柜的整个设计过程，其设计过程是先分析电器柜的整体结构，将电器柜整体分为总框架装配和柜门装配两个装配组件，再创建总框架装配和柜门装配的各个零部件，然后将零部件插入到装配体文件中进行组装，从而得到总框架装配和柜门装配两个装配体，最后将总框架装配和柜门装配两个装配体再进行装配，得到最终的电器柜装配体。在用此方法进行设计的过程中，由于零部件的设计是独立的，可以让设计人员更专注于单个零件的设计，所以当装配体零部件之间的配合关系较为简单，外形也不是很复杂时，自下向顶设计是优先考虑的方法。

a）总装配体　　　　　　　　b）总框架装配体　　　　　　　c）柜门装配体

图 26.1.1　电器柜

　　图 26.1.2 所示为总框架装配体的装配结构。总框架装配体由主体装配和底座装配两部分构成。主体装配体中包含上框架装配、下框架装配、立柱及封板等零件，其中上框架装配和下框架装配结构相同，其包含框架后梁（back_bridge_for_frame.prt）、框架左右梁（left_and_right_bridge_for_frame.prt）和框架前梁（front_bridge_for_frame.prt）三个零件；框架左前立柱和框架右前立柱结构相同但方向对称；左侧封板和右侧封板结构相似；顶部封板和底部封板结构相似。

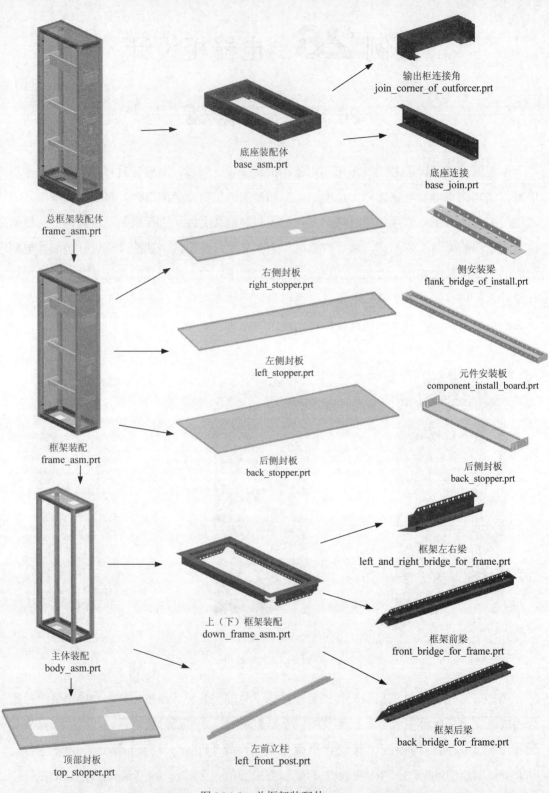

图 26.1.2　总框架装配体

图 26.1.3 所示为柜门的装配结构，其由柜门和铰链两个零件构成。

图 26.1.3　柜门装配体

柜门装配
door_asm.prt

柜门
door.prt

柜门铰链
links.prt

由于本实例中多数零件结构较相似，所以读者在创建零件时只需创建部分零件即可，其他零件可直接使用随书光盘 D:\ugnx90.10\work\ch26 目录下的文件。

26.2　框架前梁

下面将进行框架前梁的设计，模型和模型树如图 26.2.1 所示。

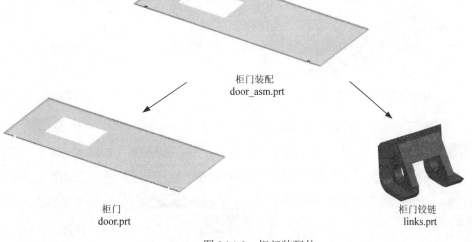

图 26.2.1　钣金件模型及模型树

Step1. 新建文件。选择下拉菜单 文件(F) ➡ 新建(N)... 命令，系统弹出"新建"对话框。在 模型 选项卡 模板 区域下的列表中选择 NX 钣金 模板。在 新文件名 区域的 名称 文本框中输入文件名称 front_bridge_for_frame。单击 确定 按钮，进入"NX 钣金"环境。

Step2. 创建图 26.2.2 所示的轮廓弯边特征。选择下拉菜单 插入(S) ➡ 折弯(N) ➡ 轮廓弯边(C)... 命令，系统弹出"轮廓弯边"对话框；在"轮廓弯边"对话框 类型 区域的下拉列表中选择 基本 选项；单击 按钮，选取 YZ 平面为草图平面，选中 设置 区域的 ☑ 创建中间基准 CSYS 复选框，单击 确定 按钮，绘制图 26.2.3 所示的截面草图；厚度方向采用系统默认的矢量方向，在"轮廓弯边"对话框中单击 ⟨确定⟩ 按钮，完成特征的创建（注：

具体参数和操作参见随书光盘）。

图 26.2.2　轮廓弯边特征

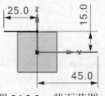

图 26.2.3　截面草图

Step3. 创建图 26.2.4 所示的法向除料特征 1。选择下拉菜单 插入(S) ➡ 切削(T)▸ ➡ 🗌 法向除料(N)... 命令，系统弹出"法向除料"对话框；单击 🔲 按钮，选取 XY 平面为草图平面，取消选中 设置 区域的 🗌 创建中间基准 CSYS 复选框，单击 确定 按钮，绘制图 26.2.5 所示的截面草图；在 除料属性 区域的 切削方法 下拉列表中选择 厚度 选项；在 限制 下拉列表中选择 贯通 选项，单击"反向"按钮 ⤬；单击 < 确定 > 按钮，完成法向除料特征 1 的创建。

图 26.2.4　法向除料特征 1

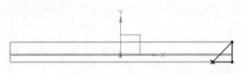

图 26.2.5　截面草图

Step4. 创建图 26.2.6 所示的镜像特征 1。选择下拉菜单 插入(S) ➡ 关联复制(A)▸ ➡ 镜像特征(M)... 命令，系统弹出"镜像特征"对话框；在"镜像特征"对话框 相关特征 列表框中选择 Step3 创建的法向除料特征 1 为镜像对象，选取 YZ 基准平面为镜像平面，单击 确定 按钮，完成镜像特征 1 的创建。

图 26.2.6　镜像特征 1

Step5. 创建图 26.2.7 所示的弯边特征 1。选择下拉菜单 插入(S) ➡ 折弯(N)▸ ➡ 弯边(F)... 命令，系统弹出"弯边"对话框；选取图 26.2.8 所示的模型边线为线性边；在 宽度 区域的 宽度选项 下拉列表中选择 从两端 选项，在 距离 1 文本框中输入数值 45，在 距离 2 文本框中输入数值 45；在 弯边属性 区域的 长度 文本框中输入数值 45，在 角度 文本框中输入数值 90，在 参考长度 下拉列表中选择 外部 选项，在 内嵌 下拉列表中选择 材料内侧 选项；在 偏置 区域的 偏置 文本框中输入数值 0；单击 折弯半径 文本框右侧的 ☰ 按钮，在系统弹出的快捷菜单中选择 使用本地值 选项，然后在 折弯半径 文本框中输入数值 0.5；在 止裂口 区域的 折弯止裂口 下拉列表中选择 无 选项；在 拐角止裂口 下拉列表中选择 仅折弯 选项；单击 < 确定 > 按钮，完成弯边特征 1 的创建。

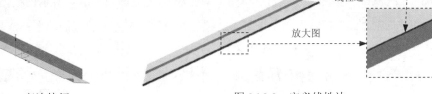

图 26.2.7　弯边特征 1　　　　　　　　图 26.2.8　定义线性边

Step6. 创建图 26.2.9 所示的弯边特征 2。选择下拉菜单 插入(S) ➡ 折弯(N) ➡ 弯边(F)... 命令；选取图 26.2.10 所示的边线为弯边的线性边，在 宽度选项 下拉列表中选择 完整 选项；在 弯边属性 区域的 长度 文本框中输入数值 43；在 角度 文本框中输入数值 90；在 参考长度 下拉列表中选择 外部 选项；在 内嵌 下拉列表中选择 材料内侧 选项；在 偏置 区域的 偏置 文本框中输入数值 0；单击 折弯半径 文本框右侧的 按钮，在系统弹出的快捷菜单中选择 使用本地值 选项，然后在 折弯半径 文本框中输入数值 0.2；在 止裂口 区域中的 折弯止裂口 下拉列表中选择 正方形 选项；在 拐角止裂口 下拉列表中选择 仅折弯 选项；单击 确定 按钮，完成弯边特征 2 的创建。

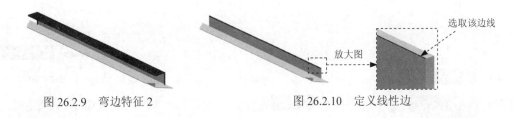

图 26.2.9　弯边特征 2　　　　　　　　图 26.2.10　定义线性边

Step7. 创建图 26.2.11 所示的弯边特征 3。选择下拉菜单 插入(S) ➡ 折弯(N) ➡ 弯边(F)... 命令，选取图 26.2.12 所示的边线为弯边的线性边，在 宽度 区域的 宽度选项 下拉列表中选择 从两端 选项，在 距离 1 文本框中输入数值 28，在 距离 2 文本框中输入数值 28；在 弯边属性 区域的 长度 文本框中输入数值 20，在 角度 文本框中输入数值 90，在 参考长度 下拉列表中选择 外部 选项，在 内嵌 下拉列表中选择 材料内侧 选项；在 偏置 区域的 偏置 文本框中输入数值 0；单击 折弯半径 文本框右侧的 按钮，在系统弹出的快捷菜单中选择 使用本地值 选项，然后在 折弯半径 文本框中输入数值 0.5；在 止裂口 区域的 折弯止裂口 下拉列表中选择 无 选项；在 拐角止裂口 下拉列表中选择 仅折弯 选项；单击 确定 按钮，完成弯边特征 3 的创建。

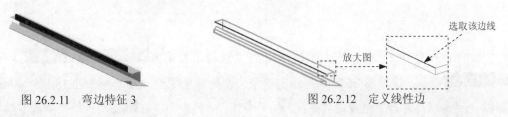

图 26.2.11　弯边特征 3　　　　　　　　图 26.2.12　定义线性边

Step8. 创建图 26.2.13 所示的拉伸特征 1。选择下拉菜单 插入(S) ➡ 切削(T) ➡ 拉伸(E)... 命令（或单击 按钮），系统弹出"拉伸"对话框；单击"拉伸"对话框中的"绘制截面"按钮，系统弹出"创建草图"对话框；选取图 26.2.14 所示的模型表面为草图平面，单击 确定 按钮，进入草图环境；绘制图 26.2.15 所示的截面草图；或单击 完成草图 按钮，退出草图环境；在 限制 区域的 开始 下拉列表中选择 值 选项，在 距离 文本框中输入数值 0，在 结束 下拉列表中选择 贯通 选项，在 布尔 区域的 布尔 下拉列表中选择 求差 选项，采用系统默认的求差对象，在 方向 区域中单击"反向"按钮 X；单击 确定 按钮，完成拉伸特征 1 的创建。

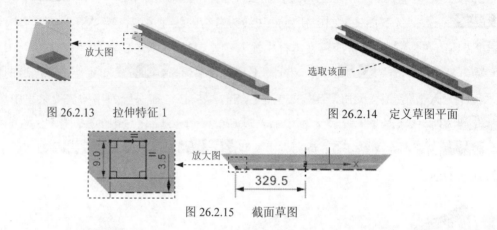

图 26.2.13　拉伸特征 1 　　　　　　图 26.2.14　定义草图平面

图 26.2.15　截面草图

Step9. 创建图 26.2.16 所示的线性阵列特征 1。选择下拉菜单 插入(S) ➙ 关联复制(A) ➙ 阵列特征(A) 命令，系统弹出"阵列特征"对话框；选取拉伸特征 1 为阵列对象；在对话框中的 布局 下拉列表中选择 线性 选项；在对话框的 方向 1 区域中单击 按钮，选择 XC 轴为第一阵列方向；在 间距 下拉列表中选择 数量和节距 选项，然后在 数量 文本框中输入阵列数量为 27，在 节距 文本框中输入阵列节距值为 25；并在 方向 2 区域中取消选中 使用方向 2 复选框；单击 确定 按钮，完成线性阵列的创建。

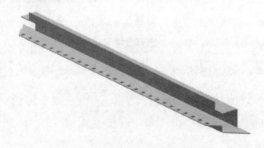

图 26.2.16　线性阵列特征 1

Step10. 创建图 26.2.17 所示的拉伸特征 2。选择下拉菜单 插入(S) ➙ 切削(T) ➙ 拉伸(E)... 命令；选取图 26.2.14 所示的模型表面为草图平面，绘制图 26.2.18 所示的截面草图，在 方向 区域中单击"反向"按钮 X；在 开始 下拉列表中选择 值 选项，并在其下的 距离 文本框中输入数值 0；在 结束 下拉列表中选择 值 选项，并在其下的 距离 文本框中输入数值 30；在 布尔 区域的 布尔 下拉列表中选择 求差 选项，采用系统默认的求差对象；单击 确定按钮，完成拉伸特征 2 的创建。

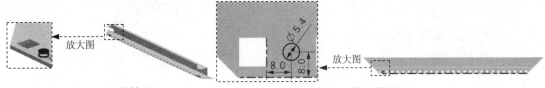

图 26.2.17　拉伸特征 2　　　　　　　图 26.2.18　截面草图

Step11. 创建图 26.2.19 所示的线性阵列特征 2。选择下拉菜单 插入(S) ➡ 关联复制(A)▸ ➡ 阵列特征(A)... 命令；选取图26.2.17所示的拉伸特征2为阵列对象，在对话框中的 布局 下拉列表中选择 线性 选项；在对话框的 方向 1 区域中单击 按钮，选择 XC 轴为第一阵列方向；在 间距 下拉列表中选择 数量和节距 选项，然后在 数量 文本框中输入阵列数量为 26，在 节距 文本框中输入阵列节距值为 25；并在 方向 2 区域中取消选中 □ 使用方向 2 复选框；单击 确定 按钮，完成线性阵列的创建。

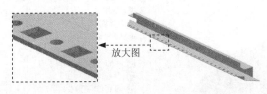

放大图

图 26.2.19　线性阵列特征 2

Step12. 创建图 26.2.20 所示的孔特征 1。选择下拉菜单 插入(I) ➡ 设计特征(E)▸ ➡ 孔(H)... 命令，系统弹出"孔"对话框；在"孔"对话框的 类型 下拉列表中选择 常规孔 选项；在"孔"对话框中单击 按钮，在图 26.2.21 所示的模型表面上单击以确定该面为孔的放置面，单击 确定 按钮；进入草图环境后创建图 26.2.22 所示的点并添加相应的几何约束，完成后退出草图；在"孔"对话框的 成形 下拉列表中选择 简单 选项，在 直径 后的文本框中输入数值 10，在 深度限制 下拉列表中选择 直至下一个 选项，其他参数采用系统默认设置值；单击 < 确定 > 按钮，完成特征的创建。

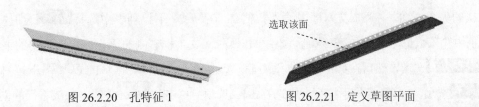

选取该面

图 26.2.20　孔特征 1　　　　　　　图 26.2.21　定义草图平面

Step13. 创建图 26.2.23 所示的镜像特征 2。选择下拉菜单 插入(S) ➡ 关联复制(A)▸ ➡ 镜像特征(M)... 命令，系统弹出"镜像特征"对话框；在"镜像特征"对话框 相关特征 列表框中选择 Step12 创建的孔特征 1 为镜像对象，选取 YZ 基准平面为镜像平面，单击 确定 按钮，完成镜像特征 2 的创建。

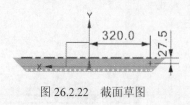

图 26.2.22　截面草图

图 26.2.23　镜像特征 2

Step14. 保存钣金件模型。选择下拉菜单 文件(F) ➡️ 保存(S) 命令，即可保存钣金件模型。

26.3　框架左右梁

下面将进行框架左右梁的设计，模型和模型树如图 26.3.1 所示。

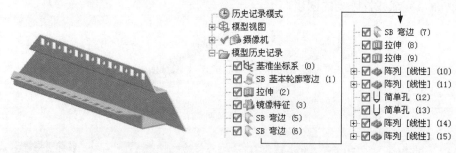

图 26.3.1　钣金件模型及模型树

Step1. 新建文件。选择下拉菜单 文件(F) ➡️ 新建(N)... 命令，系统弹出"新建"对话框。在 模型 选项卡 模板 区域下的列表中选择 NX 钣金 模板。在 新文件名 区域的 名称 文本框中输入文件名称 left_and_right_bridge_for_frame。单击 确定 按钮，进入"NX 钣金"环境。

Step2. 创建图 26.3.2 所示的轮廓弯边特征。选择下拉菜单 插入(S) ➡️ 折弯(N) ▶ ➡️ 轮廓弯边(C)... 命令；在 类型 区域的下拉列表中选择 基本 选项；选取 YZ 平面为草图平面，选中 设置 区域的 ☑ 创建中间基准 CSYS 复选框，绘制图 26.3.3 所示的截面草图。厚度方向采用系统默认的矢量方向，在 厚度 文本框中输入数值 2；在 宽度选项 下拉列表中选择 对称 选项，宽度文本框中输入数值 375；在 折弯参数 区域中单击 折弯半径 文本框右侧的 三 按钮，在弹出的菜单中选择 使用本地值 选项，然后在 折弯半径 文本框中输入数值 0.5；在 止裂口 区域的 折弯止裂口 下拉列表中选择 无 选项，在 拐角止裂口 下拉列表中选择 无 选项；单击 < 确定 > 按钮，完成特征的创建。

图 26.3.2　轮廓弯边特征

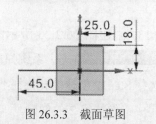

图 26.3.3　截面草图

Step3. 创建图 26.3.4 所示的拉伸特征 1。选择下拉菜单 插入(S) ➡ 切削(T) ➡ 拉伸(E)... 命令，选取图 26.3.5 所示的模型为草图平面，取消选中 设置 区域的 □ 创建中间基准 CSYS 复选框，绘制图 26.3.6 所示的截面草图；在 方向 区域中单击"反向"按钮 ✕；在 开始 下拉列表中选择 值 选项，并在其下的 距离 文本框中输入数值 0；在 结束 下拉列表中选择 贯通 选项，在 布尔 区域的 布尔 下拉列表中选择 求差 选项；单击 < 确定 > 按钮，完成拉伸特征 1 的创建。

图 26.3.4 拉伸特征 1   图 26.3.5 定义草图平面   图 26.3.6 截面草图

Step4. 创建图 26.3.7 所示的镜像特征。选择下拉菜单 插入(S) ➡ 关联复制(A) ➡ 镜像特征(M)... 命令，系统弹出"镜像特征"对话框；在"镜像特征"对话框中 相关特征 列表框中选择 Step3 创建的拉伸特征 1 为镜像对象，选取 YZ 基准平面为镜像平面，单击 确定 按钮，完成镜像特征的创建。

Step5. 创建图 26.3.8 所示的弯边特征 1。选择下拉菜单 插入(S) ➡ 折弯(N) ➡ 弯边(F)... 命令，选取图 26.3.9 所示的边线为弯边的线性边，在 宽度 区域的 宽度选项 下拉列表中选择 从两端 选项，在 距离 1 文本框中输入数值 45，在 距离 2 文本框中输入数值 45；在 弯边属性 区域的 长度 文本框中输入数值 45，在 角度 文本框中输入数值 90，在 参考长度 下拉列表中选择 外部 选项，在 内嵌 下拉列表中选择 材料内侧 选项；在 偏置 区域的 偏置 文本框中输入数值 0；单击 折弯半径 文本框右侧的 ☰ 按钮，在系统弹出的快捷菜单中选择 使用本地值 选项，然后在 折弯半径 文本框中输入数值 0.5；在 止裂口 区域的 折弯止裂口 下拉列表中选择 无 选项；在 拐角止裂口 下拉列表中选择 无 选项；单击 < 确定 > 按钮，完成弯边特征 1 的创建。

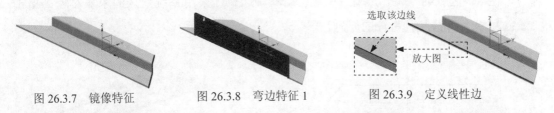

图 26.3.7 镜像特征   图 26.3.8 弯边特征 1   图 26.3.9 定义线性边

Step6. 创建图 26.3.10 所示的弯边特征 2。选择下拉菜单 插入(S) ➡ 折弯(N) ➡ 弯边(F)... 命令；选取图 26.3.11 所示的边线为弯边的线性边，在 宽度选项 下拉列表中选择 完整 选项；在 弯边属性 区域的 长度 文本框中输入数值 20；在 角度 文本框中输入数值 90；在 参考长度 下拉列表中选择 外部 选项；在 内嵌 下拉列表中选择 材料内侧 选项；在 偏置 区域的 偏置 文本框中输入数值 0；单击 折弯半径 文本框右侧的 ☰ 按钮，在系统弹出的快捷菜单中选择

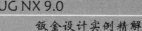

使用本地值 选项，然后在 折弯半径 文本框中输入数值 0.5；在 止裂口 区域的 折弯止裂口 下拉列表中选择 正方形 选项；在 拐角止裂口 下拉列表中选择 仅折弯 选项；单击 ＜确定＞ 按钮，完成弯边特征 2 的创建。

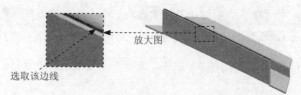

图 26.3.10　弯边特征 2　　　　　　　　　　　图 26.3.11　定义线性边

Step7. 创建图 26.3.12 所示的弯边特征 3。选择下拉菜单 插入(S) → 折弯(N) ▶ → 弯边(F)... 命令；选取图 26.3.13 所示的边线为弯边的线性边，在"弯边"对话框中的 截面 区域单击 按钮，绘制图 26.3.14 所示的弯边截面草图；在 角度 文本框中输入数值 90；在 内嵌 下拉列表中选择 材料内侧 选项；在 偏置 区域的 偏置 文本框中输入数值 0；单击 折弯半径 文本框右侧的 按钮，在系统弹出的快捷菜单中选择 使用本地值 选项，然后在 折弯半径 文本框中输入数值 0.5；在 止裂口 区域的 折弯止裂口 下拉列表中选择 正方形 选项；在 拐角止裂口 下拉列表中选择 仅折弯 选项；单击 ＜确定＞ 按钮，完成弯边特征 3 的创建。

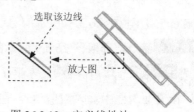

图 26.3.12　弯边特征 3　　　　　　　　　　　图 26.3.13　定义线性边

Step8. 创建图 26.3.15 所示的拉伸特征 2。选择下拉菜单 插入(S) → 切削(T) ▶ → 拉伸(E)... 命令，选取 XY 基准平面为草图平面，绘制图 26.3.16 所示的截面草图；在 开始 下拉列表中选择 值 选项，并在其下的 距离 文本框中输入数值 0；在 结束 下拉列表中选择 贯通 选项，在 布尔 区域的 布尔 下拉列表中选择 求差 选项，采用系统默认的求差对象；单击 ＜确定＞ 按钮，完成拉伸特征的创建。

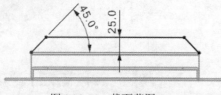

图 26.3.14　截面草图　　　　　　　　　　　图 26.3.15　拉伸特征 2

Step9. 创建图 26.3.17 所示的拉伸特征 3。选择下拉菜单 插入(S) → 切削(T) ▶ → 拉伸(E)... 命令，选取 ZX 基准平面为草图平面，绘制图 26.3.18 所示的截面草图；在 开始 下拉列表中选择 值 选项，并在其下的 距离 文本框中输入数值 0；在 结束 下拉列表中选择 贯通选项，在 布尔 区域的 布尔 下拉列表中选择 求差 选项，采用系统默认的求差对象；单击 〈确定〉按钮，完成拉伸特征3的创建。

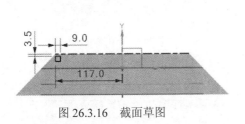

图 26.3.16 截面草图

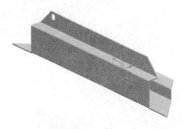

图 26.3.17 拉伸特征3

Step10. 创建图 26.3.19 所示的线性阵列特征1。选择下拉菜单 插入(S) ➡ 关联复制(A)▶ ➡ 阵列特征(A)... 命令；选取图 26.3.15 所示的拉伸特征2为阵列对象，在对话框中的 布局 下拉列表中选择 线性 选项；在对话框的 方向1 区域中单击 按钮，选择 XC 轴为第一阵列方向；在 间距 下拉列表中选择 数量和节距 选项，然后在 数量 文本框中输入阵列数量为 10，在 节距 文本框中输入阵列节距值为 25；并在 方向2 区域中取消选中 □ 使用方向2 复选框；单击 确定 按钮，完成线性阵列的创建。

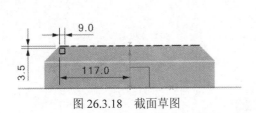

图 26.3.18 截面草图

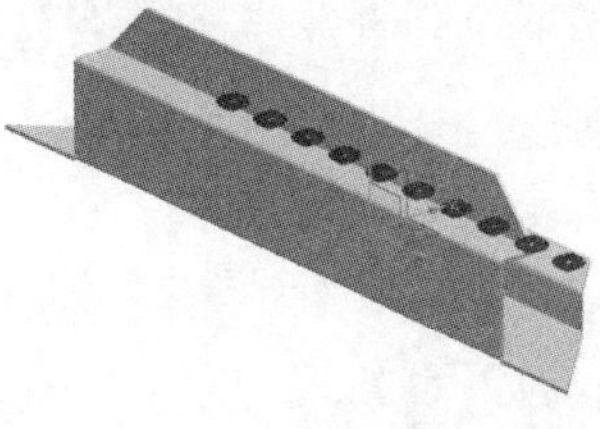

图 26.3.19 线性阵列特征1

Step11. 创建图 26.3.20 所示的线性阵列特征2。选择下拉菜单 插入(S) ➡ 关联复制(A)▶ ➡ 阵列特征(A)... 命令；选取图 26.3.17 所示的拉伸特征3为阵列对象，在对话框中的 布局 下拉列表中选择 线性 选项；在对话框的 方向1 区域中单击 按钮，选择 XC 轴为第一阵列方向；在 间距 下拉列表中选择 数量和节距 选项，然后在 数量 文本框中输入阵列数量为 10，在 节距 文本框中输入阵列节距值为 25；并在 方向2 区域中取消选中 □ 使用方向2 复选框；单击 确定 按钮，完成线性阵列的创建。

Step12. 创建图 26.3.21 所示的孔特征1。选择下拉菜单 插入(S) ➡ 设计特征(E)▶ ➡ 孔(H)... 命令，系统弹出"孔"对话框；在"孔"对话框的 类型 下拉列表中选择 常规孔 选项；在"孔"对话框中单击 按钮，在图 26.3.22 所示的模型表面上单击以确定该面为孔的放置面，单击 确定 按钮；进入草图环境后创建图 26.3.23 所示的点并添加相应的几何约束，完成后退出草图；在"孔"对话框的 成形 下拉列表中选择 简单 选项，在 直径 文本框中输入数值 5.4，在 深度限制 下拉列表中选择 贯通体 选项，其他选项采用系统默认设置；单击 〈确定〉按钮完成特征的创建。

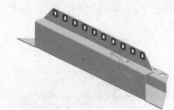

图 26.3.20　线性阵列特征 2

图 26.3.21　孔特征 1

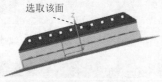

图 26.3.22　定义孔放置面

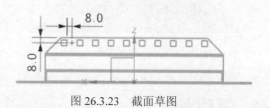

图 26.3.23　截面草图

Step13. 创建图 26.3.24 所示的孔特征 2。选择下拉菜单 插入(S) ➡ 设计特征(E) ➡ 孔(H) 命令；在 类型 下拉列表中选择 常规孔 选项，在图 26.3.25 所示的模型表面上单击以确定该面为孔的放置面，进入草图环境后创建图 26.3.26 所示的点并添加相应的几何约束；在 "孔" 对话框的 成形 下拉列表中选择 简单 选项，在 直径 文本框中输入数值 5.4，在 深度限制 下拉列表中选择 贯通体 选项，其他选项采用系统默认设置；单击 确定 按钮完成特征的创建。

图 26.3.24　孔特征 2

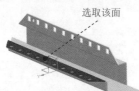

图 26.3.25　截面草图

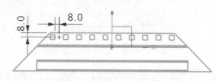

图 26.3.26　截面草图

Step14. 创建图 26.3.27 所示的线性阵列特征 3。选择下拉菜单 插入(S) ➡ 关联复制(A) ➡ 阵列特征(A)... 命令；选取图 26.3.21 所示的孔特征 1 为阵列对象，在对话框中的 布局 下拉列表中选择 线性 选项；在对话框的 方向 1 区域中单击 ⬇ 按钮，选择 XC 轴为第一阵列方向；在 间距 下拉列表中选择 数量和节距 选项，然后在 数量 文本框中输入阵列数量为 9，在 节距 文本框中输入阵列节距值为-25；并在 方向 2 区域中取消选中 □ 使用方向 2 复选框；单击 确定 按钮，完成线性阵列的创建。

Step15. 创建图 26.3.28 所示的矩形阵列特征 4。选择下拉菜单 插入(S) ➡ 关联复制(A) ➡ 阵列特征(A)... 命令；选取图 26.3.24 所示的孔特征 2 为阵列对象，在对话框中的 布局 下拉列表中选择 线性 选项；在对话框的 方向 1 区域中单击 ⬇ 按钮，选择 XC 轴为第一阵列方向；在 间距 下拉列表中选择 数量和节距 选项，然后在 数量 文本框中输入阵列数量为 9，在 节距 文本框中输入阵列节距值为 25；并在 方向 2 区域中取消选中 □ 使用方向 2 复选框；单击

确定 按钮，完成线性阵列的创建。

图 26.3.27　线性阵列特征 3

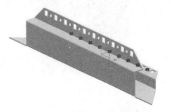

图 26.3.28　线性阵列特征 4

Step16. 保存钣金件模型。选择下拉菜单 文件(F) ➡ 保存(S) 命令，即可保存钣金件模型。

26.4　连　接　角

下面将进行连接角的设计，模型和模型树如图 26.4.1 所示。

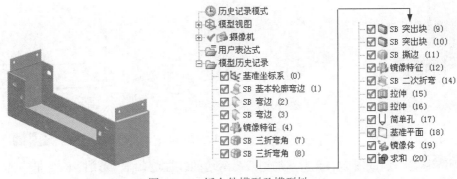

图 26.4.1　钣金件模型及模型树

Step1. 新建文件。选择下拉菜单 文件(F) ➡ 新建(N)... 命令，系统弹出"新建"对话框。在 模型 选项卡 模板 区域下的列表中选择 NX 钣金 模板。在 新文件名 区域的 名称 文本框中输入文件名称 join_corner_of_outforcer。单击 确定 按钮，进入"NX 钣金"环境。

Step2. 创建图 26.4.2 所示的轮廓弯边特征。选择下拉菜单 插入(S) ➡ 折弯(N) ▶ ➡ 轮廓弯边(C)... 命令；在 类型 区域的下拉列表中选择 基本 选项；选取 ZX 平面为草图平面，选中 设置 区域的 ☑ 创建中间基准 CSYS 复选框，绘制图 26.4.3 所示的截面草图。厚度方向采用系统默认的矢量方向，在 厚度 文本框中输入数值 2；在 宽度选项 下拉列表中选择 对称 选项，宽度 文本框中输入数值 100；在 折弯参数 区域中单击 折弯半径 文本框右侧的 ☰ 按钮，在弹出的菜单中选择 使用本地值 选项，然后在 折弯半径 文本框中输入数值 1；在 止裂口 区域的 折弯止裂口 下拉列表中选择 正方形 选项，在 拐角止裂口 下拉列表中选择 无 选项；单击 < 确定 > 按钮，完成特征的创建。

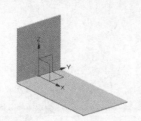

图 26.4.2　轮廓弯边特征

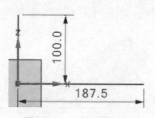

图 26.4.3　截面草图

Step3. 创建图 26.4.4 所示的弯边特征 1。选择下拉菜单 插入(S) ➡ 折弯(N) ▶ ➡ 弯边(F)... 命令，选取图 26.4.5 所示的边线为弯边的线性边，在"弯边"对话框中的 截面 区域单击 按钮，绘制图 26.4.6 所示的弯边截面草图；在 角度 文本框中输入数值 90；在 内嵌 下拉列表中选择 材料内侧 选项；在 偏置 区域的 偏置 文本框中输入数值 0；单击 折弯半径 文本框右侧的 按钮，在系统弹出的快捷菜单中选择 使用本地值 选项，然后在 折弯半径 文本框中输入数值 1；在 止裂口 区域的 折弯止裂口 下拉列表中选择 正方形 选项；在 拐角止裂口 下拉列表中选择 仅折弯 选项；单击 确定 按钮，完成弯边特征 1 的创建。

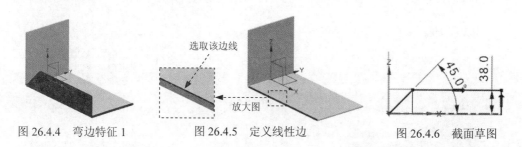

图 26.4.4　弯边特征 1　　　　图 26.4.5　定义线性边　　　　图 26.4.6　截面草图

Step4. 创建图 26.4.7 所示的弯边特征 2。选择下拉菜单 插入(S) ➡ 折弯(N) ▶ ➡ 弯边(F)... 命令，选取图 26.4.8 所示的边线为弯边的线性边，在"弯边"对话框中的 截面 区域单击 按钮，绘制图 26.4.9 所示的弯边截面草图；在 角度 文本框中输入数值 90；在 内嵌 下拉列表中选择 材料内侧 选项；在 偏置 区域的 偏置 文本框中输入数值 0；单击 确定 按钮，完成弯边特征 2 的创建（注：具体参数和操作参见随书光盘）。

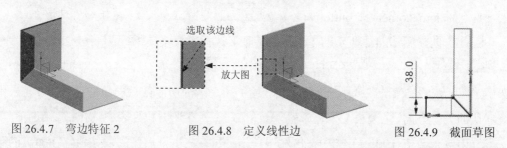

图 26.4.7　弯边特征 2　　　　图 26.4.8　定义线性边　　　　图 26.4.9　截面草图

Step5. 创建图 26.4.10 所示的镜像特征 1。选择下拉菜单 插入(S) ➡ 关联复制(A) ▶ ➡ 镜像特征(M)... 命令，系统弹出"镜像特征"对话框；在"镜像特征"对话框 相关特征 列表框中选择 Step3、Step4 创建的弯边特征 1、2 为镜像对象，选取 ZX 基准平面为镜像平面，

单击 确定 按钮完成镜像特征的创建。

Step6. 创建图 26.4.11 所示的三折弯角特征 1。选择下拉菜单 插入(S) ➡ 拐角(O) ➡ 三折弯角(T) 命令，系统弹出 "三折弯角"对话框；在 拐角属性 区域的 处理 下拉列表中选择 开放的 选项；选取图 26.4.12 所示的折弯角为三折弯角参照；单击"三折弯角"对话框中的 确定 按钮，完成三折弯角特征 1 的创建。

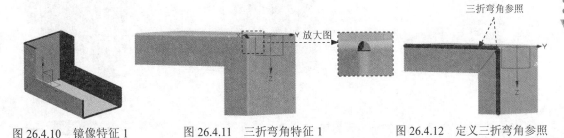

图 26.4.10　镜像特征 1　　　图 26.4.11　三折弯角特征 1　　　图 26.4.12　定义三折弯角参照

Step7. 创建图 26.4.13 所示的三折弯角特征 2。选择下拉菜单 插入(S) ➡ 拐角(O) ➡ 三折弯角(H) 命令；在 拐角属性 区域的 处理 下拉列表中选择 开放的 选项；选取图 26.4.14 所示的折弯角为三折弯角参照；单击"三折弯角"对话框中的 确定 按钮，完成三折弯角特征 2 的创建。

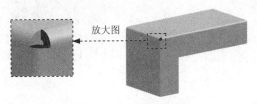

图 26.4.13　创建三折弯角特征 2　　　　图 26.4.14　定义三折弯角参照

Step8. 创建图 26.4.15 所示的突出块特征 1。选择下拉菜单 插入(S) ➡ 突出块(B) 命令，系统弹出"突出块"对话框；在 类型 区域的下拉列表中选择 次要 选项；选取图 26.4.16 所示的模型表面为草图平面，取消选中 设置 区域的 创建中间基准 CSYS 复选框，绘制图 26.4.17 所示的截面草图，厚度方向采用系统默认的矢量方向；单击 确定 按钮，完成突出块特征 1 的创建。

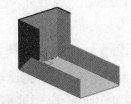
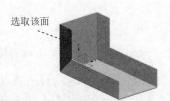
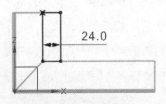

图 26.4.15　突出块特征 1　　　图 26.4.16　定义草图平面　　　图 26.4.17　截面草图

Step9. 创建图 26.4.18 所示的突出块特征 2。选择下拉菜单 插入(S) ➡ 突出块(B) 命令；在 类型 区域的下拉列表中选择 次要 选项，选取图 26.4.19 所示的模型表面为草图平面，绘制图 26.4.20 所示的截面草图；厚度方向采用系统默认的矢量方向；单击 < 确定 > 按钮，完成突出块特征 2 的创建。

图 26.4.18 突出块特征 2

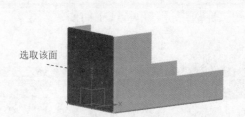

选取该面

图 26.4.19 定义草图平面

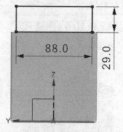

88.0

29.0

图 26.4.20 截面草图

Step10. 创建图 26.4.21 所示的撕边特征。选择下拉菜单 插入(S) → 转换(V) → 撕边(R)... 命令；选取图 26.4.22 所示的模型表面为草图平面，系统进入草图环境，绘制图 26.4.23 所示的截面草图；单击 < 确定 > 按钮，完成撕边特征的创建。

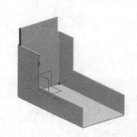

图 26.4.21 撕边特征

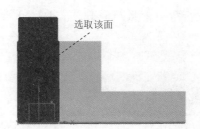

选取该面

图 26.4.22 定义草图平面

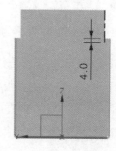

4.0

图 26.4.23 截面草图

Step11. 创建图 26.4.24 所示的镜像特征 2。选择命令。选择下拉菜单 插入(S) → 关联复制(A) ▶ → 镜像特征(M)... 命令；在 "镜像特征" 对话框 相关特征 列表框中选择 Step10 创建的切边特征为镜像对象，选取 ZX 基准平面为镜像平面，单击 确定 按钮完成镜像特征的创建。

Step12. 创建图 26.4.25 所示的二次折弯特征。选择下拉菜单 插入(S) → 折弯(N) ▶ → 二次折弯(T)... 命令，系统弹出 "二次折弯" 对话框；单击 按钮，系统弹出 "创建草图" 对话框，选取图 26.4.22 所示的模型表面为草图平面，单击 确定 按钮，系统进入草图环境，绘制图 26.4.26 所示的折弯线；在 二次折弯属性 区域下的 高度 文本框中输入数值 1.5；在 参考高度 下拉列表中选择 内部 选项；在 内嵌 下拉列表中选择 材料外侧 选项；选中 ☑ 延伸截面 复选框；在 折弯参数 区域单击 折弯半径 文本框右侧的 按钮，在弹出的快捷菜单中选择 使用本地值 选项，然后在 折弯半径 文本框中输入数值 0.5；在 止裂口 区域的 折弯止裂口 下拉列表中选择 正方形 选项，在 拐角止裂口 下拉列表中选择 仅折弯 选项；在 "二次折弯" 对话框中单击 < 确定 > 按钮，完成特征的创建。

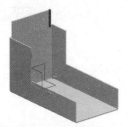

图 26.4.24 镜像特征 2

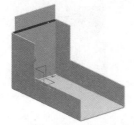

图 26.4.25 二次折弯特征

图 26.4.26 截面草图

Step13. 创建图 26.4.27 所示的拉伸特征 1。选择下拉菜单 插入(S) ➡ 切削(T) ➡ ▦ 拉伸(E)... 命令，选取 ZX 基准平面为草图平面，绘制图 26.4.28 所示的截面草图，在 开始 下拉列表中选择 贯通 选项，在 结束 下拉列表中选择 贯通 选项，在 布尔 区域的 布尔 下拉列表中选择 求差 选项；单击 < 确定 > 按钮，完成拉伸特征 1 的创建。

图 26.4.27 拉伸特征 1

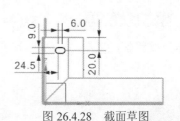

图 26.4.28 截面草图

Step14. 创建图 26.4.29 所示的拉伸特征 2。选择下拉菜单 插入(S) ➡ 切削(T) ➡ ▦ 拉伸(E)... 命令，选取 ZX 基准平面为草图平面，绘制图 26.4.30 所示的截面草图，在 开始 下拉列表中选择 值 选项，并在其下的 距离 文本框中输入数值 0；在 结束 下拉列表中选择 贯通 选项，在 布尔 区域的 布尔 下拉列表中选择 求差 选项；单击 < 确定 > 按钮，完成拉伸特征 2 的创建。

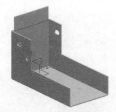

图 26.4.29 拉伸特征 2

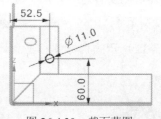

图 26.4.30 截面草图

Step15. 创建图 26.4.31 所示的孔特征 1。选择下拉菜单 插入(S) ➡ 设计特征(E) ➡ 孔(H)... 命令；在"孔"对话框的 类型 下拉列表中选择 常规孔 选项；在图 26.4.32 所示的模型表面上单击以确定该面为孔的放置面，进入草图环境后创建图 26.4.33 所示的 2 个点并添加相应的几何约束，完成后退出草图；在"孔"对话框的 成形 下拉列表中选择 简单 选项，在 直径 文本框中输入数值 6，在 深度限制 下拉列表中选择 贯通体 选项，其他选项采用系统默认设置；单击 < 确定 > 按钮，完成孔特征 1 的创建。

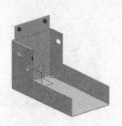

图 26.4.31　孔特征 1

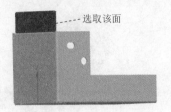

选取该面

图 26.4.32　定义草图平面

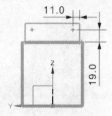

11.0

19.0

图 26.4.33　截面草图

Step16. 创建图 26.4.34 所示的基准平面。选择下拉菜单 插入(S) ➡ 基准/点(D) ➡ ▢ 基准平面(D)... 命令；在 类型 下拉列表中选择 ▣ 按某一距离 选项；选取图 26.4.35 所示模型表面为参考对象；单击 ＜确定＞ 按钮，完成基准平面的创建（注：具体参数和操作参见随书光盘）。

Step17. 创建图 26.4.36 所示的镜像几何体。选择下拉菜单 插入(S) ➡ 关联复制(A) ➡ ▣ 镜像几何体(G)... 命令，系统弹出"镜像几何体"对话框；选取图 26.4.37 所示的模型实体为要镜像的实体，选取基准平面为镜像平面，单击 确定 按钮，完成镜像几何体的操作。

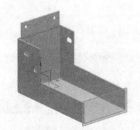

图 26.4.34　基准平面

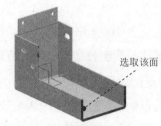

选取该面

图 26.4.35　定义参考平面

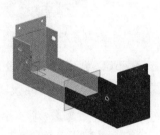

图 26.4.36　镜像几何体

Step18. 对实体进行求和。选择下拉菜单 启动 ➡ ▣ 建模(M)... 命令，进入建模环境，选择下拉菜单 插入(S) ➡ 组合(B) ➡ ▣ 求和(U)... 命令，系统弹出"求和"对话框；选取图 26.4.38 所示的目标体和工具体，单击 ＜确定＞ 按钮，完成求和。

图 26.4.37　定义镜像实体

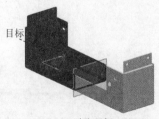

目标

a）选取目标

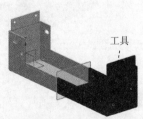

工具

b）选取工具

图 26.4.38　实体

Step19. 保存钣金件模型。选择下拉菜单 文件(F) ➡ ▣ 保存(S) 命令，即可保存钣金件模型。

26.5 元件安装板

下面将进行元件安装板的设计，模型和模型树如图 26.5.1 所示。

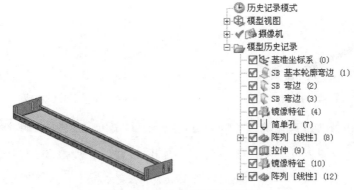

图 26.5.1　钣金件模型及模型树

Step1. 新建文件。选择下拉菜单 文件(F) ➡ 新建(N)... 命令，系统弹出"新建"对话框。在 模型 选项卡 模板 区域下的列表中选择 NX 钣金 模板。在 新文件名 区域的 名称 文本框中输入文件名称 component_install_board。单击 确定 按钮，进入"NX 钣金"环境。

Step2. 创建图 26.5.2 所示的轮廓弯边特征。选择下拉菜单 插入(S) ➡ 折弯(N) ▶ ➡ 轮廓弯边(C)... 命令；在 类型 区域的下拉列表中选择 基本 选项；选取 ZX 平面为草图平面，选中 设置 区域的 ☑ 创建中间基准 CSYS 复选框，绘制图 26.5.3 所示的截面草图。在 方向 区域中单击"反向"按钮 ✕；在 厚度 文本框中输入数值 1.5；在 宽度选项 下拉列表中选择 对称 选项，宽度 文本框中输入数值 130；在 折弯参数 区域中单击 折弯半径 文本框右侧的 🗐 按钮，在弹出的菜单中选择 使用本地值 选项，然后在 折弯半径 文本框中输入数值 1；在 止裂口 区域的 折弯止裂口 下拉列表中选择 正方形 选项，在 拐角止裂口 下拉列表中选择 无 选项；单击 ⟨确定⟩ 按钮，完成特征的创建。

图 26.5.2　轮廓弯边特征

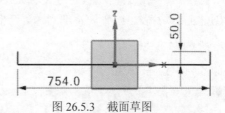

图 26.5.3　截面草图

Step3. 创建图 26.5.4 所示的弯边特征 1。选择下拉菜单 插入(S) ➡ 折弯(N) ▶ ➡ 弯边(F)... 命令；选取图 26.5.5 所示的边线为弯边的线性边，在 弯边属性 区域的 长度 文本框中输入数值 20；在 角度 文本框中输入数值 90；在 内嵌 下拉列表中选择 材料内侧 选项；在 偏置 区

域的 `偏置` 文本框中输入数值 0；单击 `折弯半径` 文本框右侧的 `≡` 按钮，在系统弹出的快捷菜单中选择 `使用本地值` 选项，然后在 `折弯半径` 文本框中输入数值 1；在 `止裂口` 区域的 `折弯止裂口` 下拉列表中选择 `○ 无` 选项；在 `拐角止裂口` 下拉列表中选择 `仅折弯` 选项；单击 `< 确定 >` 按钮，完成弯边特征 1 的创建。

图 26.5.4　弯边特征 1

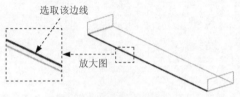

图 26.5.5　定义线性边

Step4. 创建图 26.5.6 所示的弯边特征 2。选择下拉菜单 `插入(S)` ➡ `折弯(N)` ➡ `弯边(F)...` 命令；选取图 26.5.7 所示的边线为弯边的线性边，在 `宽度选项` 下拉列表中选择 `□ 完整` 选项；在 `弯边属性` 区域的 `长度` 文本框中输入数值 12；在 `角度` 文本框中输入数值 90；在 `参考长度` 下拉列表中选择 `┐ 外部` 选项；在 `内嵌` 下拉列表中选择 `┐ 材料内侧` 选项；在 `偏置` 区域的 `偏置` 文本框中输入数值 0；单击 `折弯半径` 文本框右侧的 `≡` 按钮，在系统弹出的快捷菜单中选择 `使用本地值` 选项，然后在 `折弯半径` 文本框中输入数值 1；在 `止裂口` 区域的 `折弯止裂口` 下拉列表中选择 `﹀ 正方形` 选项；在 `拐角止裂口` 下拉列表中选择 `仅折弯` 选项；单击 `< 确定 >` 按钮，完成弯边特征 2 的创建。

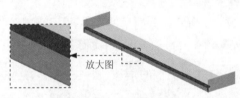

图 26.5.6　弯边特征 2

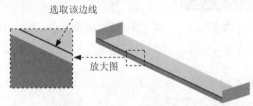

图 26.5.7　定义线性边

Step5. 创建图 26.5.8 所示的镜像特征 1。选择下拉菜单 `插入(S)` ➡ `关联复制(A)` ➡ `镜像特征(M)...` 命令，定义镜像对象。在"镜像特征"对话框 `相关特征` 列表框中选择 Step3、Step4 创建的弯边特征 1、2 为镜像对象，选取 ZX 基准平面为镜像平面，单击 `确定` 按钮，完成镜像特征 1 的创建。

Step6. 创建图 26.5.9 所示的孔特征。选择下拉菜单 `插入(S)` ➡ `设计特征(E)` ➡ `孔(H)...` 命令；在"孔"对话框的 `类型` 下拉列表中选择 `常规孔` 选项；在"孔"对话框中单击 `⊞` 按钮，在图 26.5.10 所示的模型表面上单击以确定该面为孔的放置面，进入草图环境后创建图 26.5.11 所示的点并添加相应的尺寸约束，完成后退出草图；在"孔"对话框的 `成形` 下拉列表中选择 `简单` 选项，在 `直径` 文本框中输入数值 5.4，在 `深度限制` 下拉列表中选择 `贯通体` 选项，其他选项采用系统默认设置；单击 `< 确定 >` 按钮完成特征的创建。

图 26.5.8 镜像特征 1

图 26.5.9 孔特征

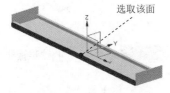

图 26.5.10 定义孔放置面

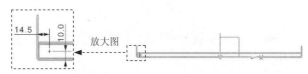

图 26.5.11 截面草图

Step7. 创建图 26.5.12 所示的线性阵列特征 1。选择下拉菜单 插入(S) ➡ 关联复制(A)▶ ➡ 阵列特征(A)... 命令；选取图 26.5.9 所示的孔特征为阵列对象，在对话框中的 布局 下拉列表中选择 线性 选项；在对话框的 方向 1 区域中单击 ☝· 按钮，选择 XC 轴为第一阵列方向；在 间距 下拉列表中选择 数量和节距 选项，然后在 数量 文本框中输入阵列数量为 30，在 节距 文本框中输入阵列节距值为 25；并在 方向 2 区域中取消选中 □ 使用方向 2 复选框；单击 确定 按钮，完成线性阵列的创建。

Step8. 创建图 26.5.13 所示的拉伸特征。选择下拉菜单 插入(S) ➡ 切削(T)▶ ➡ 拉伸(E)... 命令，选取 YZ 基准平面为草图平面，绘制图 26.5.14 所示的截面草图；在 开始 下拉列表中选择 贯通 选项，在 结束 下拉列表中选择 贯通 选项，在 布尔 区域的 布尔 下拉列表中选择 求差 选项，采用系统默认求差对象；单击 < 确定 > 按钮，完成拉伸特征的创建。

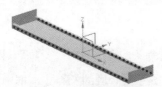

图 26.5.12 线性阵列特征 1

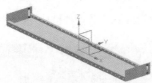

图 26.5.13 拉伸特征

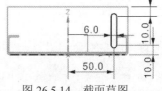

图 26.5.14 截面草图

Step9. 创建图 26.5.15 所示的镜像特征 2。选择下拉菜单 插入(S) ➡ 关联复制(A)▶ ➡ 镜像特征(M)... 命令，系统弹出"镜像特征"对话框；在"镜像特征"对话框 相关特征 列表框中选择 Step8 创建的拉伸特征为镜像对象，选取 ZX 基准平面为镜像平面，单击 确定 按钮，完成镜像特征 2 的创建。

Step10. 创建图 26.5.16 所示的线性阵列特征 2。选择下拉菜单 插入(S) ➡ 关联复制(A)▶ ➡ 阵列特征(A)... 命令；选取图 26.5.13 所示的拉伸特征为为阵列对象，在对话框中的 布局 下拉列表中选择 线性 选项；在对话框的 方向 1 区域中单击 ☝· 按钮，选择 YC 轴为第一阵列方向；在 间距 下拉列表中选择 数量和节距 选项，然后在 数量 文本框中输入阵列数量为 2，在 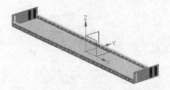 文本框中输入阵列节距值为-25；并在 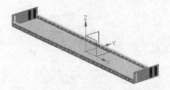区域中取消选中 □ 使用方向 2 复选框；单击 确定 按钮，完成线性阵列的创建。

图 26.5.15　镜像特征 2　　　　　图 26.5.16　线性阵列特征 2

Step11. 保存钣金件模型。选择下拉菜单 文件(F) ➡ ■ 保存(S) 命令，即可保存钣金件模型。

26.6　侧安装板

下面将进行侧安装板的设计，模型和模型树如图 26.6.1 所示。

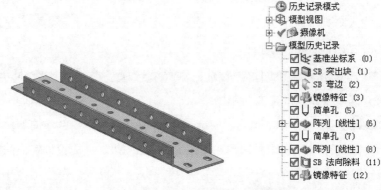

图 26.6.1　钣金件模型及模型树

Step1. 新建文件。选择下拉菜单 文件(F) ➡ □ 新建(N)... 命令，系统弹出"新建"对话框。在 模型 选项卡 模板 区域下的列表中选择 NX 钣金 模板。在 新文件名 区域的 名称 文本框中输入文件名称 flank_bridge_of_install。单击 确定 按钮，进入"NX 钣金"环境。

Step2. 创建图 26.6.2 所示的突出块特征。选择下拉菜单 插入(S) ➡ □ 突出块(B)... 命令，系统弹出"突出块"对话框；选取 XY 平面为草图平面，选中 设置 区域的 ☑ 创建中间基准 CSYS 复选框，绘制图 26.6.3 所示的截面草图；单击 厚度 文本框右侧的 ☰ 按钮，在弹出的快捷菜单中选择 使用本地值，然后再在文本框中输入数值 2，厚度方向采用系统默认的矢量方向；单击 ＜ 确定 ＞ 按钮，完成突出块特征的创建。

Step3. 创建图 26.6.4 所示的弯边特征。选取图 26.6.5 所示的边线为弯边的线性边，在 宽度选项 下拉列表中选择 ■ 在中心 选项，在 宽度 文本框中输入数值 231；在 弯边属性 区域的 长度 文本框中输入数值 20；在 角度 文本框中输入数值 90；在 参考长度 下拉列表中选择 ⅂ 外部 选项；

在 内嵌 下拉列表中选择 ↑材料内侧 选项；在 偏置 区域的 偏置 文本框中输入数值0；单击 折弯半径 文本框右侧的 ☰ 按钮，在系统弹出的快捷菜单中选择 使用本地值 选项，然后在 折弯半径 文本框中输入数值0.5；在 止裂口 区域的 折弯止裂口 下拉列表中选择 ↘正方形 选项，在 深度 文本框中输入深度值0，在 宽度 文本框中输入宽度值22；在 拐角止裂口 下拉列表中选择 仅折弯 选项；单击 <确定> 按钮，完成弯边特征的创建。

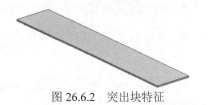

图 26.6.2 突出块特征

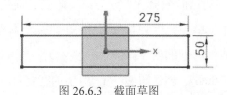

图 26.6.3 截面草图

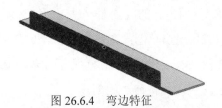

图 26.6.4 弯边特征

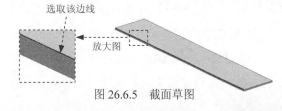

图 26.6.5 截面草图

Step4. 创建图 26.6.6 所示的镜像特征 1。选择下拉菜单 插入(S) ➡ 关联复制(A) ▶ ➡ 镜像特征(M)... 命令；在"镜像特征"对话框 相关特征 列表框中选择 Step3 创建的弯边特征为镜像对象，选取 ZX 基准平面为镜像平面，单击 确定 按钮完成镜像特征 1 的创建。

Step5. 创建图 26.6.7 所示的孔特征 1。选择下拉菜单 插入(S) ➡ 设计特征(E) ▶ ➡ 孔(H)... 命令；在"孔"对话框的 类型 下拉列表中选择 常规孔 选项；在"孔"对话框中单击 ⬚ 按钮，在图 26.6.8 所示的模型表面上单击以确定该面为孔的放置面，进入草图环境后创建图 26.6.9 所示的点并添加相应的尺寸约束，完成后退出草图；在"孔"对话框的 成形 下拉列表中选择 简单 选项，在 直径 文本框中输入数值5.4，在 深度限制 下拉列表中选择 贯通体 选项，其他选项采用系统默认设置；单击 <确定> 按钮完成孔特征 1 的创建。

图 26.6.6 镜像特征 1

图 26.6.7 孔特征 1

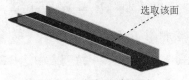

图 26.6.8 定义孔放置面

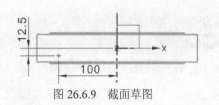

图 26.6.9 截面草图

Step6. 创建图 26.6.10 所示的线性阵列特征 1。选择下拉菜单 插入(S) ➡ 关联复制(A)▶ ➡ 阵列特征(A)... 命令；选取图 26.6.7 所示的孔特征 1 为阵列对象，在对话框中的 布局 下拉列表中选择 线性 选项；在对话框中的 方向 1 区域中单击 按钮，选择 XC 轴为第一阵列方向；在 间距 下拉列表中选择 数量和节距 选项，然后在 数量 文本框中输入阵列数量为 9，在 节距 文本框中输入阵列节距值为 25；在对话框中的 方向 2 区域中选中 ☑ 使用方向 2 复选框，单击 按钮，选择 YC 轴为第二阵列方向；在 间距 下拉列表中选择 数量和节距 选项，然后在 数量 文本框中输入阵列数量为 2，在 节距 文本框中输入阵列节距值为 25；单击 确定 按钮，完成线性阵列的创建。

Step7. 创建图 26.6.11 所示的孔特征 2。选择下拉菜单 插入(S) ➡ 设计特征(E)▶ ➡ 孔(H)... 命令；在"孔"对话框的 类型 下拉列表中选择 常规孔 选项；在"孔"对话框中单击 按钮，在图 26.6.12 所示的模型表面上单击以确定该面为孔的放置面，进入草图环境后创建图 26.6.13 所示的点并添加相应的几何约束，完成后退出草图；在"孔"对话框的 成形 下拉列表中选择 简单 选项，在 直径 文本框中输入数值 5.4，在 深度限制 下拉列表中选择 贯通体 选项，其他选项采用系统默认设置；单击 确定 按钮完成孔特征 2 的创建。

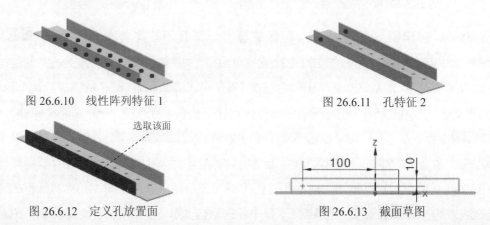

图 26.6.10　线性阵列特征 1　　　　　　　图 26.6.11　孔特征 2

选取该面

图 26.6.12　定义孔放置面　　　　　　　图 26.6.13　截面草图

Step8. 创建图 26.6.14 所示的线性阵列特征 2。选择下拉菜单 插入(S) ➡ 关联复制(A)▶ ➡ 阵列特征(A)... 命令；选取图 26.6.11 所示的孔特征 2 为阵列对象，在对话框中的 布局 下拉列表中选择 线性 选项；在对话框的 方向 1 区域中单击 按钮，选择 XC 轴为第一阵列方向；在 间距 下拉列表中选择 数量和节距 选项，然后在 数量 文本框中输入阵列数量为 9，在 节距 文本框中输入阵列节距值为 25；并在 方向 2 区域中取消选中 ☐ 使用方向 2 复选框；单击 确定 按钮，完成线性阵列的创建。

Step9. 创建图 26.6.15 所示的法向除料特征。选择下拉菜单 插入(S) ➡ 切削(T)▶ ➡ 法向除料(N)... 命令；选取 XY 基准平面为草图平面，绘制图 26.6.16 所示的截面草图并退出草图；在 除料属性 区域的 切削方法 下拉列表中选择 厚度 选项；在 限制 下拉列表中选择 贯通 选项，单击"反向"按钮 ；单击 确定 按钮，完成特征的创建。

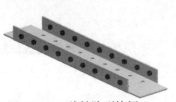

图 26.6.14　线性阵列特征 2

图 26.6.15　法向除料特征

Step10. 创建图 26.6.17 所示的镜像特征 2。选择下拉菜单 插入(S) ➡ 关联复制(A)▶ ➡ 镜像特征(M)...命令；在"镜像特征"对话框 相关特征 列表框中选择 Step9 创建的法向除料特征为镜像对象，选取 YZ 基准平面为镜像平面，单击 确定 按钮完成镜像特征 2 的创建。

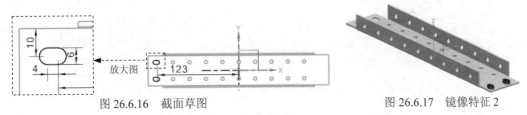

图 26.6.16　截面草图

图 26.6.17　镜像特征 2

Step11. 保存钣金件模型。选择下拉菜单 文件(F) ➡ 保存(S) 命令，即可保存钣金件模型。

26.7　安　装　横　梁

下面将进行安装横梁的设计，模型和模型树如图 26.7.1 所示。

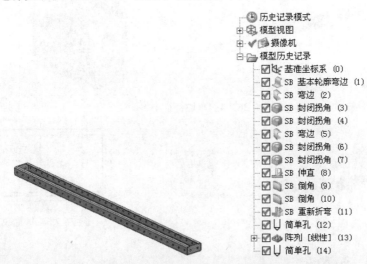

图 26.7.1　钣金件模型及模型树

Step1. 新建文件。选择下拉菜单 文件(F) ➡ 新建(N)...命令，系统弹出"新建"对话框。在 模型 选项卡 模板 区域下的列表中选择 NX 钣金 模板。在 新文件名 区域的 名称 文本框中输入文件名称 thwart_bridge_of_install。单击 确定 按钮，进入"NX 钣金"环境。

Step2. 创建图 26.7.2 所示的轮廓弯边特征 1。选择下拉菜单 插入(S) ➡ 折弯(N) ▶ 轮廓弯边(C)... 命令；在 类型 区域的下拉列表中选择 基本 选项；选取 YZ 平面为草图平面，选中 设置 区域的 ☑ 创建中间基准 CSYS 复选框，绘制图 26.7.3 所示的截面草图。厚度方向采用系统默认的矢量方向，在 止裂口 区域的 折弯止裂口 下拉列表中选择 无 选项，在 拐角止裂口 下拉列表中选择 无 选项；单击 ⟨确定⟩ 按钮，完成轮廓弯边特征 1 的创建（注：具体参数和操作参见随书光盘）。

图 26.7.2　轮廓弯边特征 1

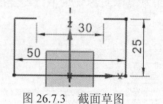

图 26.7.3　截面草图

Step3. 创建图 26.7.4 所示的弯边特征 1。选择下拉菜单 插入(S) ➡ 折弯(N) ▶ 弯边(F)... 命令，选取图 26.7.5 所示的边线为弯边的线性边，在"弯边"对话框中的 截面 区域单击 按钮，绘制图 26.7.6 所示的弯边截面草图；在 弯边属性 区域的 匹配面 下拉列表中选择 直至选定对象 选项，选取图 26.7.7 所示的模型表面为参考平面；在 内嵌 下拉列表中选择 材料内侧 选项；单击 折弯半径 文本框右侧的 按钮，在系统弹出的快捷菜单中选择 使用本地值 选项，然后在 折弯半径 文本框中输入数值 1；在 止裂口 区域的 折弯止裂口 下拉列表中选择 无 选项；在 拐角止裂口 下拉列表中选择 仅折弯 选项；单击 ⟨确定⟩ 按钮，完成弯边特征 1 的创建。

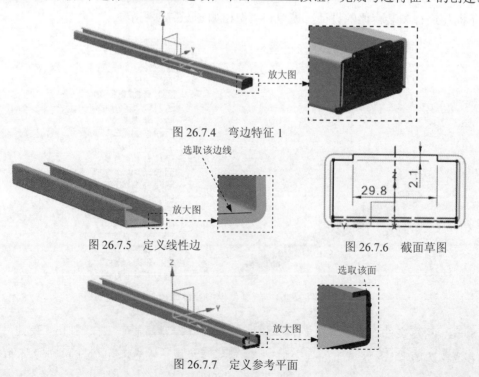

图 26.7.4　弯边特征 1

图 26.7.5　定义线性边

图 26.7.6　截面草图

图 26.7.7　定义参考平面

Step4. 创建图 26.7.8 所示的封闭拐角特征 1。选择下拉菜单 插入(S) ━━▶ 拐角(O)... ▶ ━━▶ 封闭拐角(C)... 命令；在 类型 下拉列表中选择 封闭和止裂口 选项；在 拐角属性—区域的 处理 下拉列表中选择 V形除料 选项，在 重叠 下拉列表中选择 重叠的 选项，并在 缝隙 文本框中输入 值 0.1，在 重叠比 文本框中输入值 1；在 止裂口特征 区域的 原点 下拉列表中选择 折弯中心 选项，并 在 (D) 直径 文本框中输入值 0.2，在 (O) 偏置 文本框中输入值 0，在 (A1) 角度 1 文本框中输入值 0， 在 (A2) 角度 2 文本框中输入值 0；依次选取图 26.7.9 所示的折弯为封闭拐角参照 1 和封闭拐角 参照 2；单击"封闭拐角"对话框中的 < 确定 > 按钮，完成封闭拐角特征 1 的创建。

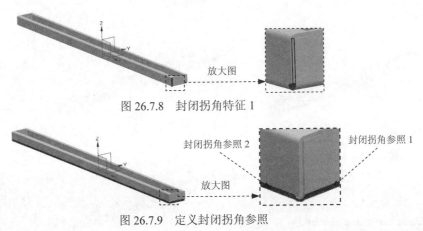

图 26.7.8　封闭拐角特征 1

图 26.7.9　定义封闭拐角参照

Step5. 创建图 26.7.10 所示的封闭拐角特征 2。选择下拉菜单 插入(S) ━━▶ 拐角(O)... ▶ ━━▶ 封闭拐角(C)... 命令；在 类型 下拉列表中选择 封闭和止裂口 选项；在 拐角属性—区域的 处理 下拉列表中选择 V形除料 选项，在 重叠 下拉列表中选择 重叠的 选项，并在 缝隙 文本框中输入 值 0.1，在 重叠比 文本框中输入值 1；在 止裂口特征 区域的 原点 下拉列表中选择 折弯中心 选项，并 在 (D) 直径 文本框中输入值 0.2，在 (O) 偏置 文本框中输入值 0，在 (A1) 角度 1 文本框中输入值 0， 在 (A2) 角度 2 文本框中输入值 0；依次选取图 26.7.11 所示的折弯为封闭拐角参照 1 和封闭拐角 参照 2；单击"封闭拐角"对话框中的 < 确定 > 按钮，完成封闭拐角特征 2 的创建。

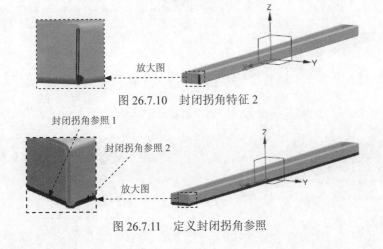

图 26.7.10　封闭拐角特征 2

图 26.7.11　定义封闭拐角参照

Step6. 创建图 26.7.12 所示的弯边特征 2。选择下拉菜单 插入(S) ➡ 折弯(N) ▸

➡ 弯边(F)... 命令，选取图 26.7.13 所示的边线为弯边的线性边，在"弯边"对话框中的 截面 区域单击 按钮，绘制图 26.7.14 所示的弯边截面草图；在 弯边属性 区域的 匹配面 下拉列表中选择 直至选定对象 选项，选取图 26.7.15 所示的模型表面为参考平面；在 内嵌 下拉列表中选择 材料内侧 选项；单击 折弯半径 文本框右侧的 按钮，在系统弹出的快捷菜单中选择 使用本地值 选项，然后在 折弯半径 文本框中输入数值 1；在 止裂口 区域的 折弯止裂口 下拉列表中选择 无 选项；在 拐角止裂口 下拉列表中选择 仅折弯 选项；单击 < 确定 > 按钮，完成弯边特征 2 的创建。

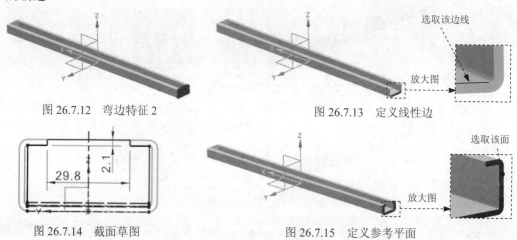

图 26.7.12　弯边特征 2　　　　　　　图 26.7.13　定义线性边

图 26.7.14　截面草图　　　　　　　图 26.7.15　定义参考平面

Step7. 创建图 26.7.16 所示的封闭拐角特征 3。选择下拉菜单 插入(S) ➡ 拐角(O)... ▸

➡ 封闭拐角(C)... 命令；在 类型 下拉列表中选择 封闭和止裂口 选项；在 拐角属性 区域的 处理 下拉列表中选择 V 形除料 选项，在 重叠 下拉列表中选择 重叠的 选项，并在 缝隙 文本框中输入值 0.1，在 重叠比 文本框中输入值 1；在 止裂口特征 区域的 原点 下拉列表中选择 折弯中心 选项，并在 (D) 直径 文本框中输入值 0.2，在 (O) 偏置 文本框中输入值 0，在 (A1)角度 1 文本框中输入值 0，在 (A2)角度 2 文本框中输入值 0；依次选取图 26.7.17 所示的折弯为封闭拐角参照 1 和封闭拐角参照 2；单击"封闭拐角"对话框中的 < 确定 > 按钮，完成封闭拐角特征 3 的创建。

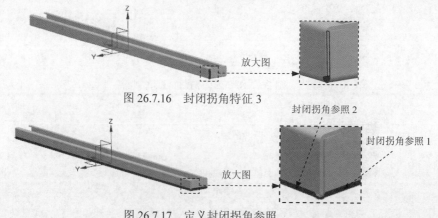

图 26.7.16　封闭拐角特征 3

图 26.7.17　定义封闭拐角参照

Step8. 创建图 26.7.18 所示的封闭拐角特征 4。选择下拉菜单 插入(S) ➡ 拐角(O)... ▶
➡ 封闭拐角(C)... 命令；在 类型 下拉列表中选择 封闭和止裂口 选项；在 拐角属性 区域的 处理
下拉列表中选择 V形除料 选项，在 重叠 下拉列表中选择 重叠的 选项，并在 缝隙 文本框中输入
值 0.1，在 重叠比 文本框中输入值 1；在 止裂口特征 区域的 原点 下拉列表中选择 折弯中心 选项，并
在 (D)直径 文本框中输入值 0.2，在 (O)偏置 文本框中输入值 0，在 (A1)角度 1 文本框中输入值 0，
在 (A2)角度 2 文本框中输入值 0；依次选取图 26.7.19 所示的折弯为封闭拐角参照 1 和封闭拐
角参照 2；单击"封闭拐角"对话框中的 <确定> 按钮，完成封闭拐角特征 4 的创建。

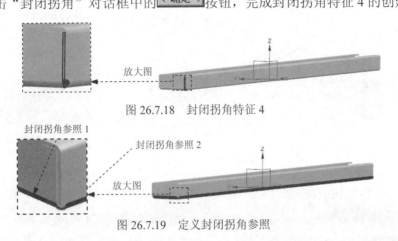

图 26.7.18　封闭拐角特征 4

图 26.7.19　定义封闭拐角参照

Step9. 创建图 26.7.20 所示的伸直特征 1。选择下拉菜单 插入(S) ➡ 成形(R) ▶ ➡
伸直(U) 命令；系统弹出"伸直"对话框。选取图 26.7.21 所示的表面为伸直固定面；在
系统 选择折弯 的提示下，选取图 26.7.22 所示的面为折弯面；在"伸直"对话框中单击 <确定>
按钮，完成伸直特征 1 的创建。

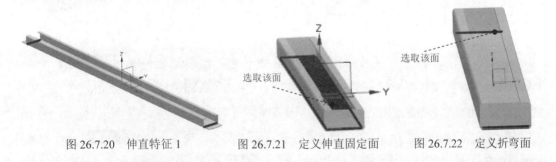

图 26.7.20　伸直特征 1　　　图 26.7.21　定义伸直固定面　　　图 26.7.22　定义折弯面

Step10. 创建图 26.7.23b 所示的钣金倒角特征 1。选择下拉菜单 插入(S) ➡ 拐角(O)... ▶
➡ 倒角(B)... 命令，系统弹出"倒角"对话框；在"倒角"对话框 倒角属性 区域的 方法
下拉列表中选择 圆角；选取图 26.7.23a 所示的两条边线，在 半径 文本框中输入值 0.8；单
击"倒角"对话框的 <确定> 按钮，完成钣金倒角特征 1 的创建。

Step11. 创建图 26.7.24b 所示的钣金倒角特征 2。选择下拉菜单 插入(S) ➡ 拐角(O)... ▶
➡ 倒角(B)... 命令，在"倒角"对话框 倒角属性 区域的 方法 下拉列表中选择 圆角；

选取图 26.7.24a 所示的两条边线,在 半径 文本框中输入值 0.8;单击"倒角"对话框的 <确定> 按钮,完成钣金倒角特征 2 的创建。

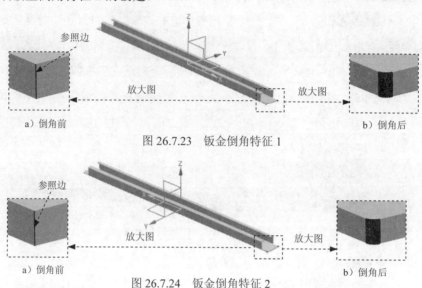

图 26.7.23　钣金倒角特征 1

图 26.7.24　钣金倒角特征 2

Step12. 创建图 26.7.25 所示的重新折弯特征。选择下拉菜单 插入(S) ➡ 成形(R) ➡ 重新折弯(R)... 命令;在图 26.7.26 所示的模型中选取执行重新折弯操作的折弯面;在"重新折弯"对话框中单击 <确定> 按钮,完成特征的创建。

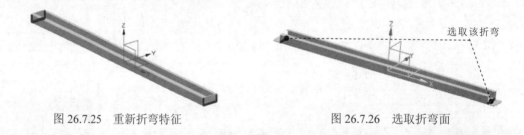

图 26.7.25　重新折弯特征　　　　　　图 26.7.26　选取折弯面

Step13. 创建图 26.7.27 所示的孔特征 1。选择下拉菜单 插入(S) ➡ 设计特征(E) ➡ 孔(H)... 命令;在"孔"对话框的 类型 下拉列表中选择 常规孔 选项;单击 按钮,选取图 26.7.28 所示的模型表面为孔的放置面,进入草图环境后创建图 26.7.29 所示的点并添加相应的尺寸约束,完成后退出草图;在"孔"对话框的 成形 下拉列表中选择 简单 选项,在 直径 文本框中输入数值 5.4,在 深度限制 下拉列表中选择 贯通体 选项,其他选项采用系统默认设置;单击 <确定> 按钮,完成孔特征 1 的创建。

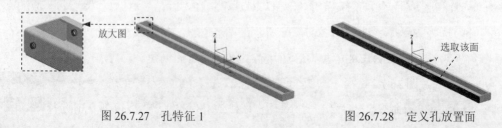

图 26.7.27　孔特征 1　　　　　　图 26.7.28　定义孔放置面

Step14. 创建图 26.7.30 所示的线性阵列特征。选择下拉菜单 插入(S) ➡ 关联复制(A)▶ ➡ 阵列特征(A)... 命令；选取图 26.7.27 所示的孔特征 1 为阵列对象，在对话框中的 布局 下拉列表中选择 线性 选项；在对话框的 方向 1 区域中单击 ⫴ 按钮，选择 XC 轴为第一阵列方向；在 间距 下拉列表中选择 数量和节距 选项，然后在 数量 文本框中输入阵列数量为 30，在 节距 文本框中输入阵列节距值为 25；并在 方向 2 区域中取消选中 □ 使用方向 2 复选框；单击 确定 按钮，完成线性阵列的创建。

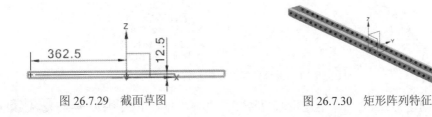

图 26.7.29　截面草图　　　　　　图 26.7.30　矩形阵列特征

Step15. 创建图 26.7.31 所示的孔特征 2。选择下拉菜单 插入(S) ➡ 设计特征(E)▶ ➡ 孔(H)... 命令；在"孔"对话框的 类型 下拉列表中选择 常规孔 选项；在图 26.7.32 所示的模型表面上单击以确定该面为孔的放置面，进入草图环境后创建图 26.7.33 所示的点并添加相应的几何约束，完成后退出草图；在"孔"对话框的 成形 下拉列表中选择 简单 选项，在 直径 文本框中输入数值 5.4，在 深度限制 下拉列表中选择 贯通体 选项，其他选项采用系统默认设置；单击 < 确定 > 按钮，完成孔特征 2 的创建。

图 26.7.31　孔特征 2　　　　图 26.7.32　定义孔放置面　　　　图 26.7.33　截面草图

Step16. 保存钣金件模型。选择下拉菜单 文件(F) ➡ 保存(S) 命令，即可保存钣金件模型。

26.8　左　前　立　柱

下面将进行左前立柱的设计，模型和模型树如图 26.8.1 所示。

Step1. 新建文件。选择下拉菜单 文件(F) ➡ 新建(N)... 命令，系统弹出"新建"对话框。在 模型 选项卡 模板 区域下的列表中选择 NX 钣金 模板。在 新文件名 区域的 名称 文本框中输入文件名称 left_front_post。单击 确定 按钮，进入"NX 钣金"环境。

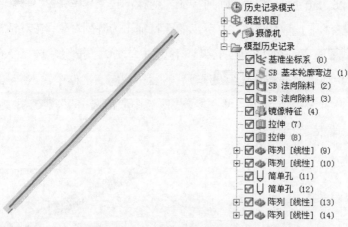

图 26.8.1　钣金件模型及模型树

Step2. 创建图 26.8.2 所示的轮廓弯边特征 1。选择下拉菜单 插入(S) ➡ 折弯(N) ➡ 轮廓弯边(C)... 命令；在 类型 区域的下拉列表中选择 基本 选项；选取 XY 平面为草图平面，选中 设置 区域的 ☑ 创建中间基准 CSYS 复选框，绘制图 26.8.3 所示的截面草图。厚度方向采用系统默认的矢量方向，单击 厚度 文本框后的 按钮，在弹出的菜单中选择 使用本地值 选项，在 厚度 文本框中输入数值 2；在 宽度选项 下拉列表中选择 对称 选项，在 宽度 文本框中输入数值 1896；在 折弯参数 区域中单击 折弯半径 文本框右侧的 按钮，在弹出的菜单中选择 使用本地值 选项，在 折弯半径 文本框中输入数值 0.5；在 止裂口 区域的 折弯止裂口 下拉列表中选择 无 选项，在 拐角止裂口 下拉列表中选择 无 选项；单击 < 确定 > 按钮，完成轮廓弯边特征 1 的创建。

图 26.8.2　轮廓弯边特征 1

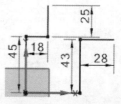

图 26.8.3　截面草图

Step3. 创建图 26.8.4 所示的法向除料特征 1。选择下拉菜单 插入(S) ➡ 切削(T) ➡ 法向除料(N)... 命令；选取图 26.8.5 所示的模型表面为草图平面，取消选中 设置 区域的 ☐ 创建中间基准 CSYS 复选框，绘制图 26.8.6 所示的截面草图并退出草图；在 除料属性 区域的 切削方法 下拉列表中选择 厚度 选项；在 限制 下拉列表中选择 值 选项，在 深度 文本框中输入数值 2；单击 < 确定 > 按钮，完成法向除料特征 1 的创建。

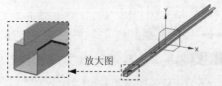

图 26.8.4　法向除料特征 1

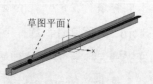

图 26.8.5　定义草图平面

Step4. 创建图 26.8.7 所示的法向除料特征 2。选择下拉菜单 插入(S) ➡ 切削(T)▶
➡ ▢ 法向除料(N)... 命令；选取图 26.8.8 所示的模型表面为草图平面，绘制图 26.8.9 所示的截面草图并退出草图；在 除料属性 区域的 切削方法 下拉列表中选择 □ 厚度 选项；在 限制 下拉列表中选择 □ 值 选项，在 深度 文本框中输入数值 2；单击 < 确定 > 按钮，完成法向除料特征 2 的创建。

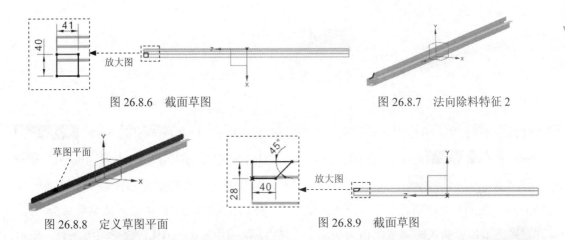

图 26.8.6　截面草图　　　　　　　　　　　　　　图 26.8.7　法向除料特征 2

图 26.8.8　定义草图平面　　　　　　　　　　　图 26.8.9　截面草图

Step5. 创建图 26.8.10 所示的镜像特征 1。选择下拉菜单 插入(S) ➡ 关联复制(A)▶
➡ ▢ 镜像特征(M)... 命令；在"镜像特征"对话框 相关特征 列表框中选择 Step3、Step4 创建的法向除料特征 1、2 为镜像对象，选取 XY 基准平面为镜像平面，单击 确定 按钮，完成镜像特征 1 的创建。

Step6. 创建图 26.8.11 所示的拉伸特征 1。选择下拉菜单 插入(S) ➡ 切削(T)▶ ➡
▢ 拉伸(E)... 命令；选取图 26.8.8 所示的模型表面为草图平面，绘制图 26.8.12 所示的截面草图，在 方向 区域中单击"反向"按钮 ✖；在 开始 下拉列表中选择 □ 值 选项，并在其下的 距离 文本框中输入数值 0；在 结束 下拉列表中选择 □ 贯通 选项；在 布尔 区域的 布尔 下拉列表中选择 ▢ 求差 选项，采用系统默认求差对象；单击 < 确定 > 按钮，完成拉伸特征 1 的创建。

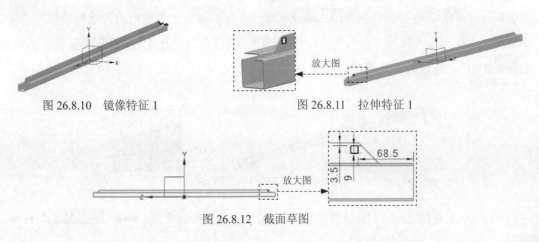

图 26.8.10　镜像特征 1　　　　　　　　　　　图 26.8.11　拉伸特征 1

图 26.8.12　截面草图

UG NX 9.0

钣金设计实例精解

Step7. 创建图 26.8.13 所示的拉伸特征 2。选择下拉菜单 插入(S) ➜ 切削(T) ▶ ➜

拉伸(E)... 命令；选取图 26.8.8 所示的模型表面为草图平面，绘制图 26.8.14 所示的截面草

图，在 方向 区域中单击"反向"按钮 ；在 开始 下拉列表中选择 值 选项，并在其下的 距离 文

本框中输入数值 0；在 结束 下拉列表中选择 贯通 选项；在 布尔 区域的 布尔 下拉列表中选择

求差 选项，采用系统默认求差对象；单击 < 确定 > 按钮，完成拉伸特征 2 的创建。

图 26.8.13   拉伸特征 2   图 26.8.14   截面草图

Step8. 创建图 26.8.15 所示的线性阵列特征 1。选择下拉菜单 插入(S) ➜ 关联复制(A) ▶

➜ 阵列特征(A)... 命令；选取图 26.8.11 所示的拉伸特征 1 为阵列对象，在对话框中的 布局

下拉列表中选择 线性 选项；在对话框的 方向 1 区域中单击 按钮，选择 ZC 轴为第一阵

列方向；在 间距 下拉列表中选择 数量和节距 选项，然后在 数量 文本框中输入阵列数量为 71，

在 节距 文本框中输入阵列节距值为 25；并在 方向 2 区域中取消选中 使用方向 2 复选框；单击

确定 按钮，完成线性阵列的创建。

图 26.8.15   线性阵列特征 1

Step9. 创建图 26.8.16 所示的矩形阵列特征 2。选择下拉菜单 插入(S) ➜ 关联复制(A) ▶

➜ 阵列特征(A)... 命令；选取图 26.8.13 所示的拉伸特征 2 为阵列对象，在对话框中的 布局

下拉列表中选择 线性 选项；在对话框的 方向 1 区域中单击 按钮，选择 ZC 轴为第一阵

列方向；在 间距 下拉列表中选择 数量和节距 选项，然后在 数量 文本框中输入阵列数量为 70，

在 节距 文本框中输入阵列节距值为 25；并在 方向 2 区域中取消选中 使用方向 2 复选框；单击

确定 按钮，完成线性阵列的创建。

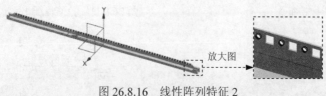

图 26.8.16   线性阵列特征 2

Step10. 创建图 26.8.17 所示的孔特征 1。选择下拉菜单 插入(S) ➜ 设计特征(E) ▶ ➜

孔⊕...命令；在"孔"对话框的 类型 下拉列表中选择 常规孔 选项；在图26.8.18所示的模型表面上单击以确定该面为孔的放置面，进入草图环境后创建图26.8.19所示的3个草图点作为孔的定位点；在"孔"对话框的 成形 下拉列表中选择 简单 选项，在 直径 文本框中输入数值5.4，在 深度限制 下拉列表中选择 直至下一个 选项，在 布尔-区域的 布尔 下拉列表中选择 求差 选项；单击 〈确定〉 按钮，完成孔特征1的创建。

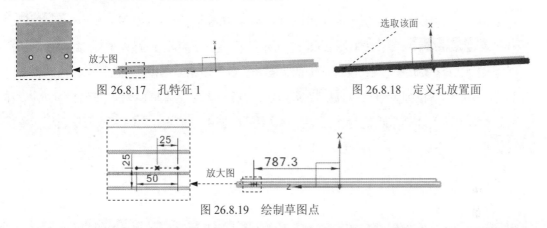

图26.8.17 孔特征1   图26.8.18 定义孔放置面

图26.8.19 绘制草图点

Step11. 创建图26.8.20所示的孔特征2。选择下拉菜单 插入(S) ➡ 设计特征(E)▸ ➡ 孔⊕...命令；在"孔"对话框的 类型 下拉列表中选择 常规孔 选项；在图26.8.21所示的模型表面上单击以确定该面为孔的放置面，进入草图环境后创建图26.8.22所示的草图点作为孔的定位点；在"孔"对话框的 成形 下拉列表中选择 简单 选项，在 直径 文本框中输入数值4.2，在 深度限制 下拉列表中选择 直至下一个 选项，在 布尔-区域的 布尔 下拉列表中选择 求差 选项；单击 〈确定〉 按钮，完成孔特征2的创建。

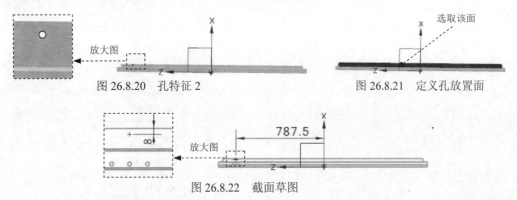

图26.8.20 孔特征2   图26.8.21 定义孔放置面

图26.8.22 截面草图

Step12. 创建图26.8.23所示的矩形阵列特征3。选择下拉菜单 插入(S) ➡ 关联复制(A)▸ ➡ 阵列特征(A)...命令；选取图26.8.20所示的孔特征2为阵列对象，在对话框中的 布局 下拉列表中选择 线性 选项；在对话框的 方向1 区域中单击 按钮，选择ZC轴为第一阵列方向；在 间距 下拉列表中选择 数量和节距 选项，然后在 数量 文本框中输入阵列数量为4，在 节距 文本框中输入阵列节距值为-525；并在 方向2 区域中取消选中 □ 使用方向2 复选框；单击

按钮，完成线性阵列的创建。

图 26.8.23　线性阵列特征 3

Step13. 创建图 26.8.24 所示的矩形阵列特征 4。选择下拉菜单 插入(S) ➡ 关联复制(A) ▶ ➡ 阵列特征(A)... 命令；选取图 26.8.17 所示的孔特征·1 为阵列对象，在对话框中的 布局 下拉列表中选择 线性 选项；在对话框的 方向 1 区域中单击 按钮，选择 ZC 轴为第一阵列方向；在 间距 下拉列表中选择 数量和节距 选项，然后在 数量 文本框中输入阵列数量为 4，在 节距 文本框中输入阵列节距值为-525；并在 方向 2 区域中取消选中 □ 使用方向 2 复选框；单击 确定 按钮，完成线性阵列的创建。

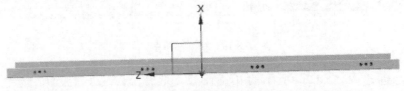

图 26.8.24　线性阵列特征 4

Step14. 保存钣金件模型。选择下拉菜单 文件(F) ➡ 保存(S) 命令，即可保存钣金件模型。

26.9　右 侧 封 板

下面将进行框架前梁的设计，模型和模型树如图 26.9.1 所示。

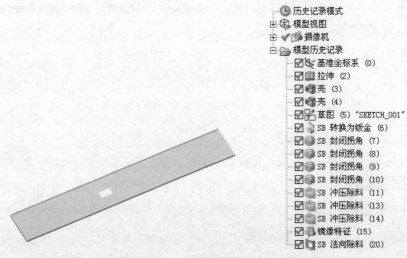

图 26.9.1　钣金件模型及模型树

Step1. 新建文件。选择下拉菜单 文件(F) ➞ 🗋 新建(N)... 命令，系统弹出"新建"对话框。在 模型 选项卡 模板 区域下的列表中选择 🔩 NX 钣金 模板。在 新文件名 区域的 名称 文本框中输入文件名称 right_stopper。单击 确定 按钮，进入"NX 钣金"环境。

Step2. 创建图 26.9.2 所示的拉伸特征 1。选择下拉菜单 🔄 启动▾ ➞ 📦 建模(M)... 命令，进入建模环境；选择下拉菜单 插入(S) ➞ 设计特征(E)▸ ➞ 📖 拉伸(E)... 命令；选取 XY 基准平面为草图平面，选中 设置 区域的 ☑ 创建中间基准 CSYS 复选框，绘制图 26.9.3 所示的截面草图，拉伸方向采用系统默认的矢量方向；单击 < 确定 > 按钮，完成拉伸特征 1 的创建（注：具体参数和操作参见随书光盘）。

图 26.9.2 拉伸特征 1

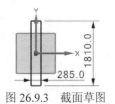

图 26.9.3 截面草图

Step3. 创建图 26.9.4b 所示的抽壳特征 1。选择下拉菜单 插入(S) ➞ 偏置/缩放(O) ➞ 🍳 抽壳(H)... 命令；在 类型 下拉列表中选择 🎲 移除面，然后抽壳 选项；选取图 26.9.4a 所示的模型表面作为抽壳的移除面（抽壳方向指向模型内部），在 厚度 文本框中输入数值 7；单击 < 确定 > 按钮，完成抽壳特征 1 的创建。

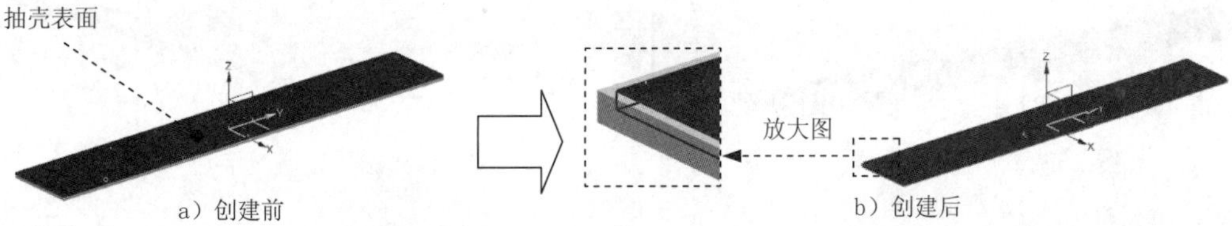

抽壳表面

a) 创建前   b) 创建后

图 26.9.4 抽壳特征 1

放大图

Step4. 创建图 26.9.5 所示的抽壳特征 2。选择下拉菜单 插入(S) ➞ 偏置/缩放(O) ➞ 🍳 抽壳(H)... 命令；在 类型 下拉列表中选择 🎲 移除面，然后抽壳 选项；选取图 26.9.6 所示的模型表面作为抽壳的移除面（抽壳方向指向模型内部），在 厚度 文本框中输入数值 1.2；单击 < 确定 > 按钮，完成抽壳特征 2 的创建。

图 26.9.5 抽壳特征 2   图 26.9.6 定义移除面

放大图   放大图   选取该内部表面

Step5. 创建图 26.9.7 所示的草图 1。选择下拉菜单 插入(S) ➞ 🔲 在任务环境中绘制草图(V)... 命令，选取图 26.9.8 所示的实体模型表面为草图平面，取消选中 设置 区域的 ☐ 创建中间基准 CSYS 复选框，绘制图 26.9.7 所示的草图 1（图 26.9.7 中分别连接草图平面边角的直线，一共有

4 条）。

　　说明：该草图将作为后面将模型转换为钣金特征的应用曲线。

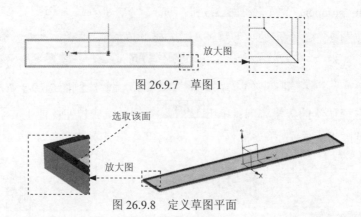

图 26.9.7　草图 1

图 26.9.8　定义草图平面

　　Step6. 将模型转换为钣金。选择下拉菜单 启动 ➡ 钣金 (L)... 命令，进入 NX 钣金环境；选择下拉菜单 插入 (S) ➡ 转换 (V) ➡ 转换为钣金 (C)... 命令，系统弹出"转换为钣金"对话框。选取图 26.9.9 所示的面，选取图 26.9.10 所示的边，选取 Step5 创建的草图曲线为截面；单击 确定 按钮，完成该特征的创建。

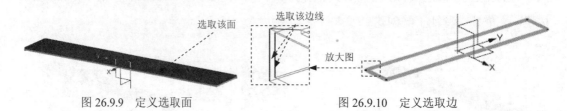

图 26.9.9　定义选取面　　　　　　　图 26.9.10　定义选取边

　　Step7. 创建图 26.9.11 所示的封闭拐角特征 1。选择下拉菜单 插入 (S) ➡ 拐角 (O)... ➡ 封闭拐角 (C)... 命令；在 类型 下拉列表中选择 封闭和止裂口 选项；在 拐角属性 区域的 处理 下拉列表中选择 V 形除料 选项，在 重叠 下拉列表中选择 封闭的 选项，并在 缝隙 文本框中输入值 0；在 止裂口特征 区域的 原点 下拉列表中选择 拐角点 选项，并在 (D) 直径 文本框中输入值 0.2，在 (O) 偏置 文本框中输入值 0，在 (A1) 角度 1 文本框中输入值 5，在 (A2) 角度 2 文本框中输入值 5；选取图 26.9.12 所示的折弯为封闭拐角参照；单击"封闭拐角"对话框中的 确定 按钮，完成封闭拐角特征 1 的创建。

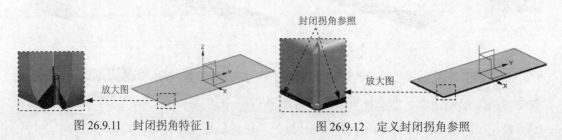

图 26.9.11　封闭拐角特征 1　　　　　图 26.9.12　定义封闭拐角参照

Step8. 创建图 26.9.13 所示的封闭拐角特征 2。选择下拉菜单 插入(S) ➡️ 拐角(O)... ▶ ➡️ 封闭拐角(C)... 命令；在 类型 下拉列表中选择 封闭和止裂口 选项；在 拐角属性 一区域的 处理 下拉列表中选择 V 形除料 选项，在 重叠 下拉列表中选择 封闭的 选项，并在 缝隙 文本框中输入值 0；在 止裂口特征 区域的 原点 下拉列表中选择 拐角点 选项，并在 (D) 直径 文本框中输入值 0.2，在 (O) 偏置 文本框中输入值 0，在 (A1)角度 1 文本框中输入值 5，在 (A2)角度 2 文本框中输入值 5；选取图 26.9.14 所示的折弯为封闭拐角参照；单击"封闭拐角"对话框中的 < 确定 > 按钮，完成封闭拐角特征 2 的创建。

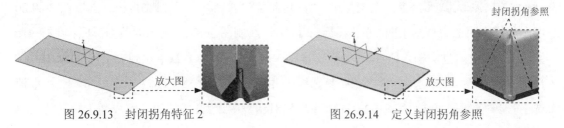

图 26.9.13 封闭拐角特征 2　　　　　图 26.9.14 定义封闭拐角参照

Step9. 创建图 26.9.15 所示的封闭拐角特征 3。选择下拉菜单 插入(S) ➡️ 拐角(O)... ▶ ➡️ 封闭拐角(C)... 命令；在 类型 下拉列表中选择 封闭和止裂口 选项；在 拐角属性 一区域的 处理 下拉列表中选择 V 形除料 选项，在 重叠 下拉列表中选择 封闭的 选项，并在 缝隙 文本框中输入值 0；在 止裂口特征 区域的 原点 下拉列表中选择 拐角点 选项，并在 (D) 直径 文本框中输入值 0.2，在 (O) 偏置 文本框中输入值 0，在 (A1)角度 1 文本框中输入值 5，在 (A2)角度 2 文本框中输入值 5；选取图 26.9.16 所示的折弯为封闭拐角参照；单击"封闭拐角"对话框中的 < 确定 > 按钮，完成封闭拐角特征 3 的创建。

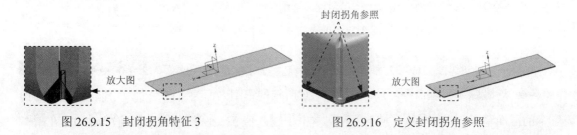

图 26.9.15 封闭拐角特征 3　　　　　图 26.9.16 定义封闭拐角参照

Step10. 创建图 26.9.17 所示的封闭拐角特征 4。选择下拉菜单 插入(S) ➡️ 拐角(O)... ▶ ➡️ 封闭拐角(C)... 命令；在 类型 下拉列表中选择 封闭和止裂口 选项；在 拐角属性 一区域的 处理 下拉列表中选择 V 形除料 选项，在 重叠 下拉列表中选择 封闭的 选项，并在 缝隙 文本框中输入值 0；在 止裂口特征 区域的 原点 下拉列表中选择 拐角点 选项，并在 (D) 直径 文本框中输入值 0.2，在 (O) 偏置 文本框中输入值 0，在 (A1)角度 1 文本框中输入值 5，在 (A2)角度 2 文本框中输入值 5；选取图 26.9.18 所示的折弯为封闭拐角参照；单击"封闭拐角"对话框中的 < 确定 > 按钮，完成封闭拐角特征 4 的创建。

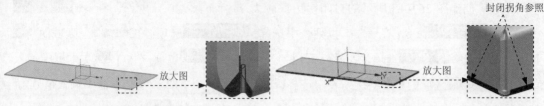

图 26.9.17　创建封闭拐角特征 4　　　　图 26.9.18　定义封闭拐角参照

Step11. 创建图 26.9.19 所示的冲压除料特征 1。选择下拉菜单 插入(S) ➡ 冲孔(H) ▶ ➡ 冲压除料(C)... 命令，系统弹出 "冲压除料" 对话框；单击按钮，选取图 26.9.20 所示的模型表面为草图平面，单击 确定 按钮，绘制图 26.9.21 所示的截面草图；在除料属性 区域的 深度 文本框中输入值 5，在 侧角 文本框中输入值 0，在 侧壁 下拉列表中选择 材料外侧 选项；在 倒圆 区域中选中 ☑ 圆形除料边 复选框，并在其下的 凹模半径 文本框中输入值 1.2；取消选中 □ 截面拐角倒圆 复选框；单击"冲压除料"对话框的 ＜ 确定 ＞ 按钮，完成冲压除料特征 1 的创建。

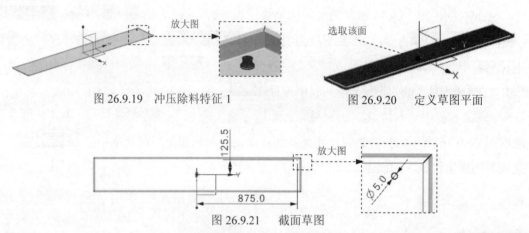

图 26.9.19　冲压除料特征 1　　　　图 26.9.20　　定义草图平面

图 26.9.21　截面草图

Step12. 创建图 26.9.22 所示的冲压除料特征 2。选择下拉菜单 插入(S) ➡ 冲孔(H) ▶ ➡ 冲压除料(C)... 命令，选取图 26.9.20 所示的模型表面为草图平面，绘制图 26.9.23 所示的截面草图；在除料属性区域的 深度 文本框中输入值 5；在 侧角 文本框中输入值 0；在 侧壁 下拉列表中选择 材料外侧 选项；在 倒圆 区域中选中 ☑ 圆形除料边 复选框，并在其下的 凹模半径 文本框中输入值 1.2；取消选中 □ 截面拐角倒圆 复选框；单击"冲压除料"对话框的 ＜ 确定 ＞ 按钮，完成冲压除料特征 2 的创建。

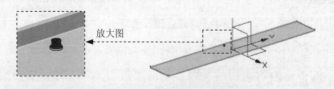

图 26.9.22　冲压除料特征 2

图 26.9.23 截面草图

Step13. 创建图 26.9.24 所示的冲压除料特征 3。选择下拉菜单 插入(S) ➡ 冲孔(H) ▸ ➡ 冲压除料(C)... 命令，选取图 26.9.20 所示的模型表面为草图平面，绘制图 26.9.25 所示的截面草图；在 除料属性 区域的 深度 文本框中输入值 5；在 侧角 文本框中输入值 0；在 侧壁 下拉列表中选择 材料外侧 选项；在 倒圆 区域中选中 ☑ 圆形除料边 复选框，并在其下的 凹模半径 文本框中输入值 1.2；取消选中 □ 截面拐角倒圆 复选框；单击"冲压除料"对话框的 < 确定 > 按钮，完成冲压除料特征 3 的创建。

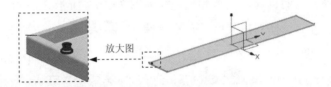

图 26.9.24 冲压除料特征 3

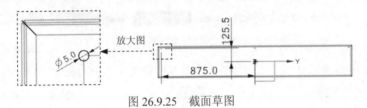

图 26.9.25 截面草图

Step14. 创建图 26.9.26 所示的镜像特征。选择下拉菜单 插入(S) ➡ 关联复制(A) ▸ ➡ 镜像特征(M)... 命令；在"镜像特征"对话框 相关特征 列表框中选择 Step11~Step13 创建的冲压除料特征 1、2、3 为镜像对象，选取 YZ 基准平面为镜像平面，单击 确定 按钮完成镜像特征的创建。

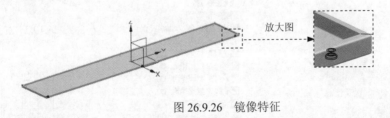

图 26.9.26 镜像特征

Step15. 创建图 26.9.27 所示的法向除料特征。选择下拉菜单 插入(S) ➡ 切削(T) ▸ ➡ 法向除料(N)... 命令；选取图 26.9.20 所示的模型表面为草图平面，绘制图 26.9.28 所示的截面草图并退出草图；在 除料属性 区域的 切削方法 下拉列表中选择 厚度 选项；在 限制 下拉列表中选择 贯通 选项；单击 < 确定 > 按钮，完成特征的创建。

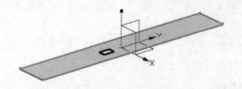

图 26.9.27 法向除料特征

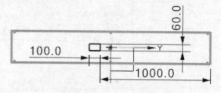

图 26.9.28 截面草图

Step16. 保存钣金件模型。选择下拉菜单 文件(F) —▶ 保存(S) 命令，即可保存钣金件模型。

26.10 顶 封 板

下面将进行顶封板的设计，模型和模型树如图 26.10.1 所示。

Step1. 新建文件。选择下拉菜单 文件(F) —▶ 新建(N)... 命令，系统弹出"新建"对话框。在 模型 选项卡 模板 区域下的列表中选择 NX 钣金 模板。在 新文件名 区域的 名称 文本框中输入文件名称 top_stopper。单击 确定 按钮，进入"NX 钣金"环境。

Step2. 创建图 26.10.2 所示的拉伸特征 1。选择下拉菜单 启动 —▶ 建模(M)... 命令，进入建模环境；选择下拉菜单 插入(S) —▶ 设计特征(E)▶ —▶ 拉伸(E)... 命令；选取 XY 基准平面为草图平面，选中 设置 区域的 ☑ 创建中间基准 CSYS 复选框，绘制图 26.10.3 所示的截面草图，拉伸方向采用系统默认的矢量方向；在 开始 下拉列表中选择 值 选项，并在其下的 距离 文本框中输入数值 0；在 结束 下拉列表中选择 值 选项，并在其下的 距离 文本框中输入数值 17；单击 ＜确定＞ 按钮，完成拉伸特征 1 的创建。

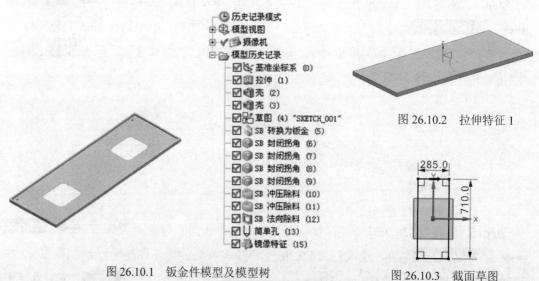

图 26.10.2 拉伸特征 1

图 26.10.1 钣金件模型及模型树

图 26.10.3 截面草图

Step3. 创建图 26.10.4b 所示的抽壳特征 1。选择下拉菜单 插入(S) —▶ 偏置/缩放(O)

➡️ ▢ 抽壳(H)... 命令；在 类型 下拉列表中选择 ● 移除面，然后抽壳 选项；选取图 26.10.4a 所示的模型表面作为抽壳的移除面（抽壳方向指向模型内部），在 厚度 文本框中输入数值 7；单击 < 确定 > 按钮，完成抽壳特征 1 的创建。

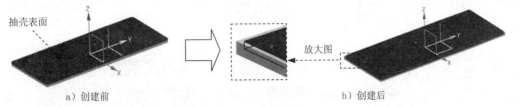

a) 创建前 b) 创建后

图 26.10.4 抽壳特征 1

Step4. 创建图 26.10.5 所示的抽壳特征 2。选择下拉菜单 插入(S) ➡️ 偏置/缩放(O) ➡️ ▢ 抽壳(H)... 命令；在 类型 下拉列表中选择 ● 移除面，然后抽壳 选项；选取图 26.10.6 所示的模型表面作为抽壳的移除面（抽壳方向指向模型内部），在 厚度 文本框中输入数值 1.2；单击 < 确定 > 按钮，完成抽壳特征 2 的创建。

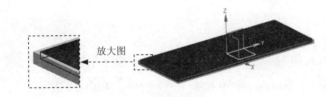

图 26.10.5 抽壳特征 2

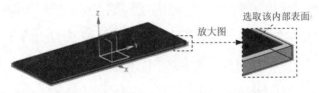

图 26.10.6 定义移除面

Step5. 创建图 26.10.7 所示的草图 1。选择下拉菜单 插入(S) ➡️ 📐 在任务环境中绘制草图(V)... 命令；选取图 26.10.8 所示实体模型表面为草图平面，取消选中 设置 区域的 ▢ 创建中间基准 CSYS 复选框，绘制图 26.10.7 所示的草图 1（图 26.10.7 中分别连接草图平面边角的直线）。

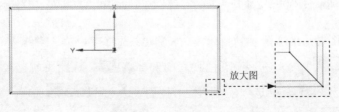

图 26.10.7 草图 1

说明：该草图将作为后面将模型转换为钣金特征的应用曲线。

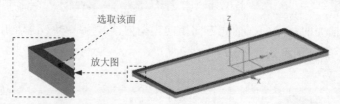

图 26.10.8　定义草图平面

Step6. 将模型转换为钣金。选择下拉菜单 启动▼ ➡ 钣金(L)...命令，进入 NX 钣金环境；选择下拉菜单 插入(S) ➡ 转换(V)▶ ➡ 转换为钣金(C)...命令，系统弹出"转换为钣金"对话框。选取图 26.10.9 所示的实体模型的下表面，选取图 26.10.10 所示的边，选取 Step5 创建的草图曲线为截面；单击 确定 按钮，完成该特征的创建。

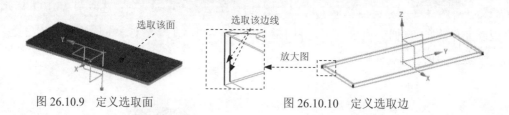

图 26.10.9　定义选取面　　　　　　图 26.10.10　定义选取边

Step7. 创建图 26.10.11 所示的封闭拐角特征 1。选择下拉菜单 插入(S) ➡ 拐角(O)...▶ ➡ 封闭拐角(C)...命令；在 类型 下拉列表中选择 封闭和止裂口 选项；在 拐角属性 区域的 处理 下拉列表中选择 V形除料 选项，在 重叠 下拉列表中选择 封闭的 选项，并在 缝隙 文本框中输入值 0；在 止裂口特征 区域的 原点 下拉列表中选择 拐角点 选项，并在 (D) 直径 文本框中输入值 0.2，在 (O) 偏置 文本框中输入值 0，在 (A1)角度 1 文本框中输入值 5，在 (A2)角度 2 文本框中输入值 5；选取图 26.10.12 所示的折弯为封闭拐角参照；单击"封闭拐角"对话框中的 〈 确定 〉 按钮，完成封闭拐角特征 1 的创建。

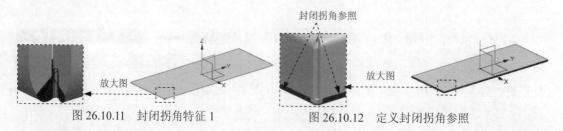

图 26.10.11　封闭拐角特征 1　　　　图 26.10.12　定义封闭拐角参照

Step8. 创建图 26.10.13 所示的封闭拐角特征 2。选择下拉菜单 插入(S) ➡ 拐角(O)...▶ ➡ 封闭拐角(C)...命令；在 类型 下拉列表中选择 封闭和止裂口 选项；在 拐角属性 区域的 处理 下拉列表中选择 V形除料 选项，在 重叠 下拉列表中选择 封闭的 选项，并在 缝隙 文本框中输入值 0；在 止裂口特征 区域的 原点 下拉列表中选择 拐角点 选项，并在 (D) 直径 文本框中输入值 0.2，在 (O) 偏置 文本框中输入值 0，在 (A1)角度 1 文本框中输入值 5，在 (A2)角度 2 文本框中输入值

5；选取图 26.10.14 所示的折弯为封闭拐角参照；单击"封闭拐角"对话框中的 <确定> 按钮，完成封闭拐角特征 2 的创建。

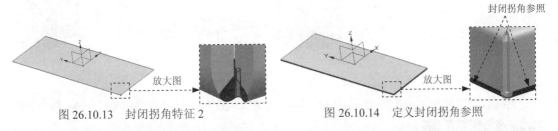

图 26.10.13 封闭拐角特征 2   图 26.10.14 定义封闭拐角参照

Step9. 创建图 26.10.15 所示的封闭拐角特征 3。选择下拉菜单 插入(S) ➡ 拐角(O)... ▶ ➡ 封闭拐角(C)... 命令；在 类型 下拉列表中选择 封闭和止裂口 选项；在 拐角属性 区域的 处理 下拉列表中选择 V形除料 选项，在 重叠 下拉列表中选择 封闭的 选项，并在 缝隙 文本框中输入值 0；在 止裂口特征 区域的 原点 下拉列表中选择 拐角点 选项，并在 (D)直径 文本框中输入值 0.2，在 (O)偏置 文本框中输入值 0，在 (A1)角度 1 文本框中输入值 5，在 (A2)角度 2 文本框中输入值 5；选取图 26.10.16 所示的折弯为封闭拐角参照；单击"封闭拐角"对话框中的 <确定> 按钮，完成封闭拐角特征 3 的创建。

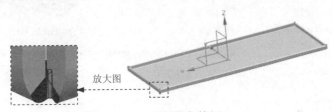

图 26.10.15 封闭拐角特征 3

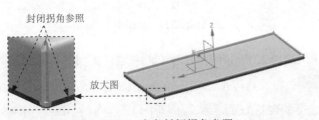

图 26.10.16 定义封闭拐角参照

Step10. 创建图 26.10.17 所示的封闭拐角特征 4。选择下拉菜单 插入(S) ➡ 拐角(O)... ▶ ➡ 封闭拐角(C)... 命令；在 类型 下拉列表中选择 封闭和止裂口 选项；在 拐角属性 区域的 处理 下拉列表中选择 V形除料 选项，在 重叠 下拉列表中选择 封闭的 选项，并在 缝隙 文本框中输入值 0；在 止裂口特征 区域的 原点 下拉列表中选择 拐角点 选项，并在 (D)直径 文本框中输入值 0.2，在 (O)偏置 文本框中输入值 0，在 (A1)角度 1 文本框中输入值 5，在 (A2)角度 2 文本框中输入值 5；选取图 26.10.18 所示的折弯为封闭拐角参照；单击"封闭拐角"对话框中的 <确定> 按钮，完成封闭拐角特征 4 的创建。

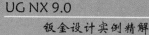

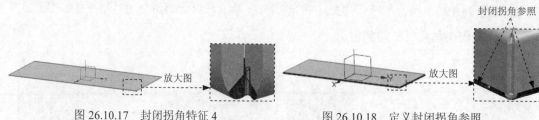

图 26.10.17　封闭拐角特征 4　　　　　图 26.10.18　定义封闭拐角参照

Step11. 创建图 26.10.19 所示的冲压除料特征 1。选择下拉菜单 插入(S) ➡ 冲孔(H) ▸ ➡ 冲压除料(C)... 命令，选取图 26.10.20 所示的模型表面为草图平面，绘制图 26.10.21 所示的截面草图；在 除料属性 区域的 深度 文本框中输入值 5；在 侧角 文本框中输入值 0；在 侧壁 下拉列表中选择 材料外侧 选项；在 倒圆 区域中选中 ☑ 圆形除料边 复选框，并在其下的 凹模半径 文本框中输入值 1.2；取消选中 □ 截面拐角倒圆 复选框；单击"冲压除料"对话框的 < 确定 > 按钮，完成冲压除料特征 1 的创建。

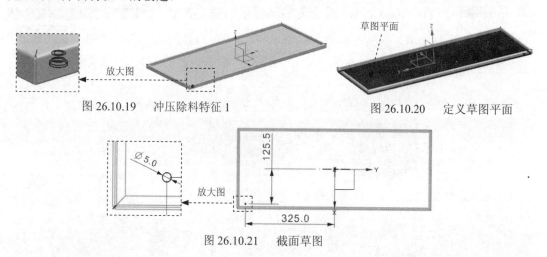

图 26.10.19　冲压除料特征 1　　　　图 26.10.20　定义草图平面

图 26.10.21　截面草图

Step12. 创建图 26.10.22 所示的冲压除料特征 2。选择下拉菜单 插入(S) ➡ 冲孔(H) ▸ ➡ 冲压除料(C)... 命令，选取图 26.10.20 所示的模型表面为草图平面，绘制图 26.10.23 所示的截面草图；在 除料属性 区域的 深度 文本框中输入值 5；在 侧角 文本框中输入值 0；在 侧壁 下拉列表中选择 材料外侧 选项；在 倒圆 区域中选中 ☑ 圆形除料边 复选框，并在其下的 凹模半径 文本框中输入值 1.2；取消选中 □ 截面拐角倒圆 复选框；单击"冲压除料"对话框的 < 确定 > 按钮，完成冲压除料特征 2 的创建。

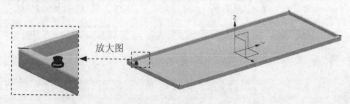

图 26.10.22　冲压除料特征 2

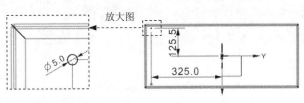

图 26.10.23　截面草图

Step13. 创建图 26.10.24 所示的法向除料特征。选择下拉菜单 插入(S) ➡ 切削(T)▶ ➡ 法向除料(N)... 命令；选取图 26.10.20 所示的模型表面为草图平面，绘制图 26.10.25 所示的截面草图并退出草图；在 除料属性 区域的 切削方法 下拉列表中选择 厚度 选项；在 限制 下拉列表中选择 贯通 选项；单击 确定 按钮，完成特征的创建。

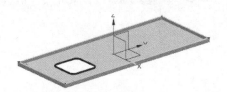

图 26.10.24　法向除料特征

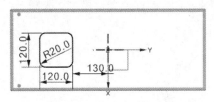

图 26.10.25　截面草图

Step14. 创建图 26.10.26 所示的孔特征。选择下拉菜单 插入(S) ➡ 设计特征(E)▶ ➡ 孔(H)... 命令；在 类型 下拉列表中选择 常规孔 选项，在图 26.10.20 所示的模型表面上单击以确定该面为孔的放置面，进入草图环境后创建图 26.10.27 所示的点并添加相应的几何约束；在 "孔" 对话框的 成形 下拉列表中选择 简单 选项，在 直径 文本框中输入数值 3.2，在 深度限制 下拉列表中选择 贯通体 选项，其他选项采用系统默认设置；单击 确定 按钮，完成特征的创建。

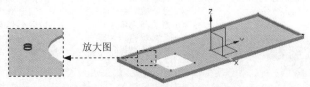

图 26.10.26　孔特征

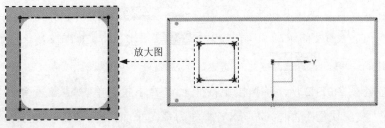

图 26.10.27　截面草图

Step15. 创建图 26.10.28 所示的镜像特征。选择下拉菜单 插入(S) ➡ 关联复制(A)▶

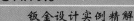

命令；在"镜像特征"对话框 相关特征 列表框中选择 Step11~Step14 创建的特征为镜像对象，选取 ZX 基准平面为镜像平面，单击 确定 按钮，完成镜像特征的创建。

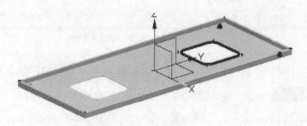

图 26.10.28　镜像特征

Step16. 保存钣金件模型。选择下拉菜单 文件(F) ➡ 保存(S) 命令，即可保存钣金件模型。

26.11　柜　　门

下面将进行柜门的设计，模型和模型树如图 26.11.1 所示。

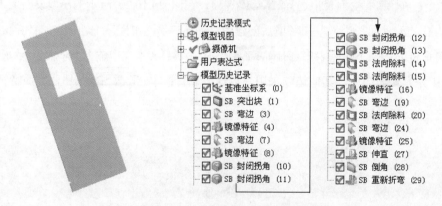

图 26.11.1　钣金件模型及模型树

Step1. 新建文件。选择下拉菜单 文件(F) ➡ 新建(N)... 命令，系统弹出"新建"对话框。在 模型 选项卡 模板 区域下的列表中选择 NX 钣金 模板。在 新文件名 区域的 名称 文本框中输入文件名称 door。单击 确定 按钮，进入"NX 钣金"环境。

Step2. 创建图 26.11.2 所示的突出块特征 1。选择下拉菜单 插入(S) ➡ 突出块(B)... 命令，系统弹出"突出块"对话框；选取 XY 平面为草图平面，选中 设置 区域的 ☑ 创建中间基准 CSYS 复选框，绘制图 26.11.3 所示的截面草图；在 厚度 文本框中输入数值 2，厚度方向采用系统默认的矢量方向；单击 < 确定 > 按钮，完成突出块特征 1 的创建。

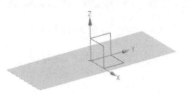

图 26.11.2　突出块特征 1

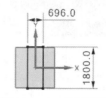

图 26.11.3　截面草图

Step3. 创建图 26.11.4 所示的弯边特征 1。选择下拉菜单 插入(S) ➡ 折弯(N) ➡ 弯边(F)... 命令；选取图 26.11.5 所示的边线为弯边的线性边，在 宽度选项 下拉列表中选择 完整 选项；在 弯边属性 区域的 长度 文本框中输入数值 14；在 角度 文本框中输入数值 90；在 参考长度 下拉列表中选择 外部 选项；在 内嵌 下拉列表中选择 材料内侧 选项；在 偏置 区域的 偏置 文本框中输入数值 0；单击 折弯半径 文本框右侧的 按钮，在系统弹出的快捷菜单中选择 使用本地值 选项，在 折弯半径 文本框中输入数值 1；在 止裂口 区域的 折弯止裂口 下拉列表中选择 无 选项；在 拐角止裂口 下拉列表中选择 无 选项；单击 ＜确定＞ 按钮，完成弯边特征 1 的创建。

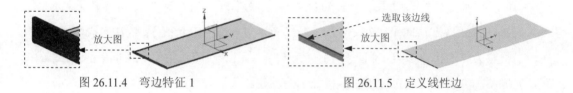

图 26.11.4　弯边特征 1

图 26.11.5　定义线性边

Step4. 创建图 26.11.6 所示的镜像特征 1。选择下拉菜单 插入(S) ➡ 关联复制(A) ➡ 镜像特征(M)... 命令，系统弹出"镜像特征"对话框；在"镜像特征"对话框 相关特征 列表框中选择 Step3 创建的弯边特征 1 为镜像对象，选取 ZX 基准平面为镜像平面，单击 确定 按钮，完成镜像特征 1 的创建。

Step5. 创建图 26.11.7 所示的弯边特征 2。选择下拉菜单 插入(S) ➡ 折弯(N) ➡ 弯边(F)... 命令；选取图 26.11.8 所示的边线为弯边的线性边，在 宽度选项 下拉列表中选择 完整 选项；在 弯边属性 区域的 长度 文本框中输入数值 14；在 角度 文本框中输入数值 90；在 参考长度 下拉列表中选择 外部 选项；在 内嵌 下拉列表中选择 材料内侧 选项；在 偏置 区域的 偏置 文本框中输入数值 0；在 折弯半径 文本框中输入数值 1；在 止裂口 区域的 折弯止裂口 下拉列表中选择 无 选项；在 拐角止裂口 下拉列表中选择 仅折弯 选项；单击 ＜确定＞ 按钮，完成弯边特征 2 的创建。

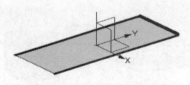

图 26.11.6　镜像特征 1

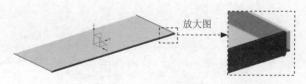

图 26.11.7　弯边特征 2

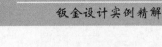
Step6. 创建图 26.11.9 所示的镜像特征 2。选择下拉菜单 插入(S) ➡️ 关联复制(A)▶ ➡️ 镜像特征(M)... 命令，系统弹出"镜像特征"对话框；在"镜像特征"对话框 相关特征 列表框中选择 Step5 创建的弯边特征 2 为镜像对象，选取 YZ 基准平面为镜像平面，单击 确定 按钮，完成镜像特征 2 的创建。

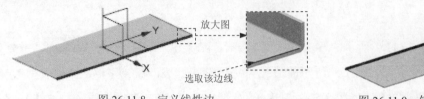

图 26.11.8　定义线性边　　　　　　图 26.11.9　镜像特征 2

Step7. 创建图 26.11.10 所示的封闭拐角特征 1。选择下拉菜单 插入(S) ➡️ 拐角(O)... ▶ ➡️ 封闭拐角(C)... 命令，系统弹出"封闭拐角"对话框；在 类型 下拉列表中选择 封闭和止裂口 选项；在 拐角属性 区域的 处理 下拉列表中选择 V 形除料 选项，在 重叠 下拉列表中选择 重叠的 选项，并在 缝隙 文本框中输入值 0，在 重叠比 文本框中输入值 1；在 止裂口特征 区域的 原点 下拉列表中选择 拐角点 选项，并在 (D) 直径 文本框中输入值 0.2，在 (O) 偏置 文本框中输入值 0，在 (A1) 角度 1 文本框中输入值 5，在 (A2) 角度 2 文本框中输入值 5；依次选取图 26.11.11 所示的折弯为封闭拐角参照 1 和封闭拐角参照 2；单击"封闭拐角"对话框中的 ＜确定 ＞ 按钮，完成图 26.11.10 所示的封闭拐角特征 1 的创建。

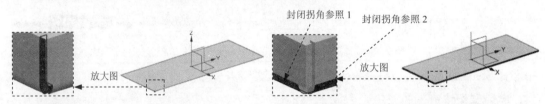

图 26.11.10　封闭拐角特征 1　　　　　図 26.11.11　定义封闭拐角参照

Step8. 创建图 26.11.12 所示的封闭拐角特征 2。选择下拉菜单 插入(S) ➡️ 拐角(O)... ▶ ➡️ 封闭拐角(C)... 命令；在 类型 下拉列表中选择 封闭和止裂口 选项；在 拐角属性 区域的 处理 下拉列表中选择 V 形除料 选项，在 重叠 下拉列表中选择 重叠的 选项，并在 缝隙 文本框中输入值 0，在 重叠比 文本框中输入值 1；在 止裂口特征 区域的 原点 下拉列表中选择 拐角点 选项，并在 (D) 直径 文本框中输入值 0.2，在 (O) 偏置 文本框中输入值 0，在 (A1) 角度 1 文本框中输入值 5，在 (A2) 角度 2 文本框中输入值 5；依次选取图 26.11.13 所示的折弯为封闭拐角参照 1 和封闭拐角参照 2；单击"封闭拐角"对话框中的 ＜确定 ＞ 按钮，完成封闭拐角特征 2 的创建。

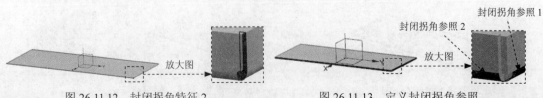

图 26.11.12　封闭拐角特征 2　　　　　图 26.11.13　定义封闭拐角参照

Step9. 创建图 26.11.14 所示的封闭拐角特征 3。选择下拉菜单 插入(S) ➡ 拐角(O)... ▶ ➡ ◉ 封闭拐角(C) 命令；在 类型 下拉列表中选择 ◉ 封闭和止裂口 选项；在 拐角属性 区域的 处理 下拉列表中选择 ⊏ V 形除料 选项，在 重叠 下拉列表中选择 ⌐ 重叠的 选项，并在 缝隙 文本框中输入值 0，在 重叠比 文本框中输入值 1；在 止裂口特征 区域的 原点 下拉列表中选择 拐角点 选项，并在 (D) 直径 文本框中输入值 0.2，在 (O) 偏置 文本框中输入值 0，在 (A1)角度 1 文本框中输入值 5，在 (A2)角度 2 文本框中输入值 5；选取图 26.11.15 所示的折弯为封闭拐角参照；单击"封闭拐角"对话框中的 ＜ 确定 ＞ 按钮，完成封闭拐角特征 3 的创建。

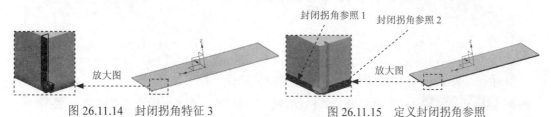

图 26.11.14 封闭拐角特征 3   图 26.11.15 定义封闭拐角参照

Step10. 创建图 26.11.16 所示的封闭拐角特征 4。选择下拉菜单 插入(S) ➡ 拐角(O)... ▶ ➡ ◉ 封闭拐角(C) 命令；在 类型 下拉列表中选择 ◉ 封闭和止裂口 选项；在 拐角属性 区域的 处理 下拉列表中选择 ⊏ V 形除料 选项，在 重叠 下拉列表中选择 ⌐ 重叠的 选项，并在 缝隙 文本框中输入值 0，在 重叠比 文本框中输入值 1；在 止裂口特征 区域的 原点 下拉列表中选择 拐角点 选项，并在 (D) 直径 文本框中输入值 0.2，在 (O) 偏置 文本框中输入值 0，在 (A1)角度 1 文本框中输入值 5，在 (A2)角度 2 文本框中输入值 5；选取图 26.11.17 所示的折弯为封闭拐角参照；单击"封闭拐角"对话框中的 ＜ 确定 ＞ 按钮，完成封闭拐角特征 4 的创建。

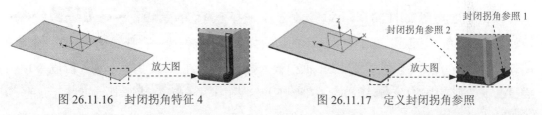

图 26.11.16 封闭拐角特征 4   图 26.11.17 定义封闭拐角参照

Step11. 创建图 26.11.18 所示的法向除料特征 1。选择下拉菜单 插入(S) ➡ 切削(T)▶ ➡ ☐ 法向除料(N) 命令，选取 XY 平面为草图平面，取消选中 设置 区域的 ☐ 创建中间基准 CSYS 复选框，绘制图 26.11.19 所示的截面草图并退出草图；在 除料属性 区域的 切削方法 下拉列表中选择 厚度 选项；在 限制 下拉列表中选择 ⊟ 贯通 选项，单击 反向 按钮 ↗；单击 ＜ 确定 ＞ 按钮，完成法向除料特征 1 的创建。

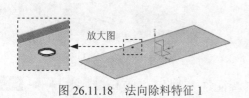

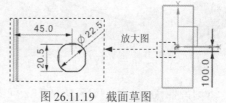

图 26.11.18 法向除料特征 1   图 26.11.19 截面草图

Step12. 创建图 26.11.20 所示的法向除料特征 2。选择下拉菜单 插入(S) ➞ 切削(T) ➞ 法向除料(N)... 命令，选取 XY 平面为草图平面，绘制图 26.11.21 所示的截面草图并退出草图；在 除料属性 区域的 切削方法 下拉列表中选择 厚度 选项；在 限制 下拉列表中选择 贯通 选项，单击 反向 按钮 ⤬；单击 < 确定 > 按钮，完成法向除料特征 2 的创建。

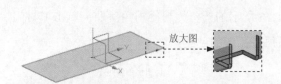

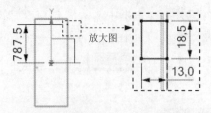

图 26.11.20　法向除料特征 2　　　　　图 26.11.21　截面草图

Step13. 创建图 26.11.22 所示的镜像特征 3。选择下拉菜单 插入(S) ➞ 关联复制(A) ➞ 镜像特征(M)... 命令，系统弹出"镜像特征"对话框；在"镜像特征"对话框 相关特征 列表框中选择 Step12 创建的法向除料特征 2 为镜像对象，选取 ZX 基准平面为镜像平面，单击 确定 按钮，完成镜像特征 3 的创建。

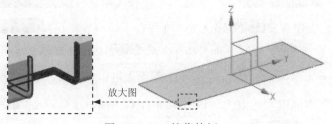

图 26.11.22　镜像特征 3

Step14. 创建图 26.11.23 所示的弯边特征 3。选择下拉菜单 插入(S) ➞ 折弯(N) ➞ 弯边(F)... 命令；选取图 26.11.24 所示的边线为弯边的线性边，在 宽度选项 下拉列表中选择 完整 选项；在 弯边属性 区域的 长度 文本框中输入数值 10；在 角度 文本框中输入数值 90；在 参考长度 下拉列表中选择 外部 选项；在 内嵌 下拉列表中选择 材料外侧 选项；在 偏置 区域的 偏置 文本框中输入数值 0；单击 折弯半径 文本框右侧的 ☰ 按钮，在系统弹出的快捷菜单中选择 使用本地值 选项，然后在 折弯半径 文本框中输入数值 1；在 止裂口 区域的 折弯止裂口 下拉列表中选择 无 选项；在 拐角止裂口 下拉列表中选择 仅折弯 选项；单击 < 确定 > 按钮，完成弯边特征 3 的创建。

图 26.11.23　弯边特征 3　　　　　图 26.11.24　定义线性边

Step15. 创建图 26.11.25 所示的法向除料特征 3。选择下拉菜单 插入(S) ➞ 切削(T) ➞

→ 法向除料(N)... 命令，选取 XY 平面为草图平面，绘制图 26.11.26 所示的截面草图并退出草图；在 除料属性 区域的 切削方法 下拉列表中选择 厚度 选项；在 限制 下拉列表中选择 贯通 选项；单击 反向 按钮 ↗；单击 < 确定 > 按钮，完成法向除料特征 3 的创建。

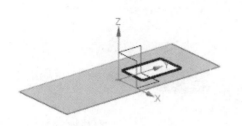

图 26.11.25 法向除料特征 3

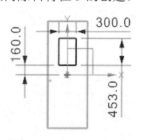

图 26.11.26 截面草图

Step16. 创建图 26.11.27 所示的弯边特征 4。选择下拉菜单 插入(S) → 折弯(N) ▶ → 弯边(F)... 命令，选取图 26.11.28 所示的边线为弯边的线性边，在 宽度 区域的 宽度选项 下拉列表中选择 从两端 选项，在 距离 1 文本框中输入数值 12，在 距离 2 文本框中输入数值 10.5；在 弯边属性 区域的 长度 文本框中输入数值 10，在 角度 文本框中输入数值 90，在 参考长度 下拉列表中选择 内部 选项，在 内嵌 下拉列表中选择 材料外侧 选项；在 偏置 区域的 偏置 文本框中输入数值 0；单击 折弯半径 文本框右侧的 三 按钮，在系统弹出的快捷菜单中选择 使用本地值 选项，然后在 折弯半径 文本框中输入数值 1；在 止裂口 区域的 折弯止裂口 下拉列表中选择 无 选项；在 拐角止裂口 下拉列表中选择 仅折弯 选项；单击 < 确定 > 按钮，完成弯边特征 4 的创建。

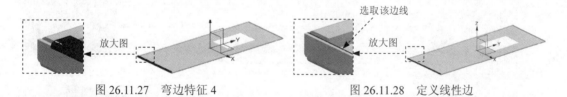

图 26.11.27 弯边特征 4

图 26.11.28 定义线性边

Step17. 创建图 26.11.29 所示的镜像特征 4。选择下拉菜单 插入(S) → 关联复制(A) ▶ → 镜像特征(M)... 命令，系统弹出"镜像特征"对话框；在"镜像特征"对话框 相关特征 列表框中选择 Step16 创建的弯边特征 4 为镜像对象，选取 XZ 基准平面为镜像平面，单击 确定 按钮，完成镜像特征 4 的创建。

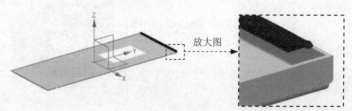

图 26.11.29 镜像特征 4

Step18. 创建图 26.11.30 所示的伸直特征 1。选择下拉菜单 插入(S) → 成形(R) ▶ →

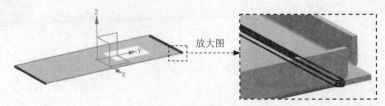命令，系统弹出"伸直"对话框。选取图 26.11.31 所示的表面为伸直固定面；在系统的提示下，选取图 26.11.32 所示的折弯面为伸直对象；在"伸直"对话框中单击<确定>按钮，完成伸直特征 1 的创建。

图 26.11.30　伸直特征 1

图 26.11.31　定义伸直固定面　　　　图 26.11.32　选取折弯面

Step19. 创建图 26.11.33 所示的钣金倒角特征 1。选择下拉菜单 插入(S) ➡ 拐角(O)...▶ 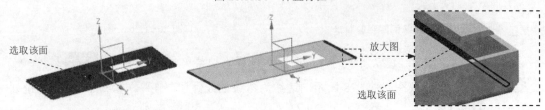➡ 倒角(B)...命令，系统弹出"倒角"对话框；在"倒角"对话框 倒角属性 区域的 方法 下拉列表中选择 圆角；选取图 26.11.33 所示的两条边线，在 半径 文本框中输入值 0.8；单击"倒角"对话框的<确定>按钮，完成钣金倒角特征 1 的创建。

a）倒角前　　　　　　　　　　　　　　　　　　　b）倒角后

图 26.11.33　钣金倒角特征 1

Step20. 创建图 26.11.34 所示的重新折弯特征 1。选择下拉菜单 插入(S) ➡ 成形(R)▶ 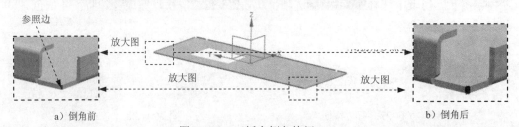➡ 重新折弯(R)...命令。在模型中选取执行重新折弯操作的折弯面；在"重新折弯"对话框中单击<确定>按钮，完成特征的创建。

图 26.11.34　重新折弯特征 1

Step21. 保存钣金件模型。选择下拉菜单 文件(F) ➡ 保存(S) 命令，即可保存钣金件模型。

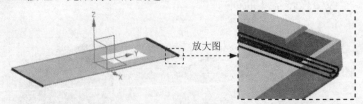

26.12 电器柜装配

下面介绍电器柜的装配。读者可以从随书光盘目录 D:\ugnx90.10\work\ch26 中找到电器柜的所有部件。

Task1. 底座装配

下面首先介绍底座装配，结果如图 26.12.1 所示。

图 26.12.1 底座装配体

Step1. 新建文件。选择下拉菜单 文件(F) ➡️ 新建(N)... 命令，系统弹出"新建"对话框。在 模型 选项卡的 模板 区域中选取模板类型为 装配，在 名称 文本框中输入文件名称 base_asm，在 文件夹 文本框后单击 按钮，选择 D:\ugnx90.10\work\ch26，单击 确定 按钮，进入装配环境。

Step2. 添加图 26.12.2 所示的连接角。在"添加组件"对话框中单击 按钮，选择文件 D:\ugnx90.10\work\ch26\ join_corner_of_outforcer.prt，然后单击 OK 按钮；在"添加组件"对话框 放置 区域的 定位 下拉列表中选取 通过约束 选项，选中预览区域的 ☑ 预览 复选框，单击 应用 按钮，此时系统弹出"装配约束"对话框；在"装配约束"对话框 类型 下拉列表中选择 固定 选项，在图形区中选取基座模型，单击 < 确定 > 按钮。

Step3. 装配底座连接，如图 26.12.3 所示。

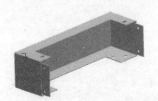

图 26.12.2 添加连接角

图 26.12.3 装配底座连接

（1）在"添加组件"对话框中单击 按钮，选择 D:\ugnx90.10\work\ch26\base_join.prt，然后单击 OK 按钮；在"添加组件"对话框 放置 区域的 定位 下拉列表中选取 通过约束 选项，单击 应用 按钮，此时系统弹出"装配约束"对话框；在"装配约束"对话框 类型 下

拉列表中选择 接触对齐 选项，在 要约束的几何体 区域的 方位 下拉列表中选择 首选接触 选项，在 预览 区域中选中 ☑ 在主窗口中预览组件 复选框；选取图 26.12.4 所示的模型表面 1 和图 26.12.5 所示的模型表面 2，单击 应用 按钮，完成接触约束的添加。

图 26.12.4　选取接触面 1

模型表面 1

图 26.12.5　选取接触面 2

模型表面 2

（2）在 要约束的几何体 区域的 方位 下拉列表中选择 自动判断中心/轴 选项；在"组件预览"窗口中选取图 26.12.6 所示的圆柱面 1，然后在图形区选取图 26.12.7 所示的圆柱面 2，单击 应用 按钮，完成中心对齐约束的添加；在 类型 下拉列表中选择 平行 选项，选择图 26.12.8 所示的面 3 和面 4，单击 < 确定 > 按钮，完成底座连接的装配。

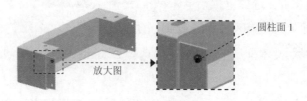

放大图

圆柱面 1

图 26.12.6　选择中心对齐面 1

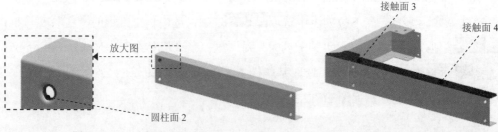

放大图

圆柱面 2

图 26.12.7　选择中心对齐面 2

接触面 3

接触面 4

图 26.12.8　选取平行面 3、面 4

Step4. 装配底座连接，如图 26.12.9 所示。在"添加组件"对话框中单击 按钮，选择 D:\ugnx90.10\work\ch26\base_join.prt，然后单击 OK 按钮；在"添加组件"对话框 放置 区域的 定位 下拉列表中选取 通过约束 选项，单击 应用 按钮，此时系统弹出"装配约束"对话框；在"装配约束"对话框 类型 下拉列表中选择 接触对齐 选项，在 要约束的几何体 区域的 方位 下拉列表中选择 首选接触 选项，选取图 26.12.10 所示的模型表面 1 和图 26.12.11 所示的模型表面 2，单击 应用 按钮，完成接触约束的添加；在 要约束的几何体 区域的 方位 下拉列表中选择 自动判断中心/轴 选项；在"组件预览"窗口中选取图 26.12.12 所示的圆柱面 1，然后在图形区选取图 26.12.13 所示的圆柱面 2，单击 应用 按钮，完成中心对齐约束的添加；在 类型 下拉列表中选择 平行 选项，选择图 26.12.14 所示的面 3 和面 4，单击 确定 按钮，完成底座连接的装配。

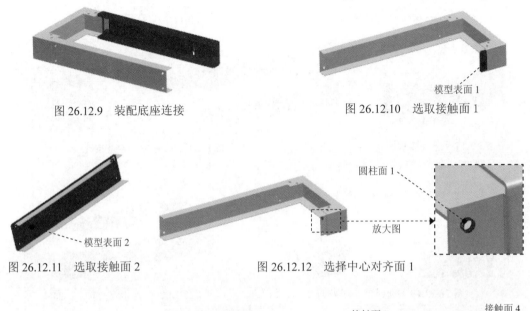

图 26.12.9　装配底座连接　　　　　　　　　图 26.12.10　选取接触面 1

图 26.12.11　选取接触面 2　　　　图 26.12.12　选择中心对齐面 1

图 26.12.13　选择中心对齐面 2　　　　　图 26.12.14　选取平行面 3、面 4

Step5. 装配连接角，如图 26.12.15 所示。在"添加组件"对话框中单击 按钮，选择文件 D:\ugnx90.10\work\ch26\ join_corner_of_outforcer.prt，然后单击 OK 按钮；在"添加组件"对话框 放置 区域的 定位 下拉列表中选取 通过约束 选项，单击 应用 按钮，此时系统弹出"装配约束"对话框；在"装配约束"对话框 预览 区域中选中 ☑ 在主窗口中预览组件 复选框；在 类型 下拉列表中选择 接触对齐 选项，在 要约束的几何体 区域的 方位 下拉列表中选择 首选接触 选项，选取图 26.12.16 所示的模型表面 1 和图 26.12.17 所示的模型表面 2，单击 应用 按钮，完成接触约束的添加；在 要约束的几何体 区域的 方位 下拉列表中选择 自动判断中心/轴 选项；在"组件预览"窗口中选取图 26.12.18 所示的圆柱面 1，然后在图形区选取图 26.12.19 所示的圆柱面 2，单击 应用 按钮，完成中心对齐约束的添加；在 类型 下拉列表中选择 平行 选项，选择图 26.12.20 所示的面 3 和面 4，单击 确定 按钮，完成底座连接的装配。

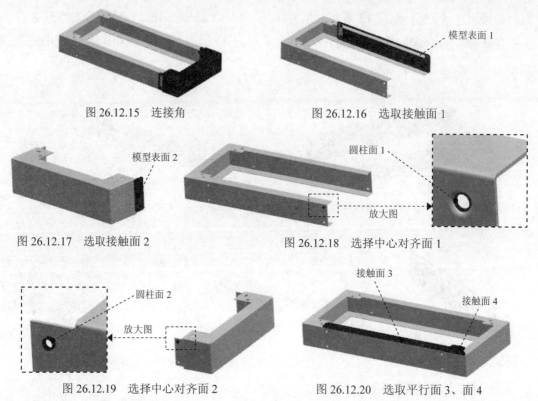

图 26.12.15　连接角　　　　　　　　　图 26.12.16　选取接触面 1

图 26.12.17　选取接触面 2　　　　　　图 26.12.18　选择中心对齐面 1

图 26.12.19　选择中心对齐面 2　　　　图 26.12.20　选取平行面 3、面 4

Task2. 柜门装配

下面介绍柜门装配，结果如图 26.12.21 所示。

Step1. 新建文件。选择下拉菜单 文件(F) ➡ 新建(N)... 命令，系统弹出"新建"对话框。在 模型 选项卡的 模板 区域中选取模板类型为 装配，在 名称 文本框中输入文件名称 door_asm，在 文件夹 文本框后单击 按钮，选择 D:\ugnx90.10\work\ch26，单击 确定 按钮，进入装配环境。

Step2. 添加柜门，如图 26.12.22 所示。在"添加组件"对话框中单击 按钮，选择文件 D:\ugnx90.10\work\ch26\door.prt，然后单击 OK 按钮；在"添加组件"对话框 放置 区域的 定位 下拉列表中选取 通过约束 选项，选中预览区域的 ☑ 预览 复选框，单击 应用 按钮，此时系统弹出"装配约束"对话框；在"装配约束"对话框 类型 下拉列表中选择 固定 选项，在图形区中选取基座模型，单击 < 确定 > 按钮。

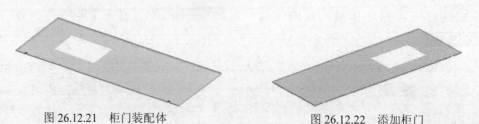

图 26.12.21　柜门装配体　　　　　　　图 26.12.22　添加柜门

Step3. 装配第一个铰链，如图 26.12.23 所示。

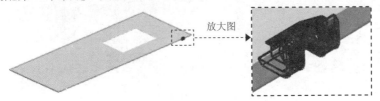

图 26.12.23　装配第一个铰链

（1）在"添加组件"对话框中单击 ![]按钮，选择 D:\ugnx90.10\work\ch26\links_b.prt，然后单击 OK 按钮；在"添加组件"对话框 放置 区域的 定位 下拉列表中选取 通过约束 选项，单击 应用 按钮，此时系统弹出"装配约束"对话框；在"装配约束"对话框 预览 区域中选中 ☑ 在主窗口中预览组件 复选框。

（2）在 类型 下拉列表中选择 接触对齐 选项，在 要约束的几何体 区域的 方位 下拉列表中选择 首选接触 选项，选取图 26.12.24 所示的模型表面 1 和图 26.12.25 所示的模型表面 2，单击 应用 按钮，完成接触约束的添加。

图 26.12.24　选取接触面 1

图 26.12.25　选取接触面 2

（3）在 要约束的几何体 区域的 方位 下拉列表中选择 自动判断中心/轴 选项；在"组件预览"窗口中选取图 26.12.26 所示的模型表面 3，然后在图形区选取图 26.12.27 所示的模型表面 4，单击 应用 按钮，完成接触约束的添加。

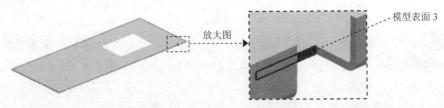

图 26.12.26　选取接触面 3

（4）在 类型 下拉列表中选择 距离 选项，选择图 26.12.28 所示的面 3 和图 26.12.29 所示的面 4，在 距离 文本框中输入距离值 0.2，单击 < 确定 > 按钮，完成底座连接的装配。

图 26.12.27　选取接触面 4

图 26.12.28　选取面 3

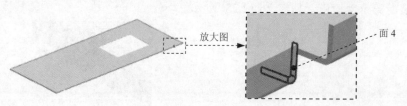

图 26.12.29　选取面 4

Step4. 参看 Step3 装配第二个铰链，如图 26.12.30 所示。

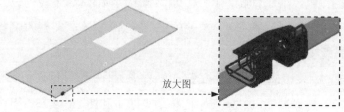

图 26.12.30　添加第二个铰链

Task3. 上下框架装配

下面介绍上下框架装配，结果如图 26.12.31 所示。

Step1. 新建文件。选择下拉菜单 文件(F) ➡ 新建(N)... 命令，系统弹出"新建"对话框。在 模型 选项卡的 模板 区域中选取模板类型为 装配，在 名称 文本框中输入文件名称 top_frame_asm，在 文件夹 文本框后单击 按钮，选择 D:\ugnx90.10\work\ch26，单击 确定 按钮，进入装配环境。

Step2. 装配如图 26.12.32 所示的框架后梁。在"添加组件"对话框中单击 按钮，选择文件 D:\ugnx90.10\work\ch26\ back_bridge_for_frame.prt，然后单击 OK 按钮；在"添加组件"对话框 放置 区域的 定位 下拉列表中选取 通过约束 选项，选中预览区域的 ☑ 预览 复选框，单击 应用 按钮，此时系统弹出"装配约束"对话框；在"装配约束"对话框 类型 下拉列表中选择 固定 选项，在图形区中选取基座模型，单击 确定 按钮。

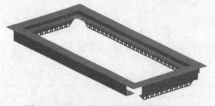

图 26.12.31　上下框架装配体

图 26.12.32　装配框架后梁

Step3. 装配框架左梁，如图 26.12.33 所示。

（1）在"添加组件"对话框中单击 按钮，选择 D:\ugnx90.10\work\ch26\left_and_right_ bridge_for_frame.prt，然后单击 OK 按钮；在"添加组件"对话框 放置 区域的 定位 下

拉列表中选取 通过约束 选项，单击 应用 按钮，此时系统弹出"装配约束"对话框；在"装配约束"对话框 预览 区域中选中 ☑ 在主窗口中预览组件 复选框。

图 26.12.33 装配框架左梁

（2）在 类型 下拉列表中选择 接触对齐 选项，在 要约束的几何体 区域的 方位 下拉列表中选择 首选接触 选项，选取图 26.12.34 所示的模型表面 1 和图 26.12.35 所示的模型表面 2，单击 应用 按钮，完成接触约束的添加。

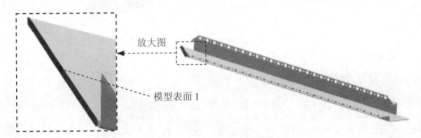

图 26.12.34 选取接触面 1

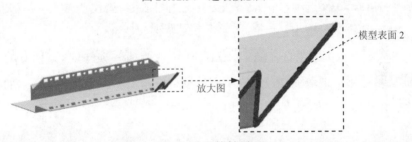

图 26.12.35 选取接触面 2

（3）在 要约束的几何体 区域的 方位 下拉列表中选择 首选接触 选项；在"组件预览"窗口中选取图 26.12.36 所示的边线 1，然后在图形区选取图 26.12.37 所示的边线 2，单击 应用 按钮，完成接触约束的添加。

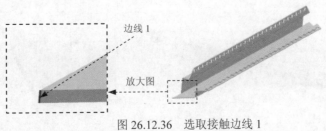

图 26.12.36 选取接触边线 1

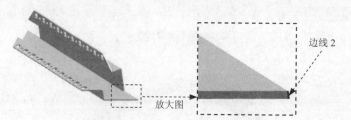

图 26.12.37　选取接触边线 2

（4）在 要约束的几何体 区域的 方位 下拉列表中选择 对齐 选项，选择图 26.12.38 所示的面 1 和面 2，单击 〈确定〉 按钮，完成框架左梁的装配。

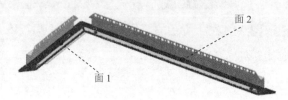

图 26.12.38　选取对齐面

Step4. 装配框架前梁，如图 26.12.39 所示。

（1）在"添加组件"对话框中单击 按钮，选择 D:\ugnx90.10\work\ch26\front_bridge_for_frame.prt，然后单击 OK 按钮；在"添加组件"对话框 放置 区域的 定位 下拉列表中选取 通过约束 选项，单击 应用 按钮，此时系统弹出"装配约束"对话框；在"装配约束"对话框 预览 区域中选中 ☑ 在主窗口中预览组件 复选框。

（2）在 类型 下拉列表中选择 接触对齐 选项，在 要约束的几何体 区域的 方位 下拉列表中选择 首选接触 选项，选取图 26.12.40 所示的模型表面 1 和图 26.12.41 所示的模型表面 2，单击 应用 按钮，完成接触约束的添加。

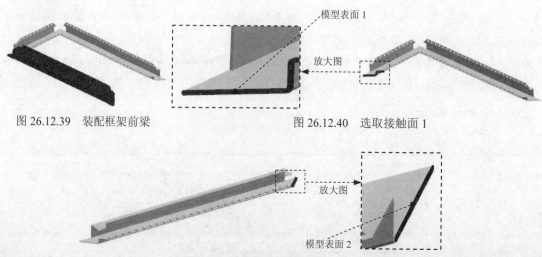

图 26.12.39　装配框架前梁　　　　　图 26.12.40　选取接触面 1

图 26.12.41　选取接触面 2

（3）在 要约束的几何体 区域的 方位 下拉列表中选择 首选接触 选项；在"组件预览"窗口中选取图 26.12.42 所示的边线 1，然后在图形区选取图 26.12.43 所示的边线 2，单击 应用 按钮，完成接触约束的添加。

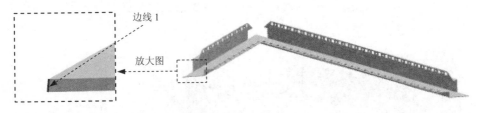

图 26.12.42 选取接触边线 1

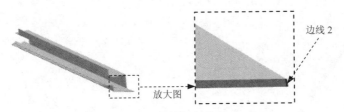

图 26.12.43 选取接触边线 2

（4）在 要约束的几何体 区域的 方位 下拉列表中选择 对齐 选项，选择图 26.12.44 所示的面 1 和面 2，单击 < 确定 > 按钮，完成框架前梁的装配。

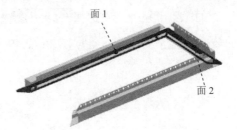

图 26.12.44 选取对齐面

Step5. 装配框架右梁，如图 26.12.45 所示。

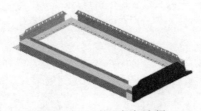

图 26.12.45 装配框架右梁

（1）在"添加组件"对话框中单击 按钮，选择 D:\ugnx90.10\work\ch26\left_and_right_ bridge_for_frame.prt，然后单击 OK 按钮；在"添加组件"对话框 放置 区域的 定位 下拉列表中选取 通过约束 选项，单击 应用 按钮，此时系统弹出"装配约束"对话框；在"装配约束"对话框 预览 区域中选中 ☑ 在主窗口中预览组件 复选框。

（2）在 类型 下拉列表中选择 接触对齐 选项，在 要约束的几何体 区域的 方位 下拉列表中选择 首选接触 选项，选取图 26.12.46 所示的模型表面 1 和图 26.12.47 所示的模型表面 2，单击 应用 按钮，完成接触约束的添加。

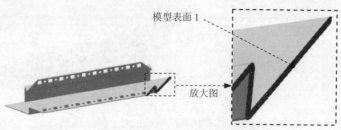

图 26.12.46　选取接触面 1

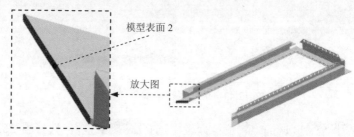

图 26.12.47　选取接触面 2

（3）在 要约束的几何体 区域的 方位 下拉列表中选择 首选接触 选项；在"组件预览"窗口中选取图 26.12.48 所示的边线 1，然后在图形区选取图 26.12.49 所示的边线 2，单击 应用 按钮，完成接触约束的添加。

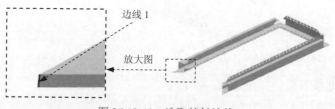

图 26.12.48　选取接触边线 1

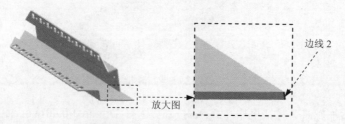

图 26.12.49　选取接触边线 2

（4）在 要约束的几何体 区域的 方位 下拉列表中选择 对齐 选项，选择图 26.12.50 所示的面 1 和面 2，单击 < 确定 > 按钮，完成框架右梁的装配。

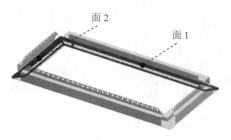

面 2   面 1

图 26.12.50   选取对齐面

Task4. 主框架装配

下面介绍主框架装配，结果如图 26.12.51 所示。

Step1. 新建文件。选择下拉菜单 文件(F) ➡ 新建(N)... 命令，系统弹出"新建"对话框。在 模型 选项卡的 模板 区域中选取模板类型为 装配，在 名称 文本框中输入文件名称 frame_asm，在 文件夹 文本框后单击 按钮，选择 D:\ugnx90.10\work\ch26，单击 确定 按钮，进入装配环境。

Step2. 装配下框架，如图 26.12.52 所示。在"添加组件"对话框中单击 按钮，选择文件 D:\ugnx90.10\work\ch26\ down_frame_asm.prt，然后单击 OK 按钮；在"添加组件"对话框 放置 区域的 定位 下拉列表中选取 绝对原点 选项，单击 应用 按钮。

图 26.12.51   主框架装配体

图 26.12.52   装配下框架

Step3. 装配后立柱，如图 26.12.53 所示。

（1）在"添加组件"对话框中单击 按钮，选择 D:\ugnx90.10\work\ch26\back_post.prt，然后单击 OK 按钮；在"添加组件"对话框 放置 区域的 定位 下拉列表中选取 通过约束 选项，单击 应用 按钮，此时系统弹出"装配约束"对话框，在"装配约束"对话框 预览 区域中选中 ☑ 在主窗口中预览组件 复选框；在 类型 下拉列表中选择 接触对齐 选项。

（2）在 要约束的几何体 区域的 方位 下拉列表中选择 首选接触 选项，选取图 26.12.54 所示的模型表面 1 和图 26.12.55 所示的模型表面 2，单击 应用 按钮，完成接触约束的添加。

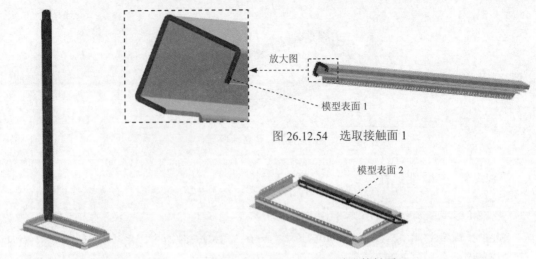

图 26.12.54　选取接触面 1

图 26.12.55　选取接触面 2

图 26.12.53　装配后立柱

（3）在 要约束的几何体 区域的 方位 下拉列表中选择 对齐 选项；选取图 26.12.56 所示的面 1 和面 2，单击 应用 按钮，完成对齐约束的添加。

（4）在 要约束的几何体 区域的 方位 下拉列表中选择 对齐 选项，选择图 26.12.57 所示的面 3 和面 4，单击 〈确定〉 按钮，完成后立柱的装配。

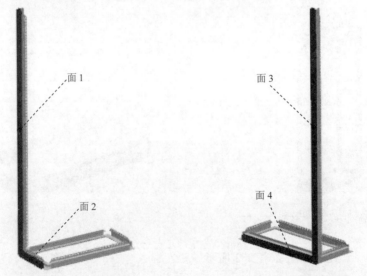

图 26.12.56　定义对齐面

图 26.12.57　定义对齐面

Step4. 参看 Step3 装配其他三根立柱，结果如图 26.12.58 所示。

Step5. 装配上框架，如图 26.12.59 所示。

（1）在"添加组件"对话框中单击 📂 按钮，选择 D:\ugnx90.10\work\ch26\top_frame_asm.prt，然后单击 OK 按钮；在"添加组件"对话框 放置 区域的 定位 下拉列表中选取 通过约束 选项，单击 应用 按钮，此时系统弹出"装配约束"对话框；在"装配约束"对话框 预览 区域中选中 ☑ 在主窗口中预览组件 复选框。

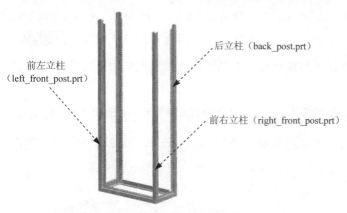

前左立柱
(left_front_post.prt)

后立柱（back_post.prt）

前右立柱（right_front_post.prt）

图 26.12.58 装配其他三根立柱

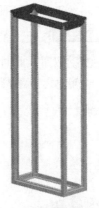

图 26.12.59 装配上框架

（2）在 类型 下拉列表中选择 接触对齐 选项，在 要约束的几何体 区域的 方位 下拉列表中选择 首选接触 选项，选取图 26.12.60 所示的模型表面 1 和图 26.12.61 所示的模型表面 2，单击 应用 按钮，完成接触约束的添加。

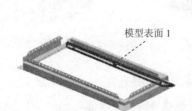

模型表面 1

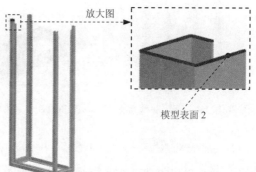

放大图

模型表面 2

图 26.12.60 选取接触面 1

图 26.12.61 选取接触面 2

（3）在 要约束的几何体 区域的 方位 下拉列表中选择 对齐 选项；选取图 26.12.62 所示的面 1 和面 2，单击 应用 按钮，完成对齐约束的添加；在 要约束的几何体 区域的 方位 下拉列表中选择 对齐 选项，选择图 26.12.63 所示的面 3 和面 4，单击 ＜确定＞ 按钮，完成上框架的装配。

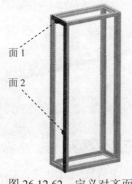

面 1

面 2

图 26.12.62 定义对齐面

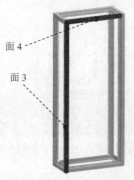

面 4

面 3

图 26.12.63 定义对齐面

Step6. 装配顶部封板，如图 26.12.64 所示。

（1）在"添加组件"对话框中单击 按钮，选择 D:\ugnx90.10\work\ch26\top_stopper.prt，然后单击 OK 按钮；在"添加组件"对话框 放置 区域的 定位 下拉列表中选取 通过约束 选项，单击 应用 按钮，此时系统弹出"装配约束"对话框；在"装配约束"对话框 预览 区域中选中 ☑ 在主窗口中预览组件 复选框。

（2）在 类型 下拉列表中选择 接触对齐 选项，在 要约束的几何体 区域的 方位 下拉列表中选择 对齐 选项，选取图 26.12.65 所示的模型表面 1 和图 26.12.66 所示的模型表面 2，单击 应用 按钮，完成接触约束的添加。

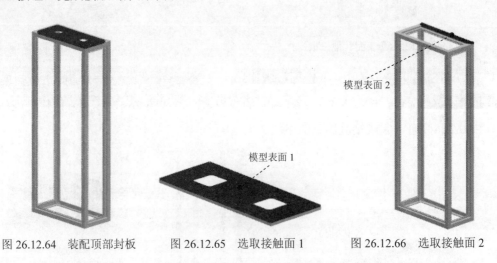

图 26.12.64　装配顶部封板　　图 26.12.65　选取接触面 1　　图 26.12.66　选取接触面 2

（3）在 要约束的几何体 区域的 方位 下拉列表中选择 首选接触 选项；选取图 26.12.67 所示的模型表面 3 和图 26.12.68 所示的模型表面 4，单击 应用 按钮，完成接触约束的添加。

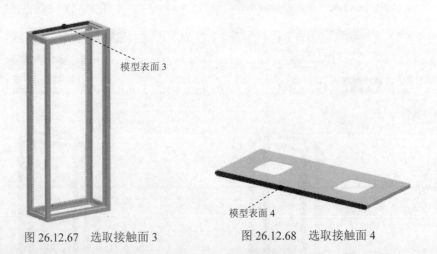

图 26.12.67　选取接触面 3　　　　图 26.12.68　选取接触面 4

（4）在 要约束的几何体 区域的 方位 下拉列表中选择 首选接触 选项，选择图 26.12.69 所示的模型表面 5 和图 26.12.70 所示的模型表面 6，单击 < 确定 > 按钮，完成顶部封板的装配。

模型表面 5

模型表面 6

图 26.12.69　选取接触面 5　　　　　图 26.12.70　选取接触面 6

Step7. 参看 Step6 步骤装配底部封板，结果如图 26.12.71 所示。

Step8. 装配铰链，如图 26.12.72 所示。

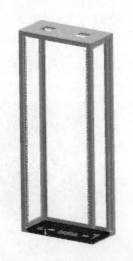

图 26.12.71　装配底部封板

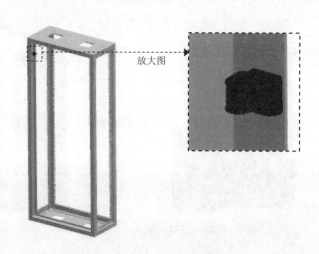

放大图

图 26.12.72　装配铰链

（1）在"添加组件"对话框中单击 按钮，选择文件D:\ugnx90.10\work\ch26\links_a.prt，然后单击 OK 按钮；在"添加组件"对话框 放置 区域的 定位 下拉列表中选取 通过约束 选项，单击 应用 按钮，此时系统弹出"装配约束"对话框；在"装配约束"对话框 预览 区域中选中 ☑ 在主窗口中预览组件 复选框。

（2）在 类型 下拉列表中选择 接触对齐 选项，在 要约束的几何体 区域的 方位 下拉列表中选择 首选接触 选项，选取图 26.12.73 所示的模型表面 1 和图 26.12.74 所示模型表面 2，单

击 <u>应用</u> 按钮，完成接触约束的添加。

图 26.12.73　选取接触面　　　　　　　图 26.12.74　选取约束面

（3）在 <u>要约束的几何体</u> 区域的 <u>方位</u> 下拉列表中选择 <u>自动判断中心/轴</u> 选项；在"组件预览"窗口中选取图 26.12.75 所示的圆柱面 1，然后在图形区选取图 26.12.74 所示的圆柱面 2，单击 <u>应用</u> 按钮，完成中心对齐约束的添加。

（4）在 <u>类型</u> 下拉列表中选择 <u>平行</u> 选项，选择图 26.12.75 所示的模型表面 3 和图 26.12.74 所示的模型表面 4，单击 <u>〈确定〉</u> 按钮，完成铰链的装配。

Step9. 参看 Step8 装配下部铰链，结果如图 26.12.76 所示。

图 26.12.75　选取接触面　　　　　　　图 26.12.76　装配下部铰链

Task5. 电器柜总装配

下面介绍电器柜总装配，结果如图 26.12.77 所示。

Step1. 新建文件。选择下拉菜单 <u>文件(F)</u> ➡ <u>新建(N)...</u> 命令，系统弹出"新建"对话框。在 <u>模型</u> 选项卡的 <u>模板</u> 区域中选取模板类型为 <u>装配</u>，在 <u>名称</u> 文本框中输入文件名称 forcer_asm，在 <u>文件夹</u> 文本框后单击 <u>按钮，选择 D:\ugnx90.10\work\ch26，单击 <u>确定</u> 按钮，进入装配环境。

Step2. 装配下框架，如图 26.12.78 所示。在"添加组件"对话框中单击 <u>按钮，选择文件

D:\ugnx90.10\work\ch26\base_asm.prt，然后单击 OK 按钮；在"添加组件"对话框 放置 区域的 定位 下拉列表中选取 绝对原点 选项，单击 应用 按钮。

图 26.12.77　电器柜总装配

图 26.12.78　装配下框架

　　Step3. 装配主框架，如图 26.12.79 所示。在"添加组件"对话框中单击 按钮，选择 D:\ugnx90.10\work\ch26\frame_asm.prt，然后单击 OK 按钮；在"添加组件"对话框 放置 区域的 定位 下拉列表中选取 通过约束 选项，单击 应用 按钮，此时系统弹出"装配约束"对话框；在"装配约束"对话框 预览 区域中选中 ☑ 在主窗口中预览组件 复选框；在 类型 下拉列表中选择 接触对齐 选项，在 要约束的几何体 区域的 方位 下拉列表中选择 首选接触 选项，选取图 26.12.80 所示的接触面 1 和图 26.12.81 所示的接触面 2，单击 应用 按钮，完成接触约束的添加；在 要约束的几何体 区域的 方位 下拉列表中选择 对齐 选项；分别选取图 26.12.82 所示的对齐面 1 和对齐面 2、对齐面 3 和对齐面 4，单击 应用 按钮，单击 < 确定 > 按钮，完成主框架的装配。

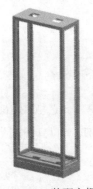

图 26.12.79　装配主框架

模型表面 1

图 26.12.80　选取接触面 1

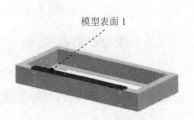

模型表面 1

图 26.12.81　选取接触面 2

　　Step4. 装配侧安装板，如图 26.12.83 所示。

　　（1）在"添加组件"对话框中单击 按钮，选择 D:\ugnx90.10\work\ch26\flank_bridge_ of_install.prt，然后单击 OK 按钮；在"添加组件"对话框 放置 区域的 定位 下拉列表中选取 通过约束 选项，单击 应用 按钮，此时系统弹出"装配约束"对话框；在"装配约束"

对话框 预览 区域中选中 ☑ 在主窗口中预览组件 复选框。

对齐面 3

对齐面 1

对齐面 4

对齐面 2

图 26.12.82 选取对齐面

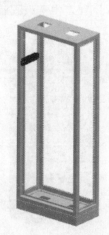

图 26.12.83 装配侧安装板

（2）在 类型 下拉列表中选择 接触对齐 选项，在 要约束的几何体 区域的 方位 下拉列表中选择 首选接触 选项，选取图 26.12.84 所示的模型表面 1 和图 26.12.85 所示的模型表面 2，单击 应用 按钮，完成接触约束的添加。

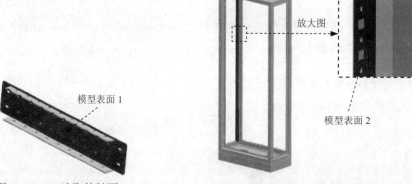

模型表面 1

放大图

模型表面 2

图 26.12.84 选取接触面 1

图 26.12.85 选取接触面 2

（3）在 要约束的几何体 区域的 方位 下拉列表中选择 自动判断中心/轴 选项；选取图 26.12.86 所示的圆柱面 1 和图 26.12.87 所示的圆柱面 2（从上往下的第 14 个圆孔的圆柱面），单击 应用 按钮，完成中心对齐约束的添加。

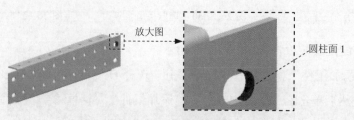

放大图

圆柱面 1

图 26.12.86 选取圆柱面 1

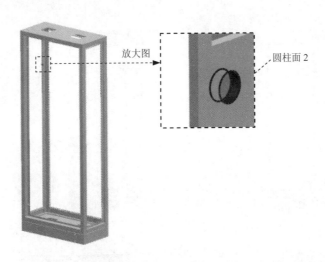

图 26.12.87 选取圆柱面 2

（4）在 类型 下拉列表中选择 平行 选项，选取图 26.12.88 所示的面 1 和面 2，单击 确定 按钮，完成侧安装板的装配。

Step5. 参看 Step4 装配第二个侧安装板，结果如图 26.12.89 所示（选取圆柱面时，选择的是第 18 个圆孔的圆柱面）。

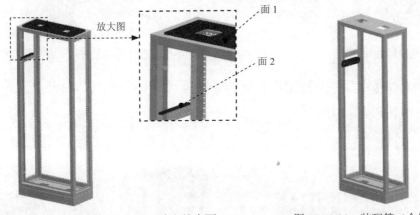

图 26.12.88 选取约束面　　　　　图 26.12.89 装配第二个侧安装板

Step6. 装配第三个侧安装板，如图 26.12.90 所示。

（1）在"添加组件"对话框中单击 按钮，选择 D:\ugnx90.10\work\ch26\flank_bridge_of_install.prt，然后单击 OK 按钮；在"添加组件"对话框 放置 区域的 定位 下拉列表中选取 通过约束 选项，单击 应用 按钮，此时系统弹出"装配约束"对话框；在"装配约束"对话框 预览 区域中选中 在主窗口中预览组件 复选框。

（2）在 类型 下拉列表中选择 接触对齐 选项，在 要约束的几何体 区域的 方位 下拉列表中选择 首选接触 选项，选取图 26.12.91 所示的模型表面 1 和图 26.12.92 所示的模型表面 2，单击 应用 按钮，完成接触约束的添加。

图 26.12.90　装配侧安装板　　　　图 26.12.91　选取接触面 1

（3）在 要约束的几何体 区域的 方位 下拉列表中选择 自动判断中心/轴 选项；选取图 26.12.93 所示的圆柱面 1 和图 26.12.94 所示的圆柱面 2（从上往下的第 34 个圆孔的圆柱面），单击 应用 按钮，完成中心对齐约束的添加。

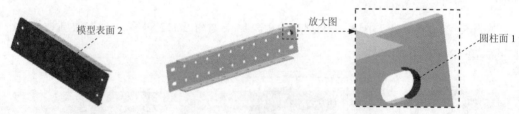

图 26.12.92　选取接触面 2　　　　图 26.12.93　选取圆柱面 1

（4）在 类型 下拉列表中选择 平行 选项，选取图 26.12.95 所示的面 1 和面 2，单击 确定 按钮，完成第三个侧安装板的装配。

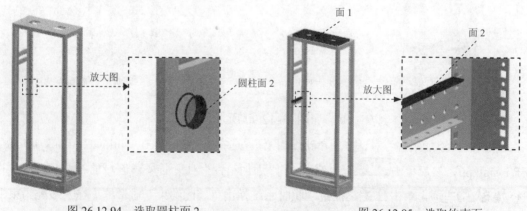

图 26.12.94　选取圆柱面 2　　　　图 26.12.95　选取约束面

Step7. 参看 Step6 装配第四个侧安装板，结果如图 26.12.96 所示（选取圆柱面时，选择的是从下往上的第 15 个圆孔的圆柱面）。

Step8. 参看 Step3～Step6 装配另外一侧的四个侧安装板，结果如图 26.12.97 所示。

图 26.12.96 装配侧安装板

图 26.12.97 装配剩余侧安装板

Step9. 装配元件安装板，如图 26.12.98 所示。

（1）在"添加组件"对话框中单击 按钮，选择 D:\ugnx90.10\work\ch26\ component_install_board.prt，然后单击 OK 按钮；在"添加组件"对话框 放置 区域的 定位 下拉列表中选取 通过约束 选项，单击 应用 按钮，此时系统弹出"装配约束"对话框；在"装配约束"对话框 预览 区域中选中 ☑ 在主窗口中预览组件 复选框。

（2）在 类型 下拉列表中选择 接触对齐 选项，在 要约束的几何体 区域的 方位 下拉列表中选择 首选接触 选项，选取图 26.12.99 所示的模型表面 1 和图 26.12.100 所示的模型表面 2，单击 应用 按钮，完成接触约束的添加。

图 26.12.98 装配元件安装板

图 26.12.99 选取接触面 1

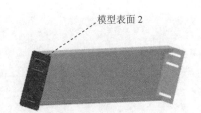

图 26.12.100 选取接触面 2

（3）在 要约束的几何体 区域的 方位 下拉列表中选择 自动判断中心/轴 选项；选取图 26.12.101 所示的圆柱面 1 和图 26.12.102 所示的圆柱面 2，单击 应用 按钮，完成中心对齐约束的添加。

（4）在 类型 下拉列表中选择 平行 选项，选取图 26.12.103 所示的面 1 和面 2，单击 <确定> 按钮，完成元件安装板的装配。

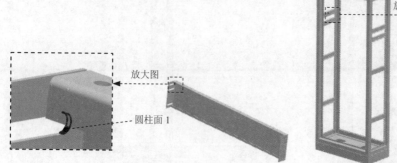

图 26.12.101　选取圆柱面 1

图 26.12.102　选取圆柱面 2

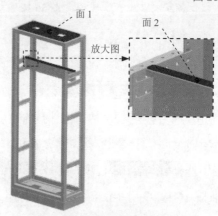

图 26.12.103　选取约束面

Step10. 装配安装横梁，如图 26.12.104 所示。

图 26.12.104　装配安装横梁

（1）在"添加组件"对话框中单击 按钮，选择 D:\ugnx90.10\work\ch26\thwart_bridge_of_install.prt，然后单击 OK 按钮；在"添加组件"对话框 放置 区域的 定位 下拉列表中选取 通过约束 选项，单击 应用 按钮，此时系统弹出"装配约束"对话框；在"装配约束"对话框 预览 区域中选中 ☑ 在主窗口中预览组件 复选框。

（2）在 类型 下拉列表中选择 接触对齐 选项，在 要约束的几何体 区域的 方位 下拉列表中选

择 首选接触 选项，选取图 26.12.105 所示的模型表面 1 和图 26.12.106 所示的模型表面 2，单击 应用 按钮，完成接触约束的添加。

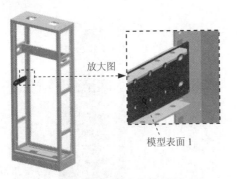

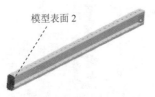

图 26.12.105 选取接触面 1　　　　　图 26.12.106 选取接触面 2

（3）在 要约束的几何体 区域的 方位 下拉列表中选择 首选接触 选项；选取图 26.12.107 所示的模型表面 3 和图 26.12.108 所示的模型表面 4，单击 应用 按钮，完成接触约束的添加。

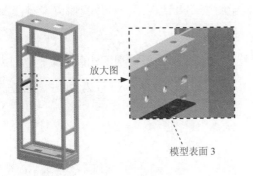

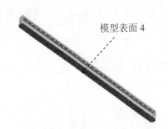

图 26.12.107 选取接触面 3　　　　　图 26.12.108 选取接触面 4

（4）在 要约束的几何体 区域的 方位 下拉列表中选择 自动判断中心/轴 选项，选取图 26.12.109 所示的圆柱面 1（选择此圆柱面时应该选择侧安装板最中间的圆孔圆柱面）和图 26.12.110 所示的圆柱面 2，单击 确定 按钮，完成安装横梁的装配。

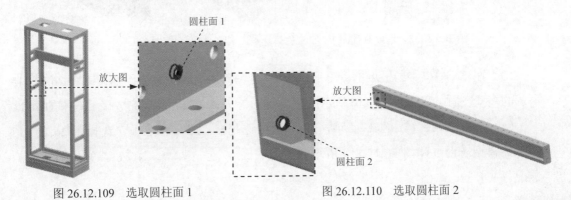

图 26.12.109 选取圆柱面 1　　　　　图 26.12.110 选取圆柱面 2

Step11. 参看 Step10 步骤装配第二个安装横梁，结果如图 26.12.111 所示。

Step12. 装配后侧板，如图 26.12.112 所示。

图 26.12.111　装配第二个安装横梁

图 26.12.112　装配后侧板

（1）在"添加组件"对话框中单击 按钮，选择 D:\ugnx90.10\work\ch26\ back_stopper. prt，然后单击 OK 按钮；在"添加组件"对话框 放置 区域的 定位 下拉列表中选取 通过约束 选项，单击 应用 按钮，此时系统弹出"装配约束"对话框；在"装配约束"对话框 预览 区域中选中 ☑ 在主窗口中预览组件 复选框。

（2）在 类型 下拉列表中选择 接触对齐 选项，在 要约束的几何体 区域的 方位 下拉列表中选择 对齐 选项，选取图 26.12.113 所示的面 1 和图 26.12.114 所示的面 2，单击 应用 按钮，完成对齐约束的添加。

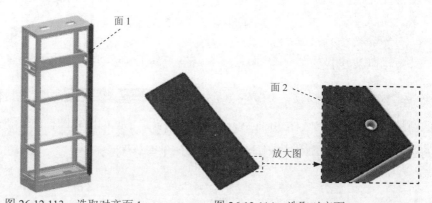

图 26.12.113　选取对齐面 1　　　　图 26.12.114　选取对齐面 2

（3）在 要约束的几何体 区域的 方位 下拉列表中选择 首选接触 选项；选取图 26.12.115 所示的模型表面 1 和图 26.12.116 所示模型表面 2，单击 应用 按钮，完成接触约束的添加。

（4）在 要约束的几何体 区域的 方位 下拉列表中选择 首选接触 选项，选择图 26.12.117 所示的模型表面 3 和图 26.12.118 所示的模型表面 4，单击 < 确定 > 按钮，完成后封板的装配。

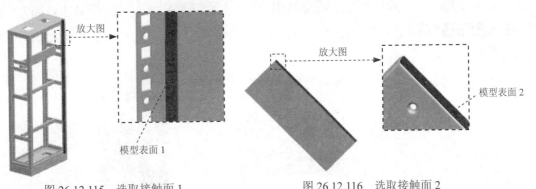

图 26.12.115　选取接触面 1　　　　　图 26.12.116　选取接触面 2

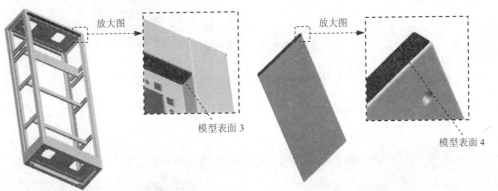

图 26.12.117　选取接触面 3　　　　　图 26.12.118　选取接触面 4

Step13. 参看 Step2 步骤装配左侧封板和右侧封板，结果如图 26.12.119 所示。

Step14. 装配柜门，如图 26.12.120 所示。

图 26.12.119　装配左、右侧封板　　　　　图 26.12.120　装配柜门

（1）在"添加组件"对话框中单击 按钮，选择 D:\ugnx90.10\work\ch26\ door_asm.prt，然后单击 OK 按钮；在"添加组件"对话框 放置 区域的 定位 下拉列表中选取 通过约束 选项，单击 应用 按钮，此时系统弹出"装配约束"对话框；在"装配约束"对话框 预览 区域中选中 ☑ 在主窗口中预览组件 复选框。

（2）在 类型 下拉列表中选择 接触对齐 选项，在 要约束的几何体 区域的 方位 下拉列表中选择 自动判断中心/轴 选项，选取图 26.12.121 所示的圆柱面 1 和图 26.12.122 所示的圆柱面 2，单击 应用 按钮，完成中心对齐约束的添加。

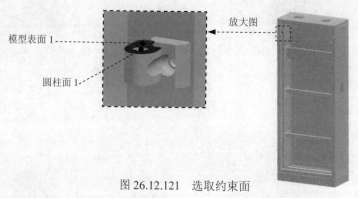

模型表面 1

放大图

圆柱面 1

图 26.12.121　选取约束面

（3）在 要约束的几何体 区域的 方位 下拉列表中选择 首选接触 选项；选取图 26.12.121 所示的模型表面 1 和图 26.12.122 所示的模型表面 2，单击 应用 按钮，完成接触约束的添加。

（4）在 类型 下拉列表中选择 角度 选项，选取图 26.12.123 所示的面 1 和面 2，在"装配约束"对话框的 角度 文本框中输入角度值-103，单击 确定 按钮，完成柜门的装配。

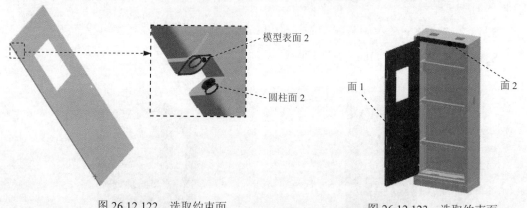

模型表面 2

圆柱面 2

面 1

面 2

图 26.12.122　选取约束面

图 26.12.123　选取约束面

Step15. 保存钣金件模型。选择下拉菜单 文件(F) ➡ 保存(S) 命令，即可保存钣金件模型。

读者意见反馈卡

尊敬的读者：

感谢您购买中国水利水电出版社的图书！

我们一直致力于 CAD、CAPP、PDM、CAM 和 CAE 等相关技术的跟踪，希望能将更多优秀作者的宝贵经验与技巧介绍给您。当然，我们的工作离不开您的支持。如果您在看完本书之后，有好的意见和建议，或是有一些感兴趣的技术话题，都可以直接与我联系。

策划编辑：杨庆川、杨元泓

注：本书的随书光盘中含有该"读者意见反馈卡"的电子文档，您可将填写后的文件采用电子邮件的方式发给本书的责任编辑或主编。

E-mail: 展迪优 zhanygjames@163.com; 宋杨: 2535846207@qq.com。

请认真填写本卡，并通过邮寄或 E-mail 传给我们，我们将奉送精美礼品或购书优惠卡。

书名：《UG NX 9.0 钣金设计实例精解》

1. 读者个人资料：

姓名: _____ 性别: ____ 年龄: _____ 职业: _____ 职务: _____ 学历: _____

专业: _____ 单位名称: _____ 电话: _____ 手机: _____

邮寄地址: _____ 邮编: _____ E-mail: _____

2. 影响您购买本书的因素（可以选择多项）：

☐内容   ☐作者   ☐价格

☐朋友推荐   ☐出版社品牌   ☐书评广告

☐工作单位（就读学校）指定   ☐内容提要、前言或目录   ☐封面封底

☐购买了本书所属丛书中的其他图书   ☐其他_____

3. 您对本书的总体感觉：

☐很好   ☐一般   ☐不好

4. 您认为本书的语言文字水平：

☐很好   ☐一般   ☐不好

5. 您认为本书的版式编排：

☐很好   ☐一般   ☐不好

扫描二维码获取链接在线填写
"读者意见反馈卡"，即有机会
参与抽奖获取图书

6. 您认为 UG 其他哪些方面的内容是您所迫切需要的？

_____

7. 其他哪些 CAD/CAM/CAE 方面的图书是您所需要的？

_____

8. 您认为我们的图书在叙述方式、内容选择等方面还有哪些需要改进的？

如若邮寄，请填好本卡后寄至：

北京市海淀区玉渊潭南路普惠北里水务综合楼 401 室 中国水利水电出版社万水分社

宋杨（收）邮编：100036 联系电话：（010）82562819 传真：（010）82564371

如需本书或其他图书，可与中国水利水电出版社网站联系邮购：

http://www.waterpub.com.cn   咨询电话：（010）68367658。